KB004278

요리는 어렵지 않아

POURQUOI LES SPAGHETTI BOLOGNESE N'EXISTENT PAS?

아마추어부터 프로까지 그림과 함께 배우는
프랑스 요리의 조리과학 입문서

아르튀르 르 켄(Arthur Le Caisne) 글
야니스 바루치코스(Yannis Varoutsikos) 그림
고은혜 옮김

FOREWORD

「왜요?」, 「그리고 왜요?」, 「그런데 왜요?」

아이를 키우다 보면, 끊임없는 질문의 시기를 지나게 된다.

「왜 하늘은 파래요?」, 「비는 왜 내려요?」, 「왜 깍지콩은 초록색이에요?」,

「왜 파스타 삶는 물은 넘쳐요?」

이 「왜?」의 시기는 경이롭다.

이전에는 전혀 관심을 가지지 않았던 것들에 대해 곰곰이 생각하고,

결국 많은 것을 배우게 되기 때문이다. 그리고 주방에서 「왜」에 대해 관심을 가질 때,

우리가 모든 것을 다 알고 있지는 않다는 것을 깨닫고

진실처럼 전해진 (많은 경우 잘못된) 방식들에 대해 다시 생각하게 된다.

이를 통해 우리는 왜 파스타 삶는 물이 넘치는지 (그리고 이를 막는 방법은 무엇인지),

그리고 또 왜 파스타를 엄청난 양의 물에 삶는 것이 별 소용없는지,

왜 딸기와 감자가 채소인지, 왜 고기에서 흘러나오는 붉은 육즙은 피가 아닌지,

왜 대부분의 생선살은 흰색인지, 왜 발사믹 식초는 식초가 아닌지,

왜 고기를 익힐 때 온도 충격을 피하기 위해 미리 꺼내놓으라는 말이

바보 같은 소리인지 알 수 있다.

아, 그리고 또 이탈리아에는 볼로네제 스파게티라는 건

존재하지 않는지에 대해서도 말이다.

CONTENTS

필수 도구

기본 재료

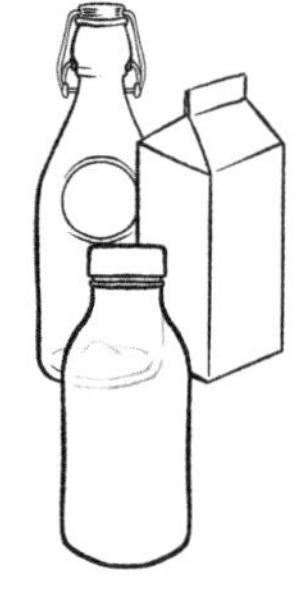

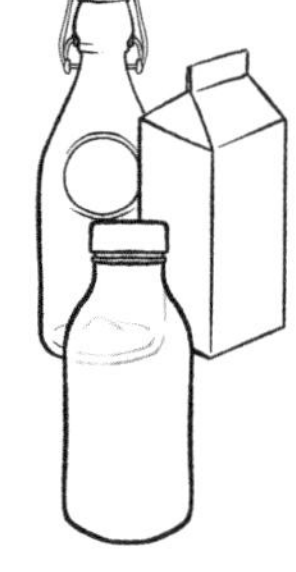

유제품과 달걀

쌀과 파스타

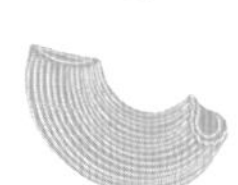

육류

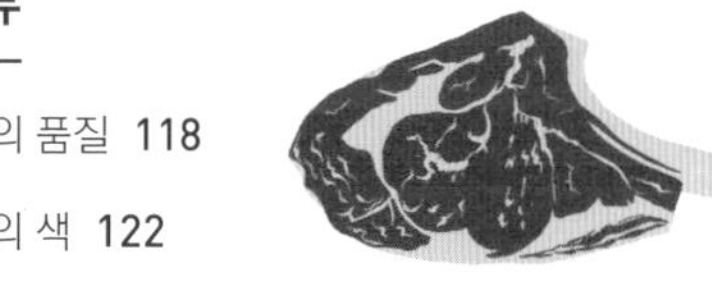

생선과 해산물

채소

조리 준비

가열조리

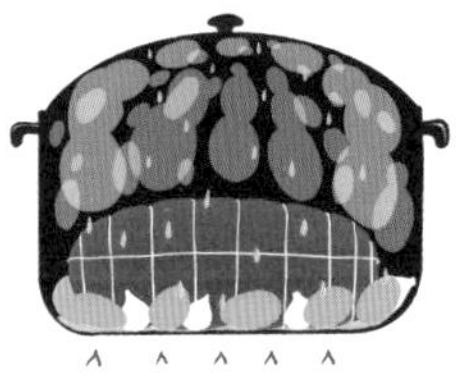

「대체 왜
소고기햄 같은 걸
찾는 거야?」

필수 도구

조리기구

제과용 밀대는 미운 사람을 때리는 데 쓰는 물건이 아니고,
알루미늄포일은 머리카락을 부분염색할 때나 사용하자.
거품은 아무 도구가 아니라 거품기로 내야 한다. 조리기구들의 올바른 사용법에 대해 알아보자.

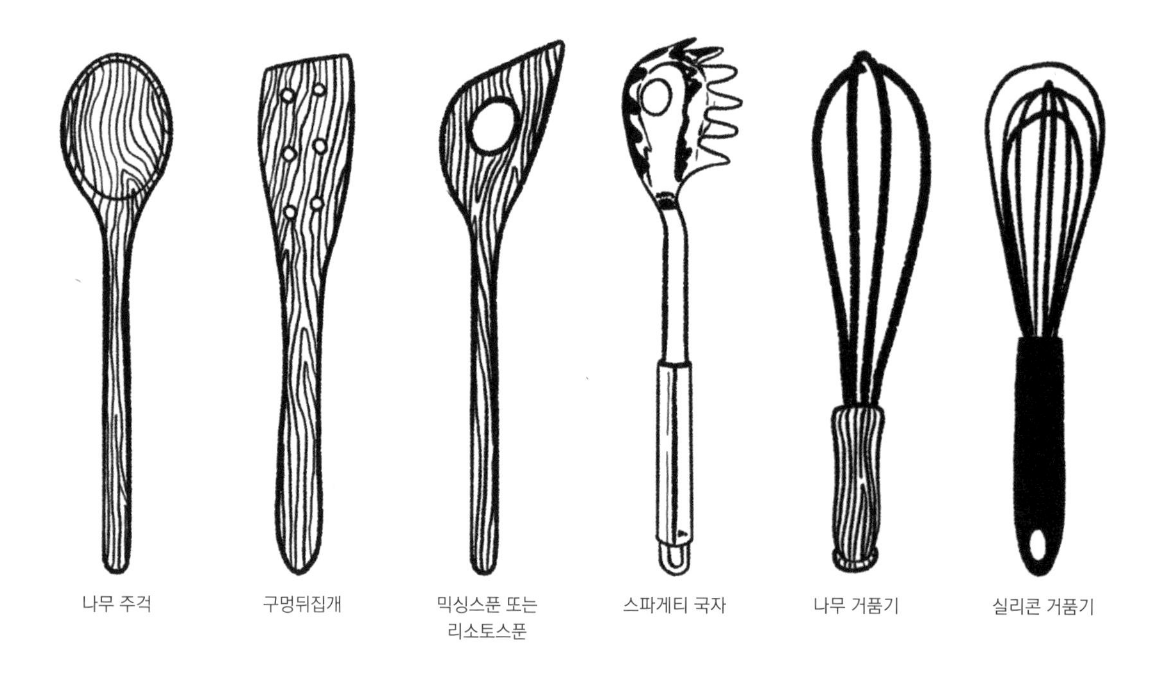

나무 주걱 / 구멍뒤집개 / 믹싱스푼 또는 리소토스푼 / 스파게티 국자 / 나무 거품기 / 실리콘 거품기

거짓에서 진실로

왜 나무 주걱으로 저으라고 하는 거죠?

우습게도 스테인리스를 사용하면 음식의 맛이 나빠진다고 생각하기 때문이다. 스테인리스는 중성적인 재질이어서 음식에 어떤 맛도, 확실하게 말해 아무런 맛도 영향을 주지 않는다. 음식을 나무 주걱으로 섞든 스테인리스 주걱으로 섞든, 나무는 스크래치가 나지 않는다는 점만 제외하면 둘은 어떤 차이점도 없다. 나무를 쓴다고 재료가 더 잘 섞인다거나, 더 매끄럽다거나, 더 잘 부풀지는 않는다는 말이다.

왜 어떤 주걱이나 나무 스푼에는 구멍이 있나요?

구멍이 있는 스푼이나 주걱으로 재료를 섞으면, 구멍으로 액체는 빠지고 덩어리만 섞을 수 있다. 팬에서 소스에 잠겨 있는 채소, 생선, 고기를 뒤집거나 건질 때 유용한 기구.

한가운데 큰 구멍이 있는 스푼의 용도는 무엇인가요?

보통 스푼으로 재료를 섞으면, 재료 일부가 스푼의 오목한 부분에 달라붙어 뭉치곤 한다. 구멍이 있는 스푼에는 2가지 장점이 있다. 구멍은 재료가 서로 달라붙는 것을 막아주고, 구멍의 가장자리 부분은 재료를 훨씬 빨리 섞이게 해준다. 이런 스푼을 이탈리아에서는 「리소토스푼」이라고 부르고, 프랑스에서는 「믹싱스푼」이라고 한다.

왜 거품기는 와이어의 개수가 품질을 결정하나요?

거품을 낼 때, 거품기의 와이어는 섞여 있는 재료를 가르고 거품을 만든다. 와이어가 많을수록 거품기를 칠 때마다 더 많은 거품이 생기므로 효율이 더 좋아진다.

왜 금속 거품기를 선택하고 나무나 실리콘 소재는 피하는 게 좋은가요?

금속 거품기의 와이어는 표면이 매끈하여 재료를 완벽하게 가른다. 반면, 나무 거품기는 와이어가 거칠어 섞는 재료가 그 울퉁불퉁한 표면에 달라붙기 때문에 가르기가 어렵다. 실리콘 거품기는 너무 물러 효과가 떨어진다.

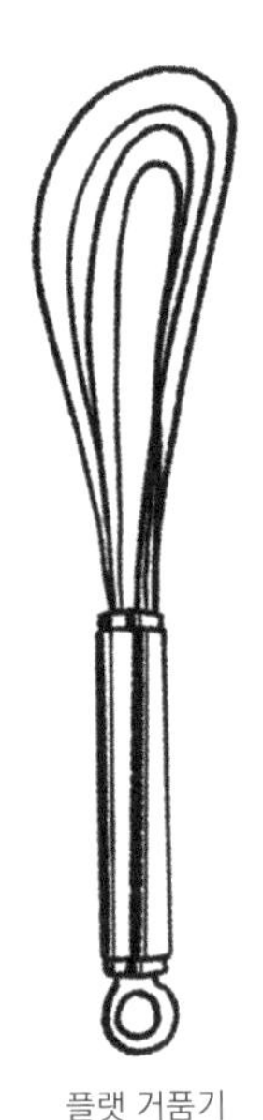
플랫 거품기

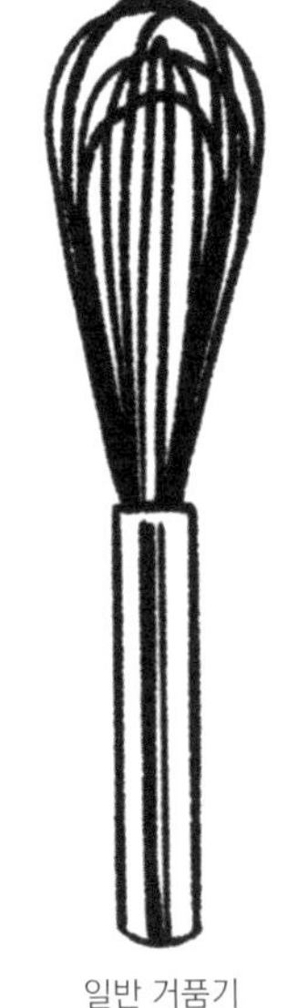
일반 거품기

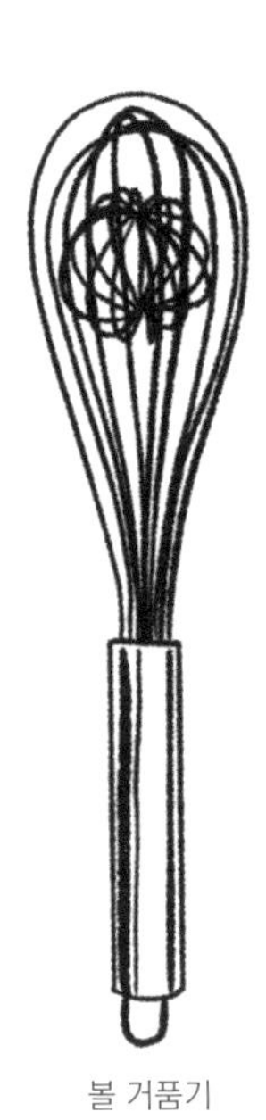
볼 거품기

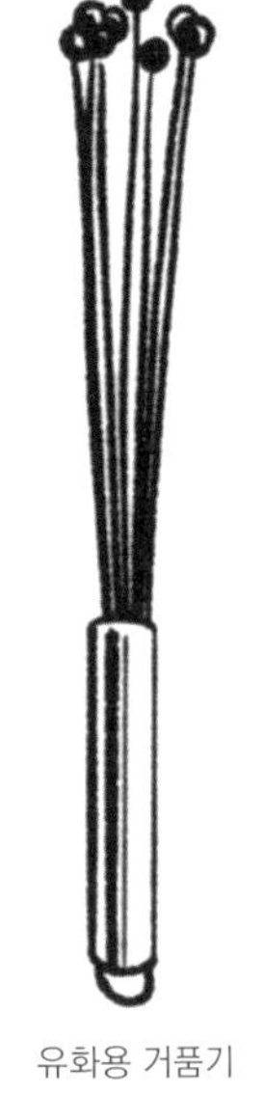
유화용 거품기

여기 주목!

유화용 거품기는 왜 유화가 잘 되나요?

먼저 알아두어야 할 것이 있다. 유화용 거품기는 비네그레트와 같은 일부 혼합물은 유화가 매우 잘 되지만, 달걀흰자의 거품을 내는 휘핑용은 아니라는 점이다. 유화용 거품기의 원리는 매우 간단하다. 유연한 줄기와 구슬이 음식에 공기를 거의 주입하지 않으면서도, 미세한 거품을 일으키며 재료의 결합을 끊기 때문이다. 뭉쳐 있는 덩어리를 풀고 기포 없는 매끈한 혼합물을 만드는 데 완벽한 도구이다. 구슬 거품기라고도 한다.

왜 스파게티 국자에는 한가운데 구멍과 가장자리에 톱니가 있나요?

아, 또 구멍이야기로군…. 스파게티 국자의 구멍에는 두 가지 용도가 있다. 먼저 이 구멍으로 삶지 않은 스파게티면의 1인분을 정확하게 잴 수 있으며, 삶은 파스타면을 건질 때는 이 구멍을 통해 면수가 빠져나간다. 테두리의 톱니는 스파게티를 건질 때 면이 걸려서 더 쉽게 건져낼 수 있게 한다.

플랫 거품기는 언제 사용하나요?

플랫 거품기는 소량의 소스용 퐁(스톡)을 만들 때 팬 바닥에 눌러붙은 육즙을 긁어내거나, 분리되기 쉬운 소스를 유화시킬 때, 스크램블드에그를 만들 때 달걀에 거품이 지나치게 많이 생기지 않게 하는 용도 등으로 쓰인다.

알아두면 좋아요

일부 거품기 속에 볼이 있는 이유는?

일부 금속 거품기의 한가운데 들어 있는 작은 볼은, 거품기 와이어의 전체 개수를 늘려 재료를 더 빨리 휘핑하고 부풀리는 역할을 한다. 재료 속에 거품기의 와이어가 많이 들어갈수록 거품이 생기는 속도가 더 빨라진다. 단 한 가지 불편한 점은, 설거지가 좀 더 복잡해진다는 점이다.

조리기구

왜 믹싱볼의 바닥은 둥글죠?

달걀흰자로 거품을 낼 때 윗부분은 거품이 잘 올라왔지만, 그릇 바닥에는 여전히 액체상태의 흰자가 남아 있는 것을 자주 본다. 그 이유는, 둥근 거품기의 끝이 각진 용기의 모서리까지 닿지 않았기 때문이다. 믹싱볼의 바닥이 둥글면, 거품기의 끝이 닿지 않는 각진 부분이 없어 재료가 더 잘 섞인다. 한 가지 팁을 더 알려주면, 믹싱볼 아래에 젖은 행주를 깔고 그 주위에 행주를 하나 더 둘러 볼을 고정시키자. 완벽하게 흰자를 휘핑할 수 있을 것이다.

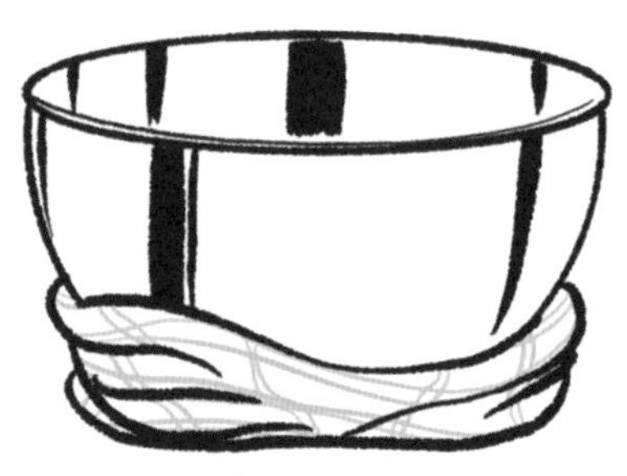

잘 고정된 믹싱볼

알아두면 좋아요

왜 나무 도마가 플라스틱 도마보다 더 위생적이라는 거죠?

박테리아는 주로 도마에 난 칼자국 사이에 달라붙는다. 과학 실험 결과, 나무 도마에 들어 있는 타닌 성분이 박테리아를 죽이는 반면, 플라스틱 도마에서는 박테리아가 그대로 살아 있을 뿐 아니라 번식까지 한다는 사실이 밝혀졌다.

그리고 유리나 화강암 소재의 도마는 왜 쓰면 안 되나요?

유리나 화강암 도마는 칼날에 비해서 너무 단단해 몇 번의 칼질만으로도 칼날이 망가진다. 나무 도마는 그에 비해 훨씬 부드러워 날이 도마에 파고들어도 손상되지 않는다.

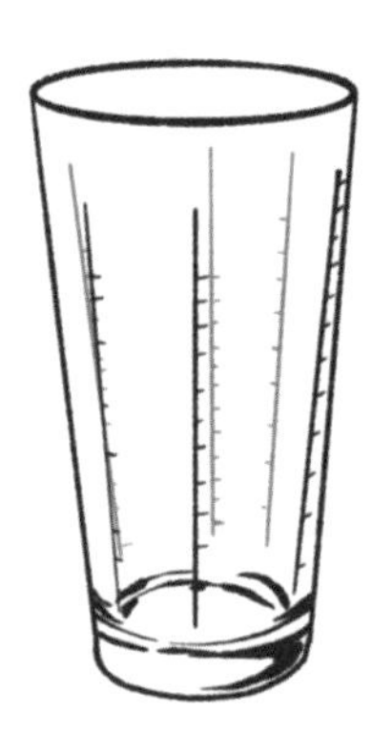

주의!

왜 유리 계량컵은 저울만큼 정확하지 않나요?

유리 계량컵은 부피를 재는 도구로, 무게는 알 수 없다. 액체용으로는 완벽한 도구이지만, 설탕이나 밀가루와 같은 고체의 경우에 총 부피는 재료의 입자크기와 관련이 있다. 입자가 클수록 각 입자 사이의 공간도 커지므로, 같은 무게라도 차지하는 부피는 더 커진다.

제과용 밀대에 관한 2가지 질문

1 왜 제과용 밀대의 재질은 그다지 중요하지 않을까요?

나무든 금속이든, 폴리에틸렌 또는 플라스틱이든, 제과용 밀대는 대부분 거의 비슷하다. 금속의 경우에는 손에 닿았을 때 온도가 살짝 올라가는 경향이 있어 반죽이 조금 무너질 수 있다는 것이 유일한 단점이다. 따라서 사용하기 전 30분 동안 밀대를 냉장고에 넣어둘 필요가 있다. 그 외에는 천연소재라는 점에서 나무 밀대를 쓰는 것을 선호하거나, 관리가 편하다는 이유로 실리콘을 사용하기도 한다. 원하는 것을 고르면 된다. 셰프는 바로 당신이니까….

2 하지만 밀대의 지름은 중요하다고요?

밀대의 지름은 중요하다. 반죽과 밀대가 접촉하는 면적이 클수록, 밀어놓은 반죽의 두께가 더 얇고 균일하기 때문이다. 똑같이 둥글지만 크기가 작은 대나무 꼬치로 반죽을 민다고 상상할 수 있는가? 일반적인 경우에 밀대의 지름은 5~6㎝ 정도면 충분하다.

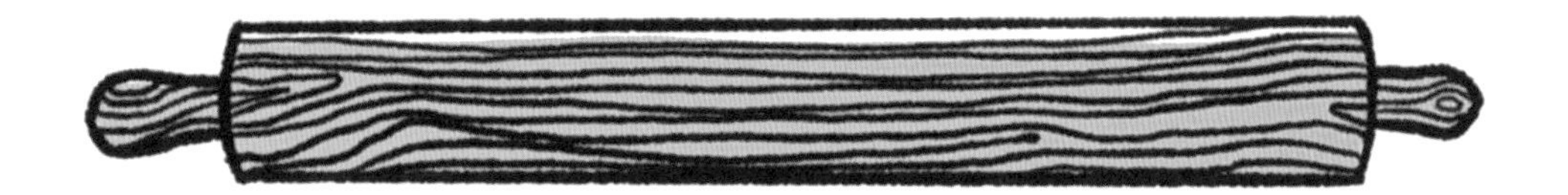

왜 요리용 온도계는 주방의 필수 도구인가요?

채소가 얼마나 익었는지 확인하고 싶을 때는 맛을 보면 된다. 하지만 양 뒷다리살이나 로스트, 또는 소금옷(소금 크러스트)을 입힌 생선구이라면 일이 더 복잡해진다. 요리가 어느 정도 진행되었는지 알아보는 가장 효과적인 방법은 내부온도를 알아보는 것이다. 온도계를 원하는 온도로 맞춰놓기만 하면, 그 온도에 도달하는 즉시 작은 벨소리로 알려준다.
이것은 특별한 요리를 만들 때 아주 유용한 도구이다. 요리가 너무 익거나 바싹 마르는 것을 피할 수 있으니 말이다.

요리용 디지털 온도계

프로의 팁

오븐용 온도계는 왜 또 필요한가요?

오븐의 서모스탯(온도조절장치)은 그리 정확하지 않다. 오븐 내벽에 설치되어 있고, 가열할 재료의 부피나 밀도를 고려하지 않기 때문이다. 예를 들어 오븐에 통통한 닭 두 마리와 그라탱 도피누아를 굽는다면, 간단하게 레몬타르트 하나를 구울 때보다 오븐의 열을 더 강하게 하여 온도를 높일 필요가 있다.
오븐용 온도계가 있으면, 서모스탯의 설정온도를 실제 내부온도에 맞게 조절하는 데 도움이 된다. 오븐에 180℃라고 표시되더라도, 사실 오븐 내부는 160℃나 200℃인 것을 알 수 있기 때문이다. 또한 여러 가지 요리를 동시에 해야 할 때, 서모스탯을 조절하여 요리에 필요한 온도로 맞출 수 있다.

조리기구

왜 유산지나 종이포일은 음식에 달라붙지 않나요?

유산지는 황산으로 처리한 종이로, 처리 과정에서 황산이 종이의 긴 섬유질을 녹여 섬유소 겔을 형성한다. 이 겔이 음식물에 달라붙지 않게 한다.
요리용 종이포일은 얇은 실리콘막으로 덮여 있어 이 역시 음식이 달라붙는 것을 방지하며, 지나치게 가열하지만 않으면 여러 번 재사용할 수도 있다.

왜 알루미늄포일의 한쪽 면은 유광이고 반대쪽은 무광인가요?

알루미늄포일을 제조할 때, 알루미늄판을 롤러에 넣어 얇게 늘리는 동안 찢어지지 않도록 2장을 겹친다. 이때 알루미늄판끼리 맞닿는 부분은 마찰로 인해 무광이 되고, 롤러와 접촉하는 면은 반짝이는 유광이 된다. 양면 모두 사용이 가능하다.

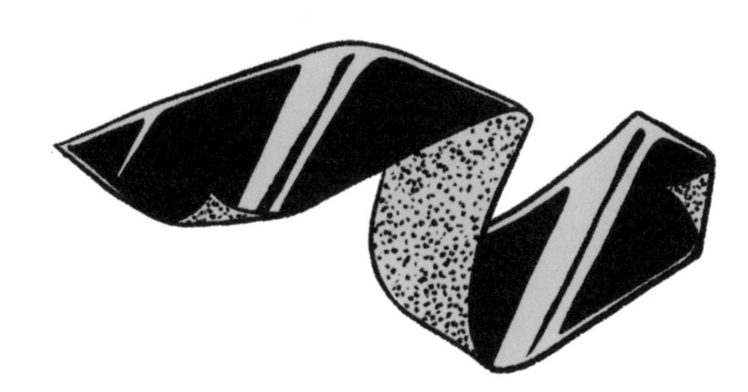

건강을 위해!

왜 조리할 때는 알루미늄포일 사용을 피해야 하나요?

알루미늄포일은 열이나 신 음식과의 접촉에 매우 약해, 일부 신경독성물질이 음식에 닿을 수 있다. 만약 알루미늄포일을 사용한다면, 알루미늄포일과 음식 사이에 요리용 종이포일을 깔아 음식을 보호한다. 반대로 음식을 차게 보관하는 경우에는 얼마든지 사용해도 좋다.

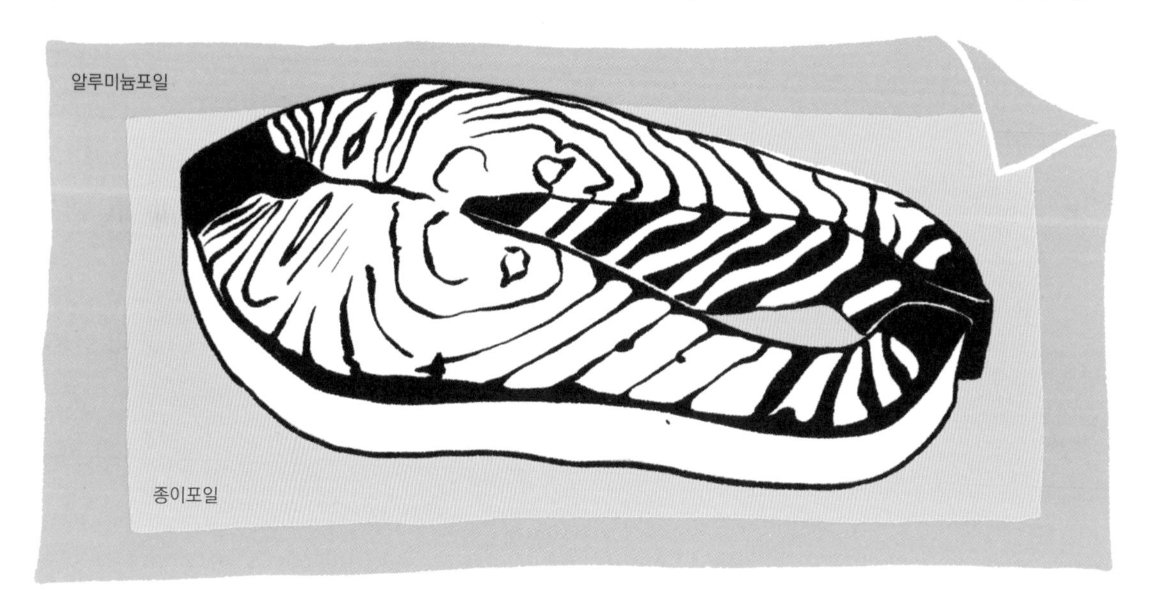

실리콘에 관한 4가지 질문

1 왜 실리콘 도구는 금속 도구를 사용할 때보다 효율이 떨어지나요?

실리콘은 금속보다 무르기 때문에 실리콘 도구는 정교함이 떨어지고, 자르거나 뒤집기가 잘 안 되는 단점이 있다. 단 하나의 장점, 정말이지 정말 단 하나뿐인 장점은 코팅팬 바닥에 스크래치를 내지 않는다는 점이다.

2 또, 천연모에 비해 실리콘 브러시로 바르면 액체가 더 잘 흐르나요?

실리콘 브러시의 「빗살」은 두껍고, 수가 적으며, 아주 무르기 때문에, 결과적으로 많은 양의 액체(녹인 버터, 제과에 사용하는 달걀노른자, 글레이즈 등)를 묻히게 된다. 그에 비해 올이 가는 천연모 브러시는 액체를 덜 묻히면서도 매우 섬세하게 윤기를 낼 수 있다. 실리콘 브러시는 그냥 던져버리는 편이 낫다!

3 왜 실리콘 틀은 사용하기 전에 기름칠할 필요가 없을까요?

사실, 실리콘 틀을 처음 사용할 때는 오일을 칠해야 하고, 그 이후에는 더 이상 칠하지 않는다. 그렇게 하면 아주 얇은 오일막이 틀 내부에 항상 남아 있게 되는데, 본래 실리콘 자체도 음식이 눌러붙지 않는다. 식재료가 달라붙지 않게 사용하는 종이포일도 실리콘막을 입힌 것이다.

4 오븐의 그릴 밑에 두는 것도 안 된다고요?

그릴 아래의 문제는 온도가 아니라 적외선의 힘이다. 실리콘은 적외선을 좋아하지 않아 온도 자체는 200℃를 넘지 않는데도 그 자리에서 녹아버린다. 실리콘 틀에 구운 케이크를 그릴 아래에서 노릇하게 만들 생각은 하지 않는 것이 좋다. 케이크의 대부분을 오븐 바닥에서 찾고 싶지 않다면 말이다.

필수 도구

나이프

칼은 재료를 썰기 위한 도구이다. 여기까지는 전혀 새로울 것이 없다.
하지만 여러분은 좋은 칼을 고르고 알맞게 관리할 줄 아는가?
칼을 쓰는 방법이 재료의 맛에 영향을 준다는 것도?
손을 베지 않고 칼을 정리하는 방법은?

칼날 모양은 왜 제각각인가요?

칼날의 형태는 용도에 따라 달라진다.

조금 볼록한 모양의 날은 가장 일반적인 형태로 슬라이싱 나이프, 페어링 나이프, 셰프 나이프 등에서 볼 수 있다. 소형인 경우는 칼날을 이용해 채소나 작은 고기 조각을 정교하게 다듬는 용도로 쓰이며, 대형 나이프의 경우는 채소 슬라이스 또는 고기를 두툼하게 써는 데 사용한다.

오목한 날은 채소를 돌려 깎거나 모양을 낼 때 쓰는 작은 칼에서 볼 수 있다.

손잡이 쪽은 오목하고 끝은 볼록한 날은 일반적으로 육류의 뼈를 제거하거나 생선살을 뜨는 데 사용한다.

직선형 날은 작은 칼에서 볼 수 있으며, 이 역시 과일, 채소, 소형 가금류나 생선을 작게 써는 등의 정교한 작업에 사용한다.

톱날은 들쑥날쑥한 톱니에 강한 압력을 가해, 표면이 무르거나 아주 단단한 재료를 자르는 데 사용한다.

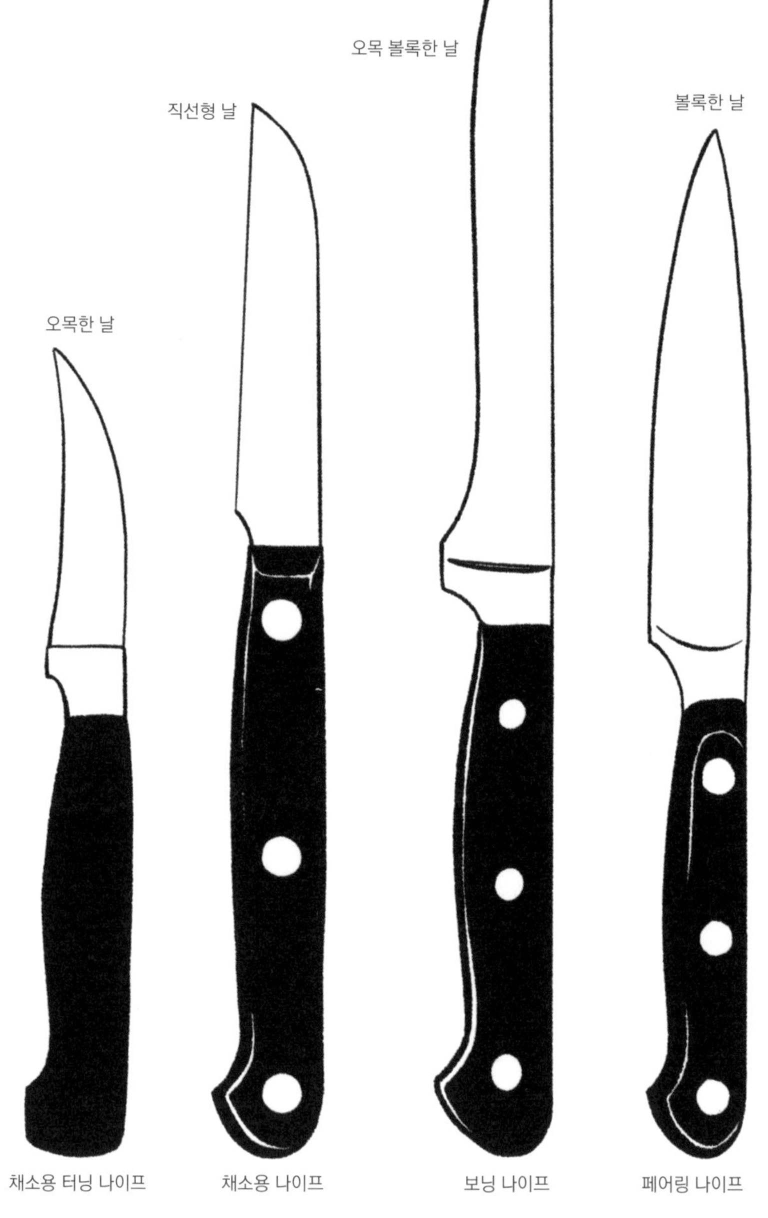

토마토 나이프
셰프 나이프
세컨드 셰프 나이프
슬라이싱 나이프
브레드 나이프

나이프

왜 셰프 나이프의 칼날은 다른 칼들보다 폭이 넓죠?

폭이 넓은 칼날의 장점 중 하나는, 자를 때 식재료와 접하는 면이 넓다는 것이다. 그래서 절단면을 크고 고르게 썰 수 있다.

브레드 나이프에는 왜 톱니가 있나요?

매끈한 칼날은 자를 때 날 전체에 압력이 가해진다.
이와 달리 칼날에 톱니가 있으면 같은 압력이 톱니 끝에 모이고, 힘을 받는 면적이 훨씬 좁기 때문에 가해지는 압력은 훨씬 커진다.
톱니는 재료를 깊이 썰기에 앞서, 무르거나 단단한 재료 속으로 칼이 더 쉽게 들어가게 한다.

「브레드 나이프로 썬 고기는 매끈한 칼로 썬 것보다 표면이 더 거칠고 맛도 좋다.」

이것이 테크닉!

왜 브레드 나이프로 썬 고기는 더 맛있나요?

예리한 칼로 썬 고기는 절단면이 매끈하고 완벽하지만, 평평한 표면은 열이 닿는 표면적이 가장 작다.
그러나 브레드 나이프로 썬 고기의 절단면에는 요철이 있어 다소 거칠며, 육질이 뜯긴 부분이 있다. 이것이 표면적을 크게 늘려 마이야르 반응이 많아진다. 그래서 육류 소테는 더 많은 그릴 자국과 바삭한 표면을 만들어주고, 육즙을 끼얹어가며 조리하는 경우에는 더 많은 즙을 모을 수 있으며, 소스 요리는 고기의 거친 표면에 소스가 더 잘 묻는다.

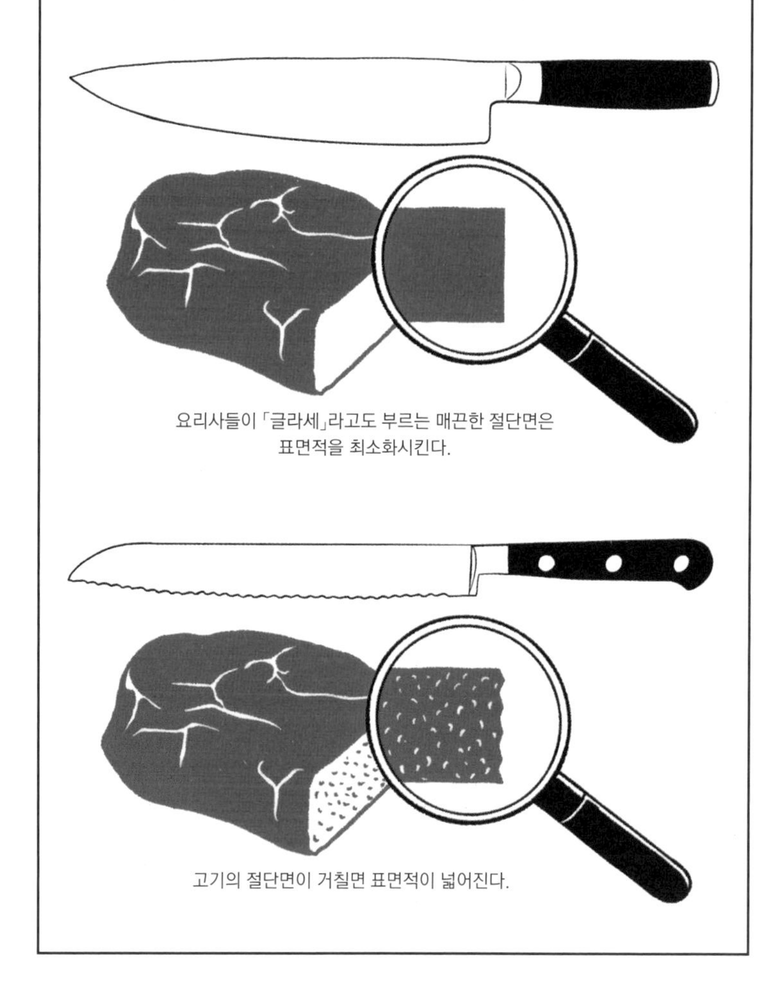

요리사들이 「글라세」라고도 부르는 매끈한 절단면은 표면적을 최소화시킨다.

고기의 절단면이 거칠면 표면적이 넓어진다.

왜 햄 나이프와 훈제연어용 나이프에는 홈이 있나요?

햄이나 훈제연어의 슬라이스는 기름지고 부드러워 칼날에 달라붙기 쉽다. 이때 칼날에 있는 홈이 슬라이스와 칼날 사이에 공기를 통하게 해주므로, 칼날에 달라붙지 않고 밑으로 떨어지게 된다.

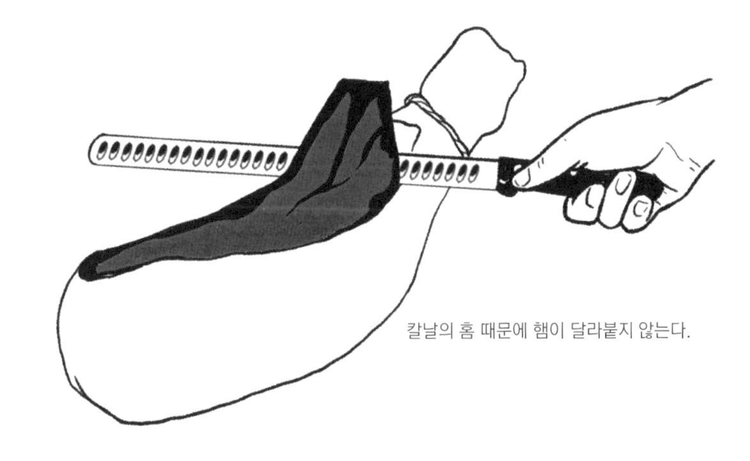
칼날의 홈 때문에 햄이 달라붙지 않는다.

여기 주목!

왜 토마토 나이프에는 작고 뾰족한 톱니가 촘촘하게 있나요?

토마토 껍질은 부드럽지만, 아주 날카로운 칼로도 꽤 썰기가 어렵다. 이 문제의 해결책은, 빵을 썰 때처럼 뾰족하고 작은 톱니가 있는 칼로 날이 들어갈 때 강한 압력을 주는 것이다. 이렇게 하면 토마토 껍질을 쉽게 자를 수 있기 때문에, 잘 익은 무른 과육을 으깨지 않으면서도 썰 수 있다.

왜 버터 나이프는 나무가 좋은가요?

가장자리가 조금 둥근 나무 「칼날」은 버터를 뜰 때 버터 덩어리에 보기 싫은 자국을 남기지 않는다. 또한 좋은 버터를 자를 때, 나무 날은 금속 나이프에 비해 좀 더 부드럽고 「자연스러운」 느낌을 준다.

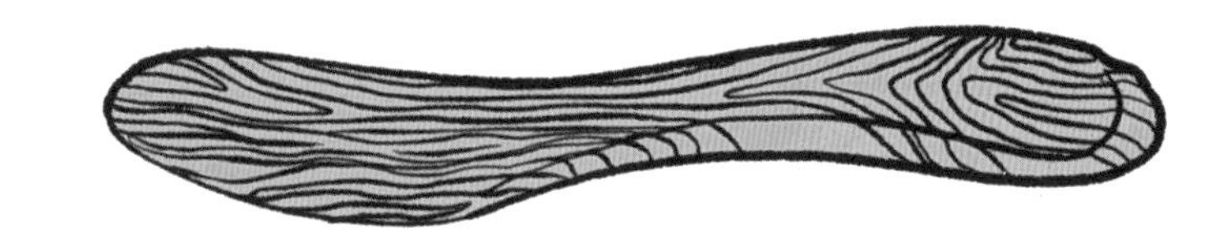

왜 「필레팅 나이프」는 칼날이 휘어지나요?

생선살을 손실이나 손상 없이 떠내려면, 생선 등뼈에 바짝 붙여 밀면서 다른 뼈모양을 따라 움직이는 칼이 필요하다. 단단한 날은 휘어지지 않아 생선 가시에 살이 남는 반면, 유연한 「필레팅 나이프」는 주변을 압박하지 않으면서 뼈를 따라가며 살을 발라낸다. 그래서 프로 요리사처럼 멋지게 깔끔한 생선 필레를 뜰 수 있다.

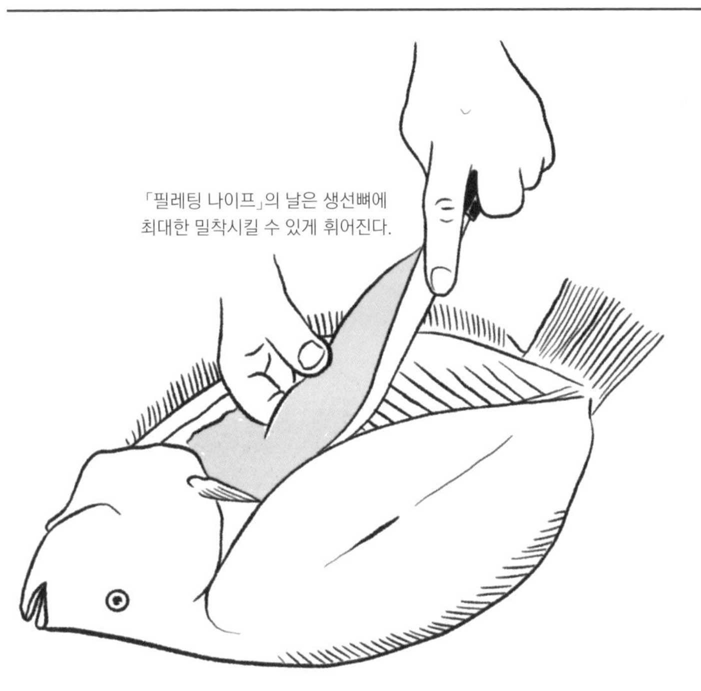
「필레팅 나이프」의 날은 생선뼈에 최대한 밀착시킬 수 있게 휘어진다.

필수 도구

나이프

왜 마그네틱 나이프랙은 피해야 하나요?

칼은 상하기 쉽다! 칼날 끝은 면도날처럼 얇다. 따라서 단단한 표면에 맞부딪히면 매우 빨리 망가진다. 벽에 설치하는 금속 나이프랙은 예리한 칼날에 사용하기에는 지나치게 단단하다. 칼을 꼭 벽에 붙이고 싶다면, 자석이 들어 있되 날이 상하지 않게 표면이 무른 나무 소재로 되어 있는 제품을 고른다. 마찬가지로 금속 구슬을 채운 형태의 칼꽂이도 절대로 피해야 한다. 이런 도구들은 품질이 별로인 칼에나 알맞다.
이런 주의사항들이 귀찮겠지만, 좋은 칼에는 주의가 필요하다. 말하자면 여러분에게는 나무로 된 나이프홀더가 필요하다는 의미다.

「칼을 나란히 꽂아두면,
서로 부딪히지 않아
절삭력을 그대로
유지할 수 있다.」

왜 아주 좋은 칼은 식기세척기에 넣으면 안 되나요?

여러분의 멋진 칼을 식기세척기에 넣으면 안 된다! 칼 재료를 자르는 역할을 하는 칼날은 매우 날카로워서 그 두께가 몇 마이크로미터에 지나지 않는다. 가장 단단한 스틸 나이프도 섬세한 칼날 끝은 상하기 쉽다. 최소한의 충격만으로도 칼날이 틀어지거나 이가 빠질 수 있다. 물론 이러한 손상은 미세하지만 조금씩 절삭력과 정교함을 잃게 하며, 한번 뒤틀리거나 이가 빠진 칼을 이전 상태로 되돌리기란 매우 어렵다. 칼을 식기세척기에 넣으면, 그 안에서는 언제나 다른 도구들(유리잔, 커트러리, 접시 등)과 조금씩 부딪힐 수도 있어, 칼날에 돌이킬 수 없는 손상을 입혀 품질을 저하시킨다.
마치 위대한 셰프들처럼 칼을 다루자. 여러분의 칼에 세심한 주의를 기울여야 한다. 왜냐하면 칼은 바로 손의 연장선이기 때문이다.

칼의 경도에 관한 3가지 질문

1 칼의 재질이 왜 그렇게 중요한가요?

칼날을 만드는 강철의 질은 모두 다르다. 칼날은 탄소 함량이 높을수록 단단해진다. **탄소강(카본 스틸)으로 만든 날**은 가장 단단하고 절삭력도 오래 유지되지만, 경도가 높기 때문에 칼을 갈기가 어렵다. 탄소강의 탄소 함유율은 최소 0.3%부터, 유럽 기준으로 가장 단단한 경우는 1.2%, 일본 기준으로는 3%에 이른다. 탄소강 나이프는 녹이 슬 수 있기 때문에 관리가 까다롭다.

스테인리스 스틸로 만든 날은 가장 흔한 형태로, 단단하고 유지관리가 쉽다. 여기에 약간의 카본, 크롬, 또는 다른 금속을 더해 칼날을 유연하게 만들기도 한다.

세라믹 나이프는 절삭력이 아주 좋고 가볍지만, 매우 약해 압력이나 충격이 조금만 가해지면 깨진다. 요리사들은 세라믹 나이프를 그다지 좋아하지 않는데, 손으로 써는 느낌이 스틸 나이프만큼 섬세하지 못하기 때문이다.

2 왜 얇고 단단한 날로 부드러운 재료를, 두껍고 무른 날로 단단한 재료를 써나요?

칼날이 얇고 단단할수록 절삭력이 좋고 갈기 어렵다. 이런 칼들은 면도날처럼 날카롭지만 약하기 때문에, 칼날이 지나치게 빨리 망가지는 것을 피하기 위해 채소, 과일 또는 생선처럼 「무른」 재료를 다루는 데 사용한다.

반대로 두껍고 무른 날은 금방 무뎌지고 절삭력이 떨어진다. 이러한 칼들은 날을 쉽게 자주 갈아 세울 수 있어, 뼈가 붙은 고기처럼 칼이 부딪히고 닳을 수 있는 단단한 재료를 자를 때 사용한다.

3 칼의 경도(HRC)를 표시하는 이유는 무엇인가요?

칼에 표시된 52~66 사이의 숫자는 칼에 사용된 강철의 경도를 나타낸다. 숫자가 작을수록 무르고, 숫자가 클수록 단단하다. 단단한 강철은 제조할 때 더 많은 작업과 주의가 필요하므로 가격이 더 비싸다.

경도는 날의 품질에 직접적인 영향을 미친다. 무를수록 정교함이 떨어지지만 날을 세우기가 쉽다. 반대로 단단할수록 날이 섬세하고 상하기 쉬워 갈기가 어렵다.

56 이하 : 가장 흔하고 저렴하며, 적당한 품질의 칼에 쓰인다. 매우 갈기 쉽지만 자주 갈아야 한다.

56~58 : 독일의 전문가용 칼의 경도 수준이다. 갈기는 쉬운 편이지만, 매우 규칙적으로 날을 세워줘야 한다.

58~60 : 여기서부터 일본산 칼들이 등장한다. 절삭력은 오래가지만 갈기가 어려워지며, 일정 수준 이상의 요리 애호가들에게 적합하다.

60~62 : 매우 정교하면서도 단단한 칼날이다. 갈기가 매우 어렵다. 이 수준부터는 궁극의 칼이라고 할 수 있으나, 동시에 섬세한 테크닉이 필요하다.

62 이상 : 진정한 요리 고수를 위한 칼이다. 극단적으로 단단하며, 날이 아주 상하기 쉽고, 정말이지 갈기가 아주 아주 어렵다.

공장에서 찍어낸 칼과 단조형 칼을 구분하는 이유는 무엇인가요?

일반적으로 사용하는 칼은 찍어내는 방식, 즉 넓은 스틸판을 찍어낸 다음 갈아서 만든다.

고급 칼에는 손으로 두드려 금속 입자를 뭉갠 후, 작은 결정으로 만드는 과정을 거친 단조형 날이 쓰인다. 이 날들은 달군 후 급격하게 온도를 떨어트리는 방식으로 단련시켜 만든다.

나이프

일본식 주방칼에 관한 2가지 질문

1 왜 어떤 일본 칼은 칼날이 비대칭인가요?

대부분의 주방칼은 양날로 이루어져 있다. 하지만 일본식 주방칼 중 일부는 칼날이 비대칭으로 칼날의 한쪽 면만 갈아서 사용하며, 반대쪽은 납작하여 절삭력이 없다. 칼날의 형태는 절삭에 영향을 미치기 때문에 재료의 맛에도 영향을 미친다. 비대칭 외날은 절삭시 한쪽 면에만 압력이 가해지는 반면, 대칭 양날은 양쪽 면에 힘이 들어간다. 재료 본연의 맛은 외날을 사용했을 때 더 잘 유지된다.

비대칭 외날은 일반 식도에 비해 더 얇고 정교하게 썰 수 있기 때문에 주로 생선, 특히 스시에 널리 사용한다. 칼의 납작한 면을 생선뼈에 대고, 날카로운 칼날로 생선살을 부드럽게 분리한다. 칼의 납작한 면은 생선살의 표면을 매끈하게 만들기 때문에 그 면이 위로 오게 놓고, 날이 닿는 면은 상대적으로 덜 매끈하므로 밥 쪽으로 붙여 잘 달라붙게 한다.

비대칭 외날은 또한 생선 껍질을 벗겨내는 용도로도 사용하는데, 껍질 점액이 생선살에 닿아 살을 손상시키는 것을 막는다. 이때 칼의 납작한 면은 생선살에 대고, 칼날은 껍질 밑으로 두어 깔끔하게 벗겨낸다. 정교한 미식문화의 영향으로, 일본에서 생선 썰기는 예술의 경지에 이르렀다.

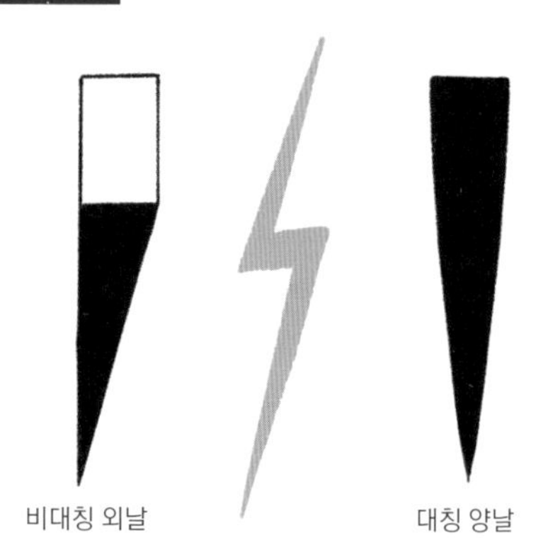

스시용 생선 썰기

2 왜 일본식 주방칼은 위아래, 앞뒤로 움직이면서 써나요?

대부분의 유럽식 주방칼은 재료를 슬라이스하기 위한 용도로 쓰이며, 앞칼날을 도마에 고정시킨 상태에서 뒤에서 앞으로 (또는 반대로) 시계추처럼 일정한 움직임을 반복한다. 이 왕복운동을 쉽게 할 수 있도록 유럽식 칼날은 부드러운 곡선으로 되어 있다. 반면, 일본식 주방칼은 매우 다른 방식으로 사용한다. 앞칼날을 도마에 대지 않고 칼날을 위아래로 움직이며, 동시에 뒤에서 앞으로 (또는 앞에서 뒤로) 미는 동작을 병행한다. 날을 도마에 고정시키지 않기 때문에 여기서는 시계추와 같은 일정한 움직임이 일어나지 않으며, 칼날이 둥근 곡선일 필요도 없다. 일본 식도의 날이 직선이거나 거의 직선에 가까운 이유다.

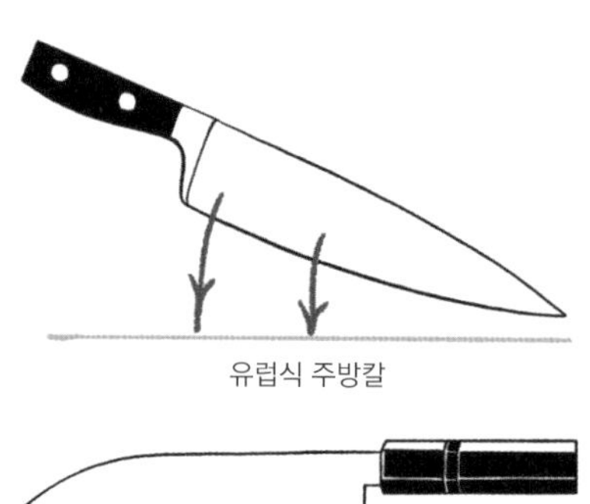
유럽식 주방칼

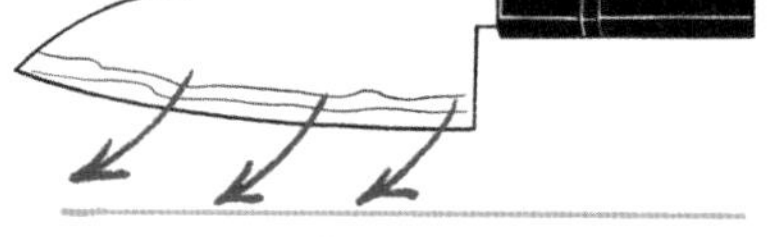
일본식 주방칼

왜 칼에 왼손잡이용과 오른손잡이용이 있나요?

일부 고급 칼은 손잡이 자루가 한쪽으로 조금 돌출된 형태로 만들어져 있어 쥐기 쉽고, 정확하게 써는 데 도움을 준다. 돌출된 방향은 손이 자루를 감싸는 쪽을 따라가므로 오른손잡이용은 오른쪽을, 왼손잡이용은 왼쪽을 향한다.

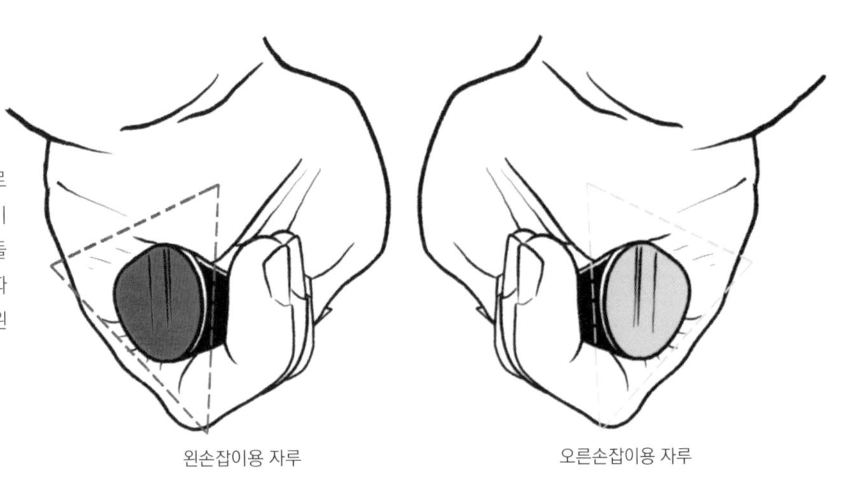

올바른 방법

엄지손가락을 칼 옆면에 붙이면 정확하게 썰 수 있나요?

손으로 칼의 앞뒤 기울기를 조절하는 한편, 엄지손가락을 칼자루쪽 옆면에 붙여 칼날이 좌우로 기우는 정도를 조절한다. 이렇게 하면 칼의 움직임을 완전히 통제할 수 있다. 숙련된 요리사가 칼을 쥐는 방식이다.

왜 재료를 썰 때 검지를 칼등에 올리면 안 되나요?

검지를 칼등에 올리면, 위에서 아래로 압력이 가해져 칼날이 재료에 쉽게 파고든다. 이렇게 힘을 주면 자르기보다 눌러서 뭉개져버린다. 그래서 재료의 조직이 으깨지고 즙이 빠지며, 잘리기보다 찢어져 요리의 질이 나빠진다.

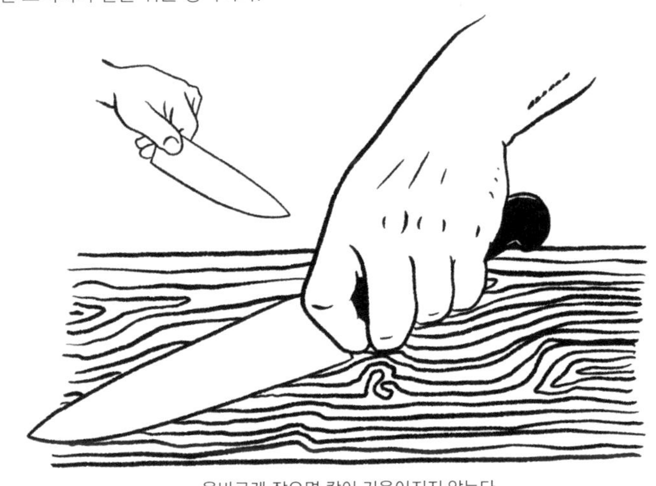

올바르게 잡으면 칼이 기울어지지 않는다.

왜 칼을 앞뒤로 부드럽게 움직여야 하나요?

재료에 칼날을 밀어넣으려고 눌러대는 모습을 볼 때면 정말 안타깝다. 썰기는 섬세하고 감각적인 작업이라서 부드러움이 필요하다. 절대 힘으로 칼날을 밀어넣어서는 안 된다. 절대로!

앞뒤로 칼을 움직이는 동작은 재료를 깔끔하게 써는 데 도움이 되지만, 위에서 아래로 힘을 가할 경우에는 재료가 찢어지게 된다. 여러분이 손에 든 것은 요리용 칼이지, 전기톱이 아니다. 칼질은 부드럽게 해야 한다.

샤프너 · 샤프닝 스틸

칼을 갈다, 날을 세우다…. 둘을 분명하게 구분하기는 쉽지 않다.
그러나 정교하고 효과적인 커팅을 원한다면, 소중한 칼을 적절하게 관리하는 법을 익히도록 하자.

날 세우기용 샤프닝 스틸(연마봉), 샤프너, 숫돌, 날 갈기용 샤프닝 스틸의 용도가 각각 다른 이유는 무엇인가요?

샤프너(칼갈이)는 작업대 위에 놓고 사용한다. 사용하기 쉽지만, 효과는 그리 훌륭하지 않다. 섬세함과 지속력이 떨어지는 방식이기에, 저가형 칼에 알맞다.

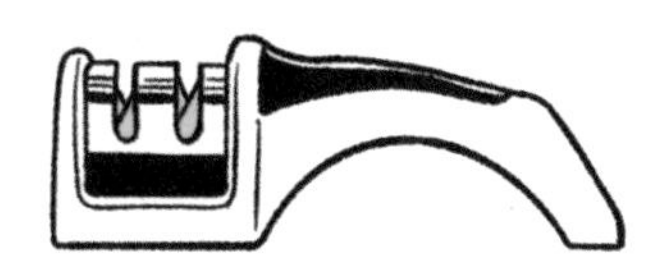

전동 샤프너는 게으른 이들의 도구이다! 쉽고, 빠르고, 결과물도 그런대로 나쁘지 않은 편이다. 그러나 칼날이 많이 닳기 때문에 칼의 수명을 크게 단축시킨다.

숫돌 좋다. 칼을 위한 가장 좋은 관리도구라고 할 수 있다. 갈기와 날 세우기가 모두 가능해 더할 나위 없다. 사용법이 그리 복잡하지는 않지만, 상당히 주의를 기울여 정확하게 사용해야 한다.

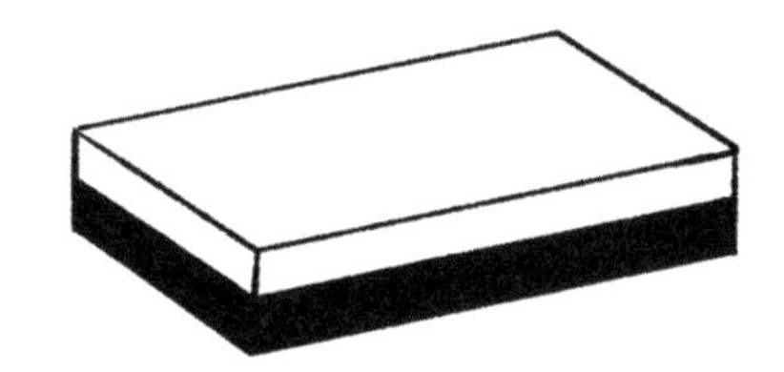

날 세우기용 샤프닝 스틸은 금속, 세라믹, 다이아몬드 재질이다. 금속보다는 세라믹, 세라믹보다는 다이아몬드 재질이 단단하며 효과도 가장 좋다. 일상적으로 칼날을 조금씩 세울 때 사용한다.

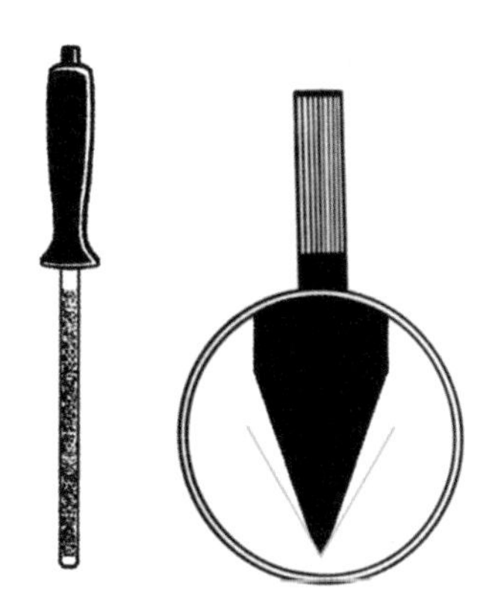

날 갈기용 샤프닝 스틸은 날 세우기용 샤프닝 스틸과는 전혀 다르다. 이것은 칼날의 맨 윗부분부터 칼날 두께의 일부를 갈아내 날의 효율을 되살리는 역할을 한다. 날 세우기용 샤프닝 스틸보다 사용주기가 긴 편이다.

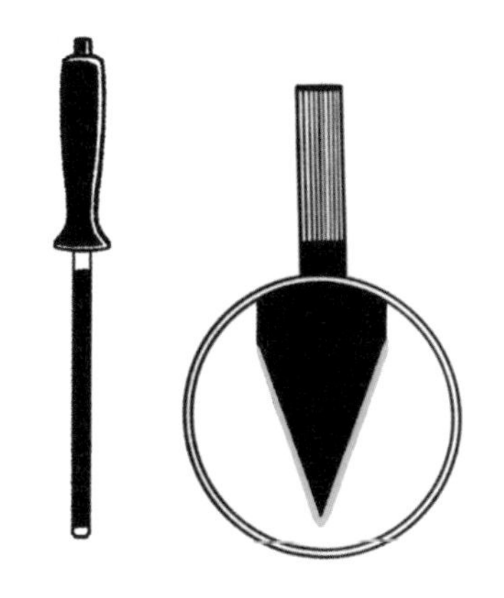

숫돌을 사용하는 연마는 왜 특별한가요?

숫돌로 연마할 때는 칼날을 15° 이하의 매우 좁은 각도로 눕힌다. 일반적으로 입도 300에서 1000 사이의 입자가 굵은 숫돌로 시작하며, 입도 3000 또는 6000 정도로 마무리하여 면도날처럼 날카로운 칼날을 만든다. 연마시 15° 각도를 유지하기 위해서는 상당한 정확성이 필요하다. 요컨대, 어떤 요리사도 자신이 사용하는 일본제 나이프의 연마를 다른 사람에게, 심지어 같은 요리사에게도 맡기지 않을 것이다. 요리사들은 자신의 칼과 아주 내밀한 관계를 유지한다.

샤프닝 스틸의 형태가 왜 중요한가요?

원형 샤프닝 스틸은 칼날과의 접촉면이 좁다. 때문에 칼을 갈 때 칼날과 샤프닝 스틸이 닿는 각도가 일정하지 않아 연마의 질이 떨어질 수 있다.

타원형 샤프닝 스틸에서는 접촉면이 좀 더 넓어진다. 접촉면이 넓어지면, 샤프닝 스틸의 위에서 아래까지 칼날과 일정한 각도를 유지하기 쉽기 때문에 갈기가 좋다.

납작한 샤프닝 스틸은 칼날과의 접촉면이 가장 넓다. 이 역시 일정한 연마 각도를 유지하기 쉬우며, 연마의 질이 가장 좋다.

날 갈기용 샤프닝 스틸과 날 세우기용 샤프닝 스틸이 서로 보완적으로 쓰이는 이유는 무엇인가요?

칼을 갈수록 칼날의 절단각이 조금씩 커지는데, 그럴수록 칼이 잘 들지 않는다. 따라서 칼날 윗부분에서부터 원래 각도를 회복하기 위해 칼날의 두께를 얇게 만들어줄 필요가 생긴다. 이때 날 갈기용 샤프닝 스틸이 칼날의 두께를 얇게 만드는 역할을 한다.

새로 산 칼날은 완벽하게 날카로운 상태이다.

칼을 사용할수록 날이 무뎌진다.

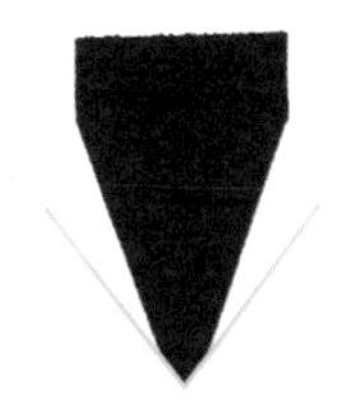

칼을 갈수록 칼날의 각도가 벌어진다.

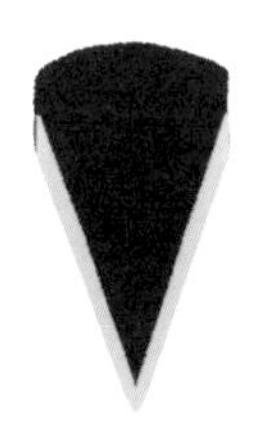

그러므로 칼날 두께의 일부를 제거해 칼의 절단각을 회복시키고 커팅을 정확하게 만든다. 바로 날 갈기용 샤프닝 스틸이 나설 차례다!

올바른 방법

칼을 가는 방식이 다른 이유는 무엇인가요?

샤프닝 스틸을 이용해 칼을 잘 가는 방법에는 2가지가 있다.

❶ 샤프닝 스틸을 손에 들고 간다.

❷ 샤프닝 스틸의 끝을 작업대에 대고 간다.

2가지 방법 모두 효과적인데, 사실 동작이 같기 때문이다. 따라서 둘 중 더 편한 방법을 선택한다.

두 방식 모두 칼날을 샤프닝 스틸 위에 20° 각도로 대고, 칼날을 가볍게 누르면서 샤프닝 스틸 위로 반원을 그리듯이 미끄러트린다. 이어서 칼날을 샤프닝 스틸 반대편에 대고 똑같이 움직인다. 이 동작을 10번 정도 반복한다.

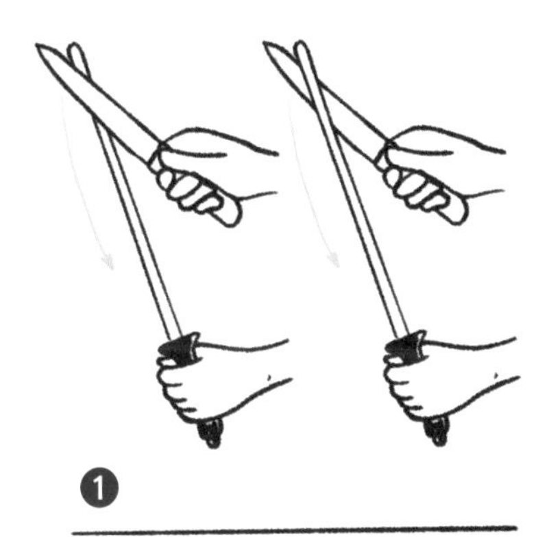

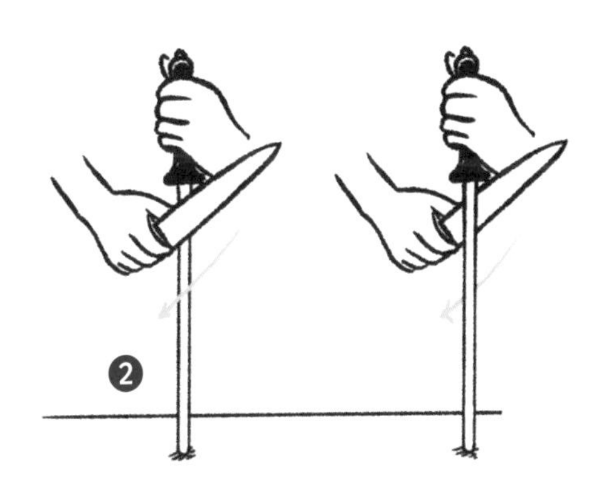

필수 도구

냄비와 팬

조리 용기는 음악을 위한 도구는 아니다…. 하지만 주방에서 냄비와 팬은 악기와도 같기에
질 나쁜 냄비로 맛있는 수프를 만들 수는 없는 일이다!

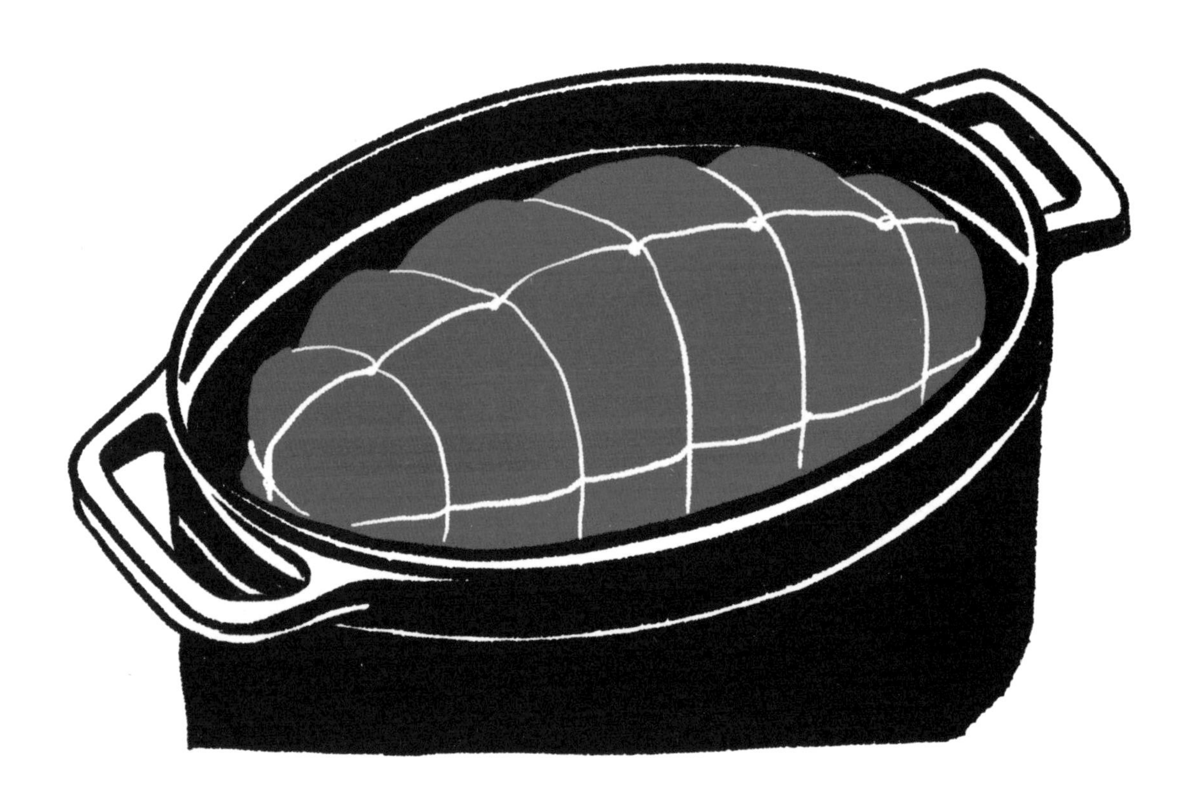

팬이나 냄비 등의 크기를 잘 고르는 것이 왜 중요한가요?

팬이나 냄비를 가열하면 화구의 열기가 팬이나 냄비의 표면까지 전달되지만, 재료를 넣으면 온도가 떨어진다. 만약 바닥이 음식으로 완전히 덮여 있지 않다면, 재료가 닿지 않은 부분은 식지 않고 다른 부분보다 더 세게 데워질 것이고, 나중에 그곳의 재료는 탈 위험이 있다. 따라서 재료 전체를 균일하게 익히기 위해서는 항상 조리할 재료의 양에 맞는 용기를 골라야 한다.

그리고 모양도 잘 골라야 한다고요?

조리할 재료와 모양이 맞는 냄비나 팬을 사용하자. 원형팬은 채소 소테에는 완벽하지만, 닭이나 로스트에는 적합하지 않다. 그런 요리를 할 때는, 재료의 형태가 맞고 되도록 크기가 비슷한 주물냄비나 타원형 냄비를 사용하면 재료가 골고루 익는다.

두께도 중요하다고요?

팬이나 냄비가 두꺼울수록, 재료와의 접촉면에 도달하기 전까지 열이 두꺼운 금속 내부에 더 잘 퍼진다. 또한 전체 표면에서 재료가 골고루 익게 된다. 재료가 부드럽게 익고, 계속 저어줄 필요가 없다는 점에서도 냄비의 두께는 중요하다.
단점은, 바닥이 두꺼울수록 온도 변화에 반응이 늦다는 점이다. 따라서 조리 중에 온도를 미리미리 조절해야 한다.

왜 냄비나 팬의 재질이 요리에도 영향을 미치나요?

모든 소재가 열을 다 같은 방식으로 전달하지 않기 때문이다. 철과 스테인리스는 오직 불이 닿는 곳에만 열을 전달한다. 반면, 무쇠는 먼저 열을 흡수한 다음, 전체 표면과 가장자리까지 재분배한다.

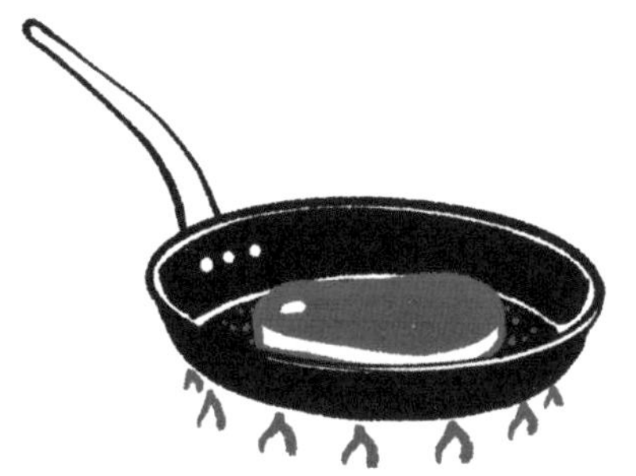

철과 스테인리스는 불이 닿는 곳, 즉 팬 바닥에만 열을 전달한다. 그리고 불이 상대적으로 약하더라도 열을 세게 전달한다. 이것들은 스테이크처럼 강하고 빠른 요리가 가능한 재질로, 육즙을 신속하게 눌러붙게 만든다.

코팅팬의 경우에는 열전달이 어렵고, 육즙도 거의 눌러붙지 않는다. 부드러운 조리에 적합하며, 생선이나 채소, 달걀프라이, 육류의 조리는 피하는 것이 좋다.

무쇠는 불이 닿는 바닥에서부터 열을 부드럽게 전달한다. 하지만, 먼저 두꺼운 무쇠 내부에 열을 축적한 다음, 표면 전체로 열을 퍼뜨리는 방식으로 열을 전달한다. 익히는 방식이 더 부드럽기 때문에 육류를 브레이징하거나, 살이 섬세한 생선 또는 채소 조리에 이상적이다. 육즙이 눌러붙는 속도는 느린 편이다.

꼭 알아둘 것

팬이나 냄비 아래의 화구 크기가 왜 중요한가요?

열전도율이 매우 좋고 바닥도 두꺼워 열을 잘 흡수한 다음 재분배할 수 있는 냄비를 사용한다고 해도, 열이 닿는 화구의 크기가 맞지 않으면 좋은 요리는 할 수 없다. 확인해보고 싶다면 30㎝ 크기의 팬을 지름 5㎝ 화구로 가열해보자. 화구의 크기가 사용하는 팬의 크기와 비슷할수록 바닥면에 열이 고르게 퍼지고, 따라서 재료도 균일하게 익는다.

냄비와 팬

코팅팬에 대한 2가지 질문

1 코팅팬에는 왜 음식이 달라붙지 않죠?

이 팬은 일종의 페인트로 코팅되어 있어서 음식물이 달라붙는 것을 막아주지만, 육즙이 맛있게 눌러붙는 것 역시 방해한다. 또 알아야 할 점은, 이 코팅이 250℃ 이상의 고온을 견디지 못한다는 것이다. 테프론 코팅은 340℃ 이상에서 망가지기 시작하는데다, 유해증기를 내뿜는다. 또한 스크래치에 약하고 상당히 빨리 손상된다.

2 왜 논스틱 코팅웍은 사지 않는 것이 좋은가요?

코팅웍을 개발한 괴짜는 자신의 발명품을 숨겨두었어야 했다. 그 사람은 제정신이 아닌 게 분명하다! 웍 조리의 원리는 재료를 초고온에서 재빨리 익히는 것이다. 논스틱 코팅은 250℃ 이상을 견디지 못하는데, 웍의 바닥 온도는 화구만 좋으면 손쉽게 700℃를 넘긴다. 이것이 웍을 사용하여 조리할 때, 재료를 작은 조각으로 썰어 재빨리 익히고 계속 저어가면서 타지 않게 하는 이유이다. 논스틱 코팅웍은 전혀 앞뒤가 맞지 않는 물건이다!

소테팬이나 주물냄비와는 달리 왜 팬은 바닥의 가장자리가 둥근가요?

소테에 주로 사용하는 팬은, 재료를 상당히 높은 온도로 재빨리 익혀 즙을 되도록 빨리 증발시키고 맛있는 크러스트를 만드는 것이 목적이다. 이러한 유형의 조리 방식에서는, 웍 요리와 마찬가지로 재료를 계속 움직여 타지 않게 해야 한다. 팬의 둥근 가장자리는 팬을 위아래, 앞뒤로 움직일 때 원을 그리며 팬 안에서 세게 볶을 수 있게 해준다. 이러한 동작을 쉽게 하기 위해서 팬에는 손잡이가 1개 있다. 반면에, 화구 위에서 움직이지 않는 소테팬이나 주물냄비는 바닥과 옆면이 직각을 이루고, 두 손으로 옮기기 위한 양 손잡이가 있다.

왜 겉면이 구리로 된 팬이나 냄비가 고급 제품의 상징인가요?

구리는 열전도율이 매우 높은 소재이다. 불과 냄비 바닥 사이의 얇은 구리막은 열을 흡수하여 냄비 전체 표면에 재분배한다. 이 막이 없으면 불이 닿는 부분만 가열된다.

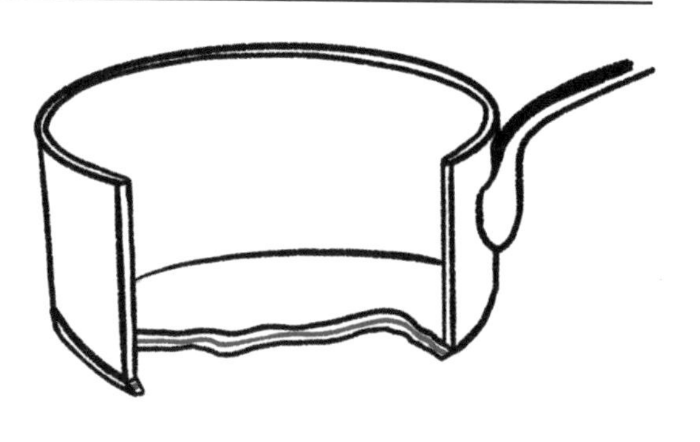

왜? 그리고 어떻게?

무쇠팬을 「시즈닝」하는 이유는 무엇인가요?

정말 좋은 팬(표면에 페인트칠을 한 코팅팬 같은 것 말고)을 만들기 위한 팁이 있다. 위대한 요리사들은 그들의 무쇠팬을 「시즈닝」한다.

시즈닝이란, 팬에 분해된 얇은 오일막을 만들어 가열시 무쇠의 장점은 유지하면서도 팬에 음식이 달라붙지 않게 하는 것이다.

시즈닝을 한 팬은 스테이크나 일부 생선과 채소 요리 외에도, 바닥은 바삭하고 노른자는 반숙인 달걀 프라이를 만드는 데 으뜸이다. 시즈닝을 하는 방법은 다음과 같다.

❶ 새 팬 바닥에 오일을 얇게 바르고, 가볍게 연기가 날 때까지 가열한다.

❷ 오일을 제거하고 키친타월로 닦아낸다. 팬을 식힌 다음, 이 과정을 3~4번 반복한 후 요리를 시작한다.

❸ 매번 조리가 끝난 후에는 팬에 물을 조금 붓고 1분간 끓여 눌러붙은 육즙을 제거한 다음, 따뜻한 물로 팬을 긁지 말고 씻는다. 그 후 키친타월로 닦아낸다.

❹ 다시 팬에 오일 1ts을 붓고, 키친타월로 바닥면에 펴 바른다.

이렇게 하면, 요리를 계속할수록 점점 팬의 색깔이 어두워지면서 눌음 방지력이 좋아진다.

한번 시즈닝이 된 팬은 더 이상 음식이 들러붙지 않을 뿐만 아니라, 수십년간 최상의 요리를 제공할 것이다!

하지만 절대로 무쇠팬을 물에 담가두거나 식기세척기에 넣으면 안 된다고요?

시즈닝! 우리의 시즈닝을 손상시킬 수 있는 모든 것들은 금지된다. 특히 팬의 색이 완전히 어두워지고 여러 번 사용한 후라면 더욱 주의하여 다루어야 한다. 시즈닝한 팬의 색이 어두워질수록 질은 더 좋아진다. 만약 그 팬을 물에 담가둔다면, 녹이 슬고 시즈닝이 망가질 수 있다. 그리고 혹시 식기세척기에 넣는다면, 역시 시즈닝은 손상되어 모든 것을 원점에서부터 다시 시작해야 한다. 공들인 시즈닝이 헛수고가 된다면 얼마나 슬프겠는가!

오븐 용기

오븐 용기는 큰 것, 작은 것, 유리, 세라믹, 스테인리스, 심지어 토기로 된 것도 있다….
그렇게 많은 오븐 용기가 존재하는 이유를 알고 있는가?
당황하지 않아도 된다. 지금부터 설명하겠다.

오븐 용기의 소재가 요리 결과에 어떤 영향을 미치나요?

오븐에 조리할 때는, 화구 위에서와는 달리 열이 전체에 전달된다. 여기서 알아둘 것은, 오븐의 뜨거운 공기가 재료에는 그다지 잘 전달되지 않는다는 점이다. 100℃의 오븐에는 몇 분간 손을 넣어도 아무렇지 않지만, 같은 온도의 끓는 물에는 단 1초도 손을 넣을 수 없다. 오븐 용기의 소재가 미치는 영향을 좀 더 정확하게 설명하면, 이는 용기가 재료에 온도를 전달하는 방식과 관련이 있다. 어떤 소재의 오븐 용기가 열을 흡수한 후 다시 강하게 전달한다면, 용기와 닿는 부분은 그렇지 않은 부분보다 더 빨리 익는다. 그래서 다른 부분보다 더 많이 익는 문제가 생긴다. 하지만 열을 좀 더 섬세하게 전달하는 오븐 용기는 재료를 위아래로 고르게 가열한다.

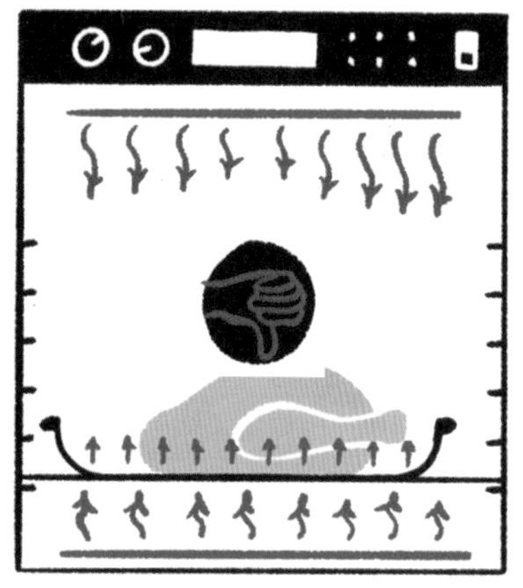

바닥부터 달궈진 오븐 용기에서는
닭의 아래쪽이 예열된 공기와 접촉하는 위쪽보다
더 빨리 익는다.

무쇠에 관한 2가지 질문

1 무쇠가 장시간 저온 조리에 가장 적합한 이유는 무엇인가요?

이미 이야기한 바 있지만, 무쇠는 장시간 조리에 더 좋다. 여기에는 오븐 조리도 포함한다. 무쇠는 열을 흡수하여 바닥뿐만 아니라 옆면과 뚜껑 등 전체에 골고루 재분배한다.

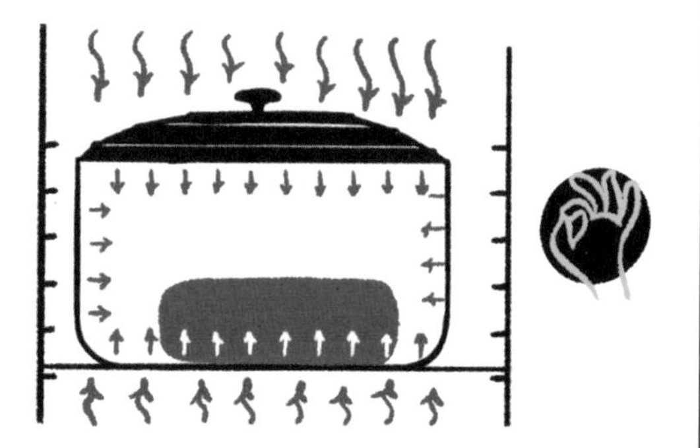

2 그런데 큰 육류 덩어리나 닭을 로스트할 때도 좋은가요?

위 질문에서 무쇠가 전면에서 열을 재분배한다는 사실을 설명했다. 육류나 닭을 무쇠냄비에 담아 오븐에 넣으면, 냄비의 옆면은 공기의 열과는 다른 복사열을 전달한다. 따라서 재료의 바닥과 옆면 모두 더 균일하게 익는다. 냄비 바닥에도 조금 더 높은 온도로 「예열된 공기」가 순환되도록 무쇠냄비를 오븐의 좀 더 높은 칸에 두어, 전체적으로 완벽하게 골고루 익은 요리를 만들기만 하면 된다.

알아두면 좋아요

쇠, 강철, 알루미늄, 스테인리스 팬 등을 일부 요리에만 사용해야 하는 이유는 무엇인가요?

이러한 소재를 가열하면 열을 급속하게 흡수하여 재분배한다. 그래서 용기에 닿는 부분이 오븐의 열과 접촉하는 부분보다 더 빨리 익는다. 이들의 진정한 장점은 먹음직스럽게 눌러붙은 육즙을 만들고, 표면을 재빨리 노릇하게 만든다는 것이다. 그러므로 이런 소재는 별로 두껍지 않은 재료(예를 들어 생선, 일부 육류, 자른 채소)를 고온에서 빠르게 가열할 때 안성맞춤이다. 그러나 덩어리가 큰 재료를 고온으로 장시간 가열하는 경우(예를 들어 로스트나 닭)에는 피하는 것이 좋다. 윗부분이 충분히 익기 전에 바닥이 타버리기 때문이다.

쇠 또는 스테인리스 팬은 열을 급속하게 전달한다.

세라믹이나 유리로 된 용기는 용도가 다르다고요?

이 두 소재는 금속팬과는 반대로 열을 잘 흡수한 다음, 섬세하게 재분배한다. 익히는 방식이 부드럽고 균일하며 질이 좋다. 이들의 유일한 단점은, 금속팬에 비해 육즙이 잘 눌러붙지 않는다는 것이다.

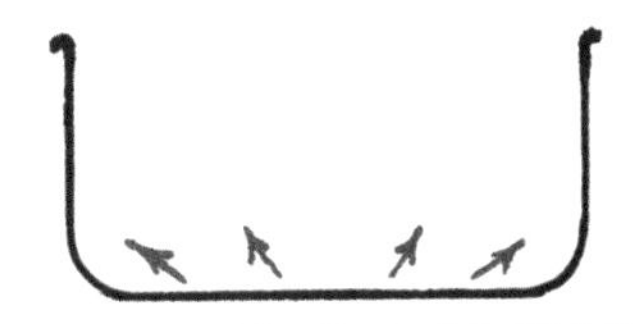
세라믹과 유리 팬은 열을 부드럽게 전달한다.

토기는 재료를 촉촉하게 조리할 수 있다.

그리고 토기 냄비는 또 다른가요?

오븐용 토기 용기는 약 10분간 물에 담갔다가 사용한다. 토기는 물을 조금 흡수하는데, 이것이 오븐의 열을 만나 증기로 변한다. 그래서 조리가 빨리 되면서도 재료가 마르는 것을 막아주는 「습한 공기층」 속에서 재료가 익는다. 토기의 단점은, 이 습기 때문에 재료가 노릇해지지 않거나 아주 약하게 노릇해진다는 것이다. 부드럽고 육즙이 풍부한 닭요리(그러나 바삭한 껍질은 없거나 아주 드물다), 돼지나 송아지 구이 또는 생선을 통째로 요리할 때 완벽하며, 가열할 때 쉽게 마르는 섬세한 재료에 알맞다.

왜 일부 오븐팬은 안에 망이 들어 있나요?

이 망은 재료가 오븐팬 바닥에 직접 닿지 않게 한다. 뜨거운 공기가 재료 위와 마찬가지로 아래에도 순환하여 좀 더 균일하게 조리할 수 있다.

오븐팬 바닥의 망은 재료 아래에도 뜨거운 공기를 순환시킨다.

왜 오븐에 논스틱 코팅팬은 넣지 말아야 하나요?

「냄비와 팬」에서 이미 보았듯이, 논스틱 코팅은 250℃ 이상의 온도에서는 손상될 뿐만 아니라 발암물질을 발생시켜 위험하다. 이런 오븐팬은 사용하지 않는다. 코팅팬은 화구 위에서 생선과 달걀을 부드럽게 익히는 용도로만 사용한다. 그 방면으로 특화된 도구이다!

소금

소금은 의심의 여지없이 주방에서 가장 잘 모르고 있는 재료이다. 소금에 관해서는 수많은 편견이 있는데, 무엇보다도 그 기원을 알 수 없는 믿음에 근거를 두고 있는가 하면, 각자 소금의 바른 사용법에 대해 단편적인(그리고 보통은 잘못된) 의견을 갖고 있다. 심지어 훌륭한 요리사들 사이에서도 서로 의견이 다르다.

우리가 소금에 대해 잘못 알고 있다고요?

재료에 소금을 넣었을 때 일어나는 일을 정확하게 과학적으로 파악해보면, 우리가 보통 소금이 원인이라고 생각하는 것들이 사실 소금 때문이 아님을 알 수 있다.
여러 나라의 연구자들은 소금이 재료의 분자 구조에 미치는 영향과 재료의 섬유질 내부로 침투하는 속도에 대해 분석했다. 그리고 그 결과는, 실험을 하지 않았다면 상상도 할 수 없을 만큼 믿기 어려운 것들로 일상생활에도 유용하다.
지금부터 주목해보자. 소금에 대해 들어왔던 이야기, 또는 여러분이 믿고 있었던 모든 것들이 산산이 부서질 것이다!

소금에 관한 4가지 실험

여기, 아주 간단한 10분도 걸리지 않는 4가지 실험이 있다. 쓸데없다고 생각하지 말자. 이를 통해 소금이 어떤 방식으로 재료에 작용하는지 이해할 수 있는 기초지식을 얻을 수 있을 것이다. 그리고 주방에서 소금이 어떻게 사용하는지에 대한 진실과 거짓을 확인할 수 있을 것이다. 이 실험들은 지금까지 우리가 알고 있던 것들의 반대를 보여준다. 하지만 솔직히 이 실험들은 직접 해봐야 한다. 그러면 더 이상 예전에 하던 대로 음식에 소금을 뿌리지 않게 될 것이다….

실험 01

물 1/2컵에 소금 1꼬집을 넣고, 소금이 녹을 때까지 시간이 얼마나 걸리는지 관찰한다.

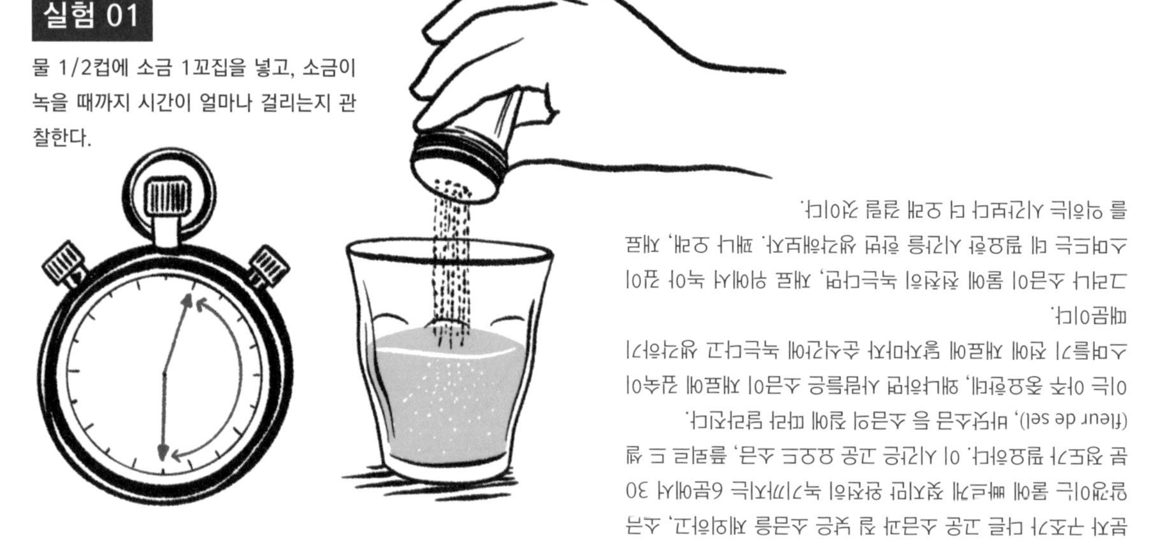

답

분자 구조가 다른 고운 소금과 질 낮은 소금을 제외하고, 소금 알갱이는 물에 빠르게 젖지만 완전히 녹기까지는 6분에서 30분 정도가 필요하다. 이 시간은 고운 요오드 소금, 플뢰르 드 셀(fleur de sel), 바닷소금 등 소금의 질에 따라 달라진다.
이는 아주 중요한데, 왜냐하면 사람들은 소금이 재료에 깊숙이 스며들기 전에 재료에 닿자마자 순식간에 녹는다고 생각하기 때문이다.
그러나 소금이 물에 천천히 녹는다면, 재료 위에서 녹아 깊이 스며드는 데 필요한 시간을 한번 생각해보자. 꽤나 오래, 재료를 익히는 시간보다 더 오래 걸릴 것이다.

실험 02

오일 1/2컵에 소금 1꼬집을 넣고, 녹는 데 얼마나 걸리는지 알아보자.

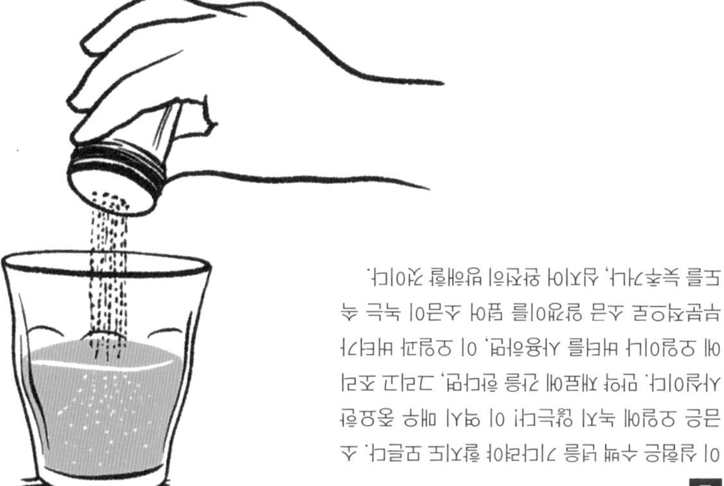

답

이 실험은 수백 년을 기다려야 할지도 모른다. 소금은 오일에 녹지 않는다! 이 역시 매우 중요한 사실이다. 만약 재료에 간을 한다면, 그리고 조리에 오일이나 버터를 사용하면, 이 오일과 버터가 부분적으로 소금 알갱이를 덮어 소금이 녹는 속도를 늦추거나, 심지어 완전히 방해할 것이다.

실험 03

엄지와 검지로 소금 1꼬집을 집은 다음 손가락을 떼어보자.

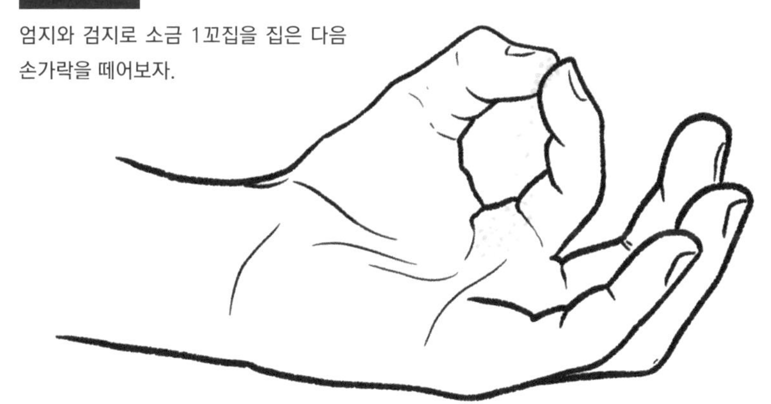

답

소금이 떨어진다. 나도 안다. 당연하다. 그러나, 그럼에도 불구하고 아무도 그럴 거라고 생각하지 않는 것 같다….
간단히 말해 소금에도 무게가 있으며, 간을 한 재료를 뒤집을 때 많은 소금 알갱이가 팬 바닥으로 떨어진다. 소금 알갱이에 작은 근육질 팔이 달려서 재료에 매달려 있는 게 아니란 말이다!

실험 04

접시 위에 소금을 조금 놓고, 후 하고 불어보자.

답

여러분의 숨결에 소금이 밀려갈 것이다. 이 역시 당연하다. 재료를 구울 때, 표면의 수분은 증기로 변하며 터진다. 이 폭발이 재료 아래에 있는 오일 입자를 팬 밖으로 튀어 나가게 한다. 그런데 아직도 소금 알갱이들이 튀어 나가지 않으려고 작은 근육질 팔로 재료에 매달려 있기를 바라는가?

결론

소금이 재료에 닿아 녹는 데는 스테이크나 생선 필레를 구울 때보다 더 오래 걸린다.
조리에 지방을 사용하면, 소금은 거의 녹지 않으며 알갱이 상태로 남아 있다.
소금은 조리 중 재료를 뒤집을 때 재료에서 떨어진다.
재료를 가열할 때 발생하는 증기에 소금이 튀어 나간다.

소금

왜 우리는 소금에 대해서 제대로 알지 못하면서 다 알고 있다고 생각하는가?

사람들은 소금에 대해 다 안다고 생각한다. 그러나 「진실」이라고 생각하는 것들의 대부분은 잘못되어 있다.
몰아내야 할 믿음들을 한곳에 모아보았다.

「큰 고깃덩어리를
구울 때에는 소금을
충분히 뿌려야 한다.」

이 말은 왜 정확하지 않나요?

이것은, 소금이 고기 위에서 순식간에 녹아 스며들어, 큰 고깃덩어리에는 많은 양의 소금이 필요하다고 생각하기 때문이다.
사실은 전혀 그렇지 않다. 앞에서 우리는 소금이 물에 매우 천천히(5분 이상) 녹는 것을 살펴보았다. 고기 위에서는 심지어 20분이 지나도 소금 알갱이가 완전히 녹지 않는다. 그러면, 소금이 고기 안으로 스며들기는 할까? 조리시간이 그다지 길지 않아 그 사이 소금이 고기에 1㎜도 스며들기 어렵다. 이 이야기는 나중에 또 나온다.

「고기는 가열 직전에
절대로 소금을 뿌리면 안 된다.
그런 짓을 하면
육즙이 다 빠져 푸석해진다.」

이 말은 왜 틀렸나요?

소금을 뿌리면 몇 분 만에 고기가 마른다고 생각하는 것 같다.
앞에서 소금이 녹는 데 시간이 꽤 걸린다는 것을 확인했는데, 그 사이에 고기의 육즙까지 흡수해야 하는가? 게다가 고기를 굽는 동안 표면이 마르는데, 이때 수분이 거의 사라져 소금은 더 녹기 더 어려워진다. 그러므로 이 바보 같은 이야기는 잊어버리자.

「고기와 생선은 가열 직전
소금을 뿌려야 한다!
그러면, 구울 때 생기는
크러스트에
소금이 갇혀 맛있어진다!」

이게 왜 터무니없는 소린가요 ?

크러스트가 오그라들면서 주변을 움켜쥐고 가둔다고 생각하는 모양이다. 맙소사! 팬 주변의 튄 자국들을 보면 무슨 생각이 드는가? 이런 자국들은, 재료가 지닌 수분이 뜨거운 팬에 닿았을 때 수증기로 변하며 터질 때 생긴다. 이 증발로 주변에 미세한 기름방울이 튀고 꽤 많은 소금 알갱이들이 함께 분사된다. 이런데도 소금 알갱이가 얌전히 고기에 붙어 있을 거라고 생각하는가? 고기에서 흘러나와 응고된 덩어리 속에 기껏해야 소금 몇 개 정도가 갇혀 있을 것이다. 하지만 어떤 경우에도 소금은 「크러스트 안에 가두어지지」 않는다.

「절대로 가열 직전에
고기에 소금을 뿌리면 안 된다.
그렇지 않으면
고기가 육즙 속에서 끓게 된다.」

왜 이게 크게 잘못된 생각인가요?

이렇게 생각하는 것은, 소금이 고기에서 육즙을 빠져나오게 하고, 이 육즙이 팬 바닥에 고여 있다가 끓는다고 보기 때문인 것 같다.
하지만 가열하는 동안 소금은 녹을 시간도, 육즙을 흡수할 시간도 없다. 그러므로 고기가 육즙 속에서 끓을 일도 없다. 만약 고기가 육즙 속에서 끓는다면, 그것은 다른 이유에서이다. 이 부분은 곧 살펴보기로 하자. 아무튼, 바로잡아야 할 이야기이다.

「가금류를 조리할 때에는
빈 속에도 소금을 뿌려
살 속까지 골고루
간이 배게 해야 한다.」

이것은 왜 어리석은 생각인가요?

가금류의 비어 있는 속에 뿌린 소금이 살코기까지 퍼진다고 생각하는 듯한데….
닭이나 오리의 속을 본 적이 있는가? 비어 있는 뱃속 주위로는 대개 뼈로 이루어진 흉곽이 있다. 말하자면 여러분은 조리하는 동안 소금이 뼈를 뚫고 가기를 바라는 셈이다. 맙소사! 게다가 소금은 흉곽 아래쪽인 등쪽으로 쌓이는데, 그 쪽은 뼈가 더 많은 부위이다. 설마 소금에 날개가 달려 빈 공간을 날아 다른 부위로 골고루 퍼져 나갈 거라고 생각하는가? 참으로 풍부한 상상력이다.
자, 빨리 잊어버리자!

「포토푀를 끓이거나
생선을 데칠 때
물에 소금을 넣으면 안 된다.
고기맛이 떨어진다!」

이건 왜 부정확한가요?

이것은, 물에 소금을 넣으면 고기나 생선의 육즙이 물로 빠져나간다고 생각하는 탓이다.
정확히 말하면 그 반대의 일이 일어난다. 물의 밀도가 높을수록 (소금이 들어가면 물의 밀도는 높아진다) 밀도는 더 높아지기 어렵고, 그러므로 물에 고기나 생선의 육즙이 빠져나올 가능성이 줄어든다.
정말 내다 버려야 할 이야기이다.

「풍미를 돋우기 위해서
간을 해야 한다.
소금은 미각 증진제이다!」

무엇이 틀렸나요?

음식이 소금과 만나면 더 맛있어진다고 생각하는 것 같다.
소금은 사람들이 흔히 말하는 것과는 달리 미각 증진제가 아니다. 하지만 미각 수정제의 역할은 하는데, 특정 재료의 쓴맛이나 신맛을 줄여줄 수 있기 때문이다. 소금은 침 분비를 증가시키는데, 입안에 침이 돌수록 맛을 느끼는 감각이 달라진다. 어떤 맛은 눌러주는가 하면, 어떤 맛은 강조한다.
자, 여기 바보 같은 소리 하나 추가요!

이러한 이야기들은 전부 틀렸다! 그럼에도 불구하고 우리가 매일같이 듣는 이야기들이다.
생각의 근거가 완전히 터무니없지는 않지만, 거기에는 생각하지 못한 변수가 하나 있다.
그리고 거기서 쿵 하고 부딪혀, 처음 생각은 갈 길을 잃고 추락하고 마는 것이다.

소금

고기에 미리 소금을 뿌리면 고기가 더 촉촉하고 부드러워진다고요?

물론, 소금은 재료에 짠맛을 내는 역할을 한다. 그러나 다른 특성도 지니고 있는데, 이 역시 중요하다. 소금은 가열할 때 육즙은 덜 빠지고, 부드러움은 더 오래 유지할 수 있게 해준다. 실험을 통해 알아보자.

맞다, 굽기 전에 고기에 소금을 뿌리면 육즙이 빠진다. 그러나 그 양은 아주 적다!

육즙이 빠지는 것은 사실이다. 그러나 (여기에는 「그러나」라고 하는 이유가 있다) 그 양은 아주 적고, 생각하는 것보다 그 정도가 훨씬 덜하다. 해보면 알게 될 것이다. 스테이크에 소금을 뿌리고 30분 후 고기가 육즙 속을 헤엄치고 있는지 지켜보자. 아니라는 걸 알 수 있다. 그러니까, 고기에 소금을 뿌렸을 때 없어지는 육즙의 양은 매우 적다.

다음으로 중요한 점이 있는데, 고기는 빠진 즙을 다시 흡수한다. 소금을 뿌린 스테이크에 랩을 씌워 24시간 보관하면, 접시 한가운데에 육즙이 고이지 않은 것을 확인할 수 있다. 고기에 소금을 뿌리면 소량의 육즙이 빠져나오지만, 이후에 고기는 그것을 다시 흡수하여 처음의 무게로 돌아온다. 그 양은 대략 고기 무게의 1~2% 정도이다.

소금 절임의 예

훌륭한 샤퀴트리(육가공품) 장인은 파테나 테린을 만들 때, 가열하기 24시간 전에 스터핑(내용물)에 간을 한다. 이를 「미 조 셀(mise au sel)」 즉 소금 절임이라고 부르는데, 최근의 기술은 아니다. 좀 더 정확하게 말하면, 샤퀴트리 장인들은 소금 절임을 중세시대부터 해왔다.

소금 절임이 스터핑에 간을 하기 위한 것이라고? 좋다. 그럼 왜 간을 전날 하는가? 가열 직전에 해도 충분하고, 잘 만들어질 것 아닌가. 그런데 그게 그렇지가 않다. 하루 전날 간을 하면 모든 것이 달라진다. 왜냐하면 24시간 전에 간을 했을 때 스터핑이 훨씬 더 촉촉해지기 때문이다.

맞다, 생선을 소금물에 20분 담가놓는다고 물이 빠지지는 않는다!

소금물 절임의 원리는, 담가두는 재료에 소금물이 흡수되고 빨아들인 물은 다시 빠진다는 것이다. 그러나 20분 동안에는 소금물이 스며들 수는 있지만, 도로 빠질 시간은 없다.

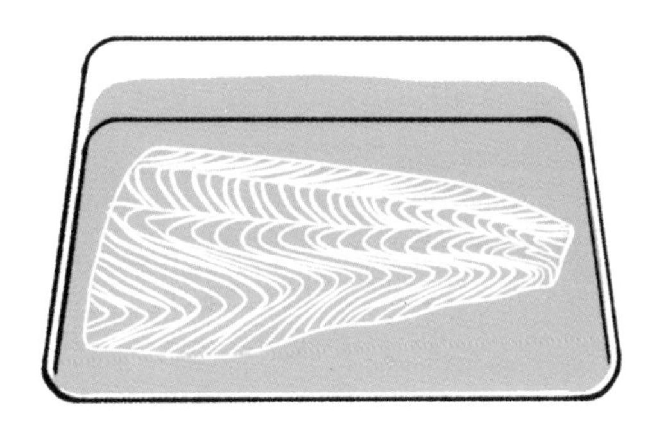

소금물 절임의 예

몇몇 위대한 요리사들은 서비스하기 전에 흰살생선의 필레를 바닷물에 담가두곤 했다. 그렇게 하면 생선살이 반투명하게 유지되고 가열 후에는 덜 마르기 때문이다. 오늘날 생선요리 전문가들은 흰살생선 필레를 가열하기 전 20분 동안 소금물에 담가두는데, 그 결과는 놀랍다. 이 필레는 더 부드럽고 촉촉하며 진주빛이 감돈다. 간단히 말해 훨씬 더 맛있다.

조리의 과학

육류와 생선에 들어 있는 단백질은 가열하면 스스로 뒤틀리고 오그라든다. 마치 젖은 행주를 짜기 위해 비틀었을 때와 마찬가지로 수축시에 재료가 지닌 수분의 일부를 배출하는데, 이것이 고기에 들어 있던 육즙이다.

행주를 짜면 머금고 있던 물이 빠지는 것처럼,
가열로 비틀린 단백질은 즙을 배출한다.

이때 손실되는 수분의 양은 상당히 많다. 고기는 무게의 20%까지(포토푀의 경우는 40%나 된다), 생선은 25%까지 줄어들 수 있다.

소금은 사람들이 잘 모르는 매우 중요한 특성이 있는데, 바로 **단백질의 구조를 변화시킨다**는 것이다. 한번 구조가 바뀐 단백질은 뒤틀리기 어려워 즙이 잘 빠지지 않는다.

그리고 여기서 뜻하지 않은 좋은 효과도 얻을 수 있다는 것을 주목하자. 왜냐하면 가열할 때 단백질이 덜 수축하면, 고기와 생선이 덜 단단해지고 더 부드러운 상태를 유지하기 때문이다.

세 번째 보너스로, 생선 필레의 경우 소금은 생선이 말리는 것과 알부민의 응고를 막는다. 알부민은 생선살에 들어 있는 물질로 살 위에 하얀 거품이 끼게 만든다. 때문에 생선 필레가 보기 좋게 반투명해지고 진줏빛을 띠게 된다. 신기하지 않은가?

소금의 효과 : 고기 또는 생선은 가열 후 더 촉촉해지고, 훨씬 더 부드러워진다.

로스트용 염장의 예

단골 정육점에서 산 로스트용 소고기 1㎏의 양을 생각해보자. 구운 후에는 800~850g밖에 나가지 않는데, 육즙이 많이 빠지기 때문이다. 그러나 만일 고기를 굽기 1~2일 전에 간을 했다면, 구운 후의 중량은 900~950g 정도일 것이다. 그러므로 중량 손실은 절반으로 줄어들고, 로스트에 100g의 육즙이 추가로 유지된다는 계산이 나온다. 그렇다면 말할 것도 없이 고기는 더 부드럽지 않겠는가?

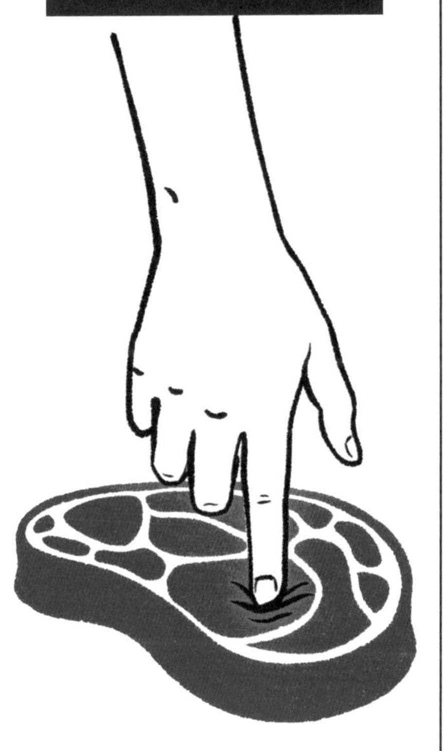

그럼 대체 왜 가열하기 전에 소금을 뿌리라고 말해주지 않나요?

먼저, 소금의 진짜 효과에 대해 아는 사람이 거의 없기도 하고, 그것을 알고 있는 유명 요리사들은 자신의 작은 비밀을 끼리끼리 지키기 때문이다. 그리고 늘 그렇지만, 수년 동안 텔레비전이나 잡지에서 반복해온 이야기에 문제를 제기하기란 복잡하기 짝이 없는 일이다. 그 옛날 과학자들이 오랜 시간에 걸쳐 지구가 둥글다는 것을 증명해냈음에도, 사람들은 무턱대고 지구가 평평하다고 되뇌었던 것처럼 말이다.

기본 재료

소금

소금이 고기에 스며드는 데 그렇게 오래 걸리나요?

소금이 고기 위에서 녹은 다음에는, 섬유질을 통과해 스며들어야 한다. 이때 시간이 많이 걸리는데, 고기에 들어 있는 수분은 세포 사이에 끼어 있고, 그 세포는 섬유질 속에 끼어 있으며, 섬유질은 섬유다발 속에 끼어 있고, 섬유다발은 다시 섬유다발의 다발 속에, 그 다발은 다시 섬유다발의 다발의 다발 속에 끼어 있기 때문이다. 소금이 이 수분 속으로 이동하려면, 생각 이상으로 많은 시간이 걸린다.

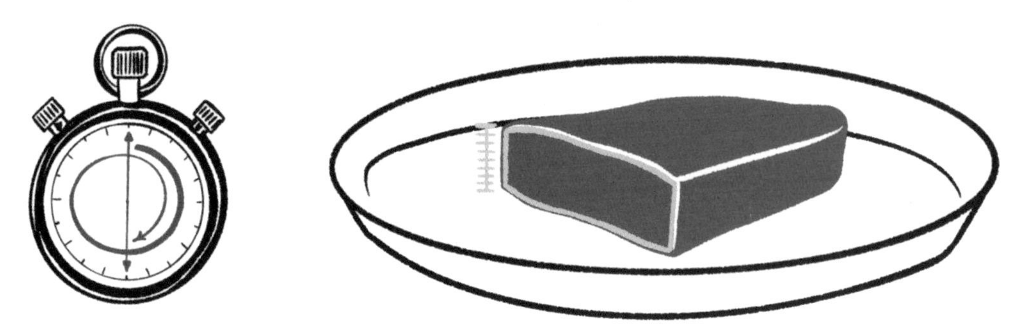

그렇지만 생선에는 훨씬 빨리 스며든다고요?

생선살의 섬유질은 육류의 섬유질과는 다른 방식으로 구성되어 있다. 즉 콜라겐이 매우 적고 조직도 더 얇다. 그래서 소금이 고기에 비해 훨씬 빨리 스며든다.

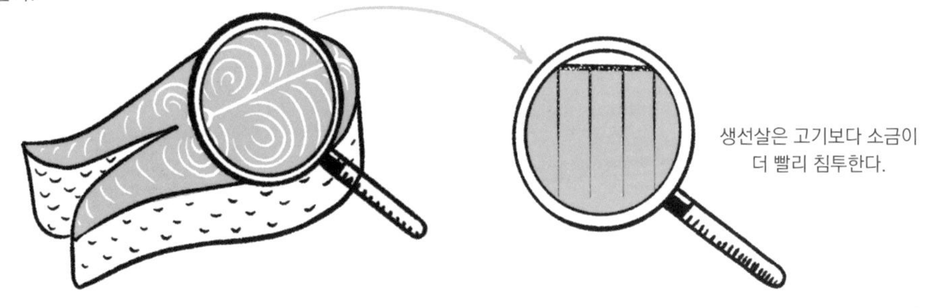

생선살은 고기보다 소금이
더 빨리 침투한다.

왜 채소는 염장 효과가 덜 나타나나요?

채소에는 단백질이 매우 적게 들어 있다. 그래서 채소의 수분을 잡아두는 소금의 효과가 거의 나타나지 않는다. 게다가 채소의 껍질은 어떤 침입도 강력하게 막아낸다. 채소의 껍질을 벗겨 잘게 썰면, 소금은 채소가 지닌 수분을 빨아들일 뿐이다. 그래서 오이나 가지의 수분을 빼는 데 소금을 사용하는 것이다.

그런데 달걀에는 왜 소금 효과가 그렇게 빨리 나타나나요?

달걀은 액상조직으로 많은 수분을 함유하고 있어 고기나 생선에 비해 소금이 더 빨리 녹고 스며든다. 스크램블드에그나 오믈렛을 만들 때, 가열하기 15분 전에 미리 소금을 뿌려두면 아주 촉촉하게 만들 수 있다.

소금이 고기와 생선에 침투하는 데 걸리는 시간

소금이 1㎜, 그렇다 겨우 1㎜ 흡수되기까지 필요한 시간은 각각 다음과 같다.

육류

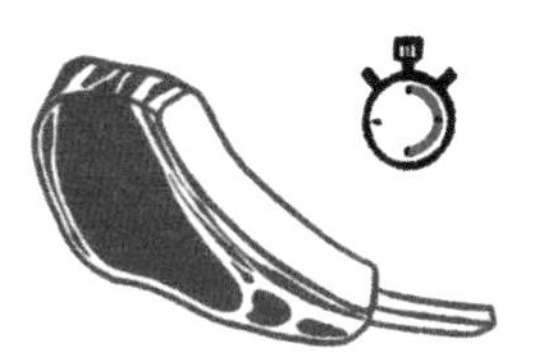

30분
돼지갈비, 양갈비, 목심, 껍질을 제거한 닭 넓적다리, 가슴살.

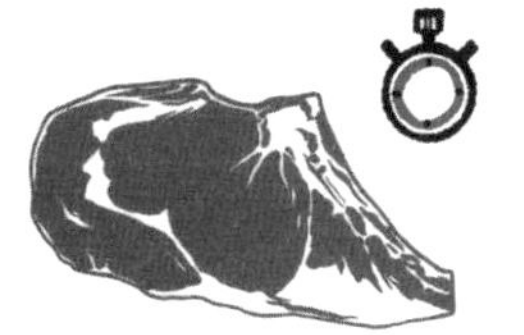

1시간
소의 등심, 소갈비, 양 어깨살, 안심, 송아지 갈비, 슬라이스한 우둔살.

1시간 30분
송아지 로스트, 소나 돼지의 안심 및 로스트, 치마살, 양 뒷다리살.

여러 날
껍질째 익히는 가금류, 햄, 육류의 지방.

생선

약 5분
필레의 살쪽.

여러 날
생선의 껍질쪽.

그래서, 소금은 언제 뿌리나요?

육류

육류는 가열하기 하루 전에 소금을 뿌리면 깊이 스며들어 단백질에 작용하여 고기가 부드러워지고 촉촉해진다. 사용량은 고기를 익힌 후 뿌리는 소금의 양과 같다. 그 이상도, 이하도 아니다.

생선

흰살생선의 필레는 소금물에 20분 동안 담가둔다. 1ℓ에 소금 60g을 넣는 것이 이상적이다.

소금

왜 바닷소금과 바다에서 나지 않은 소금이 있나요?

두 가지 모두 바닷물로 만든다. 그러나 바닷소금(해염)은 수확하기 전에 염전에서 바닷물의 수분을 증발시켜 만드는 반면, 해염이 아닌 암염은 수백만 년 전 증발한 바닷물에서 얻는다.
염전은 커다란 판처럼 생겼고, 암염은 큰 바위모양이다. 이 두 가지 유형의 소금에서 다른 모든 소금들이 나온다.

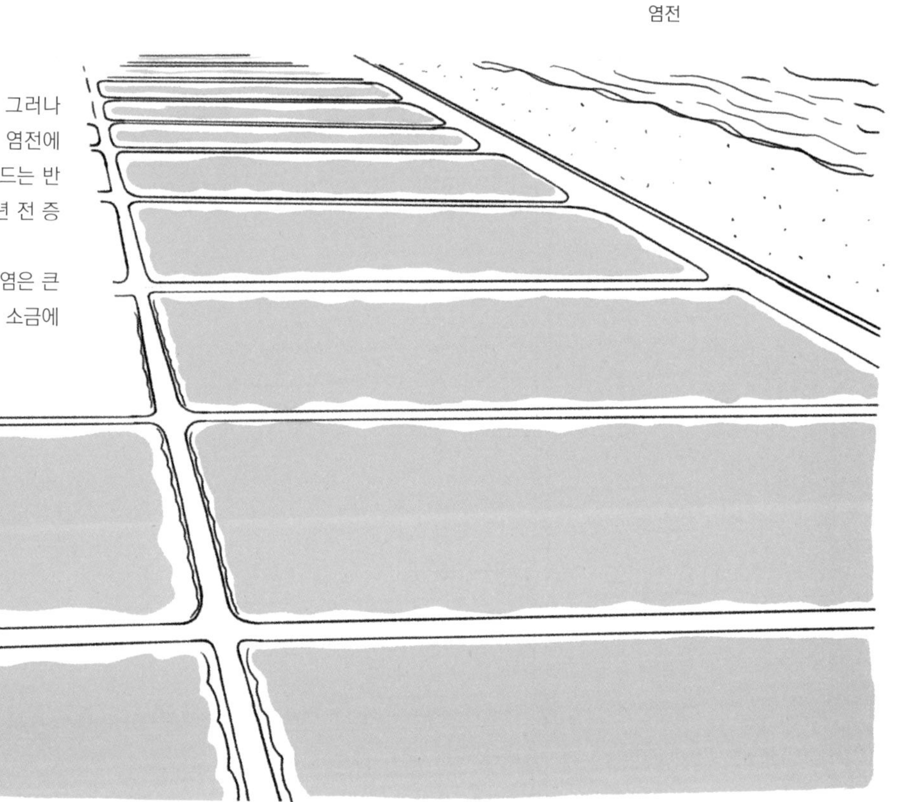
염전

왜 소금 알갱이들은 저마다 크기와 형태가 다른가요?

결정의 형태나 크기는 분쇄에 따라 달라지며, 소금을 많이 갈수록 입자가 고와진다. 플뢰르 드 셀(fleur de sel)과 같이 염전 표면에서 채취하는 일부 소금과, 염전 바닥에서 채취하는 굵은 소금은 특유의 결정 형태를 유지하기 위해 갈지 않는다.

굵은 소금

플뢰르 드 셀

고운 소금
(정제염)

그리고 색도 많이 다르잖아요…

자연적으로 흰색을 띠는 플뢰르 드 셀을 제외하고, 바닷소금은 살짝 회색빛이 감돈다. 정제를 많이 할수록 색이 하얗게 변한다.
자연환경에 따른 유색소금도 있다. **하와이 블랙소금**이 화산암으로부터 만들어진 검은 모래에 의해 색이 입혀졌다면, **하와이 레드소금**은 소금을 건조시킬 때 첨가하는 점토에서 그 색을 얻었다.
샤르도네 훈제소금이나 **할렌 몬**(Halen Môn) **훈제소금**처럼 살짝 갈색을 띠는 소금도 있는데, 이는 훈연을 하기 때문이다.
암염으로는 **히말라야 핑크소금** 또는 **페르시아 블루소금**이 있다. 이들의 색은 소금에 들어 있는 미네랄의 색에 의해 달라지는데, 히말라야 소금은 철, 블루소금은 칼리염 때문에 색을 낸다.

게다가 품질과 맛도 다르다고요?

해염

플뢰르 드 셀은 최고급 소금으로, 염전 표면을 떠다니는 작은 소금 알갱이로 만든다. 매우 섬세하여 깨물면 가볍게 바삭거리며 부서진다. 그 특별함을 보존하기 위해 항상 음식을 낼 때 사용한다.

회색 굵은 소금은 대표적인 최상급 천연 소금이다. 정제하지 않아 풍성한 맛을 내는 미량원소가 풍부하다. 습기를 머금고 있는 부드러운 소금으로, 채소와 완벽하게 어울린다.

흰색 굵은 소금은 회색 굵은 소금을 정제한 것이다. 건조하며 풍미가 적고, 미각적인 매력은 별로 없으나 「짠맛」을 낸다.

고운 바닷소금은 연한 회색을 띠는데, 회색 굵은 소금을 간 것으로 같은 특성을 갖고 있다.

고운 소금 또는 **고운 테이블솔트**는 흰색 굵은 소금을 간 것이다. 여기에 요오드를 넣거나, 소금이 굳는 것을 막기 위해 첨가물을 넣을 수도 있다.
이것은 어떤 장점도 없는 소금이다! 게다가 다른 종류에 비해 녹이기도 어렵다. 파스타나 채소를 삶는 물에 쓰기 적당하다.

말돈 소금은 영국산 소금으로, 매우 가볍고 바삭거리는 얇은 조각처럼 생겼으며 잘 녹지 않는다는 특징이 있다. 위대한 요리사들이 서빙용으로 선호하는 소금이다.

할렌 몬 소금 역시 영국산이며 가볍게 반짝인다.

암염

히말라야 핑크소금은 바삭거리며 살짝 신맛이 난다.

페르시아 블루소금은 상당히 두드러지는 향신료의 풍미를 갖고 있다.

기본 재료

후추

소금과 마찬가지로 후추도 주방에서 편견에 시달리기는 마찬가지이다. 후추를 가열하기 전에 뿌려야 하는지? 아니면 가열 중이나 가열 후에 뿌려야 하는지? 의견이 분분한 가운데 어떤 토론도 불가능하고 각자 자신의 방법이 옳다고 이야기한다. 마치 정치적 신념 같다….

후추에 아직도 놀랄 게 남아 있나요?

이런 문제에 대해 과학적으로 접근한다면 흥미로운 정보를 얻을 수 있다. 후추에 대해 진짜 던져야 할 질문은, 후추의 맛이 재료 속으로 침투하는지, 만약 후추가 재료 표면에 머무른다면 가열할 때 고온에서 어떻게 반응하는지, 액체 속에서는 어떻게 되는지에 관한 것들이다. 그리고 이 질문에서, 지금까지의 습관을 바꿀 준비를 해야 한다!

후추에 관한 3가지 실험

소금과 마찬가지로, 조리에서 후추가 어떤 역할을 하는지 이해하기 위한 아주 짧고 간단한 3가지 실험이 있다. 이제 여러분은 더 이상 후추를 아무 때나 사용하지 않을 것이다. 나를 믿어도 좋다! 바로 답부터 찾아볼 게으름뱅이들을 위해 결과는 거꾸로 적는다.

실험 01

후춧가루 1꼬집(직접 간 것이든 산 것이든 중요하지 않다)을 팬에 넣고 중불로 5분 가열한다. 어떤 일이 일어나는지 관찰한 다음 맛을 본다.

답

가열하는 동안 연기가 피어오른다. 탄내가 나고 매우 맵고 쓰며, 목과 코를 자극하고 눈이 따가워지며 재채기가 나온다. 나의 5살짜리 아들은 이렇게 말했다. 「아빠, 그거 완전 우웩이야!」
가열하기 전에 재료에 뿌리는 후추와, 지금 타고 있는 이 후추가 같은 작용을 한다는 것을 이해해야 한다. 식힌 후 팬 바닥에 남은 후추를 조금 맛보자. 혀 위에서 톡 쏘는 탄맛이 느껴지는가? 가열하기 전에 후추를 뿌리면 그런 맛이 난다.

실험 02

소고기 카르파초 2장(또는 아주 얇은 햄 1장을 이등분해도 좋다)을 준비한다. 2장을 겹쳐 맨 위에 후추를 뿌리고 냉장고에 1시간 넣어둔 다음, 아래 카르파초를 먹어본다. 후추맛이 느껴지는가? 이어서 위의 것도 먹어본다. 후추 맛이 느껴지는가? 2장의 후추맛이 서로 다른가?

답

맞다. 다르다. 후추는 아랫장까지 닿는 데 필요한 1㎜의 1/4도 침투하지 못했다. 후추의 맛은 고기 표면에 머물러 있으며, 고기 속으로 침투하지 못한다. 생선이나 채소 위에 후추를 뿌리고 1시간을 기다려도 마찬가지이다. 1시간은 대부분의 레시피에서 가열시간보다 긴 데도 불구하고 그렇다. 2시간, 3시간을 기다려도 결과는 같을 것이다.

실험 03

냄비에 물 1컵을 붓고 후추 10알을 넣은 다음, 뚜껑을 덮은 채로 약 20분 동안 끓인다. 끓인 물을 식힌 다음 맛을 본다.

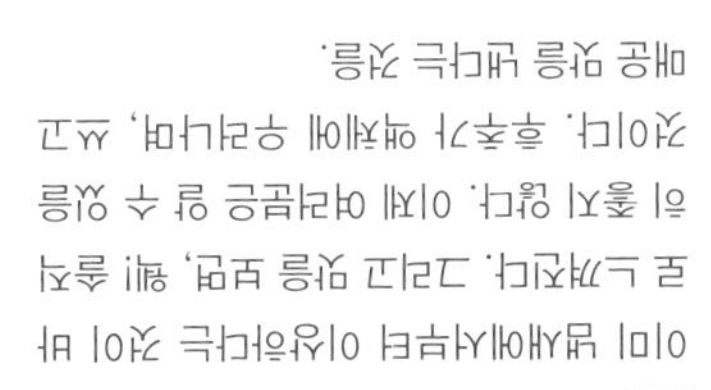

답

이미 냄새에서부터 이상하다는 것이 바로 느껴진다. 그리고 맛을 보면, 웩! 솔직히 좋지 않다. 이제 여러분은 알 수 있을 것이다. 후추가 액체에 우러나며, 쓰고 매운 맛을 낸다는 것을.

결론

후추는 가열하면 탄다. 후추의 맛은 재료 위에 머물러 있지만, 내부로 침투하지는 않는다. 후추를 액체에 넣고 끓이면 쓰고 매운 맛이 난다.

후추

소금은 물에 녹지만, 후추는 녹지 않는다.

왜 후추는 식재료에 흡수되지 않나요?

식재료는 대부분 수분을 함유하고 있다. 육류와 생선의 경우에는 그 비율이 80%에 이르고, 일부 채소의 경우에도 그렇다. 소금은 식재료의 구성 성분인 수분에 녹고, 소금을 나르는 역할을 하는 수분 덕분에 식재료 내부로 이동한다. 그러나 후추는 물에 녹지 않기 때문에 후추의 맛이 식재료에 스며들지도 않는다. 후추맛은 재료 위에 단순히 「놓여」 있다.

알겠어요.
그런데 왜 후추에
마리네이드한
시판 스테이크에서는
후추맛이 나는 거죠?

후추나 샬롯에 마리네이드한 시판 스테이크는, 마리네이드용으로 고안된 바늘을 이용해 마리네이드액을 여러 부위에 (그리고 다양한 깊이로) 찔러 넣은 것이다. 고기 여기저기서 후추맛이 나는 이유는 이 때문이지, 고기 표면에 후추를 뿌려서가 아니다. 게다가 바늘로 찔러 넣는 것은 고기를 마리네이드하는 가장 좋은 방법이다.

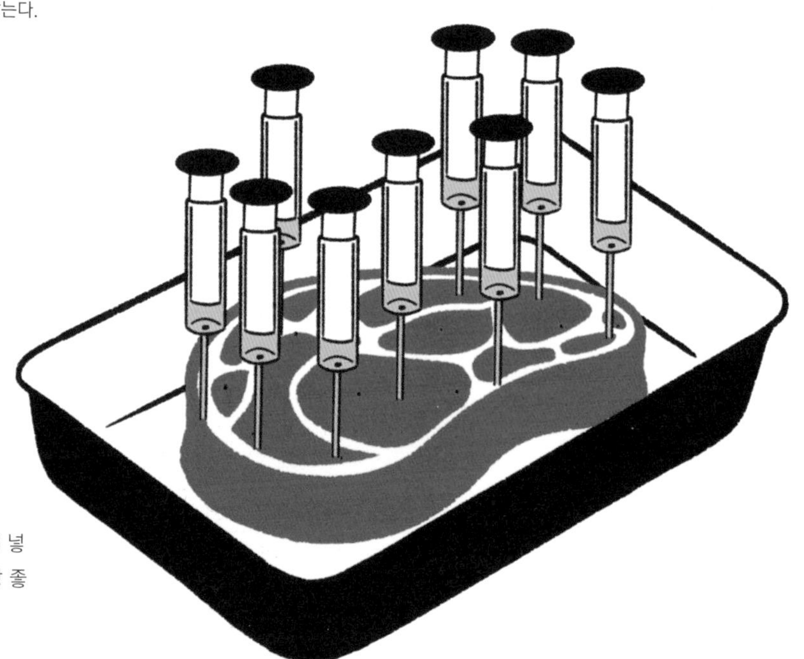

조리의 과학

가열하기 전이나 가열 도중에 후추를 뿌리는 게 바보 같은 짓이라고요?

과학자들의 연구에 따르면, 후추맛을 내는 구성물질인 함유 수지는 180℃에서 몇 분이 지나면 완전히 사라지며, 120℃에서는 30분 후 50%가 사라진다. 강한 향과 매운맛을 내는 활성성분인 피페린(piperine) 역시 몇 분 안에 분해된다.
어쨌든, 40~50℃ 이상의 고온에서 후추를 가열하면, 후추맛 대부분이 사라지고 매운맛과 쓴맛이 난다. 이는 내가 만들어낸 말이 아니라, 요리에 대한 편견이 없고 요리에 익숙하지도 않은 과학자들이 입증해낸 사실이다. 뭐라 해도 소용없는 사실 그대로이다. 간단히 말해, 후추는 가열하면 특성이 완전히 변질되어 버린다.

여기 주목!

후추를 가열하면서 로스팅한다고 말하는 사람들이 틀린거라고요?

먼저, 커피원두를 예로 들 수 있듯이 로스팅이란 쓴맛이 나는 것을 피하기 위해 매우 정확한 온도와 가열시간을 필요로 한다. 그리고 바로 앞에서 후추가 고온에서 전혀 견디지 못한다는 것을 실험으로 확인했다. 후추를 로스팅할 수는 없다. 타버릴 뿐이다!

부이용이나 포토푀를 만드는 도중에 절대로 후추를 넣지 말라고요?

후추는 가열을 견디지 못할 뿐만 아니라, 뜨거운 물이나 부이용에서도 그리 오래 버티지 못한다. 이 또한 앞에서 했던 간단한 실험에서 이미 본 것이다.

중세시대에는 후추의 강력한 살균효과를 이용하기 위해 후추알을 넣고 죽을 쑤기도 했다. 이는 상한 고기로 인한 식중독을 줄이는 작용을 했다.

어쨌든, 포토푀나 부이용을 만들 때 후추를 넣는 것은 적절하지 않다. 그리고 아무튼 간에 후추맛이 고기에 흡수되지도 않는다.

올바른 방법

왜 마리네이드에 통후추 사용은 피해야 하나요?

후추맛은 후추알 중심부에 있다. 만약 통후추를 마리네이드에 사용한다면, 후추알 표면에서 나오는 매운맛밖에는 우러나지 않을 것이다. 반면에 후추알을 으깨어 사용한다면, 후추맛을 제대로 즐길 수 있을 것이다.

다시 말하지만, 후추알은 굵게 빻아 마리네이드를 해야 한다. 그러나 후추가 닿은 재료의 표면에서만 후추맛이 날 뿐, 재료에 스며들지는 않는다는 것도 기억해야 한다.

후추알을 칼 옆면으로 으깨어 마리네이드에 넣는다.

기본 재료

여기 주목!

왜 후추를 갈면 맛에 영향을 미치나요?

후추의 매운맛은 후추 알갱이의 표면에서 나오는 반면, 맛과 향은 중심부에서 나온다. 후추를 곱게 갈면, 표면의 매운맛이 주로 나타나 나머지 맛과 향을 가린다. 그러나 후추알을 절구에 빻거나 굵게 갈면, 후추의 맛과 향을 온전히 즐길 수 있다.

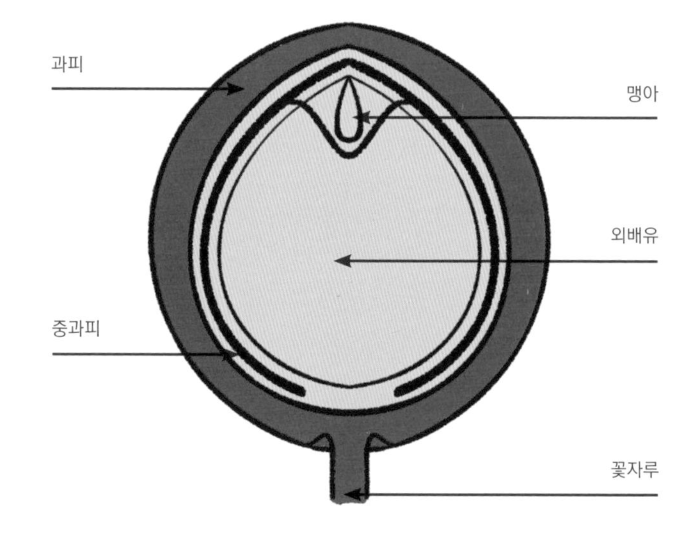

왜 후추알의 크기가 품질을 판별하는 좋은 기준이 되나요?

후추알이 굵을수록 맛과 향을 더 많이 지니고 있으며, 알이 작을수록 가치가 떨어진다. 알의 크기는 후추의 품질을 알 수 있는 좋은 지표이다. 대형마트에서는 주로 자잘한 후추알들을 찾아볼 수 있는 경우가 많다.

이미 갈아놓은 후추는 사지 않는 것이 좋다고요?

분말후추에는 통후추로는 팔 수 없는 모든 것이 들어 있다. 모양이 나쁜 것, 깨진 것, 미분 등 여러 가지 선별과 건조 작업에서 제외된 것들이다. 모든 것들이 다 갈려 있기 때문에 그 안에 무엇이 들어 있는지 알 수 없다. 그리고 그것이 후추를 갈아서 파는 목적이다! 분말후추는 맵고, 기침을 일으키는, 우리가 모르는 사이에 질이 떨어진 모든 것을 집어넣어 만든 후추의 폐기물이다….

에취!

그런데 말이에요, 왜 분말후추는 재채기를 일으키죠?

재채기를 일으키는 것은 후추가 아니라, 선별과정에서 제거되지 않고 우리의 콧구멍까지 올라온 온갖 작은 먼지들이다. 재채기가 난다는 것은 저급품 후추임을 의미한다.

후추의 색과 맛

왜 후추에는 여러 가지 색이 있나요?

후추알의 색은 후추가 익은 정도나 가공상태에 따라 달라진다. 후추 열매가 아직 덜 익었지만 다 자란 크기일 때는 초록색인데, 이를 **녹후추(그린페퍼)**라고 한다.
이어서 후추가 익으면 껍질이 검게 변해 **흑후추(블랙페퍼)**가 된다.
여기서 더 익으면 나중에는 오렌지색을 띤다.
이것을 약 10일간 빗물에 담갔다가, 후추알을 감싸고 있는 붉은 껍질을 벗겨내고 햇볕에 말린다. 이것이 **백후추(화이트페퍼)**이다. 그리고 만약 후추 열매를 그대로 계속 익히면 체리처럼 붉어지는데, 이것이 **적후추(핑크페퍼)**이다.

왜 후추는 종류에 따라 맛과 향이 다른가요?

다시 말하지만, 후추 열매의 숙성 정도에 따라 맛과 향이 달라진다. 녹후추는 프레시하고 매운맛은 거의 나지 않는다. 흑후추는 더 따뜻하고 나무향과 같은 냄새가 나며, 피페린을 많이 함유한 껍질로 인해 매운맛이 난다. 백후추는 향이 매우 풍부하고, (껍질을 벗겨내기 때문에) 매운맛은 별로 나지 않는다. 그리고 적후추는 따뜻하고 부드러운 풍미가 있다.

왜 녹후추는 보기 드문가요?

녹후추는 매우 약해 보존성이 좋지 않다. 보통 소금물에 절여 유리병에 담은 것을 볼 수 있으나, 동결건조시키면, 즉 영하의 온도에서 말리면 맛을 더 보존할 수 있다. 부드러운 맛이 있어 테린이나 파테, 붉은 육류와 잘 어울린다.

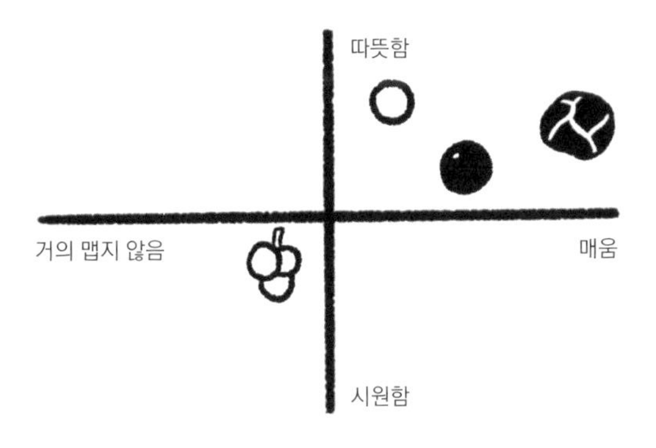

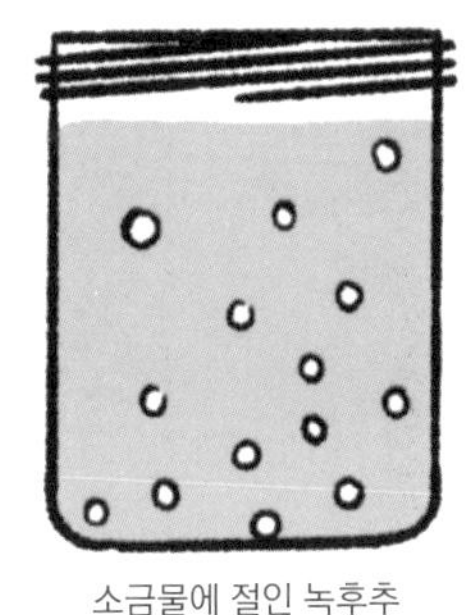
소금물에 절인 녹후추

회색 후추는 존재하지 않는다고요?

회색 후추는 업계에서 품질이 낮은 재고 물량을 유통시키기 위해 만들어낸 것이다. 이 「회색 후추(그레이페퍼)」는 흑후추와 백후추 분말을 섞은 것이다. 그리고 진짜 회색 후추는 존재하지 않기 때문에, 온갖 굴러다니는 여러 재료를 아무렇게나 섞기도 한다. 회색 후추는 절대로 사지 않도록!

왜 백후추가 흑후추보다 비싼가요?

후추 열매를 나무에서 더 오래 익힐수록 후추의 판매시기가 늦어진다. 그러면 후추 생산자가 수입을 얻는 것도 늦어진다. 이것이 첫 번째 이유이다. 두 번째는, 백후추가 흑후추에 비해 무게가 덜 나가기 때문이다. 흑후추 30㎏에서 백후추는 10~15㎏밖에 나오지 않는다. 결과적으로 백후추는 다 익기까지 시간도 더 오래 걸리고, 일손도 더 필요하며, 무게마저 덜 나간다….

오일과 기타 유지류

그래, 어찌되었든 오일과 유지류는 요리사에게 꼭 필요한 동맹군들이다! 지방은 평판이 별로 좋지 않지만, 이것은 지방이 요리에 맛과 부드러움, 텍스처를 선사한다는 사실을 금세 잊어버린 탓이다. 지방의 장점만 즐기기 위한 요점을 정리하였다.

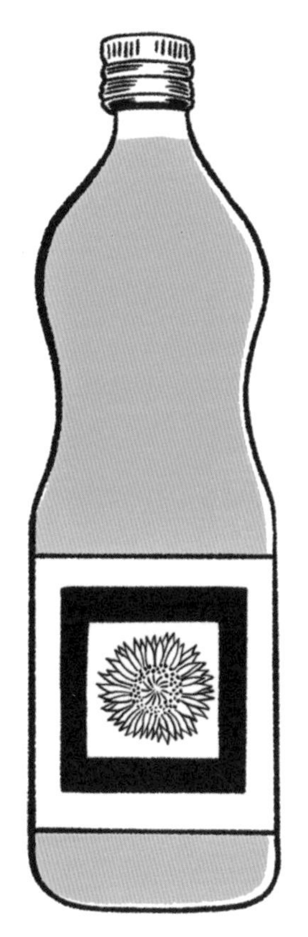

좋은 지방과 나쁜 지방이 있다고요?

모든 지방이 건강에 나쁜 것은 아니다. 오히려 반대다! 일부 심혈관계 질환을 막기 위해서 꼭 먹어야 하는 지방류가 있다. 그 중에서 특히 오메가-3, 오메가-6 또는 오메가-9를 포함한 「**불포화」 지방**은 의사들이 강력하게 추천하고 있으며, 씨앗류, 호두, 아보카도, 올리브오일, 그리고 일부 채소와 생선에서 찾을 수 있다.

나쁜 지방은 **트랜스 지방**으로, 가공식품(추방해야 한다)과 일반적으로 상온에서 고체형태인 포화지방(버터, 치즈 등) 속에 들어 있다. 이러한 지방은 나쁜 콜레스테롤과 일부 심혈관계 질환을 예방하고 당뇨의 위험을 줄이기 위해 절제해서 먹어야 한다.

왜 지방은 굳나요?

모든 지방이 같은 온도에서 굳는 것은 아니다. 대부분 불포화지방산으로 이루어져 있으며 녹는점이 상당히 낮은 오일류는 상온에서 액체이다. 반면, 녹는점이 더 높은 포화지방산이 중심인 유지들은 상온에서 단단하게 굳는다.

일부 오일은 냉장고에 넣어두면 탁해지고 단단해져 굳는다. 하지만 걱정하지 않아도 된다. 상온에 두기만 하면 다시 액체 상태로 돌아가기 때문이다.

왜 일부 생선을 「기름지다」고 하나요?

이 생선들이 실제로 기름진 것은 아니다. 그러나 이들이 먹이로 삼는 해조류 덕분에 오메가-3를 풍부하게 함유하고 있다. 「오일리 피시(oily fish)」에는 등푸른생선(정어리, 고등어, 청어, 안초비)과 연어과(연어, 송어)가 있다. 양식생선들은 오메가-3 함유량이 떨어지는데, 먹이가 다르기 때문이다.

병에 식품을 보존할 때 지방층으로 덮는 이유는 무엇인가요?

옛날에는 가을에 돼지를 요리하여 겨우내 먹을 육류를 확보했다. 그리고 그것을 보존하는 가장 좋은 방법은, 지방층으로 덮어 공기 노출을 막아 산패를 방지하는 것이었다.

냉장고가 등장하면서 오늘날에는 이러한 대비책이 더 이상 필요하지 않다. 하지만 이 습관은 그대로 전해오고 있는데, 이 얇은 지방층이 식감을 부드럽게 만들어주고, 테린이 마르는 것도 막아주기 때문이다.

이것이 테크닉!

왜 오일은 빛과 열을 피해서 보관해야 하나요?

오일은 빛이나 열에 노출되었을 때 더 빨리 산패한다. 조금 전문적인 이야기인데, 친구들 앞에서 지식을 뽐내고 싶을 때를 위해 알려주겠다. 자외선의 영향을 받으면 지방산의 이중결합이 깨지고 산소분자와 결합하게 되는데, 이것이 산패를 가속화한다. 이 과정은 항산화물질이 적게 들어 있는 오일에서 더 빠르게 진행된다.

오일과 기타 유지류

아무것도 적혀 있지 않은 올리브오일과 「버진」, 「엑스트라 버진」과의 차이는 무엇인가요?

올리브오일의 품질 등급은 정제 올리브오일, 일반 올리브오일, 버진 올리브오일, 엑스트라 버진 올리브오일 등 4가지로 표시한다.

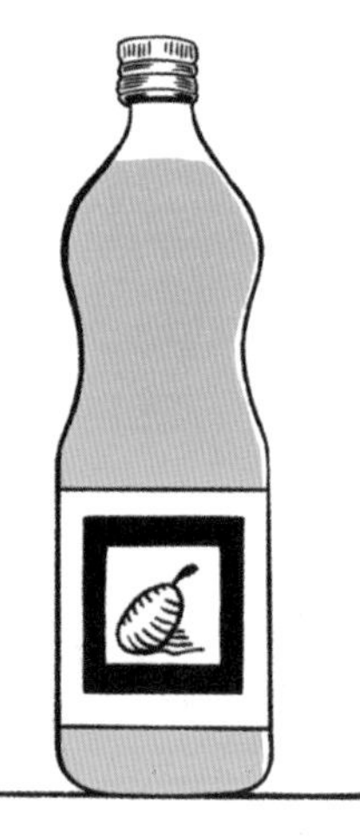

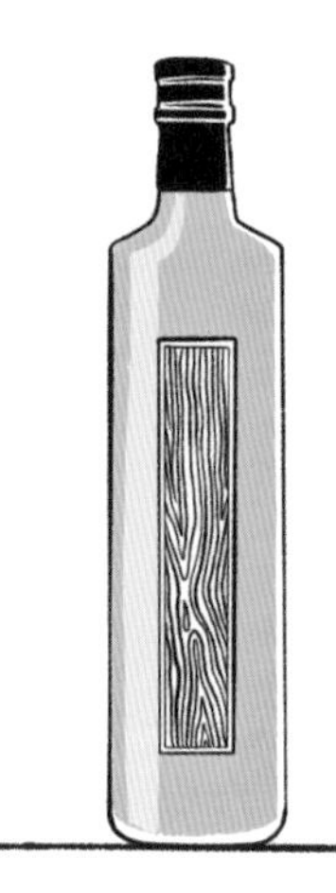

정제 올리브오일은 공장에서 정제과정을 거치지 않으면 소비할 수 없는 산도 2% 이상의 오일로 만든다. 품질이 가장 낮다.

올리브오일(특징 없는)은 정제 올리브오일과 버진 올리브오일을 섞어 만든다.

버진 올리브오일은, 일부 와인 양조시 와인을 섞는 것처럼 다른 올리브오일을 섞는 방법을 쓰지 않고 만든다. 버진 올리브오일을 만들 때 쓰는 올리브 페이스트는, 조금 가열하여 열매의 오일을 더 쉽게 추출할 수 있게 한다.

엑스트라 버진 올리브오일은 2가지 방식으로 얻을 수 있다. 1차 저온압착 또는 저온추출이다. 두 경우 모두 오일을 가열하지 않고 생산량이 더 적지만, 품질은 버진 올리브오일보다 더 좋다.

1차 저온압착에서는 유압프레스를 이용하여 올리브 페이스트를 으깨 오일을 추출한다.

저온추출은 올리브 페이스트를 짓이겨 오일을 추출하는데, 오늘날 가장 흔히 쓰이는 방식이다.

버진 올리브오일에 허용되는 산도는 2%까지이지만, 엑스트라 버진 올리브오일은 0.8%까지밖에 허용되지 않는다. 그러나 최고급 제품의 경우에는 기준 산도를 더 낮출 수 있다.

그린올리브, 완숙 올리브 또는 블랙올리브로 오일을 만든다고요?

고급 올리브오일의 경우에는 사용한 올리브 열매의 종류를 라벨에 표시한다.

그린올리브오일은 완전히 익기 며칠 전, 올리브 열매가 초록색에서 보라색으로 변해갈 즈음에 수확한 열매로 만든다. 입안에서 풀향기가 느껴지며, 생아티초크를 연상시키는 가벼운 쓴맛이 난다. 그린올리브를 사용하는 경우가 가장 많다.

완숙올리브오일은 검게 다 익은 올리브로 만든다. 맛이 부드럽고 쓴맛은 거의 없으며, 꽃과 붉은 과일, 아몬드 등의 향을 느낄 수 있다.

블랙올리브오일은 옛날 방식으로 만들어진 오일이다. 완숙 올리브를 며칠 동안 발효시켜 만들며, 카카오와 버섯, 트러플의 따뜻한 풍미가 있다.

돼지비계에 관한 2가지 질문

1 왜 좋은 하몽의 지방은 버리지 말아야 하나요?

나는 지금 동네 슈퍼에서 파는 「빈약한」 슬라이스햄의 지방을 이야기하는 것이 아니라는 점에 주의하길 바란다! 내가 말하는 것은 고급 샤퀴트리 상점에서 찾아볼 수 있는 고급 하몽, 애정으로 기른 돼지로 만든 하몽, 훌륭한 조건에서 여러 달에 걸쳐 건조와 숙성을 거친 하몽, 지방질이 매우 풍부하며 다채로운 맛을 제공하는 하몽이다.
이러한 하몽의 지방은 버리지 말자. 너무나 아깝다! 그리고 단골 샤퀴트리 가게 주인에게 하몽을 슬라이스하기 전에 잘라내는 큰 지방 덩어리를 챙겨 달라고 부탁해서(나는 독자 여러분이 하몽 가장자리에 붙어 있는 지방질을 먼저 맛보기를 바란다!) 팬이나 냄비에 버터나 오일 대신 이 하몽의 지방을 넣고 녹인다. 다양한 생선요리나 채소 소테, 달걀프라이, 민들레 샐러드 등에 들어가는 오일의 완벽한 대체품이 될 것이다.

2 왜 콜로나타의 라드는 그렇게 맛이 좋은가요?

콜로나타(Colonnata)의 라드를 맛보면 정말이지 최고의 지방을 만나게 된다. 가벼움(그래, 맞다. 지방인데도 가볍다고 말할 수 있다!), 향신료와 허브의 향, 그리고 특히 순수한 지방…. 콜로나타 라드는 토스트한 빵이나 섬세하게 구운 아스파라거스 위에 얹어 먹거나, 아삭하게 삶은 깍지콩 또는 가리비관자 등과 함께 먹는다.
그런데 그렇게나 유명한 이 라드는 대체 정확히 무엇인가? 여름내 먹이 부족으로 혹독한 다이어트를 한 후, 재래종 돼지는 도토리의 계절인 가을이 다시 돌아오자마자 말 그대로 걸신들린 것처럼 먹어대기 시작한다. 돼지의 등에는 두툼한 지방층이 만들어지고, 12월 또는 1월에 돼지를 잡아 그 지방(라드)을 얻는다. 이어서 이 라드에 소금을 발라 큰 대리석 통에 담는데, 라드 사이에 미리 섞어둔 향신료(후추, 넛멕, 계피, 정향 등)와 향신채(마늘, 로즈메리, 세이지 등)를 바른다. 이 상태로 통을 숙성창고에 넣고 최소 6개월간 숙성시킨다.

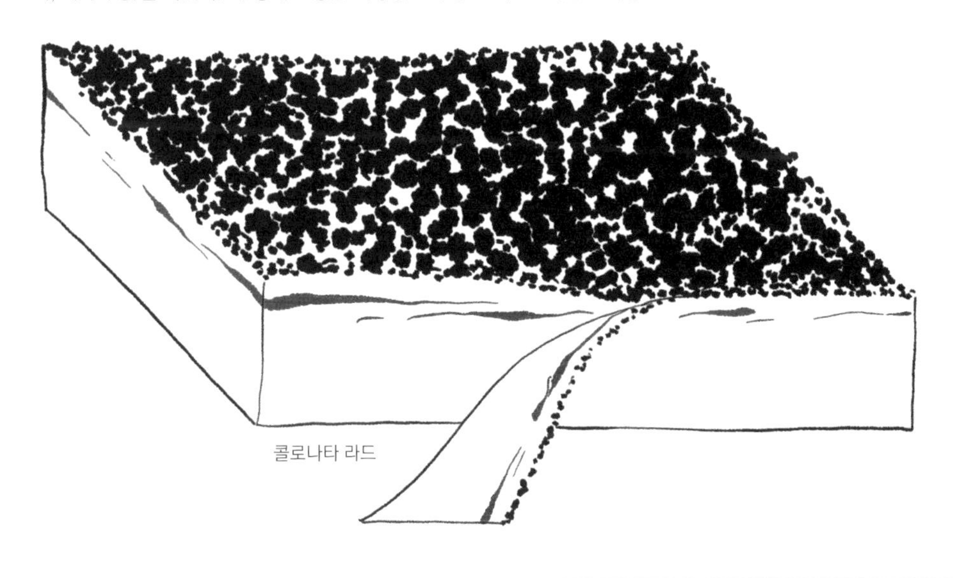
콜로나타 라드

프로의 팁

왜 닭이나 로스트를 구울 때 나오는 기름은 버리지 말아야 하나요?

그 기름에서, 위대한 요리사들이 열렬히 좋아하는 재료 하나를 얻을 수 있기 때문이다! 육류나 가금류를 구울 때 나오는 즙을 냉장고에 보관하면, 밤새 즙의 기름기가 표면으로 떠올라 굳는다. 이 기름은 풍부한 맛이 가득하며, 칠면조 샐러드용 비네그레트(「비네그레트」 참조)에 넣을 오일을 대체하기에 매우 좋은 재료이다!

오일과 기타 유지류

피해야 할 오일에 관한 3가지 질문

1 왜 해바라기오일은 조리용으로 사용하지 않는 것이 좋은가요?

해바라기오일은 고온에서 잘 견디며, 오메가-6가 매우 풍부하나 오메가-3는 부족하다. 그러므로 아주 균형 잡힌 오일이라고는 할 수 없다. 그리고 조리 후에 재료에서 잘 빠지지 않아 항상 미세한 오일 입자가 남는다. 그보다 더 균형 잡히고 조리 후에 완벽하게 빠지는 카놀라오일을 사용하면 덜 느끼한 음식을 만들 수 있다.

2 게다가 코코넛오일도 아니라고요?

수년 전부터 코코넛오일에 대한 이야기가 많이 들려온다. 「요리용으로 완벽하고, 비타민, 미네랄 등이 들어 있어 건강에 매우 좋다.」 세기의 발견이 따로 없다! 전혀 사실이 아니라는 점만 빼면 말이다. 코코넛오일은 포화지방으로 가득하며, 어떤 미네랄도 갖고 있지 않고, 비타민도 아주아주 적다. 그리고 소비자를 현혹시키는 사람들에 대해 알게 되면, 코코넛오일은 주로 농산물 가공산업에서 저가에 팔리는 가공식품에 주로 사용된다는 것을 깨닫게 될 것이다. 간단히 말하자면, 이 오일은 팜유보다 더 나쁘다.

3 팜유는 왜 또 나쁘다는 거죠?

팜유는 값이 싸고, 열과 산화에 강하며, 튀기면 음식을 부드럽고 바삭하게 만들어준다. 대량생산 측면에서는 장점이 많다. 그러나 반대로, 팜유에는 건강에 나쁜 긴사슬 포화지방산이 매우 많다. 그리고 특히, 야자나무 경작은 동남아시아에서 대규모 산림 벌채로 이어지고 있다. 그러므로 우리는 팜유가 들어간 제품을 피해야 한다.

거위, 오리, 소, 돼지의 기름도 사용할 수 있나요?

벨기에에서 튀김은 전통적으로 소기름에 튀기는 반면, 프랑스 남서 지방에서는 오리기름을 사용하기도 한다. 모든 동물성 지방은 발연점이 상당히 높아서 요리에 손쉽게 사용할 수 있는데, 특히 맛이 풍부하다. 평소 오일에 튀긴 감자보다 좋은 거위기름이나 오리기름에 노릇하게 튀긴 감자가 더 맛있지 않은가?

건강을 위해!

왜 일상요리에서는 돼지기름을 사용하지 않게 되었나요?

돼지기름은 돼지비계 또는 라드를 가열해 얻는 유지류이다. 옛날에는 2가지 이유로 돼지기름을 사용했다.

① 돼지기름이 올리브오일이나 버터보다 저렴했다.

② 돼지기름은 35~40°C 사이에서 녹는다. 때문에 어려움 없이 서늘한 곳에 수개월 보관할 수 있었다.

하지만 유감스럽게도, 돼지기름에는 많이 섭취할 경우 여러 심혈관계 질환의 원인이 되는 다량의 포화지방산이 들어 있다.

발연점에 관한 2가지 질문

1 왜 오일의 「발연점」이 문제가 되나?

발연점은 오일이 분해되고 변질되기 시작해 유해물질과 나쁜 맛을 만들어내기 시작하는 온도이다. 발연점은 오일이 견딜 수 있는 한계온도이므로, 발연점을 넘기면 요리를 망치게 된다. 오일과 유지류에 따라 발연점은 몇 도 가량 차이가 날 수 있다.

몇몇 오일과 유지류의 일반적인 발연점

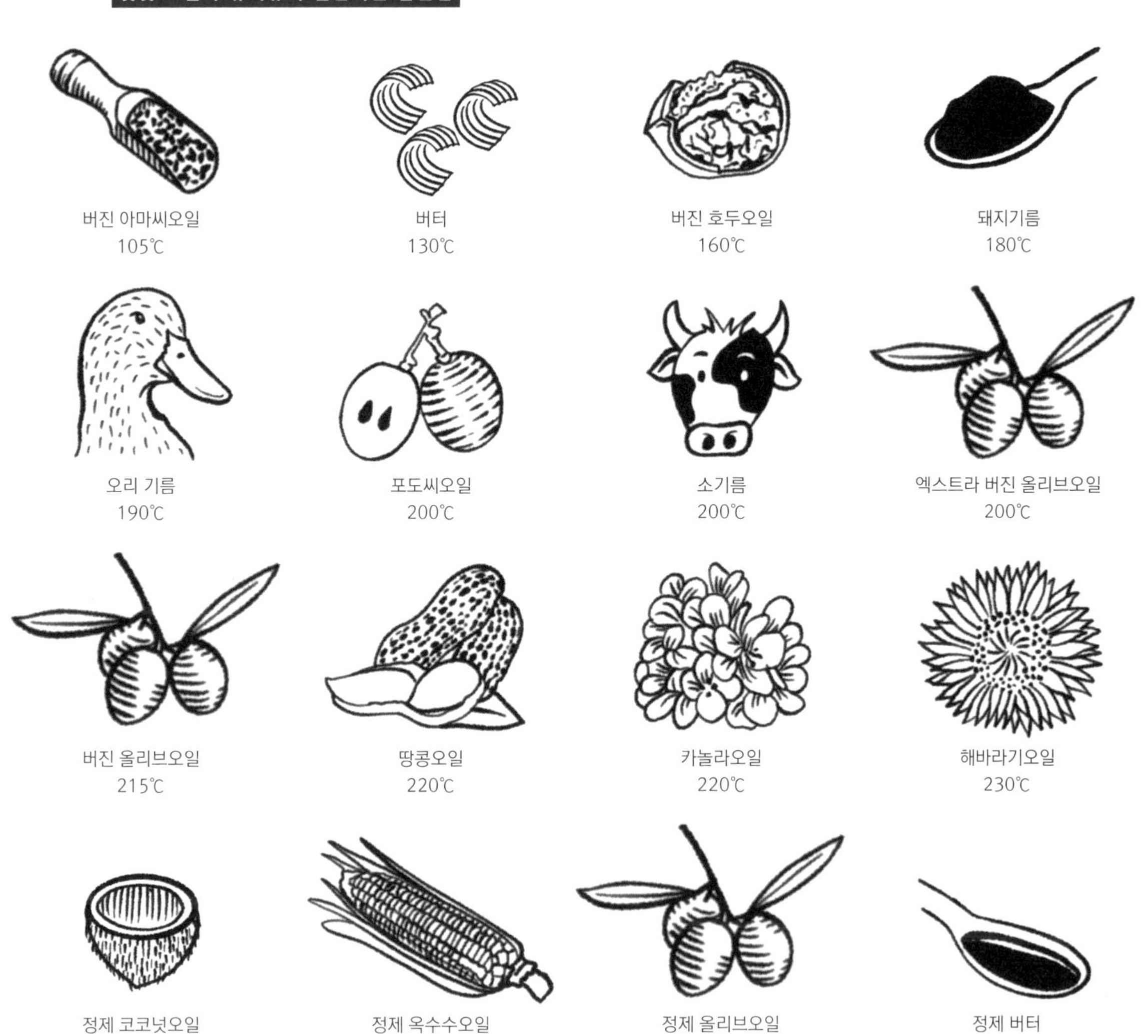

2 왜 버진 오일은 정제 오일에 비해 발연점이 낮은가요?

버진 오일에는 호두나 올리브의 미세한 조각 등이 들어 있다. 이 미세 조각들은 빨리 타고, 오일을 변질시켜 연기를 발생시킨다. 정제 오일은 이 미세 조각들이 제거되어 있으므로 발연점이 더 높다. 이러한 이유로 정제 오일은 가열 요리에 사용하는 것이 바람직하며, 맛이 좋은 버진 오일은 시즈닝에 사용한다.

오일과 기타 유지류

식재료를 익힐 때 왜 오일을 사용하나요?

180℃로 예열된 오븐에 아무런 탈 없이 손을 넣을 수 있다는 것은 앞에서 살펴보았다. 그러나 같은 온도라도 튀김용 오일에는 그럴 수 없지 않은가? 그 이유는 공기는 열이 잘 전달되지 않지만, 오일은 열을 매우 잘 전달하기 때문이다. 이것이 재료를 익힐 때 오일을 사용하는 이유이다. 오일은 열전달을 가속화하여 재료를 더 잘 익힌다.

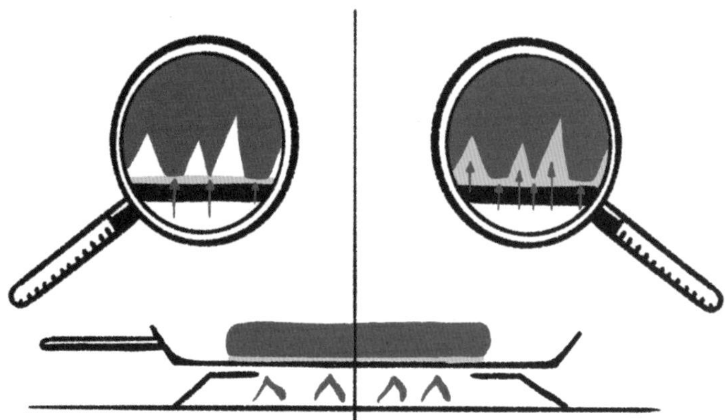

오일이 없으면, 열이 고기의 울퉁불퉁한 표면에 잘 전달되지 못해 더 늦게 익는다.

뜨거운 오일이 고기의 울퉁불퉁한 표면에 스며들어 골고루 익는다.

팬, 소테팬, 무쇠냄비에서는 재료가 열원과 접촉하는 부분부터 익기 시작한다. 그리고 열이 재료 내부에 전달되기는 하지만, 재료가 골고루 익지는 않는다. 이것이 가끔 재료를 저어주어야 하는 이유이다.

오일을 조금 넣으면, 열원과 재료 사이의 접촉면이 많아져 훨씬 빠르고 균일하게 익힐 수 있다.

오븐 안에서, 오일은 공기보다 훨씬 효율적으로 열을 흡수하고 재분배하여 재료를 빨리 익힌다.

올바른 방법

오일을 팬에 바르는 것보다 재료에 바르는 것이 더 낫다고요?

잊지 말자, 식재료는 주로 수분을 많이 함유한다. 무슨 말인지 알겠는가? 모르겠다고? 설명해주겠다.

앞으로 계속해서 나오는 내용이지만, 물은 100℃ 이상으로 올라가지 않는다. 그리고 수분 함량이 높은 만큼 식재료의 온도는 100℃를 넘기 어렵다. 어쩌면 110℃나 120℃까지 도달할 수 있을지도 모르지만, 그 이상은 아니다. 오일이 재료를 감싼 상태로 팬에 닿으면, 팬의 영향으로 단번에 뜨거워지는 동시에 재료의 영향으로 온도가 내려가므로 결과적으로는 오일이 타지 않는다.

반면에 만약 오일을 팬에 바로 붓는다면, 오일은 바로 불온도만큼 뜨거워지고 200℃까지도 쉽게 올라가므로 더 나아가 타버릴 수도 있다.

재료와 팬 사이의 오일은 타지 않는다.

식재료와 닿지 않은 부분의 오일은 탄다.

튀김에 관한 4가지 질문

1 왜 튀긴 음식은 그렇게 맛있나요?

재료를 튀기면 표면 수분은 거의 즉시 증발하고 (그래서 튀김냄비 안에서 작은 기포들이 올라온다), 그 동안 열이 침투해 재료의 내부가 익는다. 동시에, 재료에 들어 있는 당이 캐러멜화되어 많은 풍미가 발달한다. 여기서 어른도 아이도 좋아하는 2가지 다른 질감, 즉 건조하고 바삭한 겉과 촉촉하고 부드러운 속을 만나게 된다.

2 그리고 베녜는 특히 맛있잖아요….

프랑스식 튀김요리 베녜(beignet)의 조리법은 조금 다르다. 생선이나 채소에 베녜 또는 덴푸라용 튀김옷을 입혀 튀기면, 튀김옷 반죽은 독자적인 역할을 수행한다. 이 반죽의 표면은 뜨거운 오일과 접촉하여 재빨리 마르고, 내부의 수분을 가둔다. 내부의 생선이나 채소는 마르지 않고 매우 촉촉한 상태로 익게 된다.

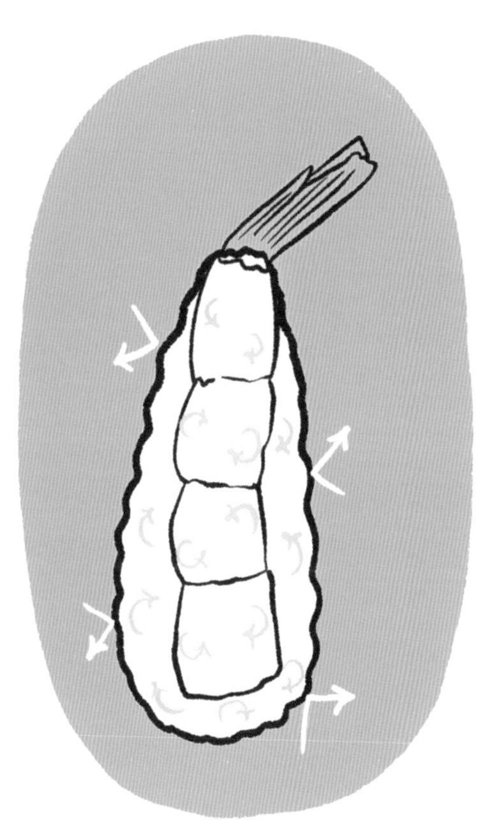

튀김옷이 껍질이 되어 베녜 내부를 차단시키고,
새우는 증기 속에서 익는다.

3 덴푸라요?

덴푸라는 튀긴 음식의 정점을 보여준다. 아주 가벼운 튀김옷이 공기층을 만들고, 매우 바삭하여 쉽게 바스러지며, 순식간에 이루어지는 조리는 채소나 생선을 가볍게 익혀 오일이 흘러내리지 않는다.
맛있는 덴푸라를 만드는 데 중요한 것은 오일의 질이다. 일식 요리사들은 각기 다른 방식으로 오일을 혼합하여 사용하며, 그 내용을 비법으로 간직한다. 보통은 참기름과 면실유를 바탕으로 하는데, 면실유는 점도가 매우 높고 식재료에 흡수되지 않아 매우 가벼운 덴푸라를 만들 수 있다.

4 왜 갓 튀긴 요리는 키친타월 위에 올려두어야 하죠?

덜 기름진 튀김을 먹기 위해서는 키친타월을 2~3장 깔고 그 위에 튀김을 올린 다음 표면을 키친타월로 가볍게 두드려준다. 이 방법으로 오일을 80%까지 제거할 수 있다. 망 위에 올려두고 기름이 빠질 때까지 기다리는 것보다 훨씬 더 효율적인 방법이다!

발사믹 식초

이제 발사믹 식초는 이전부터 흔히 먹어왔던 식재료였던 것처럼 레스토랑 테이블과 우리의 주방에 자리잡았다. 하지만 여러분은 진짜 아세토 발사미코 트라디치오날레(Aceto Balsamico Tradizionale, ABT)를 맛본 적이 있는가?

왜 발사믹 식초는 식초가 아닌가요?

발사믹 식초는, 프랑스어로 「신 포도주(vin aigre)」라는 표현에서 유래한 식초(vinaigre)와는 큰 차이가 있다. 발사믹 식초는 시큼하지도, 새콤하지도 않을 뿐더러, 오히려 감미롭고 살짝 달기까지 하다! 그런데 식초가 아니면 무엇이란 말인가?

발사믹은 식초와는 공통점이 적어 식초라기보다는 일종의 조미료로 보아야 한다. 식초는 일반적으로 술을 이용해 만들고, 박테리아가 신맛을 만들어낸다.

발사믹 식초는(이런 진미를 두고 「식초」라고 표현하는 것이 정말 안타깝다) 이탈리아 북부 모데나 지역에서 끓인 포도즙(즙+포도껍질과 씨)으로 만든다는 사실이 가장 다른 점이다. 발사믹 식초는 각기 다른 수종으로 만든 나무통에 담아가면서 최소 12년간(그리고 50년을 넘어 일부는 100년까지도) 숙성 및 발효한 전통 발사믹부터, 캐러멜을 넣어 점도를 높이고 첨가물을 넣어 맛을 낸 단순한 와인 식초까지 다양한 품질의 제품이 있다.

아세토 발사미코 트라디치오날레의 병입 과정은 다음과 같다. 가장 작은 나무통에서 가장 오래된 식초를 소량 덜어내 병입한 다음, 덜어낸 분량은 두 번째로 작은 통에서 두 번째로 오래된 식초로 채운다. 이 과정을 세 번째, 네 번째로 계속해 가장 큰 통까지 이어간다. 소량의 「더 젊은 식초」만을 통에서 통으로 동시에 옮겨 담는 방식이다.

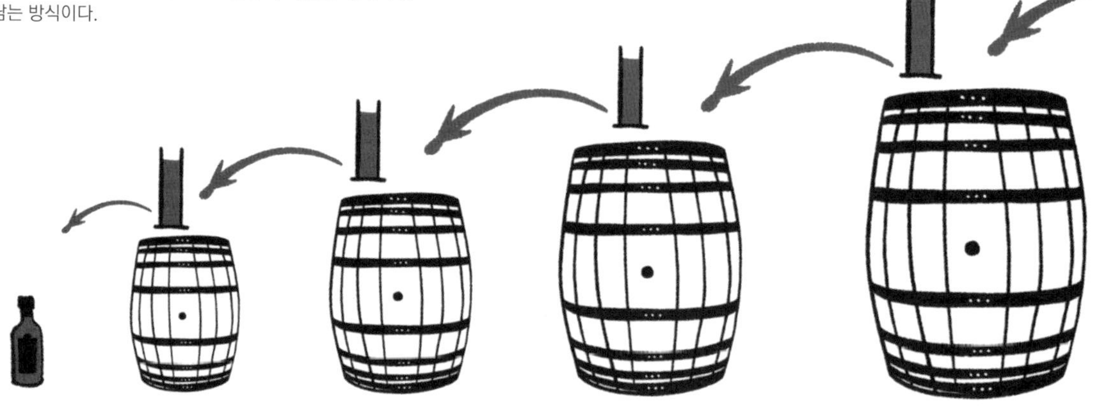

왜 진짜 발사믹 식초는 그렇게 맛있고, 그렇게 귀하고, 그렇게 비싼가요?

아세토 발사미코 라디치오날레

진정한 발사믹 식초. 이 이름을 갖기 위해서는 트레비아노(Trebbiano) 또는 람부르스코(Lambrusco) 품종의 포도송이를 압착해 만든 포도즙을 사용해야 한다. 이것을 24~48시간 이내로 큰 솥에서 뚜껑을 열고 끓여 수분을 증발시키고, 즙은 일부 산미를 유지한 상태로 농축시킨다.

이어서 이 즙을 각기 다른 수종으로 만든 나무통에서 숙성하는데, 나무통의 타닌을 이용하기 위해서이다. 이 나무통은 열려 있는 숙성고 안에 보관하여 여름의 더위와 겨울의 얼어붙는 추위를 그대로 겪는다.

숙성 중에 식초의 일부는 자연스럽게 증발한다. 그리고 단계별로 소량씩 점점 더 작은 통으로 옮겨 담는다. 한 가지 알려두자면, 포도 150㎏으로 만들 수 있는 진짜 발사믹 식초는 약 100g밖에 안 된다! 생산이 끝나면 이렇게 만들어진 식초는 아세토 발사미코 트라디치오날레 협회에 제출되는데, 이 협회는 ABT를 심사하고 품질을 인증하며, 「아세토 발사미코 트라디치오날레」라는 공식명칭을 부여할 수 있는 유일한 기관이다.

식초를 넘어서서 ABT는 부드러운 산미와 감미로움을 지녔으며, 매우 풍부한 맛과 함께 입안에 끝없는 여운을 남긴다는 평가를 받는다. 최고급 와인 같은 특별함을 지녔으며, 몇 방울만으로도 요리 전체에 맛과 향을 더하기에 충분하다. 구운 채소, 송아지 고기, 파르메산치즈 또는 딸기나 바닐라 아이스크림과 어우러져 최고의 맛을 선사한다. 가격은 100㎖에 80~250유로 선으로, ℓ당 800~2,500유로이다.

콘디멘토 발사미코

ABT의 바로 아래 등급인 콘디멘토 발사미코(Condimento Balsamico)는 오래된 발사믹 식초에 더 어린 발사믹 식초를 섞어 만든다. 이 역시 충분히 묵직하고 단맛이 있으며 매우 품질이 좋다.

아세토 발사미코 트라디치오날레처럼 주로 고급 식료품점에서 찾아볼 수 있다. 가격대는 250㎖에 30~50유로 선으로 ℓ당 120~200유로 정도이다.

아세토 발사미코 디 모데나 IGP

아세토 발사미코 디 모데나(Aceto Balsamico di Modena) IGP는 모데나 지역에서 생산된 와인 식초이지만, 재료는 다른 곳에서 왔을 수도 있다. 보통 기본이 되는 식초에 농축된 포도즙을 조금 넣고, 캐러멜로 색을 낸다. 그 외에 다른 첨가물도 들어간다.

중간 등급에 가까운 일반 식초로 품질은 4단계로 나뉘며, 「잎사귀 4장」이 가장 높은 등급이다. 대형마트에서 살 수 있고, 가격은 250㎖에 10~15유로, ℓ당 40~60유로 선이다.

발사믹 식초

주로 대형마트에서 판매되는 이 제품은 여러 가지 식초, 캐러멜, 증점제, 감미료를 마구잡이로 섞어 만드는데, 경우에 따라 농축한 포도즙을 넣기도 한다.

특별한 장점은 찾아볼 수 없다! 꽤 시고, 별맛은 없다. 같은 값이면 품질이 더 나은 다른 식초를 선택하자. 가격은 250㎖에 5~15유로, ℓ당 20~60유로 선이다.

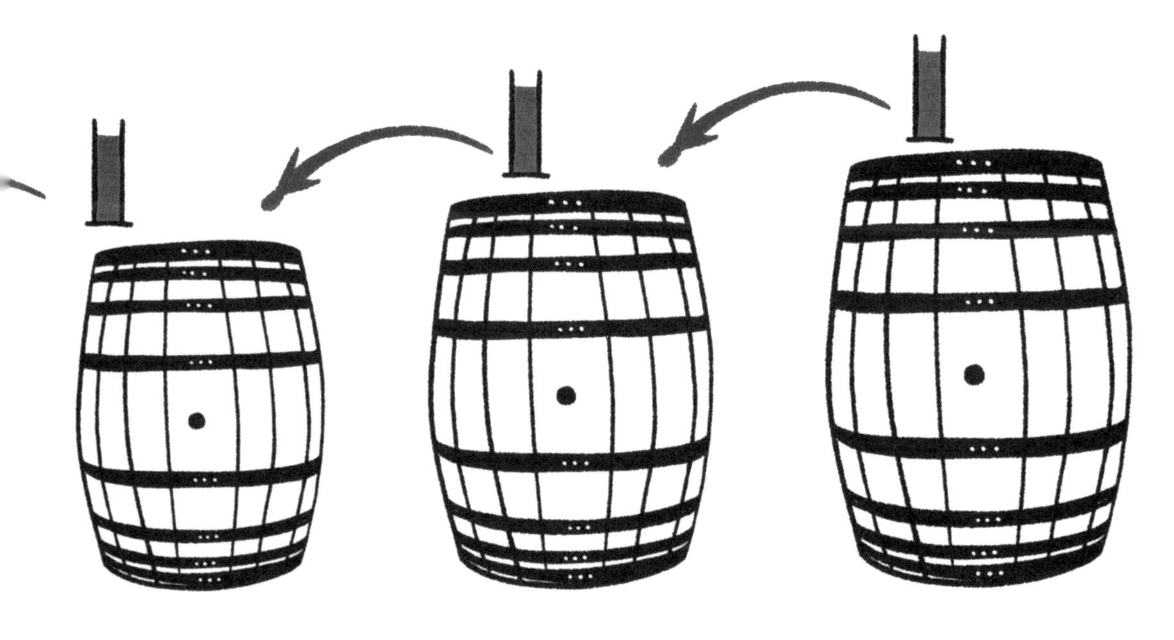

허브

바질, 파슬리, 차이브, 코리앤더, 타임, 오레가노, 타라곤, 월계수잎….
허브는 요리에 향을 더하고 영혼을 불어넣는다. 아, 민트도 빼놓을 수 없지!

왜 말린 허브는 맛이 별로 없나요?

허브의 맛과 향은, 잎 속이나 표면에 존재하는 작은 오일주머니에서 나온다. 허브가 마르면 이 작은 오일주머니도 말라 맛이 빠르게 사라진다.
일반적으로, 말린 허브에서는 마른 땅 냄새가 난다. 그러므로 작은 유리병에 담아 파는 말린 허브는 피하는 것이 좋다. 아무런 장점이 없으니 말이다.

하지만 말린 타임이나 오레가노, 로즈메리는 향이 좋잖아요?

타임, 오레가노, 로즈메리 또는 월계수잎과 같은 목본류 허브의 경우는 조금 다르다. 이들 식물은 상당히 건조한 기후조건에서 자라는 데 익숙하며, 아로마 분자가 바질이나 차이브와 같은 초본류에 비해 더 단단하고 두꺼운 잎 속에 묻혀 있다. 이러한 허브는 긴 가열시간은 물론, 장기보관을 위한 건조 역시 잘 견딘다. 그러나 몇 주가 지나면 이 말린 목본류 허브 또한 그 맛과 향을 대부분 잃어버린다는 것을 알아두자.

타임 줄기

왜 신선한 허브는 물을 적신 키친타월에 보관해야 하나요?

한번 꺾은 싱싱한 허브는 줄기를 통해 물을 공급받지 못하기 때문에 급속도로 말라 시든다. 허브류를 조금 더 오래 보관하는 가장 좋은 방법은, 물에 가볍게 적신 키친타월로 감싸 밀폐용기에 담고 습기를 공급해주는 것이다.

싱싱한 허브 해동한 허브

왜 냉동 허브는 한번 녹이면 바로 물러져 곤죽이 되나요?

냉동고에 로제와인을 한 병 넣어두고는 그만 깜빡 잊어버렸다. 그리고 깨진 병 안에는 커다란 핑크색 얼음 덩어리가 남아 있었다…. 얼어붙는 과정에서 와인의 부피가 늘어났고, 유리병이 그것을 버티지 못한 것이다.
허브를 얼리면, 분자의 차원에서 정확히 같은 일이 벌어진다. 허브 속 수분의 부피가 커지고, 그것을 붙잡고 있는 세포가 찢어진다. 해동이 되면 이 조직은 더 이상 유지되지 못하므로 수분을 잡아둘 수 없다. 결과적으로 곤죽처럼 풀어져 접시 위에 올릴 수 없는데다, 신선한 허브와는 전혀 다른 맛이 난다.

허브 다지기에 관한 4가지 질문

1 왜 허브는 보통 잘게 잘라 쓰나요?

허브 등 향신식물의 맛과 향은 겹겹이 이루어진 잎조직 속에 들어 있다. 파슬리잎을 혀 위에 올려보면, 파슬리의 맛은 거의 느껴지지 않는다. 그러나 파슬리잎을 씹으면, 맛의 폭발을 느낄 수 있다. 허브를 잘게 썰어 쓰는 이유는 허브의 맛이 빨리, 그리고 골고루 퍼지게 하기 위해서이다.

2 하지만 언제나 그런 건 아니라고요?

포토푀, 뵈프 부르기뇽처럼 장시간 끓이는 요리의 경우, 허브의 맛은 여러 시간에 걸쳐 천천히 전달되어야 한다. 허브를 잘게 썰어 맛의 전달과정을 가속화하는 것은 아무 소용없는 일로, 소스나 부이용에 허브 조각이 둥둥 떠다니기만 할 뿐이다. 장시간 가열용으로는 허브를 다지지 않는다!

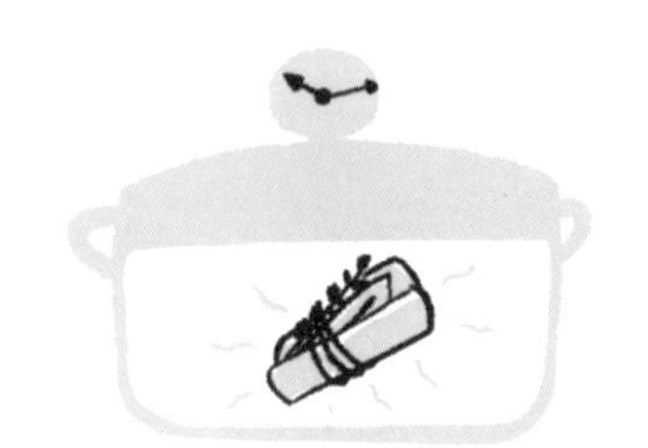

3 그런데 왜 요리에 넣기 직전에 다져야 하나요?

허브를 썰면, 잘린 단면에서 효소반응이 일어나 맛과 잎의 구조를 변질시킨다. 다진 허브는 잘리는 즉시 맛을 순식간에 잃고 시든다.

4 그리고 잘 갈아놓은 칼을 쓰라고요?

날이 아주 잘 서 있는 칼은 썰 때 재료를 뭉개지 않는다. 절단이 깔끔할수록 절단면이 줄고, 효소반응도 줄어든다. 또한 잘 드는 가위로 허브를 자를 수도 있는데, 절삭력이 완벽한 만큼 굉장히 잘 잘린다. 잘게 써는 것도 좋지만, 좋은 칼을 사용하면 더 좋다.

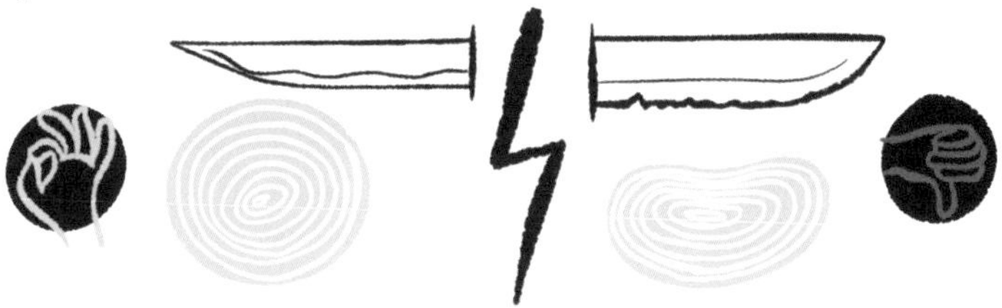

왜 허브를 썰기 전에 물기를 잘 닦아야 하죠?

만약 허브를 자를 때 물기가 있으면 효소반응이 일어나기 쉬워진다. 게다가 맛의 일부가 이 물기 속으로 사라지는데, 이 물은 조리 중에 향의 혼합물 일부를 지닌 채로 증발한다. 너무나 아깝다!

허브를 믹서에 갈면 안 된다고요?

믹서는 허브를 자르기도 하지만, 으깨서 페이스트로 만들기도 한다. 이는 피해야 할 상황 그 자체인데, 여기서 엄청나게 많은 효소반응이 일어나 본래의 맛을 변질시키기 때문이다. 칼이나 가위를 쓰란 말이다. 이런 게으름뱅이들 같으니!

허브

올바른 방법

왜 목본류 허브는 가열하기 시작할 때에, 초본류 허브는 마무리에 넣어야 하나요?

향신식물은 서로 매우 다른 두 분류로 나뉜다. 바로 목본식물과 초본식물이다.

타임, 로즈메리, 월계수잎 등의 **목본류 허브**는 줄기(가지)와 두껍고 질긴 잎을 지녔으며, 줄기를 통해 영양분을 공급받는다. 이 두꺼운 잎의 맛은 천천히 전달되며, 장시간 가열을 견딜 수 있으므로 요리 초반에 넣는다.

바질, 파슬리, 타라곤 등의 **초본류 허브**는 매우 섬세한 잎(또는 차이브의 경우 섬세한 줄기)을 지녔으며, 잎을 통해 영양분을 공급받는다. 이 잎은 가열을 견디지 못하거나 아주 잠시 견딜 뿐이다. 이들의 미세조직은 매우 약해 빨리 시들며, 곧바로 대부분의 맛을 잃는다. 그래서 조리의 마무리에 넣는다.

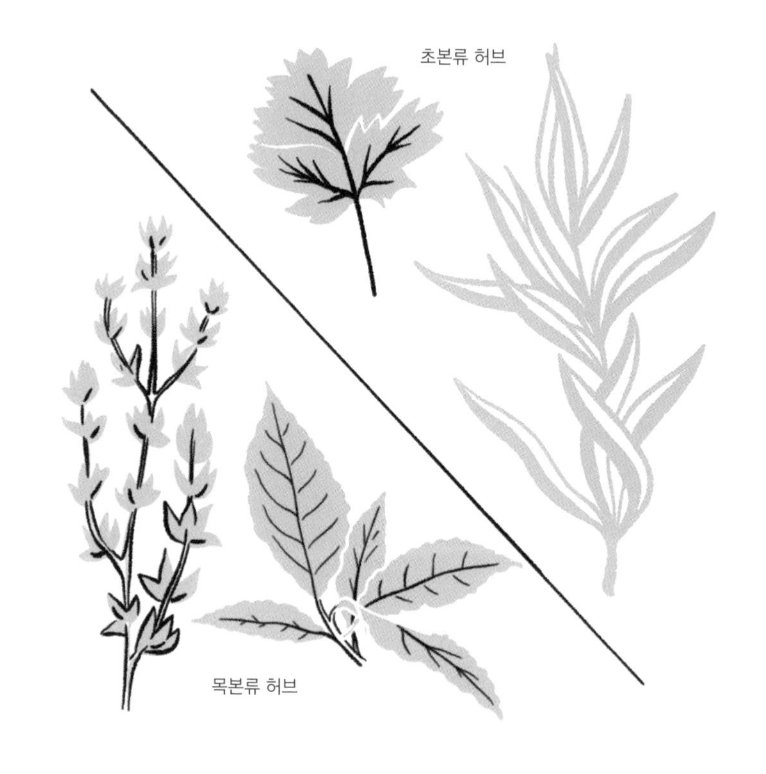

그런데 왜 어떤 요리에서는 파슬리를 먼저 넣나요? 파슬리는 초본류 허브잖아요?

이것은 원칙을 확인시켜주는 예외라고 할 수 있다! 장시간 가열시에 중요한 것은 파슬리의 잎이 아니라 줄기다. 맛을 내는 것이 바로 줄기이기 때문이다. 굵은 파슬리 줄기를 몇 시간에 걸쳐 익히면 가장 좋은 맛이 난다. 파슬리 줄기는 요리 초반부터 넣어도 좋다.

왜 월계수잎 중앙의 잎맥을 제거해야 하나요?

월계수잎의 맛은 겹겹으로 이루어진 잎조직 속에서 나온다. 한가운데의 잎맥을 제거하면 월계수잎의 맛이 요리에 더 빨리 퍼진다. 가열시간이 짧은 요리에 월계수잎을 사용할 때 적절한 방법이다. 또는 잎을 가는 끈모양으로 잘라 사용해도 좋다.

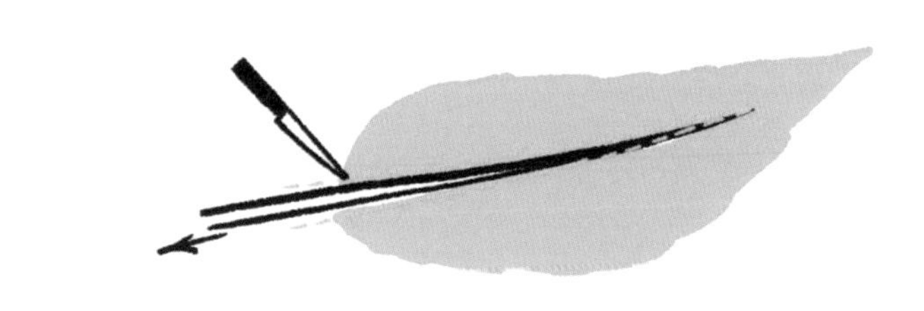

왜 부케 가르니를 만들 때 대파의 녹색잎으로 겉을 감싸나요?

대파잎은 사방으로 움직이는 부케 가르니를 보호하는 역할을 한다. 이렇게 해놓으면 자잘한 타임잎이 흩어지지 않아 수프가 지저분해지지 않는다. 그리고 허브를 하나로 묶어놓으면 나중에 건져내기도 쉽다.

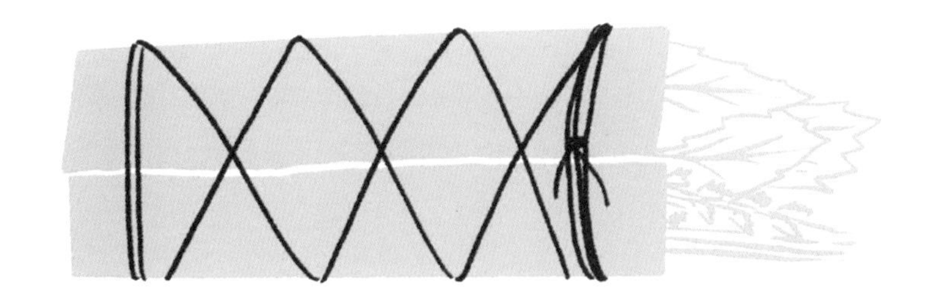

왜 소스에는 허브를 맨 마지막에 넣어야 하나요?

만약 허브를 너무 일찍 넣으면 허브가 소스의 미세한 입자에 뒤덮이게 된다. 이 기름막이 허브의 맛을 느끼지 못하게 방해하며, 심지어 씹어도 제대로 느껴지지 않게 된다. 허브는 고유의 특성을 살리기 위해 항상 마지막 순간에 넣는다.

왜 파슬리잎을 팬에 넣고 가열하면 튀어오르나요?

이건 좀 재미있는 부분이다. 파슬리잎이 뜨거운 팬에 닿으면, 잎이 가진 수분이 순식간에 증발하며 잎 내부에서 터지고, 그러면서 사방으로 튀어오른다. 게다가 거기서 「탁탁」 하고 조그맣게 터지는 소리도 난다.

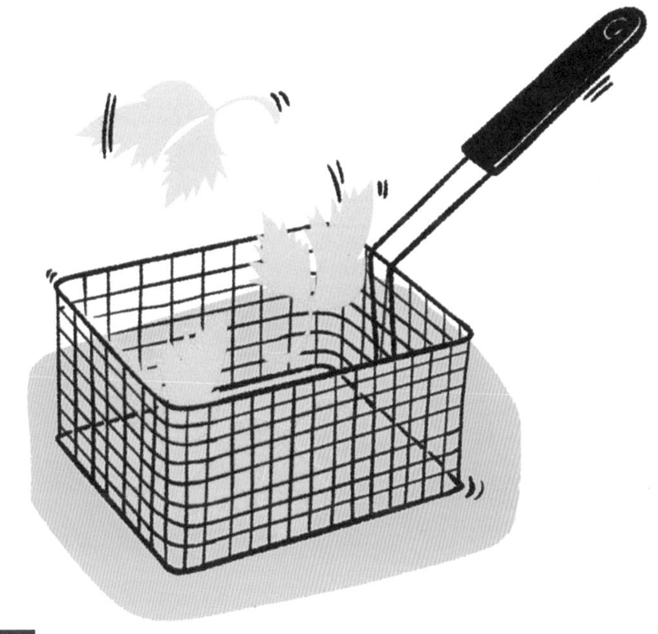

냠냠!

초목류 허브를 튀길 수도 있다고요?

튀긴 허브는 정말 맛있다! 간단히 허브의 잎과 줄기를 통째로 180℃로 가열한 뜨거운 오일에 튀겨내는데, 이렇게 하면 마이야르 반응이 일어나 잎 속의 당이 캐러멜화되고 맛있어지면서 매우 기분 좋은 바삭함이 생긴다. 채소소테, 그릴에 구운 육류나 생선에 곁들이면 끝내주게 잘 어울린다!

마늘 · 양파 · 샬롯

흑마늘은 태운 마늘이 아니라는 걸 알고 있는가?
마늘이나 양파를 써는 방식이 맛에 영향을 미친다는 것은?
좋은 칼을 쓰면 양파 썰기는 식은 죽 먹기라는 것도?

왜 통마늘 줄기를 새끼 꼬듯이 땋아두나요?

마늘의 줄기 아랫부분은 맛과 향이 풍부하다. 마늘을 줄기째 2~3주간 말릴 때, 줄기의 맛과 향이 마늘알 쪽으로 옮겨가서 마늘향이 더 풍부해진다. 지중해 연안 국가에서는 이 과정이 잘 알려져 있기 때문에, 땋아놓은 채로 파는 마늘을 쉽게 찾아볼 수 있다.

미묘한 차이

왜 흰색, 분홍색, 보라색 마늘이 있나요?

1년 중 각각 다른 시기에 익는 마늘 품종에 따라 색이 다르다.

흰 마늘은 가장 흔한 종류로, 4~6월에는 신선하고 촉촉한 상태이고, 5~7월 무렵 건조시킨다. 그 후 몇 개월 동안 보관한다.

분홍 마늘은 봄마늘로, 첫 번째 흰 껍질을 벗기면 분홍색이 드러난다. 7월부터 먹을 수 있는 맛있는 마늘이다.

보라색 마늘은 늦여름~가을에 나는 마늘이다. 이 마늘이 지닌 가벼운 매운맛은 익히면 부드러워지며, 살짝 단맛으로 변한다.

왜 바나나샬롯과 샬롯을 혼동하나요?

바나나샬롯은 매우 큰 샬롯처럼 보이지만 구근이 하나뿐인 반면, 샬롯은 구근이 둘 또는 셋인 경우도 있다. 사실 바나나샬롯은 긴 양파이며 샬롯보다 달다. 생으로 또는 얇게 저며 샐러드에 넣어 먹으며, 이탈리아에서처럼 발사믹 식초와 레드와인을 섞은 것에 졸여 먹기도 한다.

왜 적양파는 익히지 않는 게 더 좋나요?

적양파의 섬유질 속에 들어 있는 붉은 색소는 익히면 청보랏빛으로 변한다. 생으로 먹거나 빨리 구워 먹는 것이 더 낫다.

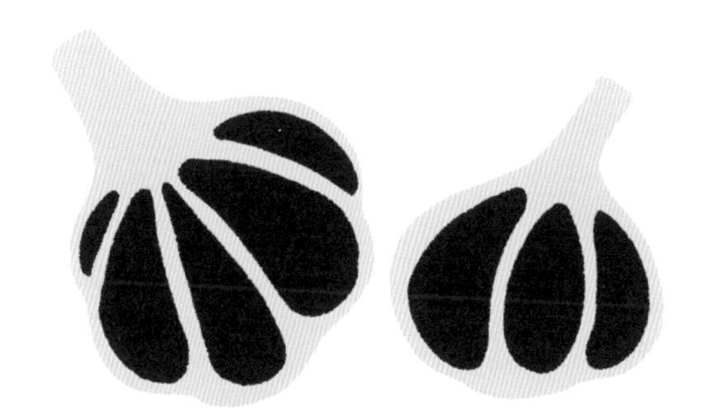

꼭 알아둘 것

왜 스위트어니언은 달콤한가요?

스위트어니언은 다른 품종에 비해 당 함량이 최대 25%까지 높다. 또 유황 성분이 적은데, 유황이 적다는 것은 양파를 썰 때 일어나는 효소반응이 덜하다는 것을 의미한다. 그러므로 맛의 변화가 적고, 조리할 때 눈물도 덜 난다.

흑마늘은 왜 그렇게 맛있죠?

흑마늘은 일본 동부지역의 특산물이다. 통마늘을 따뜻한 환경(70℃ 전후), 습도 80% 또는 90%에서 90일까지 숙성시키는데, 그동안 마늘은 천천히 유백색에서 가장 진한 경우에는 숯처럼 검게 변한다. 이 마늘은 최고급 발사믹 식초를 떠올리게 하는 가벼운 신맛이 발달하며, 감초 또는 건자두의 풍미도 느낄 수 있다. 흑마늘은 매우 드물고 비싸다. 흑마늘을 만날 기회가 있다면 망설이지 말고 이 순수한 진미를 맛보기 바란다.

왜 부딪히거나 떨어진 양파는 그렇게 빨리 상하죠?

튼튼해 보이는 모습과는 달리 양파는 매우 약한 채소이다. 조금만 세게 부딪혀도, 섬유질 구조가 손상되어 효소반응이 일어나기 시작한다. 충격을 받은 부분은 물러지며 조금씩 썩는다. 양파를 사기 전에 단단한지 잘 확인하자. 무른 부분이 있으면 좋지 않은 징조이다.

왜 마늘이 청록빛으로 변하는 거죠?

마늘을 으깨거나 매우 얇게 썰면 효소반응이 일어난다. 최근 밝혀진 바에 따르면, 일부 조금 오래된 마늘에서는 두 가지 효소반응이 서로 관계없이 동시에 일어날 수 있으며, 만약 이들이 상호작용을 하면 마늘의 색이 바뀔 수 있다.
걱정하지 않아도 된다. 이렇게 색이 변한 마늘은 어떤 경우에도 위험하지는 않다. 오히려 중국에서는 신년에 맛보는 명물이기도 하다.

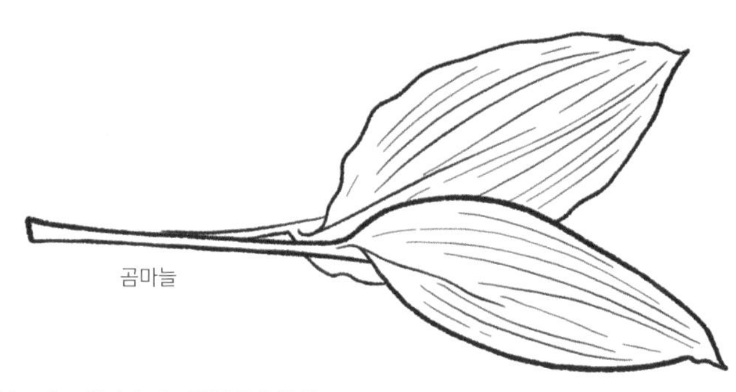

곰마늘

곰마늘은 왜 보기 어렵나요?

곰마늘은 야생식물인데다 제철이 있기 때문이다. 곰마늘이라는 이름은, 곰들이 겨울철 동면에서 깨어나 즐겨 먹었다는 전설에서 유래했다. 곰마늘은 2월부터 큰 나무 아래 자라는 자잘한 관목 사이나 응달에서 자란다. 전체를 먹을 수 있는데, 잎뿐만 아니라 알뿌리(질기긴 하지만), 꽃도 먹을 수 있다. 3~4월 개화기 직전 초봄이 제철이다. 얇고 부드러운 잎에서는 약간의 단 향과 미세한 매운맛과 함께, 가볍고 섬세한 마늘맛이 난다.
곰마늘은 모든 미식가를 기쁘게 하는 진미이다. 곰마늘을 발견하면, 다음해에 또 새순이 날 수 있게 알뿌리를 뽑지 않도록 주의하면서 잎 아랫부분을 꺾는다.

마늘 · 양파 · 샬롯

양파 썰기에 대한 3가지 질문

1 왜 양파를 썰 때 눈물이 나죠?

양파는 세포 이곳저곳에 황과 효소들을 지니고 있다. 만약 이들이 접촉하면, 그 구조가 최루가스와 비슷한 황화알릴이 발달한다. 이제 효소반응의 힘을 좀 알겠는가? 이 가스는 콧속으로 올라와 눈까지 이동하며, 눈은 스스로 세척과 보호를 위해 눈물을 쏟는다. 그리고 여기에 더 큰 문제가 있는데, 황화알릴은 물을 만나면 황산으로 변한다는 것이다. 그러므로 눈이 보호작용을 할수록 황산이 더 만들어지고, 그 때문에 눈물이 더 나고, 황산은 또 증가하게 된다. 이 상황은 양파가 더 이상 황산을 만들어내기에 충분한 가스를 내뿜지 않을 때 비로소 끝이 난다.

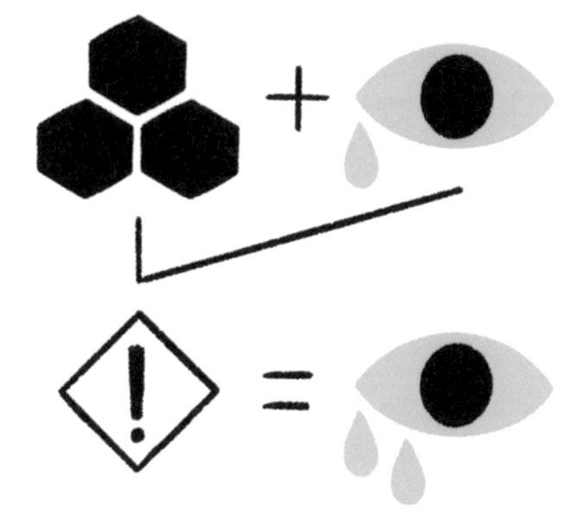

황화알릴은 눈물이 나게 하며, 눈물의 수분은 황화알릴을 황산으로 만들어 더 울게 만든다.

2 그런데 왜 칼의 상태에 따라 효소반응이 늘어나거나 줄어드나요?

칼날이 날카로울수록 절단면이 깔끔하여 세포가 덜 파괴되므로 효소반응이 적어지고, 결국 자극을 일으키는 가스도 덜 나온다. 반대로 날이 무딘 칼을 사용하거나 더 나쁜 경우 톱니가 있는 칼을 사용한다면, 세포질을 최대한으로 파괴하고 가스를 최대한으로 발생시킨다. 그러므로 첫 번째로 해야 할 일은, 양파를 썰 때 날이 살아 있는 칼을 사용하는 것이다. 보통은 이것만 지켜도 눈물이 나지 않는다.

3 왜 양파를 잘라서 바로 흐르는 물에 담그면 눈물이 안 나죠?

눈물과 접촉하여 황산으로 변하는 대신, 발생한 가스는 물과 만나 황산으로 변한 다음 물과 함께 흘러가버린다. 이것은 온수를 사용할 경우에 더 효과적이다. 펄펄 끓는 물이 아니라 따뜻한 물 말이다!

오! 누군가 양파를 물에 담그면 맛과 질감을 잃게 될 거라고 말하는 소리가 들린다. 그 말도 맞다. 하지만 그러려면 양파 슬라이스를 물에 수분간 담가두어야 한다. 그리고 보통 그보다는 훨씬 빨리 양파를 썰지 않나? 아니면, 남은 방법은 양파 껍질을 벗기기 전 30분간 냉동실에 넣어두는 것이다. 그러나 이것은 효율성이 떨어진다. 아니면 또 급진적인 현대기술로 물안경을 쓰는 방법도 있다. 이것도 매우 효과가 좋다….

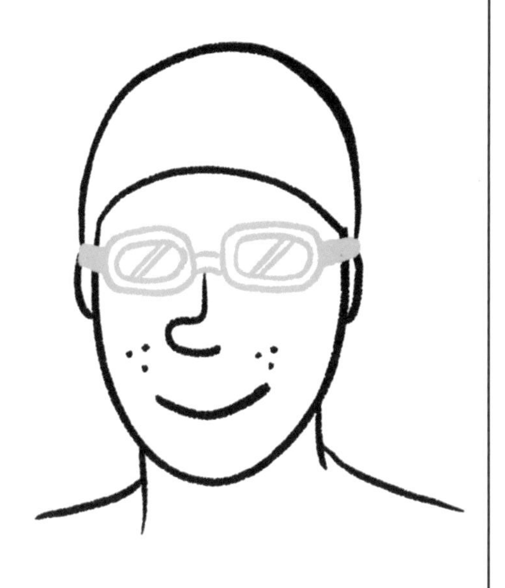

왜? 그리고 어떻게?

마늘을 자르는 방식이 맛에 직접적인 영향을 미친다고요?

마늘을 자르면 세포 안에서 효소반응이 일어나, 잘린 단면에서 무색의 매운 액체인 알리신이 생성된다. 마늘을 어떻게 자르는가에 따라 효소반응과 마늘의 맛은 다소 강해진다.

만약 마늘을…

날이 매우 잘 선 칼로 자른다면, 효소반응의 수는 제한되고 마늘을 약불에서 오래 익혀도 부드러운 맛이 보존된다.

칼로 으깬다면, 손상되는 세포수는 비교적 적을 것이다. 그러나 단순하게 자를 때보다는 마늘에서 좀 더 강한 맛이 발달한다.

마늘프레스로 으깬다면, 다수의 세포가 으깨져 더 매워진다. 조리시 주의해야 하는데, 으깬 마늘은 순식간에 씁쓸하고 매워지기 때문이다!

절구에 찧는다면, 더 많은 세포가 으깨지고 맛이 더욱 진해지므로 너무 강불에 조리할 경우 맵고 쓴맛이 난다.

퓌레 상태로 졸인다면, 모든 세포가 파괴되고 효소반응이 많이 일어나 매우 강한 맛이 난다. 더 나아가 맛이 거북해질 수도 있다.

양파도 마찬가지 …

마늘과 마찬가지로, 양파의 썰기 방식은 효소반응에 매우 중요한 요소이므로 맛에도 영향을 미친다고 할 수 있다. 양파는 양쪽 끝에서 끝(꼭지와 뿌리)으로 길게 늘인 모양의 타원형 세포로 이루어져 있다.

만약 양파를 …

세로로 자른다면, 다시 말해 세포의 결대로 자르면 세포에 잘린 면이 덜 생기므로 효소반응을 덜 일으켜 부드러운 맛이 난다. 자른 조각은 열을 더 잘 견디며, 모양도 더 일정하다.

가로로 자른다면, 세포의 방향을 가로질러 자르므로 세포에 더 많은 절단면이 생겨 효소반응이 더 늘어나고 맛도 더 강해진다. 잘린 조각은 크기가 불규칙하며, 겉은 단단하고 속은 무르다.

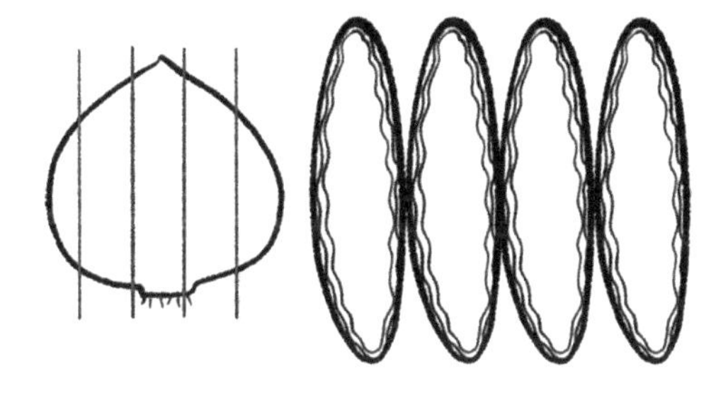

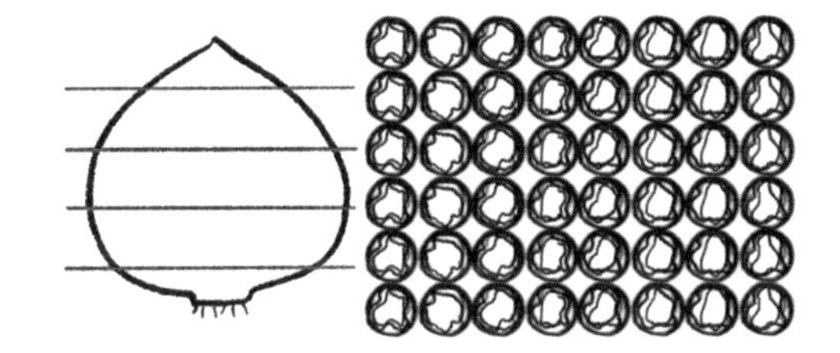

굵은 큐브모양으로 썬다면, 효소반응을 많이 일으켜 맛이 상당히 두드러진다. 익힌 후에는 질감이 부드러워진다.

작은 큐브모양으로 썬다면, 효소반응을 최대로 일으킨다. 맛이 매우 강조되며, 익힌 후에는 자른 조각이 완전히 물러진다.

… 샬롯도?

샬롯은 양파와 정확히 같다고 생각하면 된다. 양끝 부분을 기준으로 수직으로 썰 경우 맛이 부드럽고 조리시 모양이 잘 유지된다. 수평으로 썰 경우에는 맛이 더 강해지고 모양이 흐트러지기 쉽다.

마늘 · 양파 · 샬롯

그러면 맛있는 마늘퓌레는 어떻게 만들 수 있나요?

마늘퓌레(또는 크림)는 생마늘을 으깨지 않고 만든다. 그리고 이것이 모든 것을 바꿔놓는다!

❶ 마늘퓌레를 만들기 위해서는, 마늘 껍질을 벗기지 않은 채로 오일에 담가 약불에 30~40분 절이듯 익힌다.

❷ 체에 걸러 오일은 따로 보관하고, 예를 들면 양 넓적다리를 요리할 때 사용한다.

❸ 체에 남은 마늘을 눌러 으깬다. 이 방법은 마늘을 우유에 담가 익힐 때도 매우 유용하다.

❹ 체로 거른 퓌레를 모은다. 흰색 육류에 완벽하게 어울리며, 또는 간단히 토스트에만 올려도 맛있다. 이렇게 요리한 마늘은 맛이 매우 순하다.

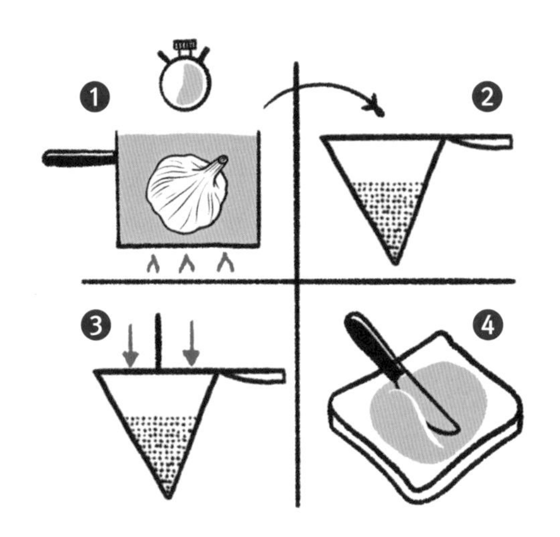

거짓에서 진실로

왜 보통 마늘싹을 제거하라고 하나요?

사실, 마늘싹은 소화에는 별 영향을 미치지 않는다. 그러나 쓴맛이 나고 다른 부위보다 황화합물의 함량이 높다. 싹을 남겨두면 쓴맛이 나고, 입냄새도 많이 나게 된다. 그러므로 제거하는 것이 낫기는 하지만, 소화를 위한 것은 아니다. (근거 없는) 미신이라고 할 수 있다.

왜 고기 부이용을 끓일 때 반으로 자른 양파를 살짝 태워서 넣나요?

노릇하거나 가볍게 탄 부분은 액체에 녹으면서 부이용에 먹음직스러운 갈색을 더해준다. 나는 분명히 가볍게 태운다고 말했다. 숯덩이가 아니란 말이다! 너무 새까맣게 태워버리면 쓴맛이 나는데다 색이 불쾌하게 거무튀튀해진다.

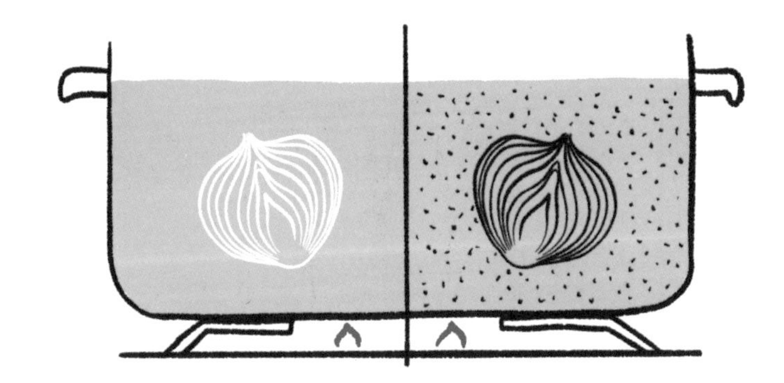

왜 마늘을 먹으면 입냄새가 나죠?

마늘에 들어 있는 알리신은 황화합물의 일부이다. 이 황 성분이 우리가 생마늘을 씹거나 소화시키는 동안 입냄새를 나게 한다. 이 입냄새에서 벗어나는 유일한 방법은, 알리신과 결합하여 냄새가 나지 않는 새로운 물질을 만들어낼 무언가를 먹거나 마시는 것이다.
이때 생과일과 채소 중에 먹을 수 있는 것이 넘치게 많다. 사과, 포도, 키위, 버섯, 양상추류, 바질, 민트 등. 과일주스나 우유 한 잔, 요거트 역시 효과가 매우 좋다. 아무도 모르게 여러분에게만 알려주는 팁이다.

왜 조리시에 마늘을 태우면 안 되나요?

마늘은 강불로 가열하는 것을 견디지 못한다. 왜냐하면 꿀에서도 찾아볼 수 있는 당류인 과당을 다량 함유하고 있기 때문이다. 고온에서 마늘은 말라 급속도로 타며, 결국 쓰고 매워진다.
예를 들어, 볼로네제 소스처럼 소스 안에서 오래 익히는 것은 아무런 문제가 없다. 조리과정에서 수분이 들어가며, 온도도 100℃를 넘지 않아 결과적으로 마늘이 타지 않는다.

냠냠!

그런데 로스트치킨 아래의 통마늘은 어떻게 그 아래서 타지 않고 기름에 절여질 수 있나요?

마늘을 감싸고 있는 껍질은 보호와 격리의 작용을 한다. 마늘껍질은 대부분의 열이 전달되는 것을 방해한다. 만약 여러분의 오븐이 180℃라면, 마늘은 훨씬 낮은 온도로 익어가며 부드럽게 기름에 절여진다.

「놀랍게도 마늘 콩피는 맛이 아주 부드럽고 달다. 진짜 사탕과자처럼….」

아이올리에 관한 2가지 질문

❶ 왜 진정한 아이올리는 마늘과 올리브오일로만 만드나요?

「아이올리(aïoli)」라는 단어는 카탈루냐어 「아일 이 올리(ail i oli, 마늘과 올리브오일)」에서 왔다. 그리고 정말 다른 것은 전혀 넣지 않기 때문에 마늘과 올리브오일만 말하는 것이다. 달걀노른자도 넣지 않는다. 달걀노른자가 들어가면, 마늘이 들어간 마요네즈와 마찬가지 아닌가. 감자도, 빵가루도, 심지어 겨자는 더더욱 들어가지 않는다. 자꾸 다른 것을 넣지 말자!

❷ 마늘과 올리브오일만으로 어떻게 걸쭉해지죠?

왜냐하면 아이올리는 오일과 달걀노른자의 수분이 유화된(「소스」 참조) 마요네즈와 같은 유화 소스이기 때문이다.
아이올리를 만들려면 마늘을 으깬다. 마늘의 수분 함량은 약 90%로, 절구에 넣고 매우 고운 퓌레가 될 때까지 빻는다❶. 이어서 올리브오일을 몇 방울씩 넣고 섞어가며 유화를 안정시킨 후❷, 더 많은 양의 올리브오일을 넣고 섞는다. 아이올리는 전문 요리사들도 만들기 매우 어려운 소스이다. 그래서 아이올리를 쉽게 만들기 위해 달걀노른자, 감자 또는 빵가루를 넣는 것을 자주 볼 수 있다. 하지만 그 맛은 진짜 아이올리와는 매우 다르다.

아이올리는 마요네즈와 같은 방식으로 만들며, 달걀노른자 대신 마늘을 사용한다.

기본 재료

고추

가시가 없어도 입안을 찌르고, 데우지 않아도 불이 나며,
눈물 콧물이 쏟아지게 하는, 그런데도 사랑받는다…. 아, 고추여!

왜 고추에서는 톡 쏘는 맛이 나죠?

고추의 매운맛은 주로 고추의 방어체계를 담당하는 물질인 캡사이신에서 나온다. 캡사이신 함량이 높을수록 고추가 더 맵다. 그러나 이 매움은 맛도 없고 냄새도 없으며 오로지 선명한 느낌, 감각일 뿐이다.

주의해야 할 점은, 모든 고추가 다 맵지는 않다는 것이다! 일부는 파프리카처럼 매우 부드러운데다 조금 달기까지 하고, 다른 한편으로는 고추를 즐기는 사람들에게조차 힘든 아바네로고추처럼 매운맛이 견딜 수 있는 한계에 이를 정도로 매운 경우도 있다.

1912년 윌버 스코빌(Wilbur Scoville)은 스코빌지수를 개발했는데, 주방에서는 간소화된 버전의 스코빌지수를 사용하여 고추의 매운맛을 1에서 10까지 측정한다.

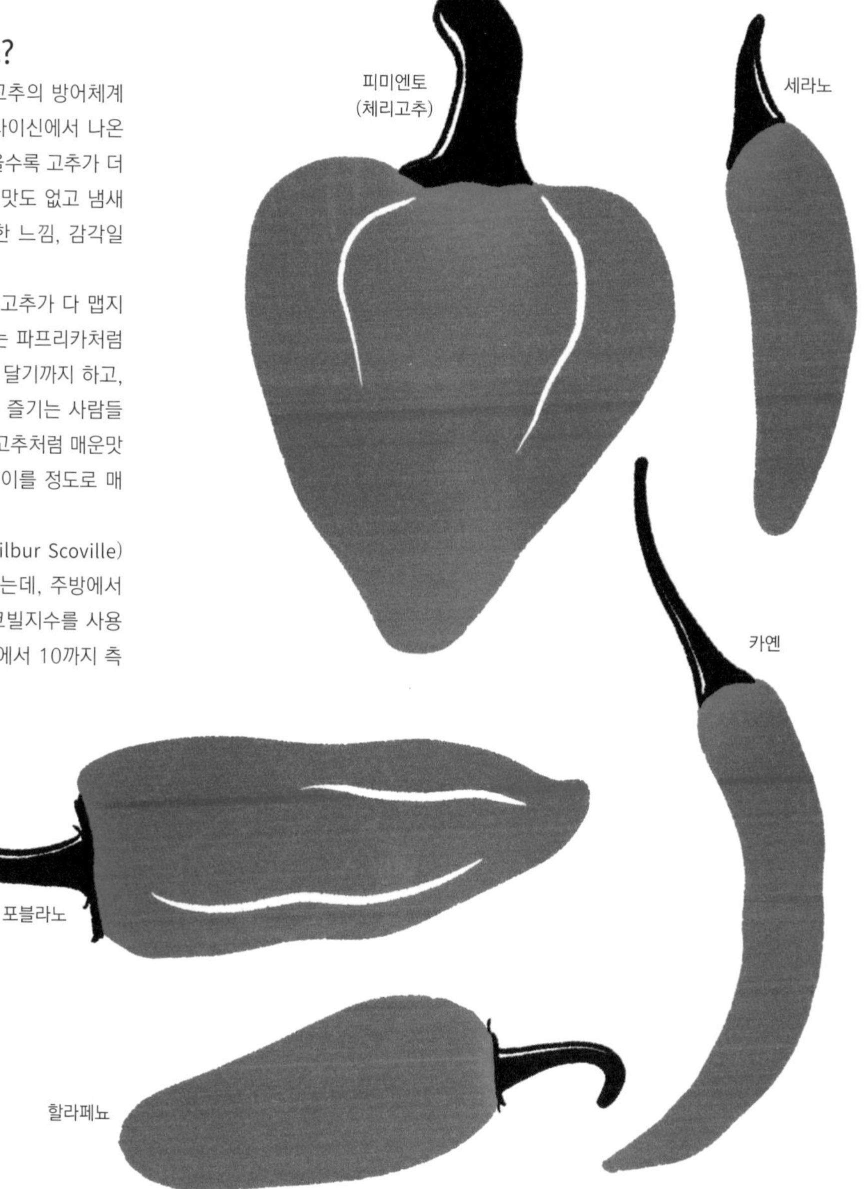

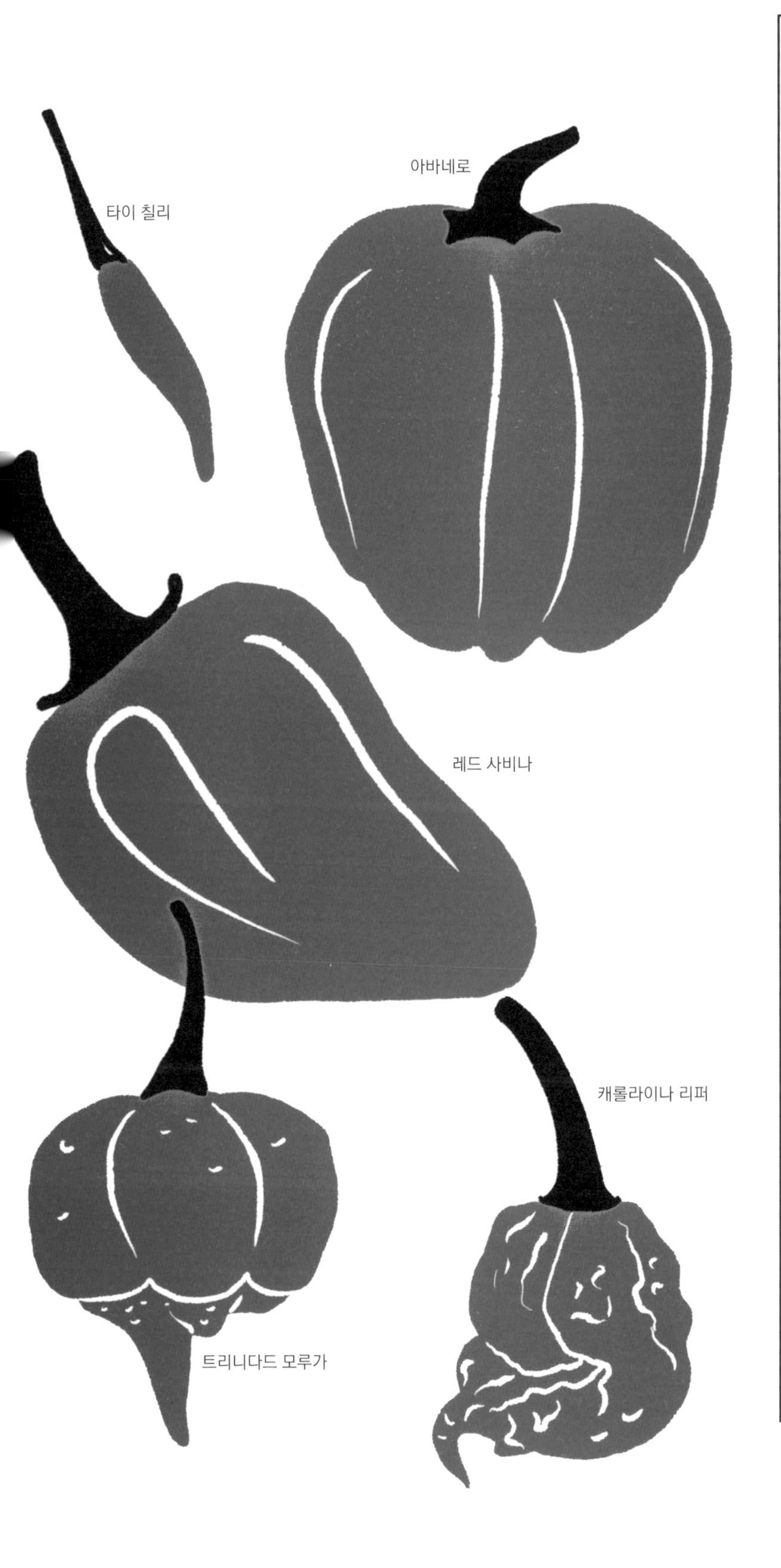

놀라운 사실

왜 「고추가 불타는 듯 맵다」고 하죠?

고추의 매운맛은 전혀 「뜨겁지」 않다! 우리의 몸이 속는 것일 뿐이다. 좋다, 전문적이고 조금 놀랍기도 한 내용이므로 한번 설명해보도록 하겠다.
입안에는 보통 온도 상승을 감지하는 역할을 하는 신경세포가 있다. 이 세포는 약 42℃, 그러니까 음식이 아주 뜨거워지기 시작할 때 활성화된다. 그러나 캡사이신이 여기에 오류를 일으키면, 입안의 온도는 단 1℃도 올라가지 않았음에도 불구하고 우리의 신경세포 센서가 뇌에 열과 통증의 정보를 보낸다.
그리고 아주 재미있는 사실은, 이 신경세포가 멘톨 몇 방울만 떨어뜨려도 우리에게 입안이 차갑다는 메시지를 보낸다는 것이다.

왜 어떤 고추는 다른 고추보다 더 오래 매운가요?

앞서 고추가 주는 타는 듯한 감각의 원인이 캡사이신이라는 것을 설명했다. 그러나 같은 분자계열 가운데 디하이드로캡사이신, 호모디하이드로캡사이신, 노르디하이드로캡사이신 또는 호모캡사이신(이름이 비슷비슷 복잡해서 헷갈리지 않는가?)과 같은 다른 캡사이시노이드들도 매운 감각을 일으킨다. 이 분자들은 다소 오래 효과를 나타내며, 이들이 결합된 방식에 따라 일부 고추는 다른 품종보다 매운맛이 더 오래 지속되기도 한다.

기본 재료

고추

왜 유독 더운 나라에서 매운 음식을 먹나요?

고추는 강한 항균 및 살균력을 지닌다. 더운 기후에서 고추를 쓰는 것은 냉장고가 존재하지 않았던 시절에 음식, 특히 육류를 더 오래 보관할 수 있게 해주었다.

왜 고추를 요리에 넣을 때는 조금씩 넣어야 하나요?

고추가 한번 요리에 들어가면 되돌릴 방법이 없다. 이미 늦었다는 말이다! 고추의 힘을 완화시킬 수 있는 단 한 가지 방법은 물, 요거트, 채소, 생선, 고기를 넣어 맛을 희석시키거나, 다른 모든 재료의 양을 늘려 고추의 비율을 줄이는 것이다. 가장 좋은 방법은, 고추를 조금씩 넣으면서 음식이 얼마나 매워지는지를 확인하는 것이다.

거짓에서 진실로

「위에 구멍이 난다」면서 고추를 먹는 이유가 뭔가요?

여러분에게 반대되는 이야기를 해서 미안하지만, 매운 고추를 먹어도, 더 나아가 아주아주 매운 고추를 먹는다고 해도 위에 구멍이 나지는 않는다. 이는 완전히 잘못된 편견이다. 미국 과학자들은 고추를 기본으로 한 여러 가지 물질을 지원자들의 위에 직접 주입하고, 그 영향을 확인하기 위해 카메라로 촬영하였다. 그리고 아무런, 정말 아무런 영향도 없음을 확인하였다.

위를 가장 심하게 손상시키는 것은 식초 또는 아스피린과 함께 먹는 식사이다! 놀랍지 않은가?

왜 사람들은 고추의 매운맛을 좋아하나요?

조금 과장하면, 사람들에게는 약간의 마조히스트 기질이 있어 괴로움에서 즐거움을 느끼기 때문이다…. 고통스러운 자극이 끝나면 우리의 몸은 강한 진통효과를 지닌 엔돌핀을 분비하는데, 엔돌핀은 아편과 매우 흡사하여 충족감, 더 나아가서는 도취감까지 일으킨다. 이 엔돌핀의 추구는 조깅, 수영, 유산소운동 등 지구력을 요하는 운동을 즐기는 많은 사람들에게서도 흔히 찾아볼 수 있다.

왜 고추는 땀, 눈물, 콧물을 쏟게 하나요?

왜냐하면 우리의 뇌가 몸이 너무 뜨거워졌다고 생각하기 때문이다. 고추가 우리의 보호체계를 유인하여 체온을 낮추기 위해 땀이 나고(마치 운동을 할 때처럼), 자극을 주는 물질을 제거하기 위해 눈물, 콧물이 나는 것이다(마치 자극성 가스를 흡입했을 때처럼).

왜 고추를 만진 후 눈이나 입술에 손을 대면 안 되나요?

열을 감지하는 같은 종류의 신경세포가 우리 몸 곳곳에 있으며, 눈, 코 등의 부근에 존재한다. 따라서 이 센서들 또한 오류에 빠져 우리를 울게 하거나, 콧물이 나게 할 수 있다. 고추를 만지고 나면, 비누로 손을 꼼꼼히 씻도록 한다.

고추씨를 제거하면 고추가 덜 매워진다고요?

매운맛은 고추씨 안에 들어 있다고 한다. 그러나 이는 정확하지 않은 말이다. 캡사이신의 9/10는 태좌, 즉 고추 속 한가운데 있는 흰 속살에 존재한다. 태좌와 가까이 있기 때문에 씨의 일부가 캡사이신을 미세하게 흡수하여 조금 매워졌을 수는 있다. 또한 여기서 혼동이 생길 수 있는데, 보통 씨를 제거할 때 태좌도 긁어내기 때문에 매운맛의 상당부분을 제거하게 된다.

왜 물을 마셔도 혀에서 매운맛이 사라지지 않죠?

고추를 먹으면, 캡사이신은 우리 입안의 열을 감지하는 뉴런에 달라붙는다. 문제는 캡사이신이 물에 녹지 않는다는 점이다. 엄밀히 말해 몇 리터를 마셔도 매운맛에는 별 영향을 미치지 않는다.

그러면 왜 우유나 요거트를 먹으면 괜찮아지나요?

그 방법이 훨씬 효율적인데, 왜냐하면 우유의 일부 단백질과 지방질이 캡사이신을 흡수한 다음 풀어놓기 때문이다. 캡사이신이 수용체와 더 이상 접촉하지 않으면, 미세한 매운맛 이상은 느끼지 않게 된다. 그러나 그것도 효과가 나타나려면 몇 분은 걸린다.

우유와 크림

우유와 크림은 유년시절을 떠올리게 한다.
태어나 처음 먹는 첫 음식, 시골에서 보낸 여름방학, 엎질러진 우윳병…. 슈퍼마켓의 신선식품 코너는 빼놓자.

알아두면 좋아요

왜 그렇게 다양한 우유가 판매되는 거죠?

모든 취향을 충족시키기 위해서이기도 하지만, 위생상의 필요, 운반, 보관 문제 등이 있기 때문이다.
우유 자체의 특성은 보존을 위해 처리하는 특성과 구분해야 한다. 그 차이는 소젖으로 만드는 우유와 관련 있지만, 염소나 양 젖과도 관계가 있다.

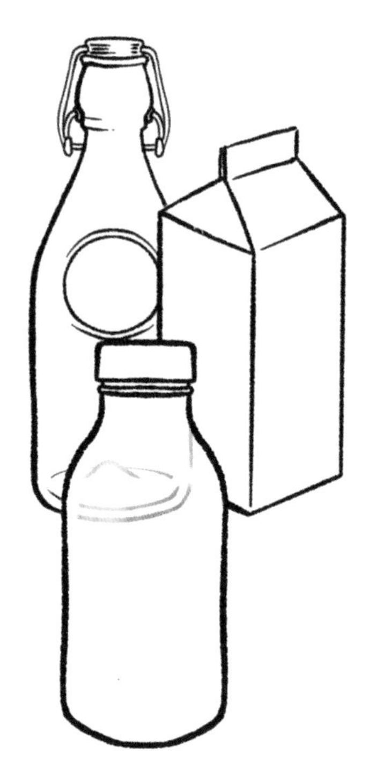

우유의 품질

원유는 맛이 가장 풍부하고, 유지방 함량도 가장 높다. 가열하지 않고, 보존기간은 병입 후 3일이다. 강한 맛과 농후한 지방(유지방 3.5~5%)에 익숙하지 않은 사람들은 놀랄 수 있다. 무엇보다도 위생적인 이유로 어린이, 임산부, 노약자에게는권장하지 않는다.

− +

전유(홀밀크)는 가장 쉽게 원유를 대체할 수 있는데, 최소 3.5%의 유지방 비율로 유크림을 함유하고 있기 때문이다. 원유에서 미리 유지방을 제거한 다음, 살균 또는 UHT처리(p.73 참조) 후 원하는 정확한 비율로 재주입하여 만든다. 요리에 풍미를 더하기 위한 목적으로 사용한다.

− +

저지방우유(반탈지유)는 전유에 비해 지방 함량이 절반 정도로 낮으며, 따라서 맛도 연하다. 전유와 마찬가지로 처리과정에서 미리 유지방을 제거한 다음 재주입하여 1.5~1.8%의 유지방 비율을 맞춘다. 전유에 비해 맛은 매우 약하지만, 마찬가지로 요리에 사용한다.

− +

무지방우유(탈지유)는 미리 유지방을 제거한 후 다시 지방을 섞지 않는다. 아무런 장점도, 맛도 없고, 다른 우유보다 더 묽어 요리에는 잘 쓰지 않는다. 유지방 함량은 0.5% 이하이다.

− +

연유는 우유가 지닌 수분의 60%를 증발시킨 것이다. 크리미한 질감과 캐러멜의 맛을 지닌다. 전유, 저지방 또는 무지방으로 나뉜다.

− +

분유는 모든 수분을 제거한 우유이다. 보존기간이 1년까지 길어지며, 역시 전지, 반탈지, 탈지 분유로 나눌 수 있다.

− +

강화우유는 비타민, 그리고(또는) 미네랄(칼슘, 마그네슘, 철 등)을 첨가한 우유이다. 주로 아이, 임산부, 노약자용으로 만든다.

− +

우유의 가공

원유를 제외하고, 가공방식에 상관없이 모든 우유는 전유, 저지방우유, 무지방우유로 나눌 수 있다.

원유는 어떤 가공도 하지 않는다. 앞서 보았듯이 보존기간이 매우 짧다.

− +

마이크로필터링 우유는 먼저 유크림을 제거한 후, 매우 미세한 필터에 통과시켜 유해한 박테리아와 미생물들을 걸러낸 것이다. 크림은 별도로 살균 후 우유에 재수입하며, 맛의 특성이 원유에 가깝다.

− +

저온살균우유는 57~68℃ 사이에서 약 15초 가열하여 일부 병원균을 죽인다. 상점에서는 찾기 어려운데, 원유를 사용하지 않는 치즈생산자용으로 만들어졌기 때문이다.

− +

살균우유는 더 높은 온도인 72~85℃ 사이에서 약 20초 가열하여 원유의 위험균을 99.9% 제거한다. 대부분의 맛과 질감을 파괴하는 열처리이다.

− +

UHT 멸균우유(Ultra High Temperature, 초고온)는 140~155℃에서 몇 초간 처리 후 다시 몇 초간 급속냉각한다. 멸균우유지만 「죽은」 우유로 맛이 없을 뿐만 아니라 요리와 관련된 어떤 장점도 없다.

− +

주의!

왜 「식물성 우유」는 우유가 아닌가요?

솔직히 이야기하겠다. 「식물성 우유」란 존재하지 않는다! 이는 우유와 비슷하지만 우유는 아닌 제품을 팔기 위해, 업계에서 만들어낸 가짜 명칭이다.
사실 「식물성 우유」는 물과 씨앗류의 즙에 우유와 같은 흰색을 내기 위한 재료를 넣은 것이다. 같은 관점에서 「콩 요거트」나 「식물성 치즈 또는 버터」도 존재하지 않는다. 맛은 좋을 수 있지만, 어떤 경우에도 이것이 요거트, 치즈, 버터일 수는 없다. 몇몇 예외들이 2010년에 허가를 받았는데(하루 빨리 되돌리기를 바라고 있지만), 법적으로 「밀크」라는 명칭을 사용할 수 있는 것은 코코넛밀크뿐이다. 이런 잘못된 명칭에 속지 않기를 바란다.

「케피르(kefir)는 가벼운 발포성 발효유로 1% 이하의 알코올을 함유하며, 양, 소, 염소 등의 젖으로 만든다.」

그리고 레 리보는 정확히 밀크가 아니라고요?

레 리보(lait rib ot)를 모른다고? 아니 이런 아쉬울 데가!
레 리보는 발효유로 우리 중동 친구들의 케피르와 비슷하며, 제조법의 기원은 골족까지 거슬러 올라간다.
만드는 법은 요거트와 비슷한데, 다른 균주를 사용한다. 먼저 버터를 만들기 위해 크림을 휘젓는 과정에서 발생하는 희끄무레한 유청을 모은다. 이 유청에 균주를 섞어 발효시킨다. 그러면 액체가 가볍게 엉기기 시작하는데, 그래도 마시는 요거트에 비해서는 더 묽은 편이며 신맛이 돈다. 레 리보는 진짜 「밀크」는 아니지만 맛있는 음료임에는 틀림없다.

우유와 크림

건강을 위해!

왜 금방 짠 우유는 마시면 안 되나요?

원유에는 많은 균이 존재한다. 무엇보다도 동물에서 나온 생산물이기 때문이고, 또한 짤 때 젖 위에 존재하는 균이 우유를 오염시킬 수 있기 때문이다.

프로의 팁

왜 파티셰와 요리사는 원유를 선호하나요?

원유는 가열하지 않았기 때문에 다른 우유보다 풍부한 맛을 지니고 있다. 그리고 전유이기 때문에 더 크리미하다. 원유는 매우 진한 우유이다.

그런데 왜 원유로 만든 치즈는 전혀 해롭지 않나요?

유해균들이 숙성기간 동안 자연적으로 죽기 때문이다. 마지막에는 유익균, 맛있는 치즈를 만들기 위해 필요한 좋은 박테리아와 곰팡이만 남는다.

왜 우유는 모유에 비해 소화가 잘 안 되나요?

우유에는 모유에 비해 단백질이 3~4배나 많다. 아기의 장기는 그렇게 많은 양의 단백질을 소화하고 배출할 수 없다. 그 결과, 단백질이 위산과 만나 응고하여 소화를 더디게 하며, 장 속에서 「부패」가 진행되어 아기를 불편하게 한다.

왜 나이가 들면 우유를 소화하기 힘들어지나요?

우유에는 락토오스라는 당이 들어 있다. 이것이 문제를 일으킬 수 있는데, 락토오스를 잘 소화시키기 위해서는 락타아제라는 특별한 효소가 필요하기 때문이다. 이 효소는 어린 아이의 장기에 존재하며, 보통 4~5세가 지나면 사라진다. 그러나 지금으로부터 만년 전 인구의 일부에 유전자 변이가 일어났고, 이들은 우유를 문제없이 소화시킬 수 있게 되었다. 북유럽과 북미 인구의 80%가 우유를 마신다. 하지만 아시아, 아프리카 또는 남아메리카의 경우에는 우유를 소화시키지 못하는 인구의 비율이 매우 높다.

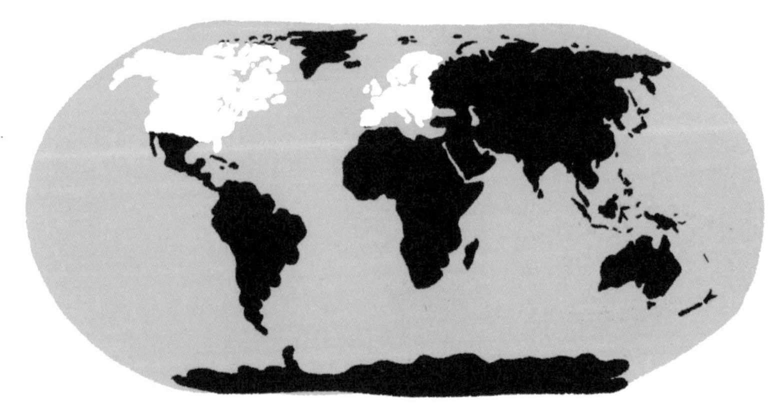

유전자 변이 이후, 세계 성인 인구의 일부는 우유를 소화시킬 수 있게 되었다.

우유막에 관한 3가지 질문

❶ 왜 우유를 데우면 막이 생기죠?

우유는 85%의 수분으로 이루어져 있고, 나머지는 단백질, 당, 지질 등이다.
우유를 70~80℃로 가열하면, 단백질이 응고하여 표면으로 떠올라 일종의 막을 형성한다.

❷ 왜 우유를 끓이면 넘치나요?

표면에 생성된 막은, 열의 작용으로 함께 떠오른 지방 분자를 붙잡는다. 이 막은 우유 온도가 70~80℃가 되면 더 두꺼워지고, 증기가 두터워진 막으로 인해 내부에 갇혔다가 전체를 한꺼번에 들어올려 결국 우유가 넘치게 된다. 이를 피하려면 막을 한 번씩 걷어주거나 나무 스푼을 냄비에 비스듬하게 걸쳐둔다. 스푼이 막을 고정시키고 증기가 가장자리로 올라올 수 있게 한다.

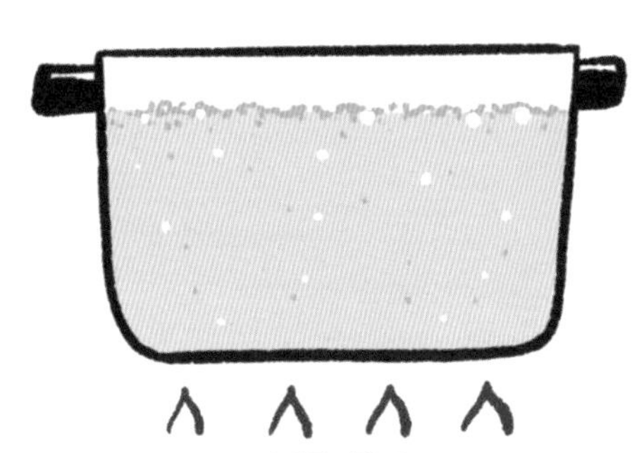

우유를 데운다.
응고 단백질과 지방질로 이루어진 막이 표면에 생긴다.

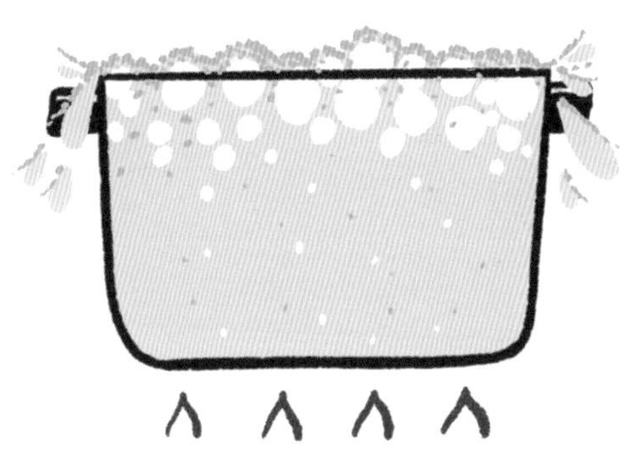

우유가 끓는다.
증기가 올라와 가두고 있는 막을 들어올린다. 넘친다….

❸ 그리고 우유를 끓인 다음에는 왜 냄비 뚜껑을 덮어두어야 하나요?

우유가 데워지면 (데우는 동안 저어주었기 때문에 막이 생기지도, 넘치지도 않은 상태로) 뚜껑을 덮는다. 뚜껑이 증기를 가두어 우유가 마르지 않게 해준다. 그렇지 않으면, 이전에 기울인 모든 노력에도 불구하고 막이 생기고 만다.

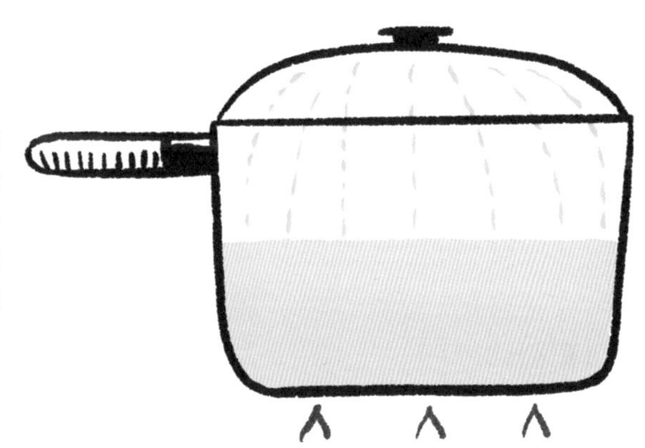

증기가 뚜껑 안으로 올라갔다가 다시 우유로 내려오면서
우유가 마르는 것을 막아준다.

우유와 크림

알아두면 좋아요

왜 상점에는 그렇게 다양한 크림이 있나요?

이 크림들은 모두 유지방 함량, 농도, 맛 등 고유의 특징을 지니고 있다. 원유의 크림을 제외하면 모든 크림은 우유를 사용해 만드는데, 살균 후 원심분리기 안에서 우유와 우유 속 지방을 분리한다. 이때 무지방 우유와 크림을 얻는다.
이어서, 목적에 따라 이 크림에 각기 다른 양의 무지방 우유를 섞는다. 크림이 가열시에 응고되지 않기 위해서는 적어도 25%의 유지방을 포함해야 한다.

크림의 품질

액상 원유 생크림은 원유 표면에 떠오른 크림을 떠낸 것이다. 30~40%의 유지방을 함유하고 있으며, 가열을 아주 잘 견디지만 그 풍미를 즐기기 위해 보통은 가열하지 않고 사용한다.

\- +

원유 크렘 프레슈는 원유로 만든 크렘 프레슈로, 유산균을 주입하여 질감을 되직하게 만든 것이다. 역시 30~40%의 유지방을 함유하고 있으며, 주로 생으로 사용하거나 요리 마무리에 넣어 소스에 풍미와 부드러운 질감을 더한다.

\- +

크렘 플뢰레트(crème fleurette)는 「플뢰르 드 레(fleur de lait, 우유의 꽃이라는 의미)」라고도 불리며, 우유 표면에서 떠내지만 살균을 거친다. 양질의 크림으로 휘핑이 가능하고, 유지방 함량이 35%가 넘기 때문에 열에도 잘 견딘다.

\- +

액상 크림은 멸균한 크렘 플뢰레트이다. 멸균과정에서 맛의 일부가 사라진다. 크렘 플뢰레트에 비해 지방 함량이 적어(20% 이하) 가열시 응어리가 생길 수 있다.

\- +

크렘 프레슈는 액상 크림에 유산균을 넣어 되직한 질감과 신맛을 발달시킨 것이다. 열에 매우 잘 견딘다. 이지니(Isigny)와 브레스(Bresse) 지역의 AOP(원산지 명칭 보호)가 있다.

\- +

더블크림은 크렘 프레슈의 일종으로, 유지방 함량을 60%까지 높인 것이다. 매우 맛이 진하고 요리용으로도 완벽하다. 앵글로색슨 국가에서는 일반적으로 찾아볼 수 있으나, 프랑스에서는 드물다.

\- +

라이트크림은 지방의 대부분, 그러니까 맛도 대부분 제거한 크림으로, 여기에 증점제를 첨가한 것이다. 열에 약하므로, 간단히 말해 요리용으로는 적당하지 않다.

\- +

크렘 에그르(crème aigre)는 유지방 비율이 15~20%로 지방량이 충분하지 않기 때문에, 주로 생으로 사용한다. 신맛이 강한 크림으로, 앵글로색슨 국가에서는 사워크림이라고 부른다.

\- +

크림의 가공

액상 원유 생크림과 **원유 크렘 프레슈**는 어떤 처리도 하지 않는다. 병입 후 2~3일 이내에 빨리 먹어야 하며, 질감과 맛이 매우 풍부하다.

− +

살균크림은 우유보다 더 낮은 온도인 115~120℃ 사이에서 약 15~20분간, 좀 더 길게 멸균과정을 거친다. 맛과 질감이 덜하다.

− +

UHT 크림은 초고온(Ultra High Temperature)에서 멸균된 크림으로 개봉 전 상온 보관이 가능하지만, 미식의 가치는 전혀 없다.

− +

냠냠!

원유 크림은 왜 찾아보기 어려운가요?

원유 크림은 원유에서 지방을 제거하는 과정에서 수작업으로 얻는다. 최고급 크림으로 살균도 멸균도 거치지 않으며, 며칠밖에는 보관할 수 없다. 크림전문점이나 목장에서 구할 수 있다.

주의!

왜 라이트크림이나 액상크림은 가열하지 않는 것이 좋은가요?

지방 함량이 낮기 때문에(당연하다, 라이트크림 아닌가) 데우는 과정에서나 산도가 높은 음식과 접촉했을 때, 크림에 함유된 카제인이 응고할 위험이 증가한다. 소스를 만들 때는 크렘 플뢰레트를 사용하자. 결과가 훨씬 좋을 것이다!

하지만 그런대로 쓸 수 있던데요? 왜죠?

솔직히, 아무 맛도 없고 자연스러운 질감도 없는 라이트크림은 최선이 아니다. 대량생산을 하면서 질감을 더하기 위해 라이트크림의 농도를 높이는데, 그렇게 하지 않으면 완전히 우유 같은 액체와 같기 때문이다. 건강에 나쁘진 않다. 만약 다른 방법이 전혀 없다면….

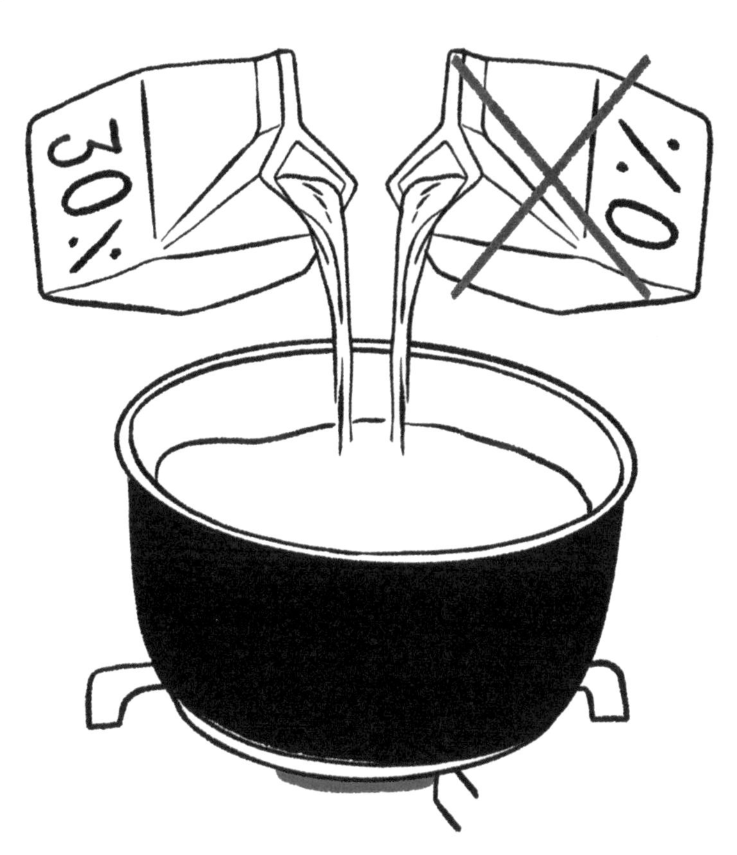

우유와 크림

왜? 그리고 어떻게?

크림으로 버터를 만든다고요?

유지방이 풍부한 크림을 오랫동안 휘핑하면 알갱이가 생기기 시작한다. 이것이 바로 버터다. 직접 버터를 만드는 방법은 다음과 같다.

❶ 최소 유지방 30% 함량의 액상크림을 믹서나 블렌더로 10~15분 휘핑하여 분리시키면, 위에는 노르스름한 페이스트(버터)가 생기고, 바닥에는 하얀 액체가 남는다. 이 액체가 버터밀크로, 프랑스어로는 바뵈르(babeurre)이며「버터 아래(bas du beurre)」라는 뜻이다.

❷ 전체를 체에 올려 버터를 거르고 물에 헹군다.

❸ 몇 분 뒤적이며 섞어 질감을 부드럽게 만든 다음, 소금을 넣거나 넣지 않은 상태로 둔다.

❹ 홈메이드 버터를 냉장고에 1주일 보관했다가, 친구들과 식사하면서 자랑한다!

병이나 팩으로 판매되는 크렘 앙글레즈는 진짜 크렘 앙글레즈가 아니라고요?

진짜 크렘 앙글레즈 조리법에는 우유 1ℓ에 달걀노른자 16개가 들어간다(많긴 많다). 그러나 보통 이야기하는 것처럼 바닐라가 꼭 들어가지는 않는다!「크렘 앙글레즈」라는 이름으로 팩이나 병으로 나오는 제품들은 우유 1ℓ에 들어가는 노른자의 양이 훨씬 적고, 바닐라향을 섞은 것이다. 그러므로 진짜 크렘 앙글레즈와는 거리가 멀다!

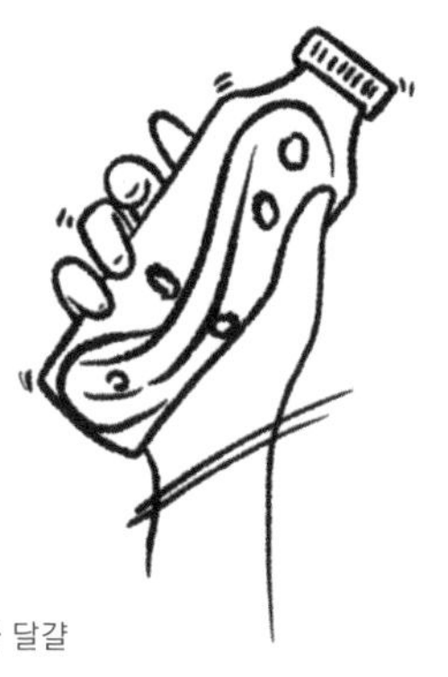

올바른 방법

알갱이가 생긴 크렘 앙글레즈를 되살릴 수 있는 방법은 무엇인가요?

크렘 앙글레즈에는 육안으로는 보이지 않는 아주 작은 알갱이가 생성된다. 그러나 만약 크림을 너무 오래 익히면, 이 작은 알갱이가 커져서 큰 알갱이가 되고 만다. 하지만 당황하지 말자! 알갱이가 생긴 크림을 병에 넣고 흔들면, 큰 알갱이가 부서지면서 다시 작은 알갱이로 돌아가 눈에 띄지 않는다.

샹티이 크림에 관한 3가지 질문

❶ 왜 샹티이 크림을 만들 때는 크렘 플뢰레트를 사용해야 하나요?

기초부터 시작해보자. 샹티이 크림이란 무엇인가? 공기를 넣어 부풀린 크림으로, 어른도 아이도 아주 좋아하는 맛이다.
공기가 크림 안에 갇힌 상태를 유지하기 위해서는 지방이 있어야 한다. 지방 분자가 기포를 가두고 거품을 단단하게 유지하기 때문에, 지방이 없으면 공기를 붙잡아둘 거품도 생기지 않는다. 훌륭한 크렘 플뢰레트는 유지방을 35% 이상 함유하고 있고, 맛도 더 좋은 만큼 샹티이 크림을 만드는 데 완벽한 크림이라고 할 수 있다!

❷ 그런데 농후한 크렘 프레슈는 아니라고요? 유지방 함량은 같잖아요?

그것은 단지 크렘 프레슈가 되직한 질감을 갖고 있기 때문이다. 내부에 공기를 불어넣고 달걀흰자처럼 가볍게 거품을 올리기에는 너무 빽빽하다. 물론 이 묵직한 크림을 미친 듯이 휘핑해볼 수는 있는데, 그렇게 하면 아마 조금은 풀어지겠지만 크렘 플뢰레트처럼 부풀어오르지는 않을 것이다. 그러니 소용없는 일이다….

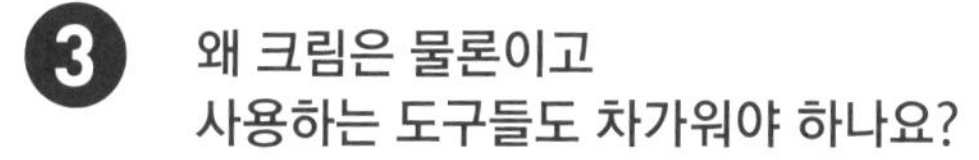

❸ 왜 크림은 물론이고 사용하는 도구들도 차가워야 하나요?

조금 전문적인 이야기지만, 예를 들어보면 이해하기 쉬울 것이다. 버터는 냉장고에 들어 있을 때는 단단하고, 상온에서는 물러진다. 크림도 마찬가지인데, 이는 크림이 갖고 있는 유지방 때문이다. 냉장고에서는 이 유지방이 단단해지고, 상온에서는 물러진다. 문제는, 이 유지방이 무른 상태일 때는 기포를 잡아둘 수 없기 때문에 크림이 부풀지 않는다는 것이다. 그리고 크림을 치는 동안에도 전체 온도가 조금 상승한다.
그러므로 크림을 올리기 1~2시간 전에 모든 도구를 냉장고에 넣어 완전히 차가워지게 한다! 크림을 담는 볼도 얼음 담긴 볼 위에 올려두면 결과는 분명히 성공이다.

왜 시판 스프레이 휘핑크림에는 「샹티이」라는 이름이 표시되어 있지 않나요?

너무나 당연하게도 진짜 샹티이가 아니기 때문이다! 이 스프레이 휘핑크림 안에는 UHT 멸균크림(그러니까 맛이 없다)이 들어 있고, 크림의 양은 줄이고 부피는 키우기 위해 유화제를 첨가한다. 그리고 이것들을 부풀리기 위해 가스, 일반적으로 아산화질소를 주입한다. 이것이 스프레이 안에 먹을 것이 없는 이유이다. 그 안에는 실질적으로 기체와 약간의 재료밖에 없다. 게다가 이 스프레이는 신선 코너도 아닌, 상온에서 UHT 멸균우유와 함께 팔린다. 그러니 진정한 샹티이와는 아무 관련이 없다.
하지만 이 스프레이 휘핑크림은 버튼을 누르면 크림이 나오기 때문에 아이들을 행복하게 해준다. 가끔은 아이들을 즐겁게 해줄 수 있지 않은가?

버터

무염, 가염, 소프트, 우유로 만든 버터와 다른 동물의 젖으로 만든 버터.
빵에 바르기도 하고 시금치에 넣기도 하는 버터는 주방의 유명인사이다.

버터의 색에 관한 3가지 질문

1 흰 우유로 만든 버터가 왜 노란색인가요?

버터의 색은 노랑 또는 주황색을 띠는 천연색소인 카로틴에서 나온다. 이 색소는 당근에도 들어 있고, 소의 먹이가 되는 싱싱한 풀에도 다량 함유되어 있어 우유에 들어간다. 사실 우유도 아주 조금 노란 빛이 돌지만, 빛을 반사해 흰색으로 보인다. 버터는 빛을 거의 반사시키지 않기 때문에 진짜 노란색을 볼 수 있는 것이다.

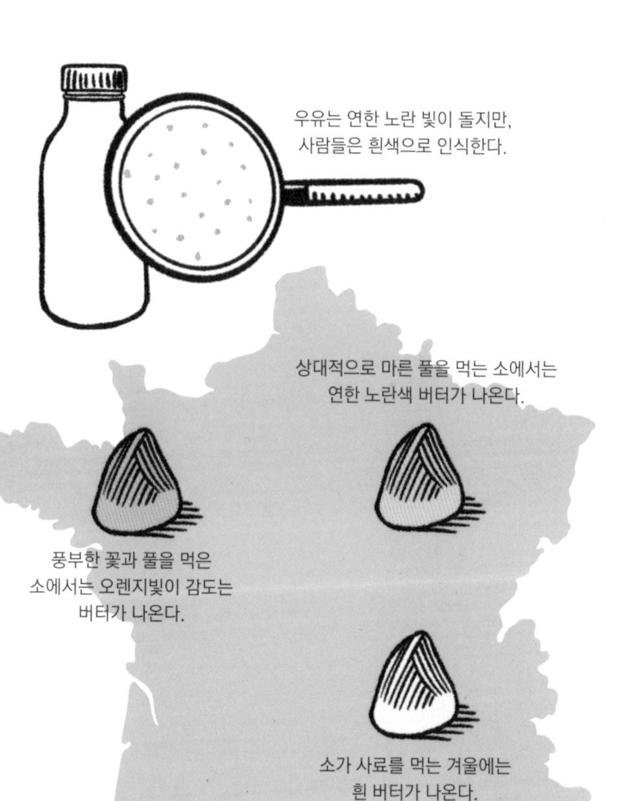

2 왜 버터의 색은 원산지에 따라 다른가요?

소가 자란 지역이 비가 규칙적으로 내리는 곳이라면(예를 들어 노르망디, 브르타뉴) 소들은 잎이 두툼하게 잘 자란 풀을 먹고 샛노란 버터를 만들어낸다. 그러나 목장이 건조하거나 좋은 풀이 부족해 건초를 먹을 경우, 버터의 색은 매우 연하고 맛도 덜 풍부하다.

3 그리고 계절에 따라서도 달라진다고요?

봄에는 풀이 두꺼워지고 수없이 많은 꽃들이 피어 우유에, 곧 버터에 풍부한 맛을 더해준다. 따라서 샛노란, 경우에 따라서는 연한 오렌지빛까지 감도는 버터가 나온다. 겨울에는 풀의 영양가가 떨어지고 카로틴의 함량도 줄어들기 때문에 버터의 색은 더 연해지며, 심지어 흰색이 되기도 한다. 하지만 한 가지 알아두자. 계절에 따라 버터의 색이 지나치게 변하는 것을 막기 위해, 대량생산과정에서 겨울철에는 버터에 베타카로틴을 넣는다!

미묘한 차이

계절에 따라 버터의 맛도 변하나요?

만약 소가 1년 내내 목장에 있다면, 풀의 질이 직접적으로 버터의 맛에 영향을 미칠 것이다. 봄에는 풀이 다채롭고 꽃이 피어 있으며 잎이 통통하다. 여름에는 좀 더 건조해지지만 역시 꽃향기가 돌며, 아직 통통하다. 하지만 가을에는 꽃향기는 거의 없어지고, 겨울에는 기본적으로 건초를 먹는다. 그러므로 버터의 맛은 계절에 따라 달라질 수밖에 없다.

염소젖 버터나 양젖 버터는 없나요?

프랑스에서 이런 제품은 거의 유기농 매장에서만 찾아볼 수 있다. 그러나 영미권 국가에서는 특히 염소젖 버터를, 그리스에서는 양젖 버터를 흔히 볼 수 있다. 염소젖 버터는 우유 버터보다 맛이 더 강한 반면, 양젖 버터는 매우 부드럽고 크리미하다. 망설이지 말고 맛을 보자!

왜 전통방식으로 만든 뵈르 드 바라트가 더 맛있죠?

우유에서 나온 크림을 휘저으면 버터 알갱이가 생긴다. 이 알갱이를 모아 헹군 다음, 부드럽게 치대어 소금을 넣고 판모양의 버터를 만든다.
시판 버터용으로 쓰이는 크림은 일반적으로 살균, 냉동된 상태이며, 버터를 휘젓는 작업(바라타주)은 대량생산방식으로 진행되므로 버터 알갱이가 단 1초도 안 되어 만들어진다. 반면에 뵈르 드 바라트(beurre de baratte)에는 냉장 원유 크림을 사용하며, 바라타주 과정이 1~2시간 걸린다. 이후 버터 알갱이를 모아 다소 오랫동안 치대는데, 소의 먹이에 따라 더 복합적이고 맛있는 맛과 향이 발달한다.

왜 일부 버터에는 소금을 넣나요?

아…, 고급 버터에 고급 소금을 넣는 것이다. 아무렇게나 간을 하는 것이 아니다! 고급 버터에 소금을 넣을 때 버터를 「울린다」고 표현하는데, 바로 다음 단계에서 버터가 정말 울기 시작하기 때문이다. 소금은 버터 속 수분을 흡수하는데, 수분이 먼저 증발하면서 버터 밀도가 더 높아져, 좋은 미각의 질과 더 진한 풍미를 얻게 된다. 냉장고도 보존제도 없던 시절에는 버터를 좀 더 오래 보관하기 위해 소금을 넣기도 했다.

가염버터 중에 소금결정이 있는 것도, 없는 것도 있는 이유는 무엇인가요?

버터는 원래 고운 소금으로 간을 하지만, 우리의 미뢰를 자극하는 가벼운 바삭함을 위해 버터의 보존기간 동안 녹지 않고 남아 있는 소금결정을 조금 넣을 수도 있다. 소금결정이 있는 버터는 보통 일반 가염버터보다 더 비싸지만 맛이 정말 좋다.

버터

왜 버터는 밀폐용기에 보관하나요?

버터를 상자에 넣지 않고 항상 두꺼운 종이나 알루미늄 재질의 포장지로 싸놓는다. 이유는 간단하다. 버터는 정말이지 온갖 향미를 빨아들이기 때문이다. 공기 중에 버터를 노출시키면 냉장고에서조차 버터맛이 단 몇 분 만에도 변한다.
한편, 옛 조향사들은 다양한 꽃향기 분자를 잡는 데 정제 유지를 사용하기도 했다.

이것이 테크닉!

시판 소프트버터는 우리가 쉽게 생각하는 「가짜」 버터가 아니라고요?

놀라지도, 패닉에 빠지지도 말라! 생산업체들이 냉장고에서도 버터가 부드러움을 유지할 수 있게 어떤 화학물질을 넣은 것이 아니다. 이 소프트버터는 「분별 결정 작용」의 원리를 이용한 것으로, 버터를 녹인 다음 천천히 얼리는 방식으로 만든다. 버터가 어는 동안 녹은 버터가 다 같은 속도로 굳지 않으며, 일부는 다른 부분보다 더 빨리 굳는다. 이때 굳지 않고 부드러운 상태로 남아 있는 부분을 모아 다시 한 번 치대고 모양을 만든다. 이 버터는 보관온도인 4~5℃에서도 부드러운 상태를 유지한다. 그러나 맛은 그다지 풍부하지 않을 것이다….

프로의 팁

재료에 버터를 넣고 노릇하게 구울 때 왜 부이용을 조금 넣어야 하나요?

버터는 130℃ 이상의 온도에서 탄다(p.83 참조). 버터의 온도가 그렇게 높이 올라가는 것을 피하는 가장 좋은 방법은, 부이용을 조금 넣는 것이다. 이 부이용이 부이용의 수분이 도달할 수 있는 최대한의 온도, 다시 말해 100℃ 정도로 온도를 붙잡아두는 역할을 한다. 이는 유명 요리사들이 비밀로 지키고 싶어하는 내용이기도 하다.

뵈르 누아르는 태운 버터가 아니라고요?

뵈르 누아르(beurre noir)를 곁들인 가오리 요리는 뵈르 누아르 요리의 완벽한 예다. 하지만 당황하지 말자. 요리사가 여러분에게 탄 버터를 먹여 독살하려는 것은 아니니! 뵈르 누아르는 헤이즐넛 버터에 식초와 케이퍼를 넣어 만든다.

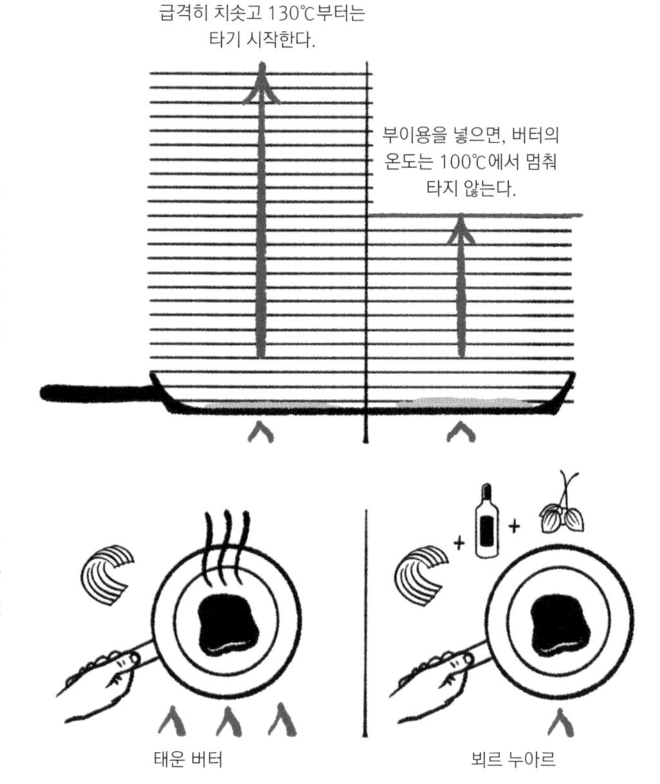

버터 가열에 관한 4가지 질문

1 버터는 왜 타나요?

버터는 거의 80%에 가까운 지방, 수분 16%, 단백질 4%로 이루어져 있다. 버터를 데우면, 버터가 지닌 수분은 최대 100℃ 근처를 유지하게 된다.
하지만 이 물이 증발하면서 온도는 매우 빨리 올라간다. 단백질과 락토오스가 갈색으로 변하기 시작하는데, 이렇게 만들어진 것이 바로 「헤이즐넛 버터」, 즉 뵈르 누아제트(beurre noisette)이다.
그리고 여기서 버터가 타버리면 쓰고 탄 맛이 나서 쓸 수 없게 된다.

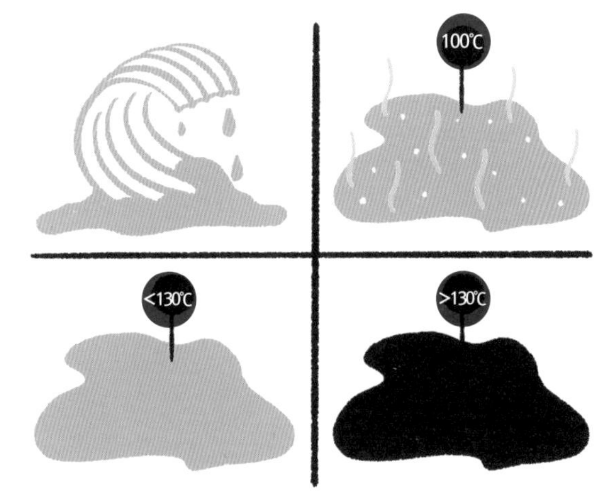

버터는 열을 만나면 녹고, 수분이 증발하며,
헤이즐넛 버터가 되었다가, 마지막에는 탄다.

2 오일과 섞어도 탄다고요?

널리 알려져 있는 생각과는 달리, 버터를 오일과 섞어서 가열하는 것은 버터가 타는 것을 막지 못한다. 여전히 버터는 130℃ 정도에서 갈색으로 변하며, 온도가 더 올라가면 탄다. 간단히 말해, 버터가 오일에 섞여 있기 때문에 갈색이 덜 나기는 하지만, 씁쓸한 맛은 분명 존재한다. 지나치게 고온으로 가열한 버터와 오일의 혼합물을 유리잔에 넣고 관찰해보면 이를 확인할 수 있다.

3 하지만, 그럼 왜 정제버터는 타지 않는 거죠?

너무 높지 않은 온도에서 타는 물질, 다시 말해 단백질과 락오토스를 제거하면, 발연점(넘겨서는 안 된다)이 250℃이며, 오일처럼 반응하는 유지 물질인 정제버터를 만들 수 있다. 이것으로 튀김도 할 수 있다!

❶ 버터를 중탕으로 녹인다.
❷ 부유물을 제거한다.
❸ 바닥에 가라앉은 희끄무레한 유청이 따라 들어가지 않게 주의하면서 녹인 버터를 면포에 거른다. 식힌 후 냉장 보관한다.

4 고기를 볶거나 구울 때, 마무리에 버터를 넣으면 왜 그렇게 맛있나요?

버터는 오일이 갖지 못한 풍미를 낸다. 마무리에 버터를 넣으면, 버터를 태우지 않으면서 헤이즐넛 버터의 풍미를 줄 수 있다. 일반적으로 향신채소와 함께 버터를 넣고 조리 마지막 4~5분 동안 고기에 끼얹으면서 맛있게 눌러붙은 육즙을 만든다.

치즈

우유 단 한 가지 재료로,
이렇게 다양한 치즈를 만들 수 있다는 것이 놀랍지 않은가?

같은 골짜기에서 나온 치즈인데 왜 맛이 서로 다르죠?

같은 골짜기라도 양쪽 끝은 방향이 다르다. 한쪽이 다른 쪽보다 양지바르다면, 그곳에는 다른 풀과 초목이 자라고, 우유의 품질도 달라져 결국 다른 맛의 치즈가 만들어진다.

치즈에도 제철이 있다고요?

「치즈를 만들어내는」 대부분의 동물들이 1년 내내 우유를 생산하지만, 양은 12월에서 7월 사이에만 젖이 나온다.
게다가, 우유의 일부 특징은 계절에 따라 달라진다. 봄에는 염소와 소가 통통하게 살이 오르고, 비옥한 풀로 뒤덮인 들판을 뛰놀며 질 좋은 우유를 생산한다. 질 좋은 우유는 질 좋은 치즈를 만든다.
만약 3월에서 7월 사이에(산간지역의 동물들은 9월까지) 질 좋은 우유를 얻을 수 있다면, 숙성기간을 고려해 언제가 가장 제철인지 알 수 있다.
예를 들어, 카베쿠(cabécou) 치즈는 4~8월에 가장 맛이 좋은 반면, 숙성이 더 긴 생넥테르(saint-nectaire)는 9~10월에 가장 맛이 좋다.

왜? 그리고 어떻게?

왜 연성치즈와 더 단단한 압착치즈가 있나요?

치즈는 우유를 응유로 만들어 응고시킨 다음, 다시 한 번 단단하게 굳힌다. 연성치즈는 응유를 만드는 과정에서 물이 자연스럽게 빠지도록 둔다. 그러나 연성치즈의 사촌격인 압착치즈, 예를 들어 르블로숑(Reblochon), 생넥테르, 콩테(Comté), 보포르(Beaufort) 등을 만들려면 성형할 때 치즈 반죽을 눌러 물과 유청을 전부 빼고 숙성에 들어가야 한다. 연성치즈는 매끈하고 녹는 식감인 반면, 압착치즈는 단단하면서도 부드러운 식감이다.

왜 일부 채식주의자는 치즈를 먹지 않나요?

치즈는 응유효소를 넣어 응고시킨 우유로 만든다. 응유효소는 일반적으로 동물로부터 얻는 재료로, 젖을 떼지 않은 어린 반추동물, 보통은 송아지의 제4위(주름위라고도 부른다)에서 추출한다. 그리고 이 동물성 재료가 치즈에 들어가기 때문에, 일부 채식주의자는 치즈를 먹지 않는다. 오늘날에는 채식주의자 기준에 부합하는 식물성 응고제로 치즈를 만들기도 한다.

왜 치즈를 만들 때 소금을 넣나요?

소금이 맛에 영향을 미치기 때문이기도 하지만, 다른 목적도 있다. 소금은 수분을 흡수하여 치즈를 더 단단하게 만들고, 나쁜 곰팡이와 세균을 없애 좀 더 오래 보존할 수 있게 해준다. 또 보호작용을 하는 껍질도 만들어낸다.

치즈도 와인처럼 숙성을 시키나요?

치즈 숙성은 맛과 향뿐만 아니라 색, 껍질, 질감도 발달시키는 단계이다. 숙성기간은 짧기도, 길기도 한데, 그동안 치즈는 그 특성을 발전시킬 미생물(박테리아, 효모, 곰팡이 등)에 의한 변화를 겪는다.

건강을 위해!

왜 치즈를 나무상자에 포장하는 경우가 많은가요?

치즈를 보관할 때 나무는 대단한 장점들을 갖고 있는데, 나무가 지닌 미생물막(바이오필름) 덕분이다.

당황하지 말자. 아주 간단하다! 미생물막은 공생하는 미생물(박테리아, 곰팡이, 효모 등)로 이루어진 세포 집단으로, 치즈를 감싸 숙성기간 동안 치즈를 보호한다. 게다가 나무는 리스테리아균을 크게 억제하는 효과도 있다.

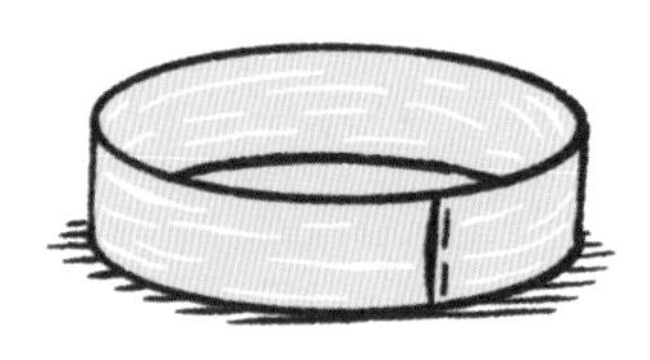

왜 치즈를 같은 모양으로 자르지 않나요?

껍질이 있는 치즈가 있고, 또 속이 부드럽게 흘러내리는 치즈가 있는가 하면, 피라미드 또는 하트 모양의 치즈도 있다. 각기 다른 커팅 방식이 있는데, 이는 치즈의 껍질과 부드럽게 흐르는 중심부 등을 모두에게 똑같이 제공하기 위해서다. 그러나 몽도르(mont d'Or), 에푸아스(époisse) 같은 흐르는 치즈는 예외로 스푼으로 떠먹는다.

카망베르, 르블로숑, 생넥테르

그뤼에르, 콩테

브리

브리케트 드 브레비

마루왈, 퐁레베크

치즈

짤막한 역사

왜 어떤 치즈에는 청록색 곰팡이가 있죠?

전설에 따르면, 한 목동이 「미녀」를 보러 가려다 그만 동굴 깊숙한 곳에 호밀빵 조각에 올린 양젖 치즈를 빠뜨리고 말았다. 다시 돌아왔을 때, 그는 치즈 위에 청록색 줄무늬가 생긴 것을 발견했다. 그것을 맛본 목동은 매우 좋아했고, 이렇게 로크포르(Roquefort) 치즈가 탄생했다고 한다.

로크포르 치즈의 곰팡이는 페니실리움 로크포르티(*Penicillium roqueforti*)라는 균에 의해 발생한다. 이 균은 고온으로 구워 껍질은 검게 탔지만 속은 덜 익고 축축한 호밀빵에서 얻은 것으로, 이 빵을 두 달간 저장고에 두어 페니실리움 로크포르티를 발달시켰다. 오늘날에는 숙주를 사용하는데, 이 균을 얻기 위해 호밀빵을 이용하는 경우는 매우 드물다.

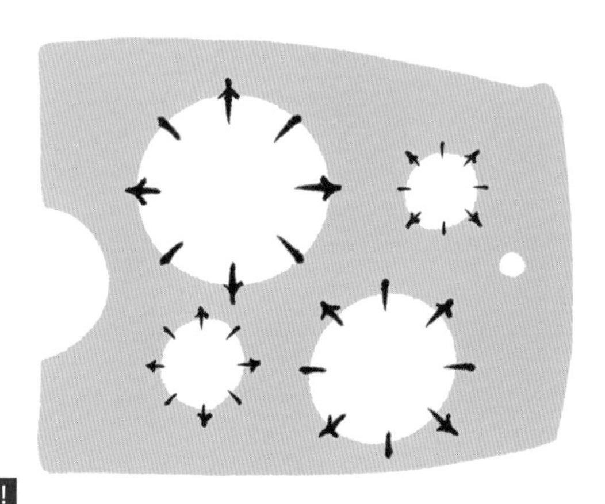

서프라이즈!

에멘탈 치즈에는 왜 구멍이 있나요?

불과 몇 년 전, 과학적으로 밝혀진 내용은 다음과 같다. 소의 젖을 짜는 동안, 건초의 미세한(「미립자」라고 부를 정도로 작은) 입자가 우유 속으로 떨어진다. 치즈를 숙성시키는 동안, 이 미립자가 탄산가스를 방출하여 구멍을 만들고 에멘탈 치즈 덩어리를 부풀린다.

아쉬운 점은, 우유 처리 시스템이 점점 매우 정밀해져서 이 미립자조차 섞여 들어갈 틈이 없어지기 때문에, 이 구멍이 점점 사라진다는 것이다. 이제 구멍 없는 에멘탈 치즈가 나오게 될 것이다. 정말이다!

왜 미몰레트 치즈는 오렌지색인가요?

17세기, 프랑스의 재상 콜베르는 네덜란드산 미몰레트(Mimolette) 치즈의 수입을 금지했다. 프랑스산 미몰레트를 표시하기 위해 그는 미몰레트에 로쿠(rocou) 열매로 색을 입히게 했다. 로쿠는 소관목으로, 붉은 열매를 말려 식용색소를 만드는 데 사용한다. 미몰레트 치즈의 오렌지색 이외에도 불레트 다베느(Boulette d」Avesnes), 체다와 같은 다른 치즈의 색을 내거나 심지어 훈제대구 필레에도 사용한다. 오늘날에는 네덜란드산 미몰레트도 로쿠로 물을 들인다.

회색 염소젖치즈는 뭔가요?

일부 염소젖치즈의 표면색은 회색이 도는 가벼운 잿빛에 가깝다. 아직까지 몇몇 상드레(cendré, 프랑스어로 잿빛을 뜻하며 목탄가루를 사용하는 치즈의 명칭이기도 하다) 염소젖치즈를 목탄가루를 사용해 만들고 있지만, 이것도 점점 드물어지고 있다…. 사실 이 먹음직스러운 회색 껍질은 우유에 페니실리움 알붐(*Penicillium album*)이나 게오트리쿰 칸디둠(*Geotrichum candidum*) 같은 식용 곰팡이를 넣어서 만든다.

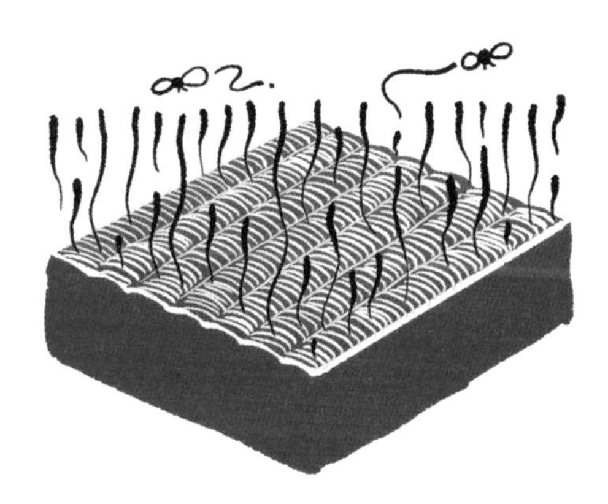

왜 어떤 치즈는 냄새가 그렇게 강하죠?

치즈 껍질 위에는 박테리아, 효모, 곰팡이 등의 기묘한 세계가 존재한다. 이 분자들의 일부는 증기 상태로 우리의 코에 닿는다. 이때 우리가 치즈의 냄새를 느끼게 되는데, 일부 분자는 더 강한 냄새를 풍긴다. 예를 들어, 에푸아스나 마루왈 같은 일부 오렌지색 치즈의 껍질에 존재하는 브레비박테리움 리넨(*Brevibacterium linens*)균은 (발음이 좀 어렵다) 매우 강한 냄새가 나는 황화합물인 메테인싸이올을 만들어낸다. 그러나 냄새가 강하다고 해서 치즈 자체의 맛이 꼭 강한 것은 아니다.

왜 어떤 치즈는 실처럼 늘어지나요?

실처럼 늘어지는 치즈의 일부는 긴사슬 단백질로 이루어져 있다. 열의 영향으로 이 단백질들이 풀어지고 서로 엉기며 긴 실을 만들어낸다. 가능한 한 가장 긴 실을 만들어내기 위해서는 우유를 항상 같은 방향으로 휘저어야 한다.

놀라운 사실

왜 어떤 치즈 속에는 소금 알갱이가 들어 있나요?

바삭거리고 짭짤한 맛이 있기는 하지만 사실 그것은 소금이 아니다. 이 결정은 치즈를 숙성시키는 동안 축적되는 단백질이다. 이는 품질 좋은 치즈를 나타내는 표시이기도 하다.

치즈를 맛볼 때 왜 감칠맛 이야기가 자주 나오나요?

「우마미(umami)」는 일본어로 「감칠맛」을 뜻하는데, 치즈에서 많이 느낄 수 있다. 감칠맛은 맛의 조화를 이루고 부드럽게 하며 침 분비를 촉진시키고, 행복감을 일으킨다. 모유에서 많이 찾을 수 있는 맛이기도 한데, 그런 면에서는 치즈와도 관련이 있다.

알아두면 좋아요

왜 치즈는 레드와인보다 화이트와인과 더 잘 어울리나요?

치즈의 3/4 이상이 화이트와인과 더 잘 어울린다. 익숙하지 않을지도 모르지만, 여기에는 여러 가지 이유가 있다.

① 레드와인의 타닌은 치즈의 지방과 부딪히며, 별로 좋지 않은 철분 냄새를 발달시킨다.
② 일부 연성치즈의 진한 맛은 레드와인의 맛과 텍스처를 망가뜨린다. 아쉬운 일이다.
③ 화이트와인의 산미와 가벼운 느낌은 치즈의 지방과 조화를 이룬다.

화이트와인과 치즈의 조합을 시도해보자. 그 자체로 황홀하다!

달걀

왜 닭이 존재하지? 달걀이 있기 때문이다.
그러면 왜 달걀이 존재하지? 한번 생각해보자….

꼭 알아둘 것

왜 달걀은 원형이 아니라 타원형인가요?

처음에 달걀은 난자 상태이다. 이것이 노른자로 변하고, 이후 흰자에 둘러싸인 다음 껍데기의 보호를 받는다. 이 모든 과정을 거치는 동안, 달걀은 쉽게 굴러갈 수 있는 구슬같이 동그란 모양이다. 그러나 이 큰 공이 총배설강으로 빠져나오려면(어렵다! 의미는 큰 알을 닭이 낳으려면) 암탉은 그 모양을 바꿔야만 한다. 그래서 닭은 근육 수축을 거듭하고, 동그란 달걀은 타원이 되고 폭이 좁아져 좀 더 쉽게 낳을 수 있게 된다.

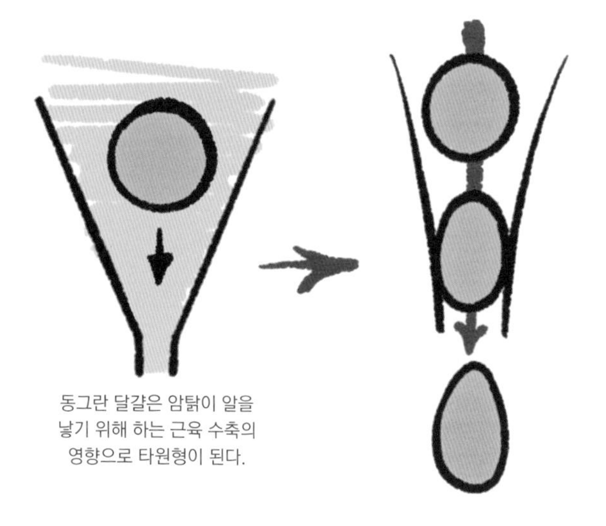

동그란 달걀은 암탉이 알을 낳기 위해 하는 근육 수축의 영향으로 타원형이 된다.

미묘한 차이

왜 달걀은 모두 같은 색이 아닌거죠?

달걀의 색은 품종에 따라 다르다. 그 이상으로 복잡한 내용은 없다! 크레브쾨르(Crèvecoeur) 품종은 아주 하얀 달걀을 낳고, 일반적으로 농가에서 기르는 붉은 암탉(일반적으로 프랑스 달걀판의 사진 속 바로 그 닭)은 베이지색 알을 낳는다. 마란(Marans) 품종의 알은 거의 초콜릿색에 가까우며, 아라우카나(Araucana)는 청록색 알을 낳는다!
예를 들어 미국에서는 흰 달걀이 더 흔하지만, 프랑스에서는 베이지색이 표준이다. 이는 재배작물의 영향이지만, 또한 사육에 따른 결과이기도 하다. 미국의 대표적인 산란계는 화이트 레그혼(White Leghorn)으로 매우 작고, 알을 매우 잘 낳으며, 모이도 품종도 저렴하다(크기가 작기 때문에). 이 달걀의 원가는 베이지색 알을 낳는 품종보다 싸다.

놀라운 사실

달걀은 왜 그렇게 내구성이 좋으면서도, 또 그렇게 약한가요?

달걀형은 수직으로 힘을 받았을 때 가장 단단한 모양 중 하나이다. 그러나, 수평방향에서는 가장 약한 모양이기도 하다. 수직방향에서 달걀 껍데기의 두께는 0.2~0.4㎜ 사이로 측정된다. 좁은 끝부분을 세운 상태에서는 60㎏까지 견딜 수 있지만, 옆면에서는 훨씬 가벼운 무게만 가해져도 깨져버린다.
과학자들은 심지어 달걀을 깨트리지 않고 종이 달걀판을 쌓아 올리는 놀이를 하기도 했는데, 그 결과는 아주 놀라웠다. 아래쪽 판이 깨지기 전까지 600판을 켜켜이 쌓을 수 있었다.

왜 달걀 안에 병아리가 없나요?

달걀은 배아의 발달을 위한 모든 보호기능과 영양을 갖추고 있다. 우리의 작고 귀여운 암탉에게는 아쉽게도(그리고 우리의 식욕에는 다행스럽게도), 수탉과의 「짝짓기」가 없었기 때문에 수정은 일어나지 않았다. 따라서 그 달걀은 무정란이며, 식용으로 적합하다.

노른자가 항상 샛노랗지는 않은 이유는요?

노른자의 색은 주로 먹이와 노른자에 들어 있는 카로틴에 따라 달라진다. 맞다, 카로틴. 카로틴은 당근의 예쁜 주황색을 내는 색소로, 풀에도 많이 들어 있다. 암탉은 들판을 자유롭게 노닐며 땅에 사는 먹음직스러운 벌레들, 통통한 씨앗, 싱싱한 풀을 먹는다. 따라서 카로틴을 섭취하게 되고, 오메가-3가 풍부한 오렌지색 노른자를 만들어낸다. 이들의 친구이자, 케이지에서 자라는 평생 양계장에 갇혀 사는 닭들이 낳은 노른자는 색이 연하고 빈약하다.

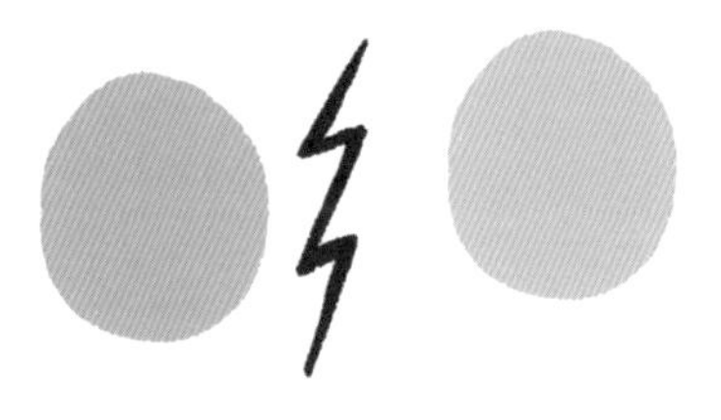

주의!

어떻게 달걀 하나에 노른자가 2개죠?

하나의 달걀 속에 노른자 2개, 언제나 감탄스러운 그것에 우리 아이들은 즐거워한다. 그리고 질문이 하나 들어온다. 「엄마, 아빠, 이건 요술 달걀이에요?」

보통 과학 상식을 떠올려가며 아이들에게 2개의 노른자는 보통 어린 암탉의 난관이 막히는 과정에서 생긴다고 설명해줄 것이다. 그런데 응? 「난관」이 뭐냐고?

결국 전부 일일이 설명해야 한다. 좋다. 난관은 알이 난소와 생식공 사이를 이동할 때 통과하는 관이다. 첫 번째 알이 충분히 빨리 움직이지 못해 두 번째 알에 따라잡혔거나, 두 번째 알의 조기배란으로 첫 번째 알을 따라잡아 두 노른자가 같은 시기에 이 난관에 있게 된 것이다. 그리고 짠! 2개의 노른자가 하나의 달걀에 들어가게 된다. 대량생산으로 만들어낸 것이 아니다.

왜 달걀 속에 공기주머니가 있어요?

산란하는 순간에, 달걀은 41℃ 이상인 암탉의 체내에서 외부로 빠져나가며 온도차를 경험하게 된다. 온도 충격을 받으며 차가워진 달걀은 수축하는데, 이때 달걀의 더 둥근 쪽에 「기실」이라는 공기주머니가 만들어진다.

퐁당!

왜 신선하지 않은 달걀은 물에 뜨나요?

시간이 지날수록 흰자는 마른다. 즉 지니고 있는 수분이 껍질 너머로 천천히 증발하기 때문이다. 흰자가 마를수록 부피가 줄어들고, 달걀 안의 공간이 더 넓어지며 공기주머니가 커진다. 어느 순간, 아주 커진 공기주머니가 튜브 같은 역할을 하여 달걀이 물에 뜨게 된다.

달걀

이것이 테크닉!

달걀 위에 찍혀 있는 숫자는 무엇인가요?

모든 달걀은 아주 똑같이 생겼기 때문에, 판매되는 달걀 하나하나에는 의무적으로 코드가 찍힌다. 이 코드는 매우 중요한 여러 정보를 담고 있어 일종의 달걀 신분증이라고 할 수 있다(그림의 예는 프랑스 기준). 한국은 생산자 고유번호+사육환경번호로 구성한다. 사육환경번호는 1자리 수로 1은 방사, 2는 축사 내 평사, 3은 개선된 케이지, 4는 기존 케이지이다.

1 먼저, **산란일자**가 있다. 이 일자로부터 9일간 달걀은 「최상의 신선」 상태로 여겨진다. 생으로 사용하거나 또는 거의 익히지 않는 마요네즈, 노른자가 들어가는 소스, 제과 등 모든 요리용으로 완벽하다.

2 이어서 **권장소비기한**(DCR)이 찍힌다.

3 그리고 산란계의 **사육방식**이 표시된다.
0은 유기농 사육
1은 부분적 자연방사 사육
2는 사육장 사육
3은 케이지 사육을 뜻한다.

마지막으로, 글자 하나 또는 2개는 **사육 국가**를 나타낸다. 예를 들어 FR은 프랑스를 뜻하며, 이어지는 코드는 **산란 사육장** 확인용이다.

08/07/19
DCR 23/07
0FRKPC01

놀라운 사실

달걀을 씻으면 안 된다고요?

분명히 닭은 아무데나 볼일을 보고, 달걀은 닭의 배설물 속 세균에 감염되었을 수도 있다. 하지만 훌륭하게 창조된 자연의 섭리로 산란 직전에 끈적끈적한 액체가 달걀을 감싸는데, 이 액체가 「큐티클」이라는 매우 얇은 보호막을 만든다. 이 막은 세균이 껍데기를 뚫고 달걀에 침입하는 것을 막는다. 그러나 달걀을 씻으면 이 보호막이 사라져 박테리아에 노출된다.

보호막이 달걀 표면 전체를 덮고 있다.

왜 달걀을 깰 때 겉껍데기에 닿으면 안 되나요?

다시 같은 문제로 돌아왔다. 달걀의 겉껍데기는 정말 세균의 온상이다. 만일 노른자나 흰자가 겉껍데기에 닿았다면 세균과 접촉했을 위험이 있다. 요리할 때 달걀은 항상 가장 깨끗한 부분을 깨트려서 모든 오염의 위험을 피해야 한다.

주의!

금이 간 달걀은 버리라고요?

금이 간 부분으로 세균이 들어가서 달걀을 오염시킬 수 있다. 질병에 걸릴 수도 있으므로 금이 간 달걀은 버린다.

금이 간 달걀은
세균이 내부로 들어갈 수 있다.

왜 달걀을 만진 후에는 손을 닦아야 하나요?

맙소사, 지금까지 제대로 읽은 거 맞나? 달걀 껍데기에는 세균이 바글바글하단 말이다! 손으로 달걀 껍데기를 만지면 세균의 일부가 손에 묻는다. 항상 달걀을 만진 직후에는 손을 씻는다, 케이크를 만들 때는 특히 더….

건강을 위해!

달걀을 냉장 보관할 필요가 없다고요?

프랑스에서는 달걀을 상온에 놓고 판매한다. 아마 다들 보았을 것이다. 그 이유는, 냉장고에서는 큐티클이 형성한 세균 보호막이 약해져 달걀 표면에 박테리아가 증식하고, 다공질의 껍데기가 취약해지기 때문이다. 그래서 달걀이 정말 나쁜 세균의 침입을 받을 위험성이 더욱 커진다.

그러면 왜 일부 나라에서는 신선 코너에 놓고 팔죠?

프랑스에서는 달걀을 소비자에게 판매하기 전에 세척하는 것이 금지되어 있다. 그러나 다른 국가들은 그것을 허용하고 있다. 달걀을 세척하는 순간부터 큐티클은 존재하지 않고, 달걀 껍데기는 세균으로부터 보호받지 못한다. 그래서 달걀을 냉장고에 보관하는데, 보존 기간은 아주아주 짧다.

왜 항상 소비기한을 지켜야 하죠?

이미 알아보았듯이, 달걀 껍데기가 보호능력을 잃기 때문이다. 하지만 무엇보다도 역시 보호막이었던 노른자막이 약해지면 살모넬라균이 번식하기 좋은 환경이 된다. 달걀은 통조림이 아니다. 소비기한을 가볍게 여겨서는 안 된다!

달걀

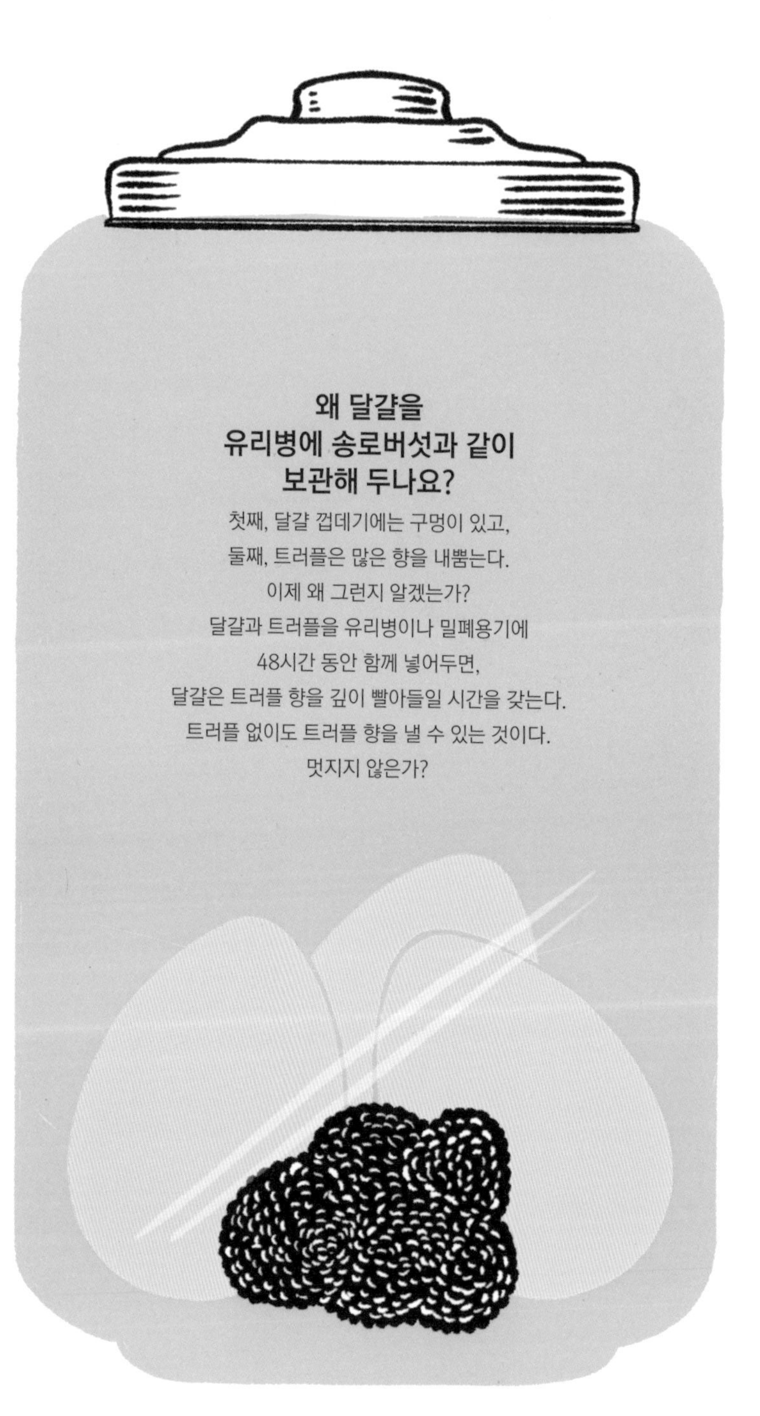

왜 달걀을 유리병에 송로버섯과 같이 보관해 두나요?

첫째, 달걀 껍데기에는 구멍이 있고,
둘째, 트러플은 많은 향을 내뿜는다.
이제 왜 그런지 알겠는가?
달걀과 트러플을 유리병이나 밀폐용기에
48시간 동안 함께 넣어두면,
달걀은 트러플 향을 깊이 빨아들일 시간을 갖는다.
트러플 없이도 트러플 향을 낼 수 있는 것이다.
멋지지 않은가?

꼭 알아둘 것

왜 날달걀은 삶은 달걀보다 회전 속도가 느리죠?

날달걀과 삶은 달걀을 구분하기가 어려운가? 달걀을 돌려보면 알 수 있다. 삶은 달걀이 오랫동안 도는 것에 비해, 날달걀은 상당히 빨리 회전을 멈춘다. 왜냐하면 날달걀은 끈끈한 액체이기 때문이다. 그래서 달걀을 회전시키면 내부에서는 좀처럼 돌기 시작하지 않는데다, 돌기 시작해도 껍데기와 마찰하며 회전에 제동이 걸리게 된다. 반면 삶은 달걀은 고체상태로, 일체가 되어 회전한다.

날달걀은 그다지 오래 돌지 못한다.

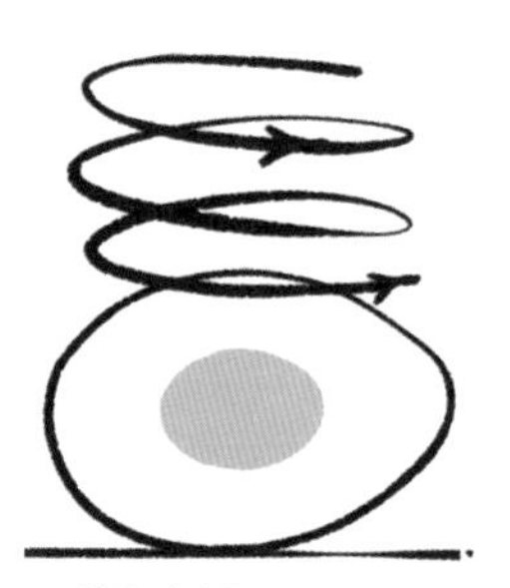

삶은 달걀은 잘 돌아간다!

이것이 테크닉!

왜 흰자는 거품이 나고 부풀어오르나요?

흰자를 휘핑하면 공기가 들어간다. 자세하게 살펴보면 다음과 같다. 흰자는 계면활성을 띠는 단백질을 함유하고 있다. 다시 말해 달걀흰자는 수분 그리고 공기와 결합할 수 있다. 예를 들어 거품기로 공기를 넣어주면, 이 단백질은 기포와, 흰자가 지닌 수분 사이에 자리를 잡고 전체를 안정시킨다. 휘핑을 할수록 기포는 작게 쪼개지고, 계면활성 단백질에 의해 혼합물 전체는 더 안정된다. 이것이 우리가 흰자를 오랫동안 휘핑하여 거품을 단단하게 올렸을 때 일어나는 일이다.

거품이 안 나는 이유는요?

흰자는 거품을 일으키게 하는 계면활성 단백질뿐만 아니라, 소수성 단백질도 가지고 있다. 달걀노른자가 섞여 들어가면, 소수성 단백질이 계면활성을 억제하여 흰자가 부풀지 않는다.

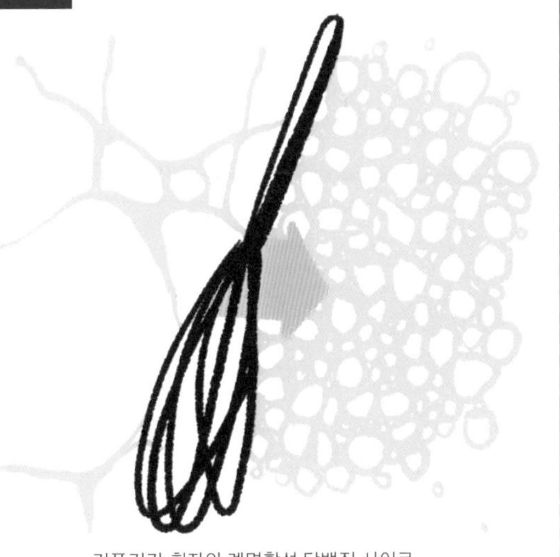

거품기가 흰자의 계면활성 단백질 사이로 공기를 주입한다.

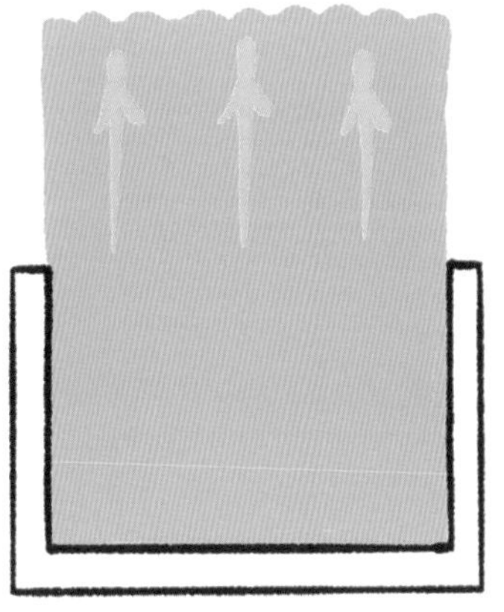

수증기가 수플레 내부에서 위쪽으로 올라간다.

알아두면 좋아요

수플레는 어떻게 부푸나요?

수플레가 부푸는 이유에 대해 「열을 받으면 공기의 부피가 팽창하기 때문」이라고 설명하는 경우를 자주 본다. 그 영향이 있기는 하다. 그것은 사실이나 그 정도로는 매우 약하다. 왜냐하면 가열로 인해 공기의 부피는 25%밖에 팽창하지 않는 반면, 수플레는 원래 부피에서 거의 3배로 부풀기 때문이다.

자, 실제로 일어나는 일은 다음과 같다. 가열시 수플레 반죽에 포함된 수분은 열을 만나 수증기로 변한다. 이 증기는 위로 올라가고, 동시에 달걀의 단백질은 조금씩 응고하여 올라온 증기를 가둔다. 수플레를 자르면 수증기가 단번에 빠지고 수플레는 주저앉는다.

올바른 방법

왜 수플레의 표면을 미리 노릇하게 구워야 하나요?

수증기가 수플레를 부풀리기 때문에, 절대로 새어나가서는 안 된다. 먼저 표면을 노릇하게 구워놓으면, 얇은 껍질이 생겨 수증기가 바깥으로 빠져 나가기 어려워진다. 결과적으로 수플레가 더 잘 부풀어오른다.

달걀

왜 스크램블드에그나 오믈렛에 미리 소금을 뿌려야 하나요?

육류나 생선에 간을 하는 것과 정확히 같은 경우이다. 소금은 단백질의 분자구조를 바꿔놓는다(「소금」 참조). 한번 변성된 단백질은 조리과정에서 뒤틀림과 수분 배출이 훨씬 덜하다.
결국, 스크램블드에그나 오믈렛에 15분 먼저 소금을 뿌려두면, 가열 후 훨씬 덜 마르고 더 부드러우며 촉촉한 결과가 나온다.
또한, 미리 간을 한 달걀이 더 선명한 노란색을 띤다는 것도 알게 된다. 그 이유는, 단백질이 한번 풀리면 빛을 덜 통과시키기 때문이다.

놀라운 사실

달걀을 삶을 때 왜 달걀에서 작은 기포가 나오나요?

달걀을 삶는 동안, 흰자가 지닌 수분은 증기가 된다. 달걀 껍데기는 다공질이므로, 이 증기가 껍데기를 통과하여 작은 기포가 되어 물 표면에 떠오른다.

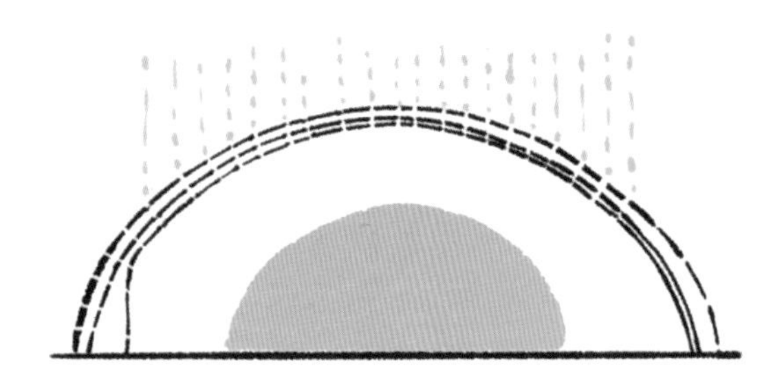

그리고 달걀을 끓는 물에 삶으면 왜 껍데기가 깨지나요?

끓는 물에 달걀을 삶으면, 달걀은 기포에 의해 떠다니다 냄비 안에서 떠오른 다음, 냄비 바닥으로 다시 떨어진다. 부딪히는 힘에 의해 껍질이 약해지고, 결국은 균열이 생겨 흰자가 새어나온다. 그러므로 달걀은 끓는점 이하에서 삶아야 껍데기가 깨지는 것을 막을 수 있다!

펑!

또 달걀은 왜 전자레인지에 돌리면 터지나요?

전자레인지에서는 매우 빨리 가열되어 증기가 달걀 껍데기 밖으로 빠져나갈 시간이 없다. 압력솥 내부처럼 기압이 올라가 껍데기가 버티지 못하고 터지고 만다.

흰자와 노른자에 관한 4가지 질문

1 흰자는 노르스름한 액체상태인데 왜 익히면 흰색이 되나요?

왜냐하면 액체인 흰자가 겔 상태로 변하며 빛이 분산되기 때문이다. 좋다, 설명해주겠다. 조금 전문적이지만 어렵지는 않다. 달걀이 들어 있는 단백질은, 수소결합을 통해 서로 연결되어 입체구조를 이룬다. 그러나 70℃ 이상에서는 열운동이 일어나 이 수소결합을 깨트린다. 단백질은 펴지고, 단백질 사슬이 서로 매우 강하게 연결된다. 이 결합이 빛을 분산시켜 불투명한 흰색을 만들어낸다. 간단하지 않은가?

2 그럼 단단해지는 이유는요?

60℃ 이상에서 흰자에 들어 있는 단백질인 오보트란스페린이 응고되기 시작한다. 흰자는 유백색을 유지하고 있는 상태이며, 외프 아 라 코크(œufs à la coque, 달걀을 껍질째 매우 부드러운 반숙으로 익힌 요리)에 완벽한 온도이다.

70℃ 부근에서 유백색 흰자는 촉촉한 상태로 완전히 굳어진다. 여기서 삶은 달걀이 된다.

80℃ 이상에서 또 다른 단백질인 오브알부민(난백알부민)이 응고되기 시작하고 흰자는 수분이 빠진다. 이때부터는 지나치게 많이 익은 상태가 된다. 아깝다….

3 그럼 노른자가 단단해지는 건요?

65℃ 이하에서 노른자는 액체상태이다. 외프 아 라 코크용으로 최고이다!

65℃ 이상에서 노른자의 단백질 중 하나인 오보비텔린이 끈적해지기 시작한다. 달걀 반숙용으로 완벽한 상태이다.

68℃에서부터 오보비텔린이 본격적으로 응고되기 시작하여 완숙 노른자가 된다.

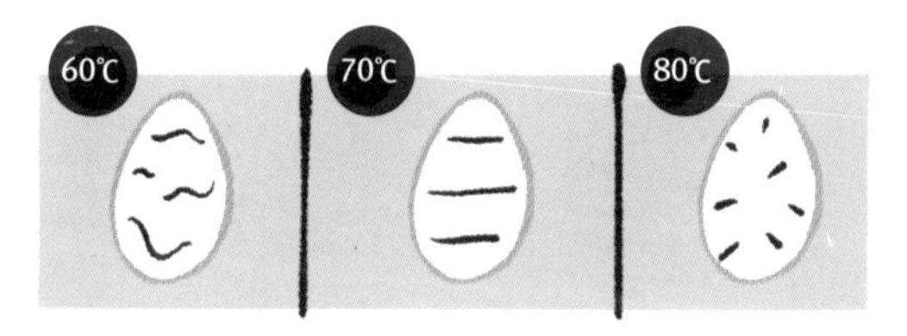

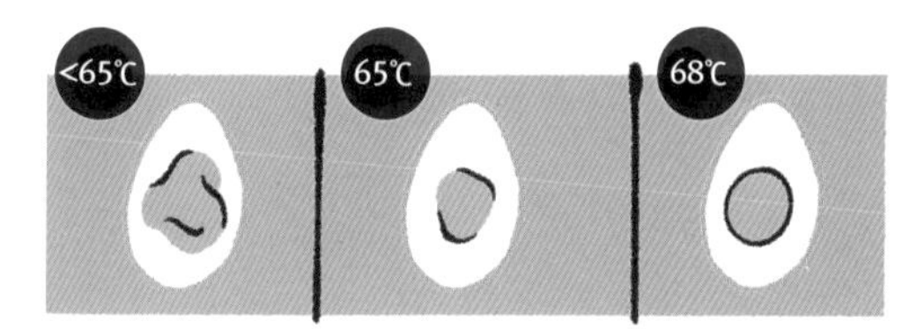

4 왜 외프 아 라 코크의 흰자는 「굳어」졌는데 노른자는 「흐르는」 상태인가요?

흰자가 보호벽 역할을 하기 때문에 열이 노른자까지 도달하려면 시간이 걸린다. 흰자는 가열되면서 대부분의 열에너지를 흡수하고, 온도를 60℃ 전후에서 안정시킨다. 3분 이상 가열하면 열이 노른자에 닿아 익기 시작한다. 따뜻하지만 녹진하게 흘러내리는 노른자를 원한다면 3~4분 이상 익히지 않는다.

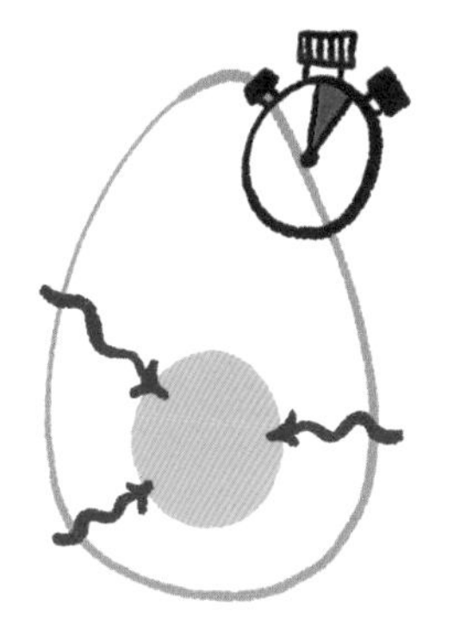

쌀

멥쌀, 찹쌀, 현미, 곁들임 요리, 주먹밥, 라이스밀크 등, 쌀은 전 세계에서 다양한 형태로 소비된다.
여러분 주방에서는 쌀이 어떻게 쓰이는가?

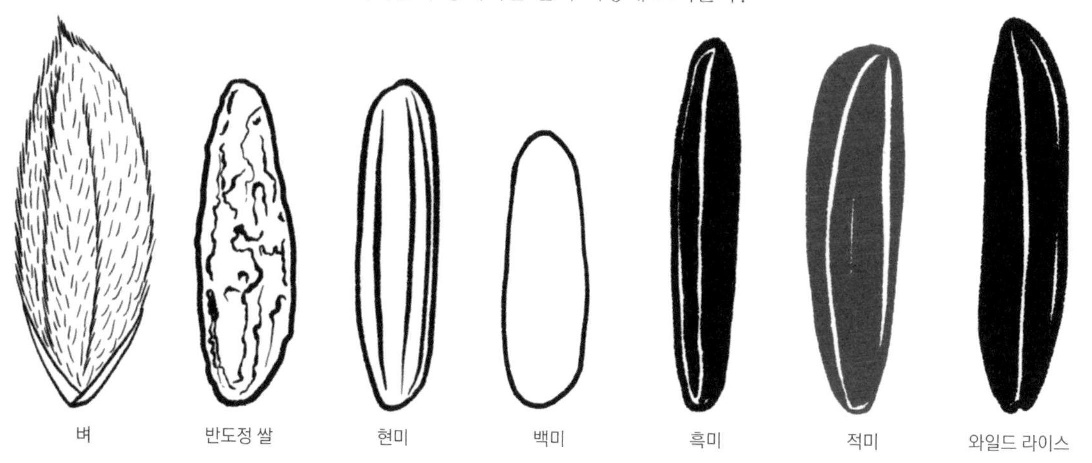

왜 백미, 현미, 흑미, 적미 등 다양한 쌀이 있나요?

쌀의 색은 쌀의 도정 정도와 가공방식에 따라 달라진다.

벼는 수확한 그대로이다. 껍질, 외피(왕겨)에 싸여 있으며 먹을 수 없다. 이 기본상태에서 다른 모든 쌀이 나온다.

현미(홀그레인 라이스 또는 카고 라이스)는 껍질을 제거했으나 겨층과 쌀눈이 남아 있는 상태로, 여기서 「홀그레인(whole-grain)」이라는 표현이 나왔다.

반도정 쌀은 겨층의 두께를 (도정 정도에 맞춰) 줄여가기 위해 먼저 가볍게 도정한 것이다. 미네랄이 풍부하다.

백미는 가장 도정을 많이 한 쌀이다. 과피, 단백질층, 쌀눈을 모두 제거한다. 이 쌀은 실제로 쌀이 가진 미네랄의 2/3를 잃은 상태이다.

흑미는 중국에서 유래한 겨가 남아 있는 쌀(현미의 일종)이며, 오늘날에는 이탈리아 포(Po)강 유역에서도 재배된다. 겨는 검은색이지만, 쌀알은 흰색이다.

적미 역시 겨가 남아 있는 쌀로, 겨층의 두께가 매우 두꺼워 익히는 과정에서 붉은색이 진해진다.

와일드 라이스는 실질적으로 쌀이 아니라 줄풀의 일종으로(농담이 아니다, 정말이다!), 이 역시 수생식물이다.

왜 둥근 쌀과 긴 쌀이 있나요?

쌀알에는 2가지 형태가 있다. 둥근 모양과 긴 모양이다. 이는 가장 많이 재배되는 쌀 품종의 형태로, 인디카(Indica) 벼는 쌀알모양이 길고 좁으며, 자포니카(Japonica) 벼는 타원형 또는 원형이다.
긴 쌀은 끈기가 적고 주로 요리에 곁들임으로 사용한다. 둥근 쌀은 끈기가 있는데, 전분이 더 풍부하기 때문이다. 이 타입의 쌀은 리소토, 파에야, 스시, 디저트 용으로 사용한다.

왜 태국의 스티키 라이스(sticky rice)는 끈적끈적한가요?

증기에 쪄서 요리하는 이 특별한 쌀에는 아밀로펙틴이 많이 들어 있다. 그래 맞다, 아밀로펙틴. 뭐라고? 아밀로펙틴을 모른다고? 아니아니, 아멜로펙틴은 요즘 인기 있는 바 이름이 아니다. 아밀로펙틴은 흔히 쓰는 전분의 주요 구성물질이다. 그리고 이 아밀로펙틴이(이제 발음이 좀 되는가?) 찹쌀의 끈끈하면서도 부드러운 질감을 만들어낸다.

끈기가 없는 쌀은 왜 끈기가 없나요?

쌀이 익으면 쌀알에 들어 있는 전분의 일부가 밖으로 나온다. 그러면 쌀알의 겉면이 끈끈해지며 한 덩어리로 뭉쳐진다. 이 끈기를 없애려면 전분이 빠져나오는 것을 막아야 한다. 그래서 기업들은 확실한 방법을 찾아냈는데, 쌀을 105℃의 수증기 속에 넣고 찌는 것이다. 이 방법은 전분을 젤라틴으로 변형시켜, 쌀을 익히는 동안에도 쌀알 내부에 고정되어 있다. 그러면 짜잔, 쌀이 끈끈해지지 않는다!

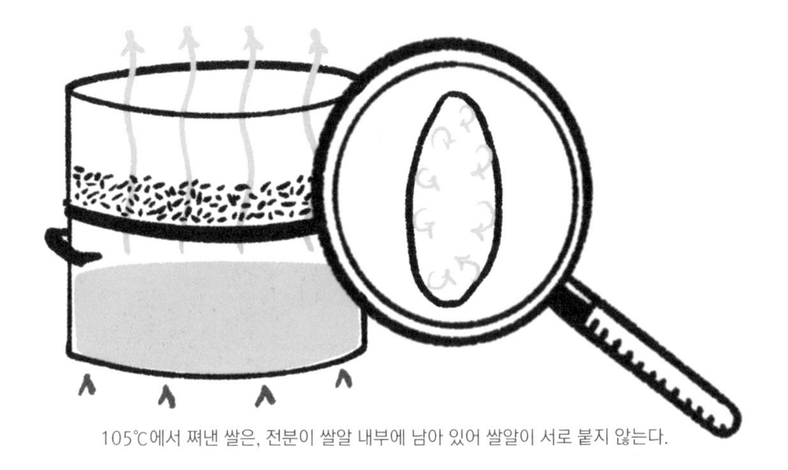

105℃에서 쪄낸 쌀은, 전분이 쌀알 내부에 남아 있어 쌀알이 서로 붙지 않는다.

왜 백미는 익히기 전에 씻어야 하나요?

전분이 쌀알 표면에 묻어 있어 쌀알끼리 붙게 만들기 때문이다. 익히는 중에도 쌀알에서 전분이 나오기는 하지만, 이 문제를 줄이기 위해 표면의 전분 대부분을 제거하는 것이다. 그러므로 쌀을 익히기 전 뜨물의 흰색이 가실 때까지 여러 번 씻어야 한다.

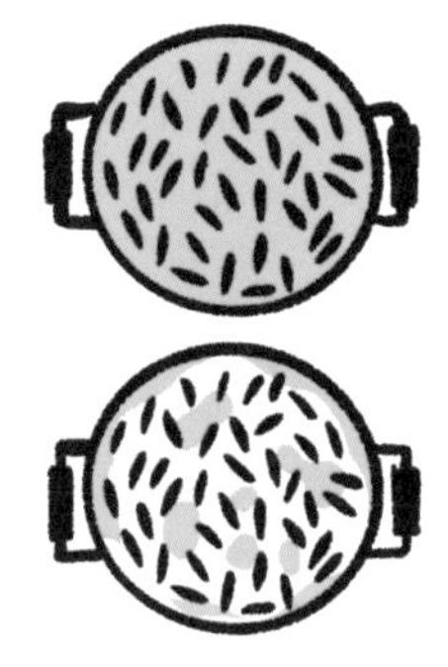

씻은 쌀은 가열 중에 빠져나오는 전분의 양이 적어 덜 달라붙는다.

왜 현미, 흑미, 적미의 조리시간은 백미보다 더 긴가요?

이 쌀들은 모두 현미의 일종으로, 쌀겨로 둘러싸여 있다. 쌀겨층은 긴 가열시간이 필요할 뿐만 아니라, 수분 침투도 방해하여 가열시간을 연장시킨다. 가열시간을 줄일 수 있는 좋은 방법은 쌀을 1시간 동안 미리 불려두는 것이다. 이렇게 하면 쌀겨층이 물을 머금어 가열 도중에 쌀알 속으로 물이 더 빨리 흡수된다.

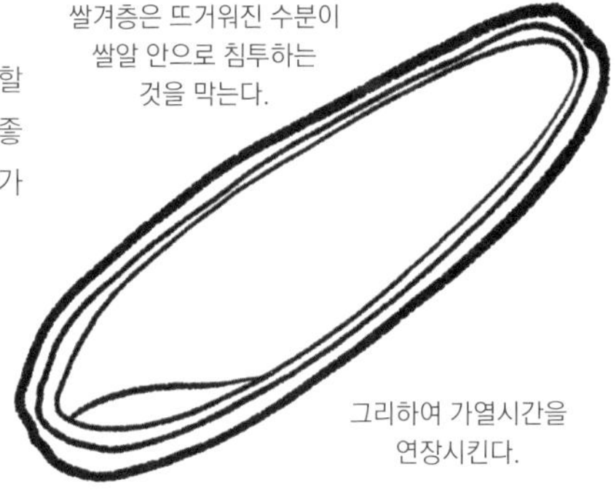

쌀겨층은 뜨거워진 수분이 쌀알 안으로 침투하는 것을 막는다.

그리하여 가열시간을 연장시킨다.

왜 쌀을 익힐 때는 뚜껑을 덮어야 하나요?

처음에는 뚜껑을 연 상태로 시작하여 쌀의 온도가 충분히 올라갈 때까지 가열한 다음, 불을 줄이고 뚜껑을 덮어 증기를 냄비 안에 가둔다. 이렇게 하면 쌀은 계속해서 익고, 물보다는 증기에 부풀어오른다. 중간에 뚜껑을 열고 젓지 않으며, 조리가 끝난 후 주걱으로 밥알을 고슬고슬하게 살살 휘저어 놓는다.

먼저 뚜껑을 연 상태에서 쌀을 가열한 다음, 불을 줄이고 뚜껑을 덮은 상태로 익힌다.

리소토와 파에야

아, 리소토! 그리고 파에야! 햇살을 머금은 두 요리에는 공통적으로 좋은 쌀, 부이용, 그리고 지중해의 맛이 있다. 그러나 주의하자. 파에야용 쌀로 맛있는 리소토를 만들려고 하거나, 그 반대의 경우를 시도해서는 안 된다!

리소토용 쌀은 왜 단단하면서도 크리미한가요?

크리미한 맛을 내는 것은 쌀알이 아니라 소스이다. 설명해주겠다.
쌀알의 중심은 너무 익히지 않아 단단하고, 외부는 완벽하게 익은 상태로 부이용(육수)을 흡수했기 때문에 부드럽게 부풀어 있다. 크리미한 것은 그것과는 관계가 없고, 대부분 쌀알 표면에 묻어 있는 전분에서 생긴다. 이 전분은 가열할 때 부이용 안에서 젤리화되는데, 쌀알끼리 붙으면서 부이용의 점도를 높여 크리미한 질감을 만들고, 이것이 다시 쌀알에 입혀진다.
엉클 벤즈(Uncle Ben's) 상표의 쌀, 안남미나 다른 바스마티(Basmati) 품종 쌀들은 잊어라! 이것들은 절대 리소토용이 아니다.

전분이 풍부한 리소토용 쌀만이
이 크리미한 질감을 낼 수 있다.

왜 리소토용 쌀을 잘 골라야 하나요?

리소토용 쌀은 모두 이탈리아 북부의 포강 유역에서 생산된다.

카르나롤리(Carnaroli)는 리소토용 「쌀의 왕」으로 여겨진다. 전분이 가장 풍부하여 가장 크리미한 리소토를 만든다.

아르보리오(Arborio)는 가장 쉽게 찾을 수 있는 품종이지만, 조리 중 가장 잘 깨지는 쌀이기도 하다. 그러므로 주의가 필요하다.

비알로네 나노(Vialone Nano)는 가장 잘 흘러내리는 액상 질감의 리소토용 쌀이며, 이탈리아에서는 아 론다(à l'onda), 즉 「물결 속」이라고 부른다. 베네치아에서 선호하는 품종이다.

마라텔리(Maratelli)는 20세기에 자연 잡종화에 의해 생긴 쌀이다. 쌀알이 더 작고 가열에 매우 잘 견딘다.

발도(Baldo)는 쌀알이 크고 길며 흡수력이 매우 좋다. 아주 크리미한 리소토를 만들 수 있는 쌀이다.

냠냠!

쌀 대신 다른 곡물로도 리소토를 만들 수 있다고요?

기본적으로 쌀은 곡물이다. 그러므로 다른 곡물을 사용한다고 해서 근본적으로 달라지는 것은 없다. 쌀이 들어가지 않으면 진정한 의미의 「리소토(risotto의 riso는 이탈리아어로 쌀을 뜻한다)」는 아니겠지만 말이다.

필요한 것은 전분이 나와 요리를 살짝 크리미하게 만들어주는 곡물이다. 그러므로 보리, 귀리, 스펠타밀, 해바라기씨, 또는 메밀로 리소토를 만들어보자. 가열시간은 보통 더 길어지지만, 쌀로 만든 것만큼 맛있을 수 있다.

왜 리소토용 쌀은 요리 전에 씻으면 안 되나요?

리소토용으로는 전분이 많이 들어 있는 쌀을 사용한다. 만약 신나게 쌀을 씻어 쌀의 전분을 제거한다면, 절대로 크리미한 리소토는 만들 수 없다. 그래서 부탁하는데, 리소토용 쌀은 절대로 씻으면 안 된다!

왜 먼저 쌀을 볶는 과정은 별로 중요하지 않은가요?

리소토 요리 초반에 「쌀을 반투명해지도록 볶으라」는 이야기를 자주 듣는다. 그런데 이 단계에서 정확히 어떤 일이 일어나는 것일까?

쌀알은 열로 인해 반투명한 상태가 되고, 전분은 변형되기 시작하며, 각각의 쌀알에는 기름기가 묻어 반짝거린다(정말 투명한 상태는 아니다). 이 기름기가 쌀알 표면에 일종의 코팅막을 형성하여 부이용의 침투를 지연시킨다. 그래서 전분이 나와 부이용이 크리미해지는 데 더 오랜 시간이 걸린다.

하지만 결국 그 효과는 숙련된 이탈리아 요리사조차도 느끼기 어려운 수준이므로, 원한다면 쌀알을 미리 볶아도 좋고, 아니어도 괜찮다. 결과의 차이는 없다

리소토 요리 초반에 화이트와인을 넣는 이유는 무엇인가요?

리소토의 크리미한 질감은 다양한 맛을 덮어버릴 수 있다. 요리 초반에 와인을 넣으면 약간의 산미를 주는데, 이것이 우리의 미뢰를 자극하고 깨우는 역할을 한다. 이 소량의 화이트와인 덕분에 모든 맛을 더 잘 느낄 수 있을 것이다.

놀라운 사실

리소토를 미리 익혀놓을 수 있다고요?

으악, 우리의 이탈리아 친구들이 나를 흠씬 두들겨 팰지도 모르겠다! 하지만 그렇다. 리소토는 미리 만들어둘 수 있다. 대부분의 레스토랑에서 쓰는 방법이기도 하다. 하지만 쉿, 여러분에게는 절대 그렇다고 말해주지 않을 것이다. 그럼에도 불구하고 그 방법은 정말 쓸 만하다. 어떻게 하냐고?

❶ 넓은 금속팬을 30분 정도 냉동고에 넣어 차게 만든다. 리소토가 2/3쯤 익었을 때, 얼려둔 팬 위에 리소토를 붓고 최대 두께 4~5㎜ 이하로 넓게 펼친다. 그보다 두꺼워지면 식는 데 시간이 너무 오래 걸린다.

❷ 리소토가 담긴 팬을 환풍장치가 있는 냉장실에 넣어 온도를 빨리 낮춘다. 2~3분이면 리소토는 차가워진다.

❸ 식은 리소토에 랩을 밀착시켜 씌워 증발을 완전히 차단한 상태로 냉장 보관한다.

❹ 서비스 도중에 리소토 조리를 마무리한다.

분명히, 집에서도 똑같이 할 수 있다. 익힌 리소토를 15분 냉동한 다음, 랩을 씌워 냉장고에 보관한다. 4~5시간 전에 미리 준비해놓고 친구들이 도착할 즈음 마무리하면 된다.

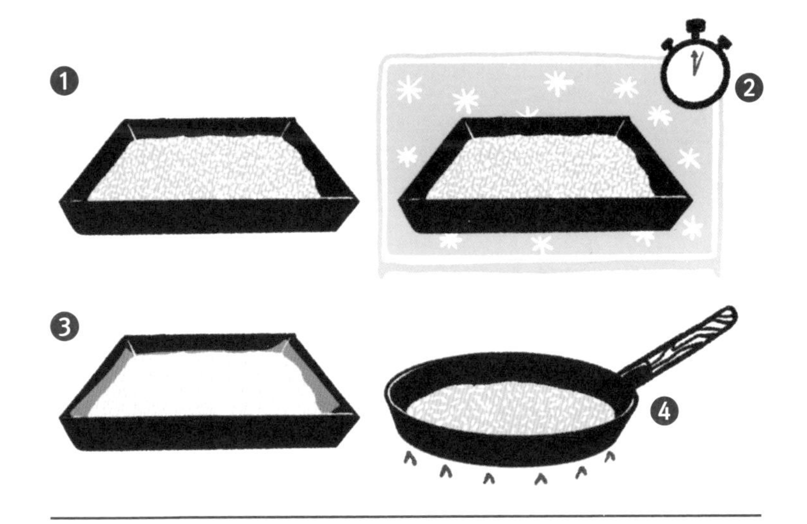

리소토와 파에야

리소토의 부이용에 관한 2가지 질문

❶ 리소토를 익힐 때 부이용을 한꺼번에 다 넣어도 된다고요?

우선, 습관적으로 「부이용을 조금씩 나눠 넣는다」라고 말하는 이유를 이해할 필요가 있다. 이것을 이해하고 나면, 왜 더 간단한 방법을 택해도 같은 결과를 얻을 수 있는지 알 수 있다. 복잡하지 않다. 설명을 시작해볼까?
부이용의 증발량은 오로지 부이용의 표면적에 따라 달라진다. 그러므로 같은 팬에 부이용을 1㎝를 채우든 5㎝를 채우든, 채웠을 때 증발하는 부이용의 양은 같다. 부이용의 표면적이 넓어질수록 증발은 더 빨라진다. 꼭 알아두자. 조리법들을 보면, 「부이용의 맛을 농축시키기 위해」 부이용을 여러 번에 걸쳐 부으라고 한다. 그러면 부이용을 한 번에 붓기 위해 부이용의 맛을 미리 농축시켜두면 어떨까? 여기서 마법이 시작된다…. 이 방법은 아주 효과적이다. 여러 번에 걸쳐 부이용을 부을 필요가 없다. 아무런 차이가 없기 때문이다. 다음에는 리소토를 만들 때 부이용을 미리 졸여둔 다음, 쌀에 한 번에 부어보자. 결과는 졸이지 않은 부이용을 조금씩 붓는 것과 완전히 똑같다.

일정한 크기의 팬에 1㎝ 높이로 부은 부이용의 증발량은…

… 5㎝ 높이로 부은 부이용의 증발량과 정확히 같다.

❷ 왜 리소토에는 넓은 팬이 필요하고, 특히 냄비는 부적절한가요?

여기에는 2가지 이유가 있다.
① 리소토를 익힐 때, 부이용을 졸이기 위해 수분을 빠르게 증발시킬 필요가 있다. 게다가, 위에서 보았듯이 부이용이 증발할 수 있는 표면적이 넓을수록 증발은 빨라진다. 그러므로 같은 양의 액체를 증발시킬 때, 증발속도는 작은 냄비보다 넓은 팬에서 훨씬 더 빠르다.
② 팬에 리소토를 익힐 때 쌀의 두께는 상대적으로 얇고, 이로 인해 윗면과 아랫면을 고르게 익힐 수 있다. 팬보다 좁은 냄비에서는 쌀층이 매우 두꺼워져 아랫면은 빨리 익는 반면, 표면은 천천히 익는다. 그리고 표면과 바닥면의 조리 상태에 큰 차이가 생긴다. 그야말로 실패다!

냄비에서는 쌀층이 너무 두꺼워 균일하게 조리하기 어렵다.

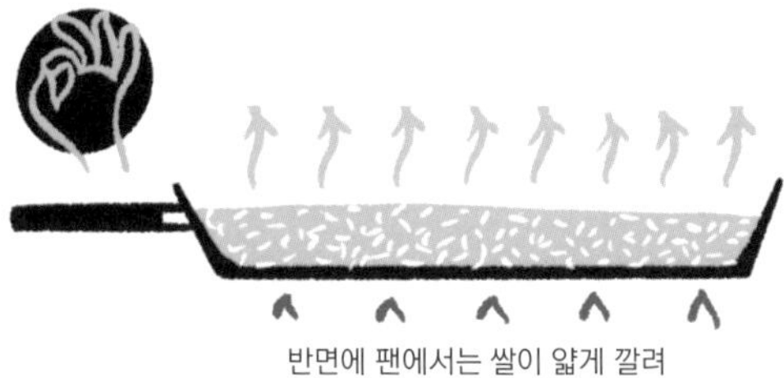

반면에 팬에서는 쌀이 얇게 깔려 고르게 익는다.

왜 파에야팬에 먼저 고기나 생선을 구운 다음, 그 팬에 쌀을 넣나요?

고기와 생선을 함께, 또는 각각 노릇하게 구우면 맛있는 육즙이 생긴다. 이 육즙의 일부는 팬 바닥에 눌러붙는다. 여기에 쌀을 넣고 부이용을 부으면, 이 육즙이 녹아 음식의 맛을 풍부하게 만든다. 다른 팬에 재료를 구우면 아깝게도 이 맛을 잃어버린다!

팬에 고기를 구운 다음, 여기에 쌀을 넣고 부이용을 붓는다.

파에야용 쌀과 리소토용 쌀은 다른가요?

두 요리를 만드는 과정은 매우 비슷하지만, 마무리는 많이 다르다. 리소토는 되직하고 크리미해진 부이용과 섞인 상태로 내는 반면, 파에야에는 소스가 없다. 파에야용 쌀에서 중요한 것은 가열 중에 흡수할 수 있는 부이용의 양이며, 쌀알끼리 엉겨붙지 않아야 한다.

발렌시아(Valencia) 쌀, 둥근 쌀로 부이용을 부피의 4배까지 흡수한다. 가열 중에 터지지 않고 엉겨붙지도 않는다.

봄다(Bomba) 쌀, 역시 「쌀의 왕」이라고 불리는데, 매우 오래된 단립종으로 단단함을 유지하고 엉겨붙지도 않는다.

바히아(Bahia) 쌀, 발랑스(Valence) 지역에서 나는 단립종 쌀이며 가장 흡수력이 좋은 쌀 중 하나이다.

알부페라(Albufera) 쌀, 리소토용 쌀에 조금 가깝다. 단단함을 유지하면서도 부드러운 식감이 난다. 거의 부풀지 않는 쌀이다.

특히, 파에야에 절대로 리소토용 쌀을 사용하지 않아야 한다. 확실하게 망치는 길이다!

왜 파에야는 부이용을 졸이는 것부터 시작하나요?

졸인 부이용은 수분의 일부가 증발했기 때문에 더 진한 맛을 갖고 있다. 그래서 조리법들을 보면 부이용을 요리 초반에 졸이라고 하는 것이다. 그러나 부이용은 미리 졸여둘 수도 있는데, 그렇게 하면 가열시간을 줄일 수 있다.

리소토용 쌀과 파에야용 쌀의 특질은 매우 다르다.
리소토용은 부이용을 흡수하며 전분이 나오는 것에 반해,
파에야용은 부이용을 흡수하기만 한다.

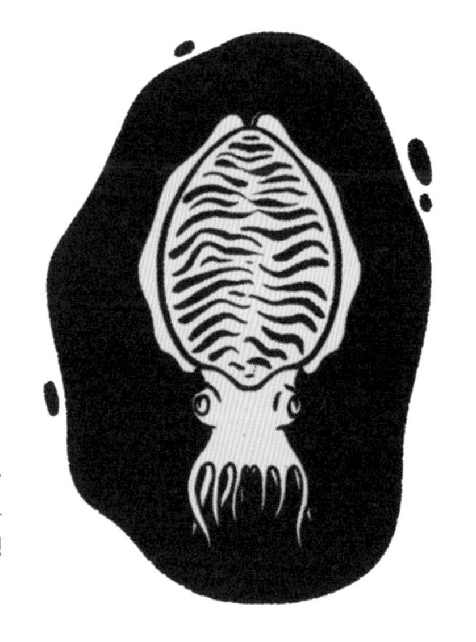

왜 메뉴판에 새까만 리소토나 파에야가 있죠?

걱정하지 말자. 쌀이 탄 게 아니다. 이는 요리에 들어간 재료인 오징어 먹물로 낸 색이다. 먹물은 갑오징어나 오징어들이 공격받았을 때 스스로를 보호하기 위해 이용하는 방어도구로, 검고 불투명한 먹물 뒤에 숨어 앞을 보지 못하는 적을 당황시킨다. 쌀을 진한 검정색으로 물들이는 이 먹물은 리소토, 파에야, 그리고 파스타에 넣어도 아주 맛있다.

스시용 쌀

여기서 이야기하는 스시는 평범한 쌀을 사용하여 냉동 생선을 얹어 만든
대부분의 프랑스 식당이나 마트에서 파는 스시가 아니다.
스시전문점에서 장인이 특별한 쌀을 사용하여 만드는 진짜 스시에 대해 이야기하려고 한다.

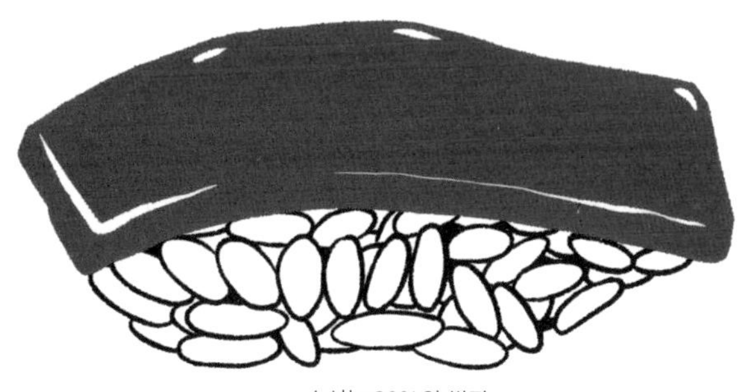

스시는 80%의 쌀과
20%의 생선으로 이루어져 있다.

놀라운 사실

스시에서 가장 중요한 것이 쌀이라고요?

사람들은 보통 생선이 스시의 질을 결정한다고 믿는다. 하지만 그것은 잘못된 이야기다! 스시에서 가장 중요한 재료는 쌀이다. 왜냐하면 먼저, 밥이 가장 많은 양을 차지하기 때문이다. 생선과 밥의 적절한 비율은 밥 80%에 생선 20%이다.

이어서 매우 중요한 부분인데, 밥이 생선 바로 아래에 놓여 있기 때문이다. 옆도 아니고, 위도 아니고, 아래에 있다. 그러므로 밥이 먼저 혀에 닿고, 가장 먼저 느껴지는 것도 밥맛이다. 밥의 양념은, 어떻게 보면 생선의 맛을 만나기 전에 미뢰를 열고 준비시키는 역할을 한다.

단순해 보이지만, 좋은 스시는 매우 정교하게 만들어진다. 그렇다고 여기서 생선 써는 법에 대해 이야기하지는 않겠다.

여기 주목!

왜 스시용 쌀은 그렇게 특별한가요?

스시에 사용하는 둥근 쌀은 리소토와 파에야에 사용하는 쌀과 같은 계열에 속하지만, 전분 함량이 더 적다. 일본에서는 지역에 따라 다른 품종의 쌀을 재배하는데, 다모작이 가능한 아시아의 다른 여러 나라들과는 달리 추수는 1년에 한 번만 한다.

가장 많이 재배하는 두 품종은 고급스럽고 꽤 찰기가 있는 **고시히카리**와 더 가벼운 **사사니시키**이다.

쉽게 잊어버리지만, 쌀은 날곡식이고 수분을 많이 포함하고 있기 때문에 추수 후 건조가 필요하다. 쌀이 말라 맛을 잃는 것을 피하기 위해, 일본에서는 스시용 쌀을 일정 기간에서 1년까지 서늘한 곳에 보관하며, 더 나아가 냉장고에 넣어두기도 한다.

왜 일식 요리사들은 스시용 밥의 배합초를 비밀로 하나요?

스시용 밥의 배합초를 만드는 것은 상당히 간단한데, 식초, 설탕, 소금을 섞어 만든다. 하지만 일본에서는 이들 재료의 품질과 비율이 요리사들마다 다양하며, 저마다 취향뿐만 아니라 지역마다 정해진 방식에 따라 다르다.

일본은 두 바다를 접하고 있는 섬나라로 북에서 남으로 큰 기후 차이가 나타나는데, 지역에 따라 사는 물고기도 다르다. 그러므로 밥의 배합초는 위에 얹을 생선의 종류와 요리사의 취향에 따라 달라진다. 무엇보다, 요리사들은 각기 자신만의 비밀 레시피를 조심스럽게 간직한다.

스시용 밥의 온도에 관한 3가지 질문

① 왜 손님에게 서비스하는 동안 밥을 여러 번 짓나요?

한번 지은 밥은 약 30분간 휴지시켰다가 정확히 37℃에 보관한다. 그러나 조금씩 밥맛이 변하기 시작해 섬세함이 사라진다. 좋은 스시전문점에서는 밥을 2시간 이상 보관하지 않는다. 그리고 손님에게 내놓을 스시용 밥의 품질을 유지하기 위해, 서비스 도중에도 여러 번에 걸쳐 밥을 짓는다.

② 왜 스시용 밥은 정확히 37℃에 맞추나요?

37℃는 인간의 체온이다. 좀 이해가 되는가? 스시가 혀에 닿았을 때, 아주 조금이라도 쌀과 입안의 온도가 달라서는 안 된다. 온도 충격이 맛을 느끼는 것을 방해하기 때문이다. 차가운 밥은 맛이 「갇혀」 있고, 따뜻한 밥은 맛이 쉽게 사라진다. 그리고 체온과 정확히 같은 온도의 밥은 더 차가운 생선의 맛을 살려준다. 두 재료 사이의 이런 차이가 스시의 맛을 즐기는 기본이다.

③ 왜 고급 스시전문점에서는 테이블이 아니라 카운터에서 먹나요?

최고급 스시전문점들은 테이블에서 서비스를 하지 않고 오로지 카운터에서 한 점씩 (절대 한꺼번에 여러 점을 내지 않는다) 스시를 낸다. 이유는 간단하다. 스시의 밥이 기다려주지 않기 때문이다. 온도가 더 낮은 생선과 접촉하면, 밥은 차가워지고 생선은 따뜻해지며 균형이 깨진다. 밥과 생선의 좋은 조합을 유지하기에는 테이블까지의 거리가 너무 멀다. 스시는 바로 먹어야 한다!

올바른 방법

왜 스시의 밥을 절대 간장에 담그면 안 되나요?

스시를 먹을 때 매우 실례되는 방법이다. 스시 전문점에서는 절대 그렇게 해서는 안 된다. 분명히 요리사가 못마땅한 표정을 지을 것이다! 절대로, 절대로 밥을 간장에 담그지 않는 데는 2가지 이유가 있다.

① 밥이 간장 안에서 부서질 수 있다.

② 밥이 간장을 흡수하여 맛이 변하고, 스시 전체의 맛의 조화 역시 달라진다.

스시를 간장에 찍어 먹을 때는, 스시를 젓가락으로 잡고 생선을 아래로 향하게 돌린 다음 생선에 간장을 조금만 담근다. 그리고 한입에 넣는다. 이것이 끝이다.

주의!

젓가락을 밥공기에 꽂으면 안 된다고요?

특히 절대로 일본이나 일본 식당에서 이렇게 해서는 안 된다. 식당의 분위기가 매우 불편해질 것이다. 불교식 장례의식에서는 공양의 의미로 밥공기 위에 젓가락을 꽂아 고인의 상 위에 올린다.

파스타

솔직히 파스타가 없으면 어떻게 될까? 온갖 소스에 파스타를 넣어 먹는데 말이다.
하지만 파스타를 아무렇게나 요리하고, 아무 소스와 먹어도 좋은 것은 아니다. 설명해주겠다.

미묘한 차이

건조 파스타와 생파스타는 어떻게 다르죠?

건조 파스타는 주로 이탈리아 남부에서 만든다. 남부는 날씨가 덥고 북부에 비해 가난한 지역이다. 물과 듀럼 밀가루를 섞어 만드는데, 듀럼 밀은 가공하지 않고는 먹을 수 없으며, 건조가 아주 잘 된다. 또한 듀럼 밀가루는 쿠스쿠스나 벌거(bulgur, 발아한 밀을 찐 다음 말려 부순 것으로 중동요리에서 주로 사용한다)를 만드는 데도 쓰인다. 모양 내기가 쉽기 때문에 다양한 방식으로 성형한 다음 건조시킨다.

생파스타는 남부보다 더 춥고 부유한 이탈리아 북부에서 왔다. 생파스타는 물과 추위에 강하고, 일반 밀가루를 만드는 데 쓰이는 연질 밀가루, 맛을 내고 질감에 변화를 주는 달걀을 넣어 만든다. 보통은 손으로 만들며, 건조 파스타에 비해 만들 때뿐만 아니라 익힐 때에도 훨씬 많은 주의가 필요하다.

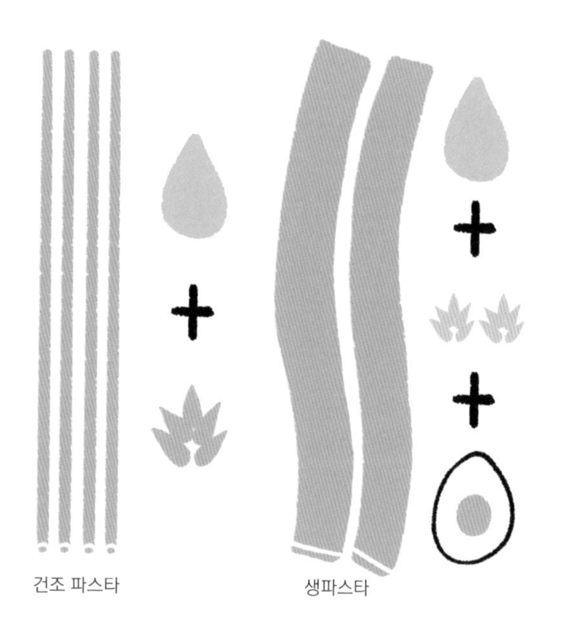

뇨키에 관한 2가지 질문

❶ 정통 뇨키는 사실 파스타라고 볼 수 없다고요?

(대량생산 제품이 아닌 진짜) 뇨키는 이탈리아 북부에서 왔으며 밀가루, 달걀, 으깬 감자로 반죽한다. 이어서 긴 원통모양으로 민 다음, 작은 조각으로 자르고 엄지손가락으로 눌러 오목하게 모양을 잡는다. 그리고 리가 뇨키(riga gnocchi, 줄무늬가 새겨진 작은 뇨키용 도마)나 포크를 이용해 줄무늬를 만들어 소스가 잘 묻게 한다. 끓는 물에 2분 익히고, 뇨키가 물 위에 떠오르면 건져 (약간의 면수와 함께) 소스가 들어 있는 팬으로 옮긴다. 내기 전에 1~2분 더 익혀 마무리한다. 뇨키는 파스타와 비슷한 점이 별로 없다.

❷ 뇨키가 익으면 왜 물 위로 떠오르나요?

사실 이것은 뇨키가 익은 정도와는 전혀 상관이 없지만, 설명하자면 재미있다. 물이 끓기 직전이거나 끓을 때, 기포가 수면으로 떠오른다. 그리고 일부 작은 기포들은 뇨키에 매달린 채 수면으로 올라온다. 그래서 삶다 보면, 마치 튜브처럼 뇨키에 붙어 있는 수많은 작은 기포가 말 그대로 뇨키를 수면으로 들어올리는 것을 볼 수 있다. 우연하게도, 그리고 다행스럽게도, 이 기포가 달라붙는 시간이 뇨키를 삶는 시간과 거의 일치한다. 그러므로 뇨키가 익었기 때문에 떠오르는 것은 아니다.

왜 파스타의 표면이 그렇게 중요한가요?

왜냐하면 소스를 붙잡고 있는 것이 바로 표면이기 때문이다! 파스타의 표면이 매끈할수록 소스는 미끄러져 더 많이 떨어진다. 그리고 표면이 거칠수록 소스가 더 많이 달라붙는다. 저가의 파스타가 언제나 가장 매끈한데, 그 이유는 빨리 만들어낼 수 있게 테플론 틀로 뽑아내기 때문이다. 고품질 파스타들은 놋쇠 또는 구리 틀을 통과하며 더 천천히 뽑기 때문에 표면이 덜 균일해서 소스가 잘 묻는다. 줄무늬가 있는 파스타는 보통 조금 되직한 소스와 함께 사용한다.

이것이 테크닉!

왜 카펠리니, 스파게티, 링귀네는 액상 소스에 완벽하게 잘 어울리나요?

가늘고 긴 파스타가 액상소스에 가장 잘 어울린다는 말이 놀랍게 들릴 수도 있다. 논리적으로 생각하면, 소스가 아래로 흘러 접시 바닥에 고일 것 같다. 그런데 전혀 그렇지 않다! 여기에는 2가지 이유가 있다(첫 번째는 이해하기 쉽고, 두 번째는 기억해야 할 내용이다).

① 아주 단순하게는 「표면적」이라고 부르는 것과 관계가 있다. 간략히 말해 소스가 묻는 면적을 말한다. 이 면적이 넓을수록, 액상소스의 맛이 더 많이 난다. 여기까지 잘 따라오고 있는가? 그림을 보면 이해가 더 쉬울 것이다.

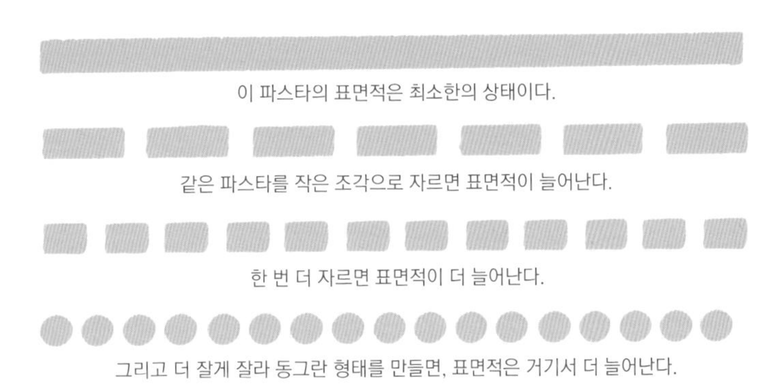

이 파스타의 표면적은 최소한의 상태이다.

같은 파스타를 작은 조각으로 자르면 표면적이 늘어난다.

한 번 더 자르면 표면적이 더 늘어난다.

그리고 더 잘게 잘라 동그란 형태를 만들면, 표면적은 거기서 더 늘어난다.

② 액상소스의 모세관 현상 때문이다. 물리화학 시간에 배운 것을 기억하는가? 아니라고? 조금만 기억을 더듬어보자. 모세관 현상은, 액체의 표면장력 현상과 관계된 「아주 가느다란 관(모세관)」의 힘 전체를 말한다.
간단하지 않은가? 좋다, 다시 보자. 파스타 두 가닥이 맞닿아 있으면, 액상소스는 파스타의 표면을 덮는 동시에 파스타들끼리 접촉하는 부분에 들어가는 경향이 있다. 그러므로 파스타끼리의 접촉면이 많아질수록 소스가 더 많이 묻는다. 그리고 가늘고 긴 파스타들은 접촉면이 많다! 오른쪽 그림을 통해 이 모든 것을 시각적으로 이해할 수 있을 것이다.

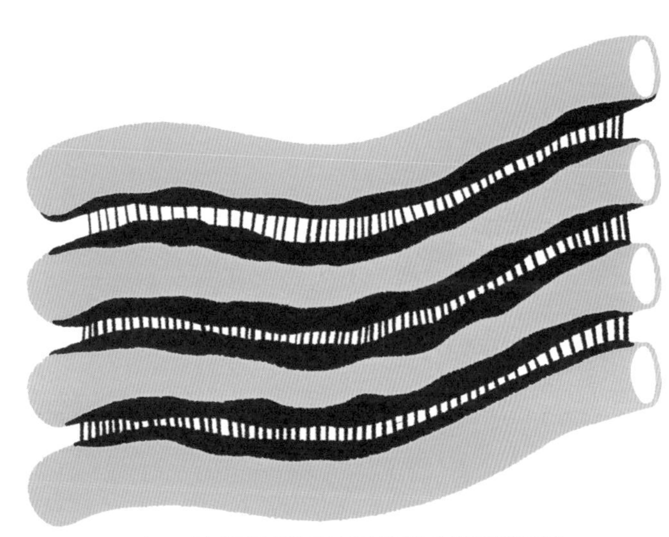

소스는 모세관 현상에 의해 파스타면 사이의 접촉면을 이동한다.
파스타가 가늘수록 접촉면이 늘어나므로 파스타에 묻는 소스도 많아진다.

파스타

길고 구멍이 없는 파스타

긴 파스타는 가벼운 소스나 액상소스부터 아주 살짝 되직한 소스까지 잘 어울린다. 소스가 파스타 표면을 쉽게 뒤덮고, 아주 작은 조각들이 파스타가 엉켜 있는 틈새로 잘 섞여 들어간다.

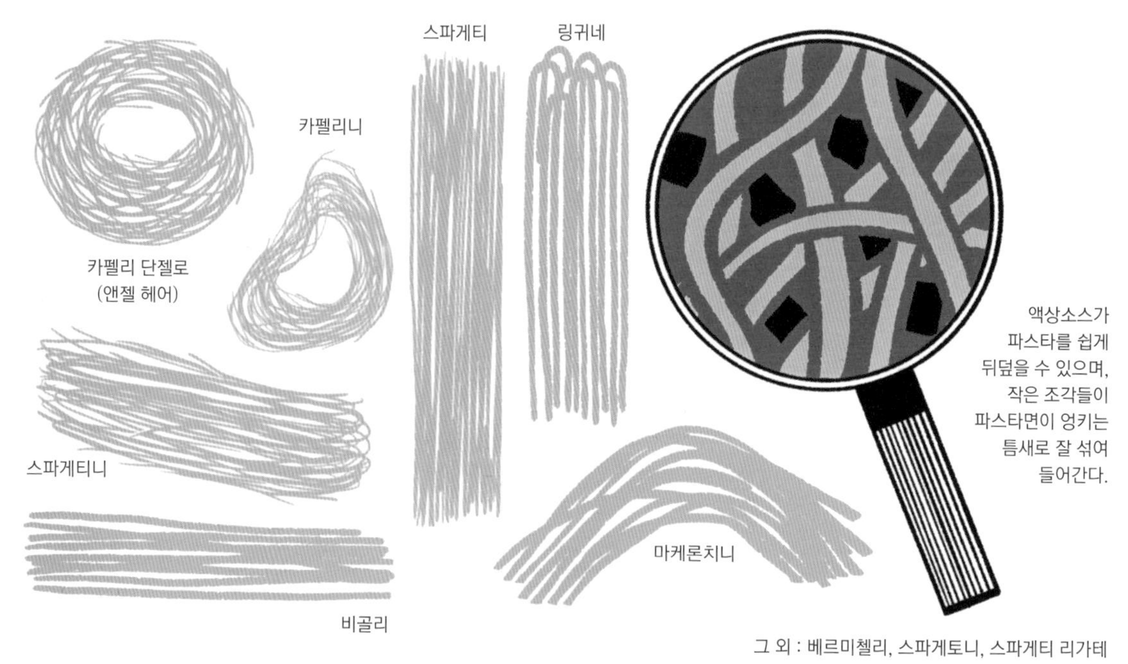

그 외 : 베르미첼리, 스파게토니, 스파게티 리가테

길고 속이 빈 파스타

길고 구멍이 없는 파스타와 같은 특성을 갖고 있으면서, 좀 더 씹는 맛이 있고 약간의 소스가 양쪽 끝의 구멍을 통해 들어갈 수 있다.

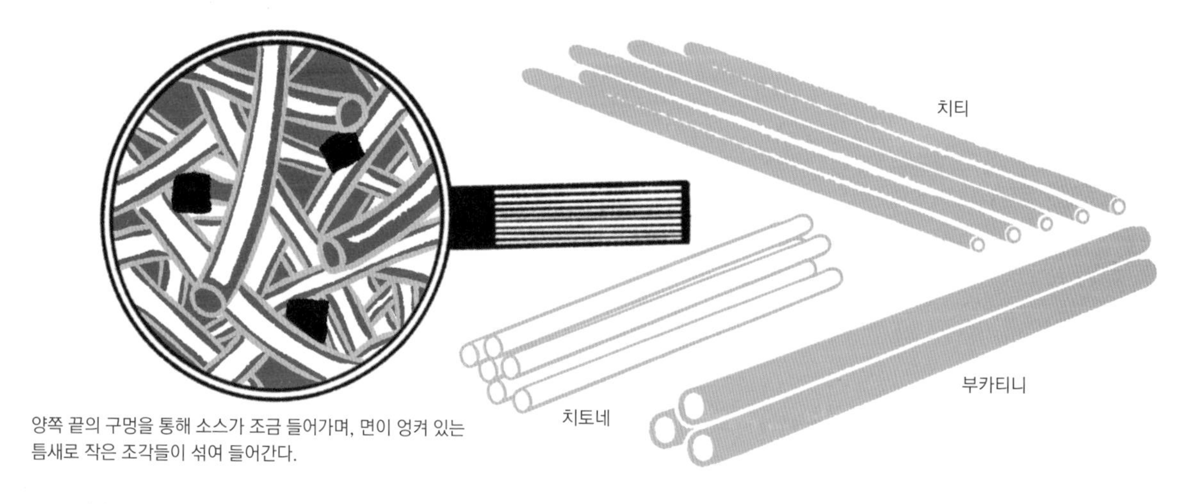

띠모양의 파스타

가느다란 파스타와 비교해 이 파스타들의 납작한 표면에는 더 진하고 되직한 소스가 달라붙기 좋다. 굵직하게 썬 재료 조각(가금류의 간까지)도 파스타가 엉켜 있는 틈새로 섞여 들어간다.

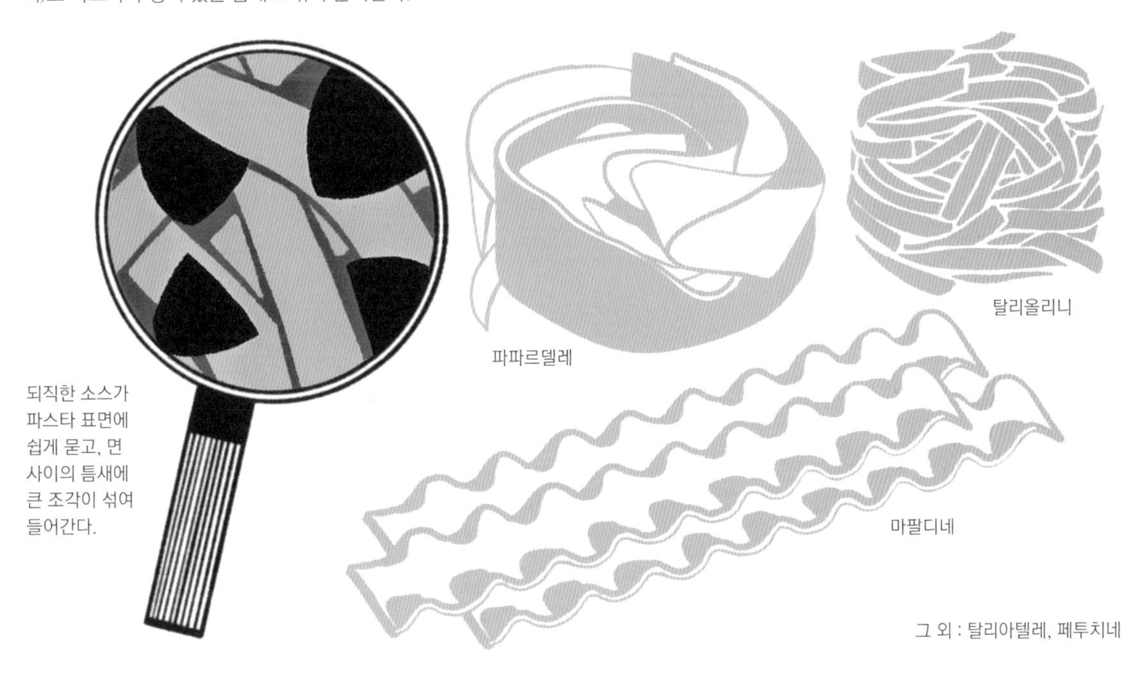

그 외 : 탈리아텔레, 페투치네

납작한 파스타

이 넓고 매끈한 파스타는 넓고 평평한 접촉면에 소스를 입힐 수 있다. 라사냐 종류는 보통 그라탱으로 만드는 반면, 파졸레티는 심플하게 재료 바닥에 깔아준다.

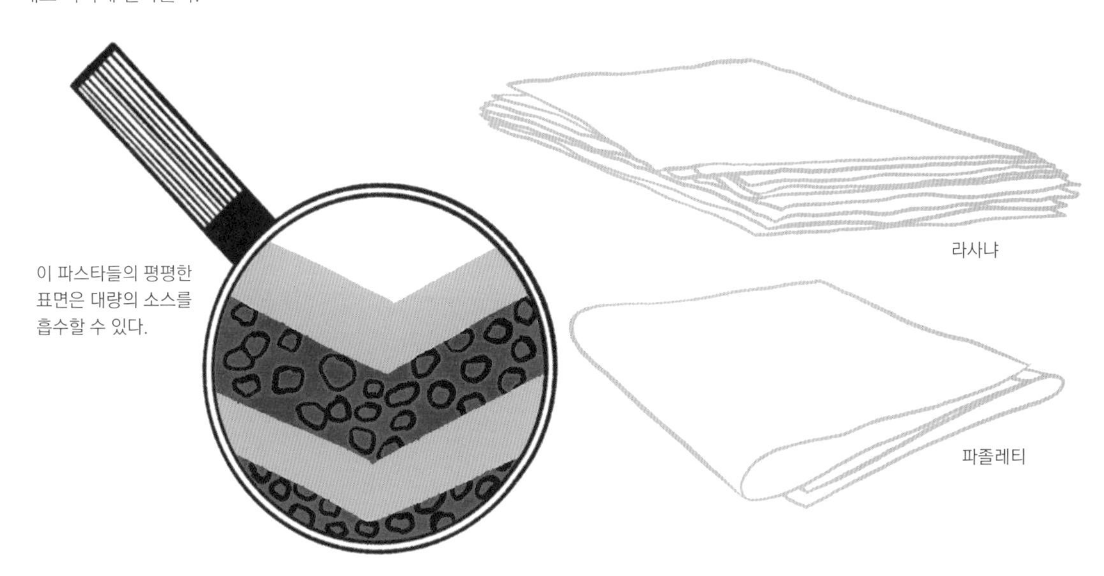

파스타

표면이 매끈한 파스타

이 파스타들은 오래 졸여 만든 묽거나 되직한 소스와 잘 어울린다. 소스의 재료 조각들이 구부러진 부분이나 틈새에 섞여 들어가며, 파스타가 클수록 큰 조각이 틈새로 들어간다.

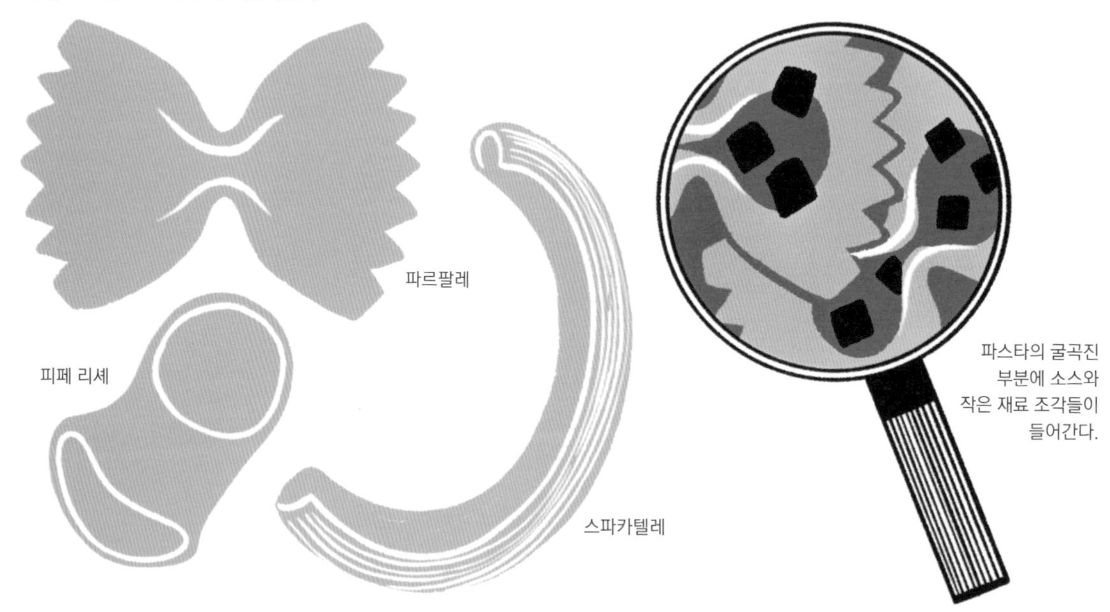

줄무늬가 있는 파스타

일반적으로 크기가 별로 크지 않은 이런 파스타에서 중요한 것은 바로 줄무늬 홈이다. 여기에 소스의 일부가 끼는데, 그 틈으로 들어가려면 소스가 상당히 가벼우면서도 농도가 진해야 파스타에 잘 묻는다. 보통 표면이 상당히 거칠어 가장 되직한 소스도 잘 묻는다.

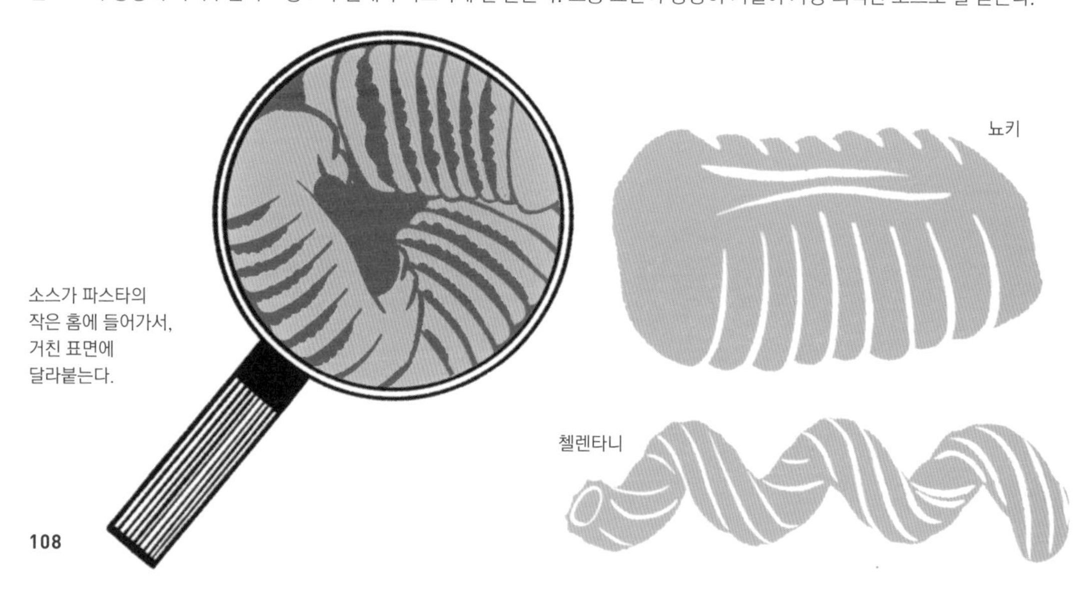

속이 비어 있는 조개모양 파스타

여기서 흥미로운 것은 비어 있는 파스타의 속이다! 이 빈 곳에 작은 채소나 고기 조각이 숨어 들어간다. 묽거나 중간 정도의 되직한 소스를 사용해야 전체 표면에 잘 묻을 수 있다. 줄무늬 홈이 없는 경우도 있는데, 그럴 경우에는 소스가 덜 묻는다.

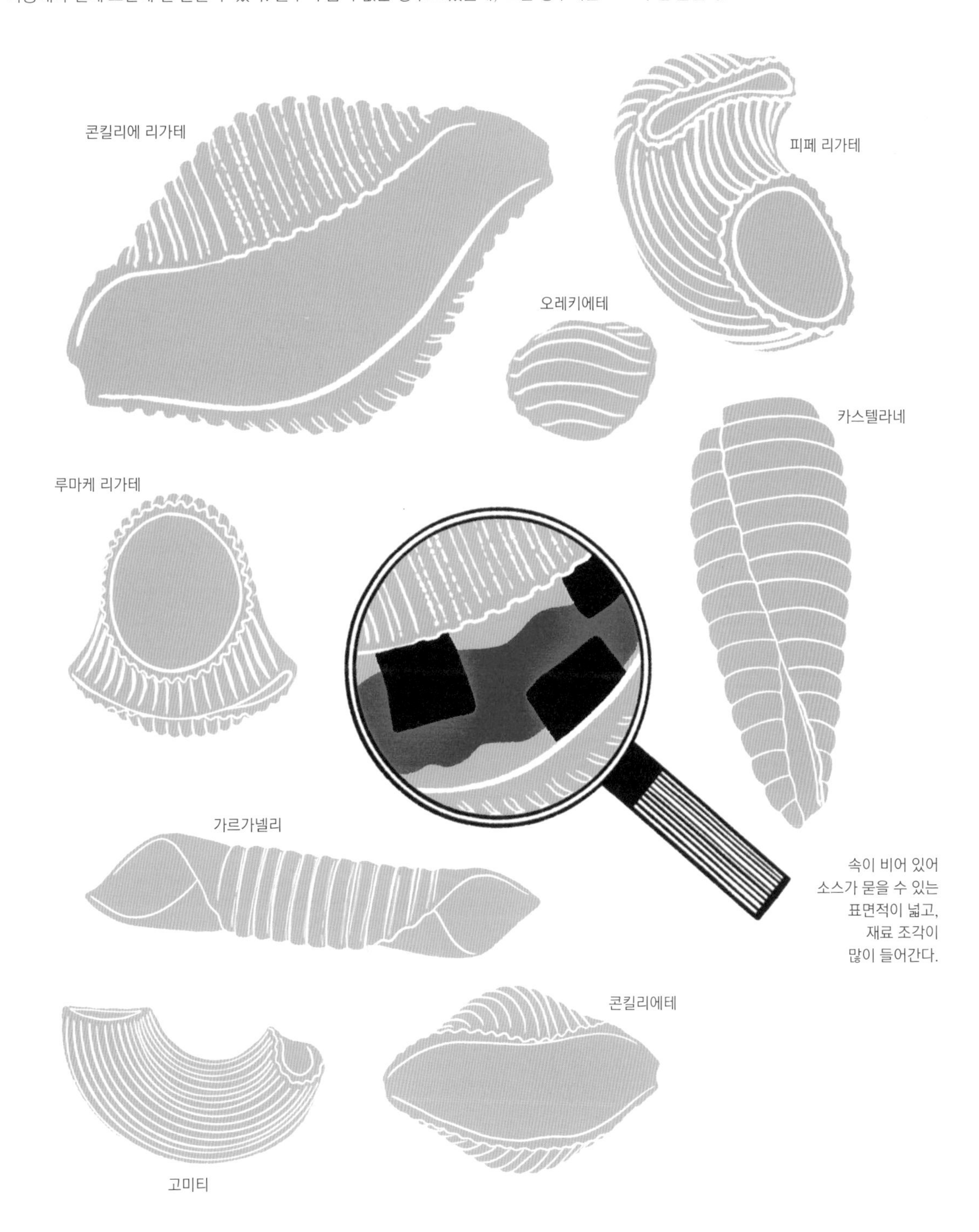

파스타

꼬임이나 날개가 있는 파스타들

꼬임과 날개가 클수록 되직한 소스가 많이 묻거나 속으로 들어간다. 반대로, 꼬임과 날개가 작고 촘촘한 파스타는 페스토와 같은 가벼운 소스와 잘 어울린다.

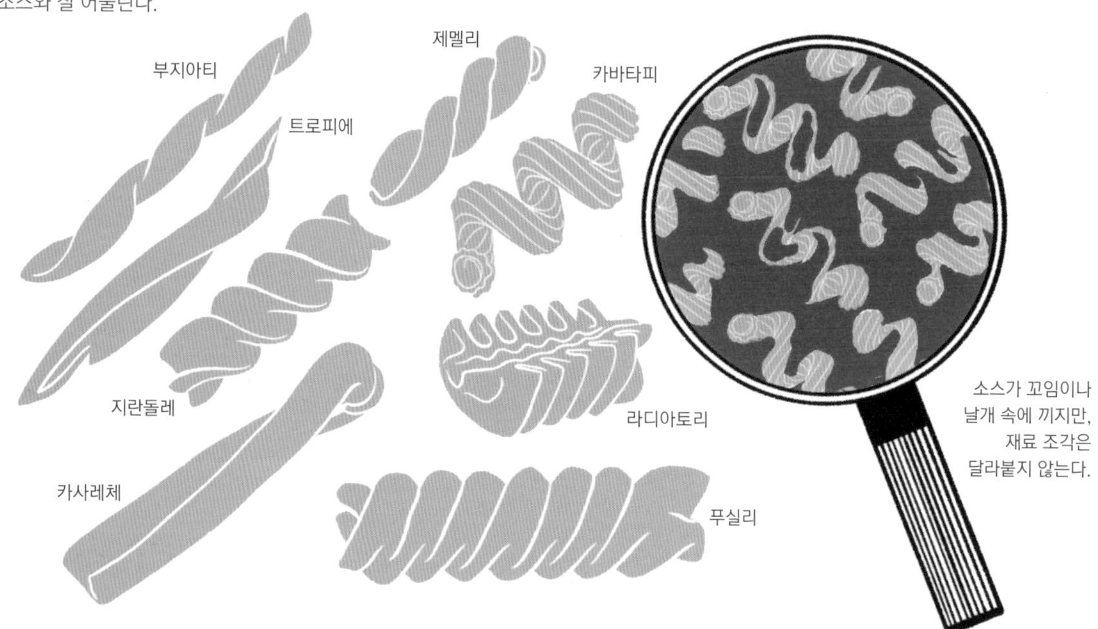

튜브모양의 파스타

튜브가 두꺼울수록 소스와 큰 재료, 조각이 들어간다. 그라탱에도 완벽하게 어울린다. 조금 되직하거나 푹 졸인 소스에 가장 잘 어울린다.

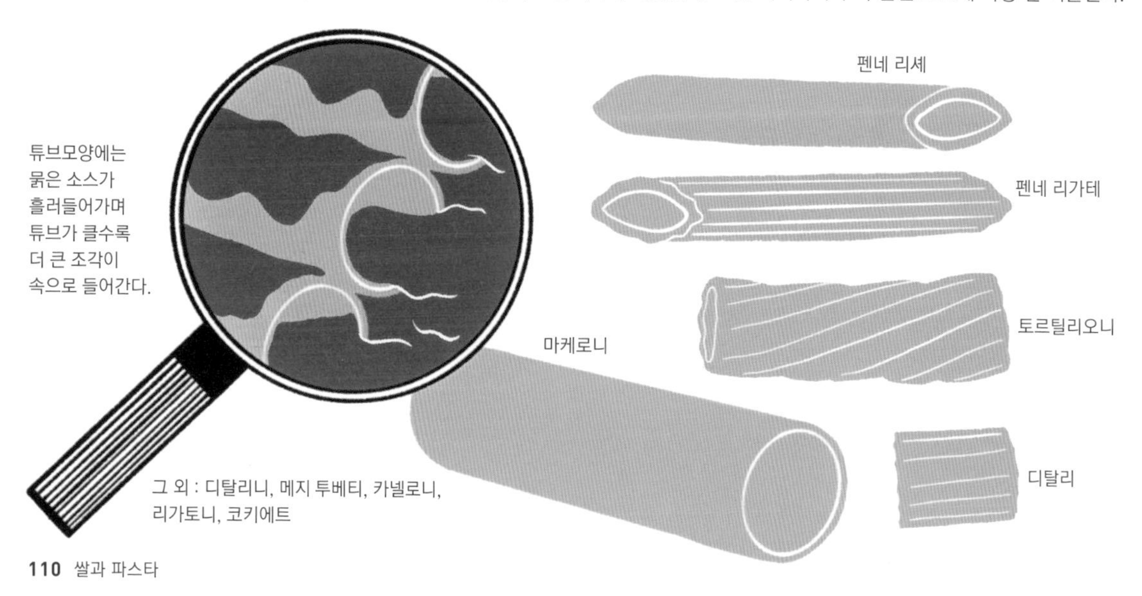

소를 채운 파스타

보통 소를 넣은 파스타에는 아주 심플하고 묽은 소스를 곁들여 소의 맛을 덮어버리지 않는다. 급식으로 나오던 지나치게 진한 맛의 토마토소스 속을 헤엄치는 라비올리는 그만 잊어버리자. 소를 채운 파스타에는 섬세한 소스가 필요하다.

포타주 또는 진한 소스용 파스타

이런 타입의 파스타는 부이용에 넣어 맛있는 수프를 끓이거나, 되직한 소스에 넣어 씹는 맛을 즐길 수도 있다. 소스에 넣고 오븐에 익히는 방법도 있다.

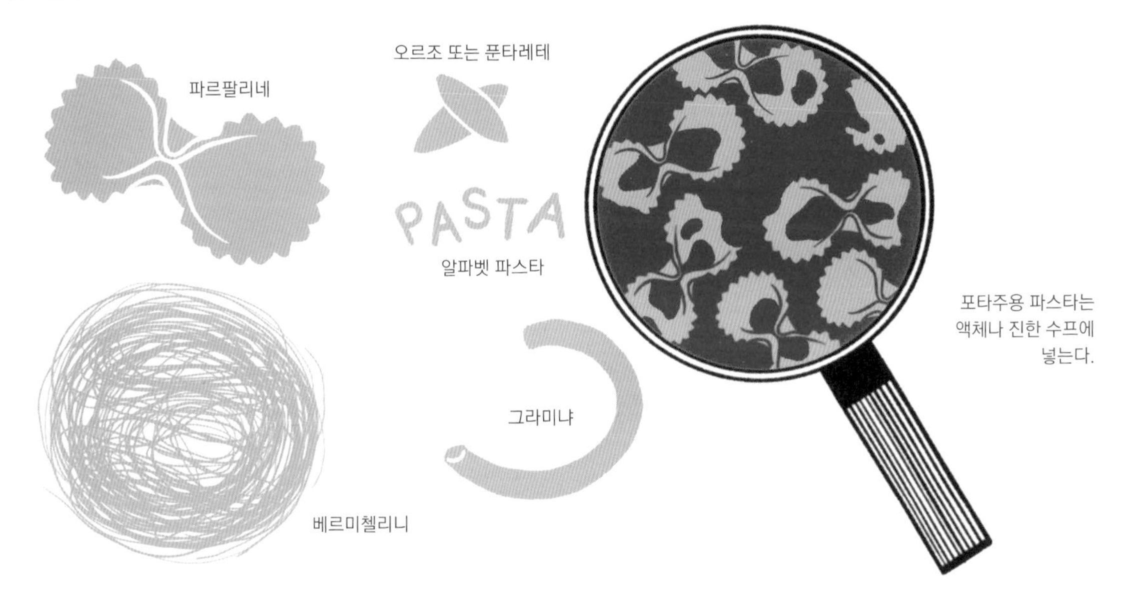

파스타

왜 어떤 파스타는 둥지모양으로 말아서 파나요?

카펠리 단젤로와 같은 일부 파스타는 그대로 팔기에는 너무 가늘고 약하다. 이런 파스타를 둥지모양으로 말면, 덜 부서지고 운반에도 도움이 된다. 한편, 탈리아텔레처럼 긴 면들은 둥글게 말아서 판매하기도 하는데, 장점은 파스타를 삶을 때이다. 긴 면을 둥지모양으로 말아두면, 냄비에 넣었을 때 높이가 줄어들기 때문에 자연히 삶는 물도 적게 든다.

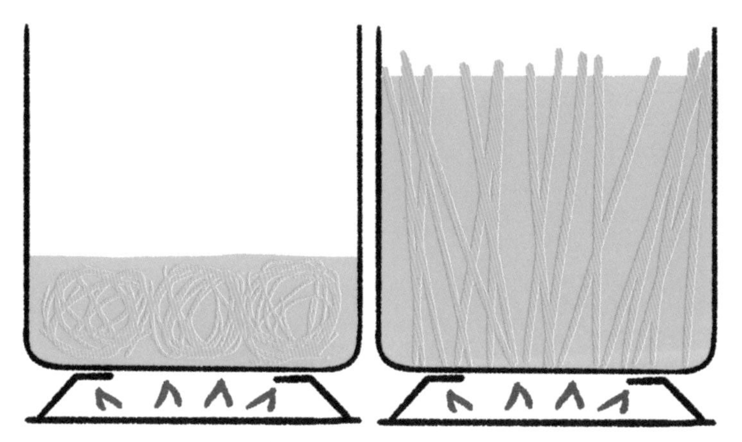

둥지모양의 파스타는 덜 부서지고,
뿔뿔이 흩어지는 파스타보다 더 적은 물로 삶을 수 있다.

여기 주목!

긴 파스타 중에서 구멍이 있는 것은 왜 그런가요?

부카티니처럼 지름이 큰 파스타는, 열이 침투해 중심부까지 익는 동안에 바깥쪽이 과도하게 익혀진다. 따라서 보다 균일하게 익히기 위해 튜브모양의 구멍을 면 전체에 냈는데, 이 관을 따라 물이 들어가 중심부를 익힌다.

왜 파스타를 삶는 물에 소금을 넣어야 하나요?

첫 번째는 기술적인 이유이다. 아무것도 넣지 않은 물에서는 파스타의 전분이 85℃에서 겔화되나, 소금물에서는 90℃에서부터 겔화되기 시작한다. 겔화가 시작되는 온도가 높을수록 면을 삶는 시간이 늘어나기 때문에, 파스타의 겉과 중심부를 더 균일하게 익힐 수 있다.

둘째는 미각적인 이유이다. 삶는 동안 파스타가 물을 흡수하므로, 이 물이 조금 짭짤하다면 더 맛있어질 것이다.「좋아요, 하지만 그럼 나중에 소금을 뿌려도 되잖아요!」이렇게 말하는 사람도 있을 것이다.「아니요, 아주 같지는 않아요. 면수에 간을 하면 파스타에도 간이 배어들지만, 나중에 소금을 뿌리면 파스타의 겉에만 간이 되잖아요.」

그리고 이를 맛의 차원에서 봐도 전혀 다른데, 파스타가 맛있을수록 소스맛에 가려지는 정도가 덜하기 때문이다. 우리는 소스를 곁들여 파스타를 먹지, 파스타를 곁들여 소스를 먹는 것이 아니다. 그렇지 않은가?

소금을 물이 끓기 전에 넣느냐 후에 넣느냐의 문제는, 결과적으로 아무것도 달라지는 것이 없다. 확실히, 간이 된 물은 간이 되지 않은 물보다 더 높은 온도에서 끓는다. 그러나 들어가는 소금의 양을 고려했을 때 끓는 물의 온도차는 0.3℃ 정도이고, 데우는 시간으로 보면 2~3초밖에 차이 나지 않는다. 소금은 넣고 싶을 때 넣되, 꼭 넣어야 한다!

왜 파스타 삶는 물은 잘 끓어넘치나요?

파스타를 삶으면 전분이 빠진다. 면수 표면을 떠다니는 전분은 일종의「뚜껑」을 만들어, 위로 올라오는 기포를 가둔다. 증기가 이 뚜껑 아래에서 생성되며 끓어넘칠 때까지 뚜껑을 점점 들어올리는 것이다. 하지만 이 문제를 피하기 위한 확실한 팁이 있다 (다음 페이지로 넘어가 보자)….

파스타를 삶는 물에 오일을 넣는 이유는 뭔가요?

누군가 여러분에게 거만한 태도로 「파스타 면수에 오일을 넣어야 파스타끼리 붙지 않는다」고 말하거든, 부드럽게 입을 다물도록 해주어야 한다. 전혀 그렇지 않다. 면수에 오일을 넣는 것은 그 때문이 아니다. 그럴 때 다음과 같이 설명해주자.

물과 오일은 섞이지 않는다. 그리고 오일은 물 위에 뜬다. 모두 알고 있는 사실이다. 흥미로운 것은, 이 오일이 면수 속에 떠다니는 전분 입자들을 떨어뜨려 놓는다는 것이다. 즉, 전분이 앞서 이야기한 「뚜껑」을 만들어 면수가 넘치는 것(p.112 참조)을 막아주는 것이다.

이것으로 충분하지 않다면, 이렇게 마저 설명해주자. 물속에 스푼을 하나 비스듬하게 냄비 한쪽에 걸쳐놓으면, 원리는 다르지만 같은 효과를 볼 수 있다고 말이다. 스푼이 전분을 그 주변으로 모아주어, 물 표면에 전분 「뚜껑」이 생기지 않게 유지시키기 때문이다.

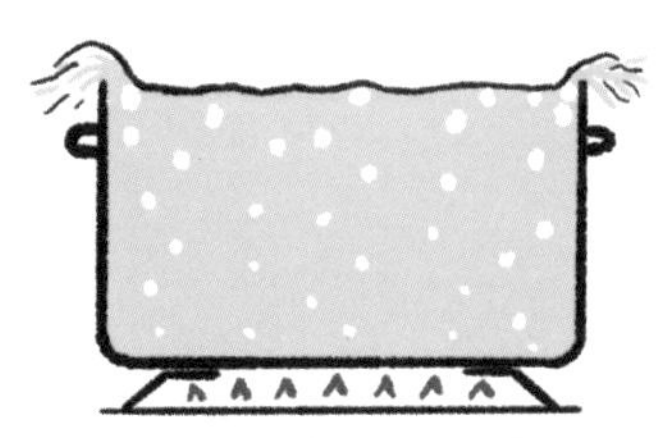

파스타의 전분이 면수 표면에 막을 만들고, 그 아래로 증기가 모이면 면수가 넘치게 된다.

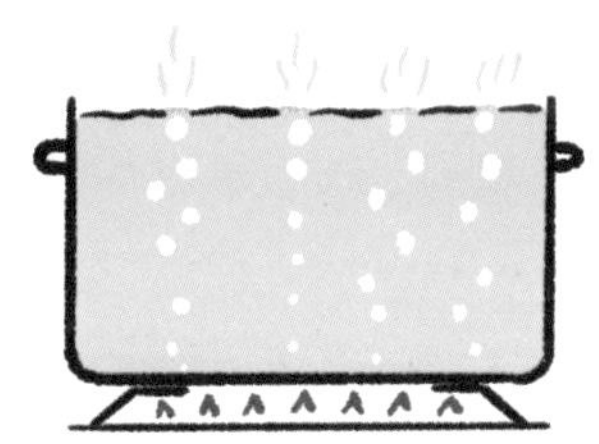

오일이 전분 입자를 분리해 증기를 통과시킴으로써 물이 넘치지 않는다.

왜? 그리고 어떻게?

왜 파스타를 대량의 물에 삶는 것이 장점이 안 되죠?

「파스타를 넉넉한 물, 최소 100g당 1ℓ의 물에 삶는다.」 이건 정말 자주 읽게 되는 말인데, 솔직히 순 거짓말이다! 좋다, 지금부터 설명해주겠다.

소스는 그 안에 전분기가 남아 있을 때, 그리고 파스타 표면에 전분이 남아 있을 때 파스타에 잘 묻는다. 그리고 전분기가 많을수록 소스는 더 잘 묻는다.

방법 1 물 1ℓ 또는 대량의 물에 파스타 100g을 삶으면, 파스타의 전분이 물에 풀어진다. 이 면수를 소스와 함께 면을 조리할 때 조금 넣어준다고 해도, 전분 농도가 연하기 때문에 질감이 크게 달라지지 않는다. 그리고 파스타에도 소스가 달라붙을 전분이 덜 묻어 있을 것이다. 결과는, 소스가 잘 묻지도 덜 묻지도 않는다.

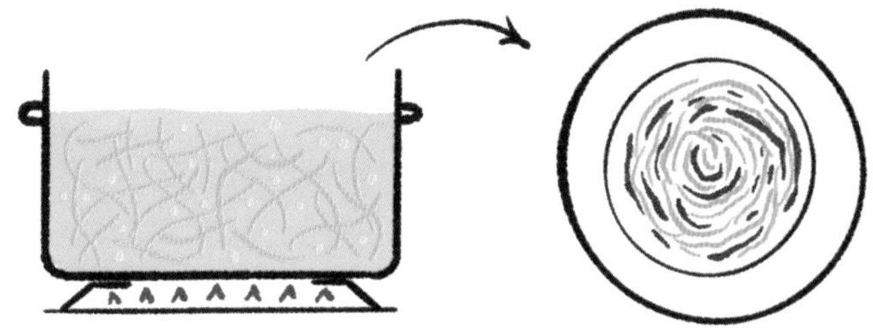

파스타를 지나치게 많은 물에 삶으면, 전분이 풀어져 소스가 파스타에 잘 달라붙지 않는다.

방법 2 만약 파스타 100g을 물 500㎖, 즉 방법 1의 절반 분량의 물에 삶는다면, 물 속 전분 농도는 2배 더 진해진다. 동의하는가? 이 물을 소스와 함께 면을 조리할 때 넣으면 소스는 파스타에 잘 달라붙고, 파스타도 더 많은 전분에 뒤덮이게 되므로 소스가 더욱 잘 묻는다. 결과적으로 소스가 훨씬 더 잘 달라붙는다.

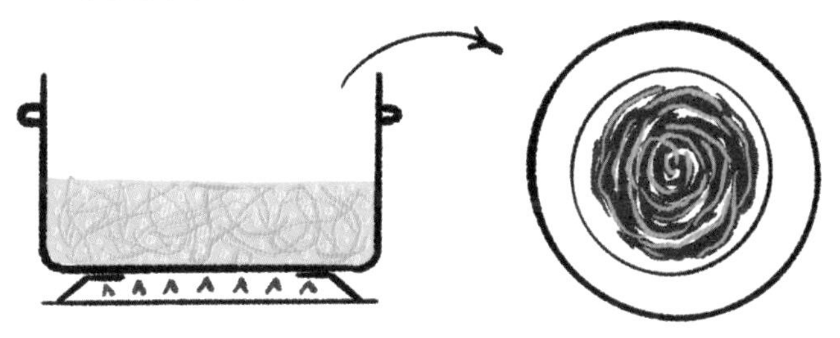

더 적은 양의 물에 파스타를 삶으면, 전분 농도가 진해져 소스가 파스타에 잘 달라붙는다.

결론 파스타를 평소보다 적은 양의 물에 삶으면, 소스가 더 잘 달라붙게 된다. 이 점에 동의하는가? 실험을 해보면 둘 사이의 큰 차이를 느낄 수 있다. 그리고 정보를 더 주자면, 파스타는 익는 동안 무게의 1.5~1.8배의 물을 흡수한다.

파스타

주의!

파스타를 삶을 때, 왜 초반에 파스타를 잘 저어주어야 하나요?

파스타를 삶기 시작할 때, 서로 달라붙지 않게 잘 저어주는 것은 매우 중요하다. 면을 삶기 시작하면, 파스타가 지닌 전분은 물을 흡수하여 겔화된다(이후 응고하여 더 이상 달라붙지 않는다). 만약 그때 파스타를 저어주지 않으면, 파스타마다 겔화된 전분이 다른 파스타의 전분과 뭉쳐 냄비 바닥에 덩어리지게 된다. 엉망으로 만든 맛없는 파스타처럼. 하지만 삶기 시작한 2~3분 동안에 파스타를 잘 저어주면, 전분의 겔은 물에 일부 희석되어 파스타가 서로 붙지 않는다.

왜 파스타를 「알 덴테」로 익히라고 하죠?

늘 나를 답답하게 하는 말이다. 꼭 그래야 하는 것은 아니다. 자신이 원한다면, 그리고 그 방법이 맞다면 그렇게 해도 좋다. 우선, 파스타를 알 덴테로 삶는 것은 1차대전에서 2차대전 사이에 생긴 비교적 최근의 조리방식이다. 20세기 초반까지 사람들은 파스타를 소스에 담가 몇 시간씩 익혔다.

사실, 알 덴테는 몇 시간 동안 말려 단단하게 굳힌 생파스타에 특히 적합하다. 조리시간을 제한하여 겉의 과조리를 피하고, 한가운데는 단단하게 갓 익은 상태를 만든다. 건조 파스타는 한가운데가 덜 익은 상태가 되기 때문에 이 방법은 별로 장점이 없다.

좋다, 나는 파스타로 죽을 만들라고 이야기하는 것이 아니다! 자신이 좋아하는 대로 만들어라. 그것이 중요하다. 여러분이 만든 파스타는 여러분이 먹을 것 아닌가!

퐁덩!

왜 「파스타끼리 붙지 않게」 오일을 뿌려두면 안 되나요?

만약 파스타를 익힌 다음에는 오일을 조금 뿌려둬야 서로 달라붙지 않는다고 주장하는 사람이 있다면, 원래 파스타면은 서로 붙지 않으며 오일을 뿌리면 소스가 면에서 미끄러져 결국 맛없는 파스타가 될 뿐이라고 설명해주자.

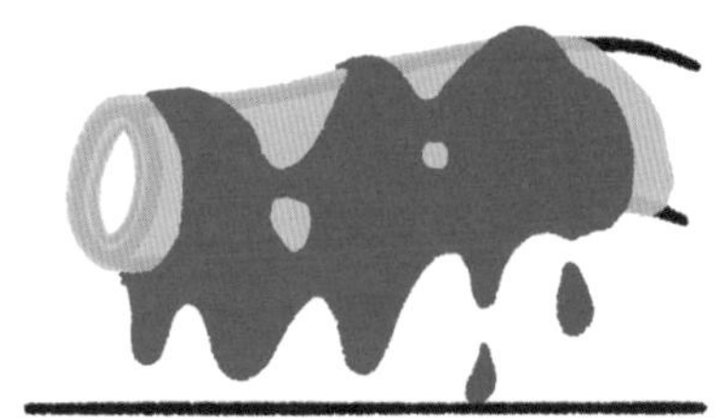

오일이 묻어 있으면 소스가 파스타에 달라붙지 못한다.

오일이 없으면, 소스는 파스타에 달라붙는다.

왜 오븐 파스타는 그렇게 맛있어요?

보통 파스타를 물에 삶는다고 단정하는데, 나는 여러분들에게 꼭 파스타를 오븐에 익혀보라고 이야기한다. 예를 들어, 양 어깻살과 함께 넣고 익혀보면 분명히 맛있을 것이다. 파스타가 불어서 익을 수 있게 부이용을 충분히 넣는 것이 중요하다. 사실 이 방식은 폼 불랑제(pommes boulangère, 감자에 양파, 화이트와인, 부이용 등을 붓고 오븐에 넣어 푹 익힌 요리)와 원리가 정확히 같은데, 감자 대신 파스타를 넣은 것이다. 전통적으로 파스타를 넣은 다음 토마토, 향신채에 재료가 잠기도록 부이용을 자작하게 붓고 한가운데 또는 그 위에 고기를 얹는다. 익어가는 동안, 파스타는 부이용과 고기의 육즙을 흡수한다. 게다가 19세기에는 이러한 방식으로 파스타를 익히기도 했다. 솔직히 말하면, 깜짝 놀랄 만큼 맛있다!

올바른 방법

왜 소스에 파스타를 넣어야지 그 반대로 하면 안 되나요?

파스타를 그릇에 담고 그 위에 소스를 얹은 다음에 섞으라니, 어떻게 그런 생각을 할 수가 있는가! 그렇게 해서는 절대로 소스와 파스타가 온전하게 섞이지 않는다.

그보다는 이탈리아식으로 해보자. 큰 팬에 소스를 준비하고, 여기에 「알 덴테」 상태로 잘 삶아 물기를 뺀 파스타와 약간의 면수를 넣는다.

1~2분 계속해서 저어가며 뜨거운 상태로 완벽하게 섞고, 파스타가 충분히 소스를 흡수하게 한다. 전체를 따뜻한 큰 접시에 담아 식탁에 낸다.

왜 소스에 면수를 조금 넣나요?

파스타를 삶는 동안 면에서 나온 전분은 밀가루나 감자 전분에 들어 있는 것과 같은 성분이다. 다시 말해 증점제의 역할을 하며, 또한 조금 크리미한 맛을 내기도 한다(리소토의 경우처럼).

게다가 전분이 물에 희석되면서 「끈끈함」이 생겨, 소스가 파스타에 더 잘 달라붙게 된다. 그리고 소스가 잘 입혀진 파스타는, 소스가 다 흘러내려 접시 바닥에 고인 파스타보다 훨씬 낫다. 그렇지 않은가? 그러므로 전분기가 있는 면수를 소스에 조금 넣어주자!

까르보나라에 크림도, 베이컨도 넣지 않는다고요?

수업을 마친 배고픈 학생들이 게눈 감추듯 먹어치우는 그 느끼한 「까르보나라」라고 하는 것은, 정통 까르보나라의 섬세함과는 거리가 멀다. 알아두자. 진짜 까르보나라에는 크림이 들어가지 않고, 달걀노른자에 후추, 페코리노 치즈와 (또는) 파르메산 치즈, 그리고 약간의 면수가 들어간다. 베이컨이 아니라 돼지 볼살에 향신료를 비벼 만든 구안찰레를 넣는다. 이 두 가지 버전의 까르보나라는 완전히 다르다. 크림과 베이컨을 넣고 까르보나라를 만드는 것은 에멘탈과 그뤼에르로 피자를 만드는 것과 같다. 끔찍한 이야기이다!

볼로네제 스파게티

아, 볼로네제 스파게티! 「볼로네제」가 뭐지? 그래 이탈리아어로 「볼로네제(bolonese)」, 프랑스어로는 「아 라 볼로네즈(à la bolognaise)」라고 부르는 것 말이다. 뭐, 아무튼 그건 중요하지 않다. 어쨌든, 볼로네제 스파게티란 존재하지 않으니까.

짤막한 역사

왜 「볼로네제 소스」의 원조가 너무도 확실하게 프랑스란 거죠?

내 이탈리아 친구들이 나를 비난할 게 틀림없지만, 맞다. 「볼로네제 소스」는 분명히 프랑스에서 유래했다. 볼로냐는 900년 전부터 학생이 인구의 1/4을 차지하는 도시이다. 볼로냐대학은 르네상스 시대에 매우 명성이 높았으며, 많은 프랑스 학생들이 유학하며 수준 높은 지식을 쌓았다. 이탈리아인들에게 프랑스식으로 고기를 장시간 조리하는(이탈리아에서는 전혀 쓰지 않는 방식이었다) 라구 요리법을 전파한 이들이 바로 프랑스 유학생들이었다. 게다가 이탈리아어 라구(ragù)는 프랑스어 「라구(ragoût)」에서 왔으며 이 소스를 가리킨다. 라구 소스를 이용한 파스타는 파스타 알 라구(pasta al ragù)라고 부른다.

볼로냐에는 왜 볼로네제 스파게티가 존재하지 않나요?

너무나 간단하게도, 스파게티는 이탈리아 남부의 파스타인데, 볼로냐는 남부에서 800㎞도 넘게 떨어진 이탈리아 북부 도시이기 때문이다. 볼로네제 스파게티는 파스타를 고기와 함께 먹고 싶었지만 미국에서 탈리아텔레를 구할 수 없었던 이탈리아계 미국인들의 발명품이다. 있는 재료로 만들기는 했지만, 오리지널 레시피와는 매우 다르다.

다시 보기

스파게티와 볼로네제 소스가 좋은 조합이 아니라고요?

지금까지 내가 뭘 이야기한 건가. 스파게티는 얇고 긴 파스타이다. 그리고 볼로네제 소스는 되직한 소스에 작은 조각으로 다진 고기와 채소가 들어 있다. 스파게티는 그 무게와 되직한 소스를 지탱하기에는 너무 가늘다. 결국 파스타에 묻은 소스는 별로 없고, 고기는 접시 바닥에 있을 것이다. 정말 아깝다!

올바른 방법

왜 볼로네제 소스에 레드와인보다는 화이트와인을 넣어야 하나요?

볼로네제 소스는 진한 소스이다. 화이트와인은 가벼운 산미가 있어서 혀의 미뢰를 자극하는 맛을 불러일으키며, 소스를 더 가볍게 만들어준다(바로 리소토에서처럼).
반대로 레드와인은 맛을 「죽인다」. 이것은 이탈리아인들의 비밀이다…. 한번 해보자. 모든 것이 달라질 것이다!

왜 볼로네제 소스를 마무리할 때 크림이나 우유를 넣나요?

볼로네제 소스에는 조리 중간이나 마무리 즈음에 우유(전유)나 크림을 넣어 소스의 맛을 부드럽게 하고, 토마토가 낼 수 있는 산미를 줄인다. 그런 이야기는 들어본 적이 없다고? 이탈리아인들은 여러분도 잘 알고 있겠지만 뭐든 숨기는 사람들이다. 작은 비밀을 그들끼리 지킨다. 짓궂은 친구들 같으니라고!

주의!

왜 볼로네제 소스에 다짐육을 넣는 것이 잘못이라는 거죠?

오 안 된다! 설마 다짐육으로 볼로네제 소스를 만들겠다고? 그런 고기는 수분 만에 육즙이 다 빠져서 완전히 말라버린다! 아니, 안 된다, 안될 일이다!
자세한 내용은 「다짐육과 소시지」에서 확인할 수 있다. 고기를 갈면, 고기의 모든 섬유질이 잘린다. 결과적으로 가열할 때 순식간에 육즙이 빠져버린다. 고기에서 나온 즙 속에서 고기가 끓기 때문에, 노릇하게 굽는 것은 불가능하다! 그리고 솔직히, 5분이면 다 익을 고기를 무엇 때문에 몇 시간씩 졸인단 말인가? 스테이크를 몇 시간 동안 구울 일인가? 물론 아니다. 볼로네제 소스에는 포토푀처럼 천천히 익힐 고기가 필요하고, 그 맛의 차이는 한없이 깊다.
하지만 만약 (그리고 그렇게 하는 여러분을 보는 내 마음은 찢어지겠지만) 다짐육밖에 없다면, 가장 좋은 해결책은 소량만 익혀 육즙을 재빨리 증발시키고 약간 노릇하게 볶거나, 더 나은 방법은 미트볼을 만들어 전면을 노릇하게 구운 다음 부이용을 부을 때 으깨는 것이다.
그리고 말라버린 고기가 소스를 만나 다시 촉촉해질 것이라고는 생각하지 말자. 바보 같은 짓이다. 그렇게 되지 않는다.

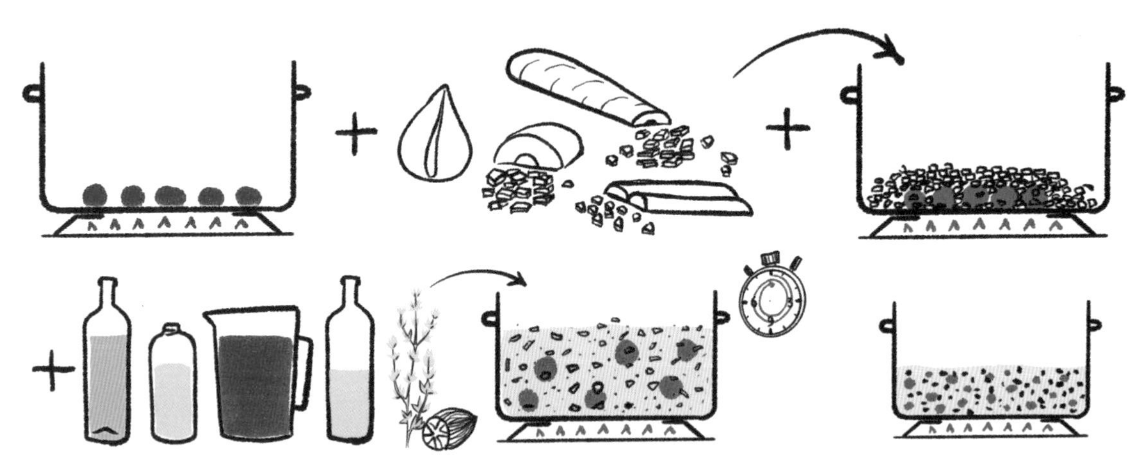

볼로네제 소스는 존중받아야 한다! 먼저, 고기를 노릇하게 구워 육즙이 팬에 눌러붙게 한 다음, 불을 줄이고 썰어놓은 채소를 넣는다.
이어서 화이트와인을 넣고 조금 졸인 후, 토마토 쿨리, 부이용, 몇몇 허브를 넣는다.
차분하게 3~4시간 익힌 다음, 크림 또는 우유를 넣고 1시간 더 익힌다.

고기의 품질

아, 좋은 고기! 잠깐, 마트의 정육 코너에서 랩을 씌워 파는 고기를 말하는 게 아니다.
나는 여러분에게 선별을 거쳐 사랑과 열정을 기울여 기른 동물로부터 얻는 육류에 대해서 이야기할 것이다.
왜냐하면 가축 삶의 질이 고기의 질을 결정하기 때문이다.

계절에 따라 고기의 맛이 달라지는 원인은 뭔가요?

모든 계절이 사랑스러운 가축들에게 같은 먹이를 제공하지 않는다. 그리고 먹이가 바뀌면 고기의 질은 나날이 변해간다. 봄에는, 꽃이 피고 양분이 풍부한 풀을 먹고 자란 소와 양에게 섬세한 풍미가 생긴다. 그러나 여름에는, 태양 아래서 마른 풀이 진한 동물성 풍미를 만든다. 가을에는, 땅속 벌레들이 나와 가금류의 질 좋은 먹이가 된다. 겨울에는, 돼지가 질 좋은 도토리를 먹고 맛있는 살코기를 만든다.

과일이나 채소와 마찬가지로, 고기도 최고의 품질을 즐길 수 있는 계절이 있다.

놀라운 사실

왜 먹이의 질이 돼지와 가금류의 육질에 많은 영향을 끼치나요?

돼지는 가금류처럼(또는 사람처럼) 위가 하나이다. 이 소화체계를 단위(單胃)라고 하는데, 먹이의 맛이 살로 전달되는 특징이 있다. 이것이 자연에 풀어놓아 직접 먹이를 찾는 돼지와 닭이, 배터리 케이지에서 가루사료나 곡물을 먹는 경우보다 질 좋은 살코기를 제공하는 이유이다.

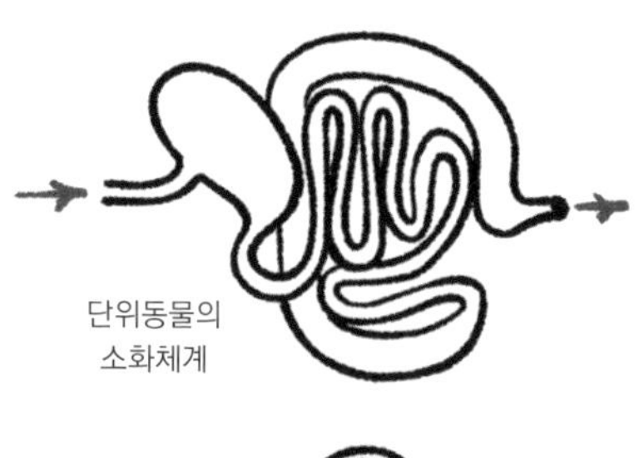

단위동물의 소화체계

하지만 소나 양은 그렇지 않다고요?

돼지와 닭과는 달리, 반추동물인 소와 양은 여러 개의 위로 이루어진 소화체계로 풀에 들어있는 셀룰로오스를 소화시킨다. 결국 먹이가 살코기의 맛에 미치는 영향은 미세하며, 거의 없는 정도이다.
반대로, 먹이의 맛은 지방에 집중되어 지방에서 많은 맛이 나온다. 지방이 부족한 소고기는 예쁜 마블링이 있는 경우보다 훨씬 풍미가 적다.

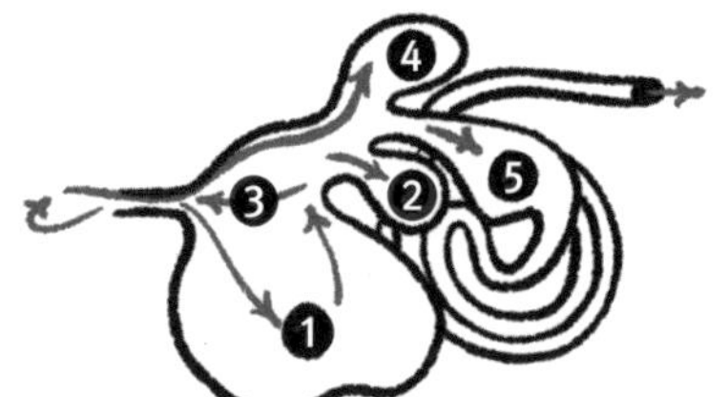

소가 먹은 풀은 제1위로 내려가고, 되새김질을 위해 다시 올라온 다음, 소화기관으로 다시 내려간다.

고기의 품질

쇠고기는 「레어」로 먹을 수 있는데, 왜 돼지나 닭은 안 되나요?

먼저, 돼지와 닭고기를 세냥(saignant), 즉 레어로 굽는 것은 존재하지 않는다. 돼지와 닭의 고기는 연한 핑크색이며, 육즙도 붉은색이 아니기 때문이다. 닭이나 돼지고기를 핑크색의 「로제(rosé)」로 굽는 것은 소의 「미디엄 레어」에 가깝다.

소는, 유해세균이 있다면, 고기의 표면에 머무르며 내부로는 침투하지 않는다. 소고기를 노릇하게 굽거나 찌고 데칠 때, 표면 온도는 세균을 파괴할 수 있을 만큼 충분히 높다. 내부 온도는 45℃에서도 레어나 레어보다 붉은 육즙이 더 남아 있는 블루(bleu) 상태를 유지할 수 있고, 세균이 박멸된 상태인 만큼 낮은 온도는 문제가 되지 않는다. 하지만 타르타르의 경우는 생고기의 보관에 주의해야 한다.

돼지는 거의 비슷하지만, 만약 돼지의 영양상태가 나쁘다면 기생충에 감염되고, 이것이 근육으로 파고들어 알을 낳을 수 있다. 그리고 고기 내부의 온도가 충분히 올라가지 않는다면, 이 알이 살아 있을 수도 있다. 오늘날 이런 감염은 극도로 드물며, 내부 온도 60℃의 「로제」 굽기면 충분히 안전하다.

닭은 배설물 위를 밟고 다니기 때문에 세균이 발 표면에 번식한다. 문제는 닭고기를 켜켜이 쌓은 상태로 운반할 때인데, 이때 세균이 이동해 살코기를 오염시킬 수 있다. 고온에서 단시간에 가열하거나 더 낮은 온도에서 오래 가열하는 것으로 충분히 세균을 없앨 수 있다. 닭고기는 내부 온도 65℃에서 「로제」 상태를 유지하며, 위생적으로 안전하다.

왜 뼈에 붙어 있는 고기가 더 맛있나요?

뼈에 붙어 있는 마지막 고기 조각을 뜯어보지 않은 사람이 있을까? 사람들이 이 조각을 좋아하는 데는 이유가 있다. 뼈와 가까이 있는 부위는 보통 맛이 더 진한데, 이것은 여러 가지로 설명할 수 있다. 먼저 가열 도중에 뼈에 들어 있는 골수의 일부가 흘러나와 육즙이 되기 때문이다. 그리고 다른 육즙이 뼈에서 많이 생기고, 그 중 대부분이 흘러나와 그 부근에 눌러붙으면서 고기에 진한 풍미를 입힌다. 마지막으로, 고기를 뼈에 붙어 있게 하는 모든 결합조직이 맛있다. 뼈에 붙어 있는 고기는 정말 최고다!

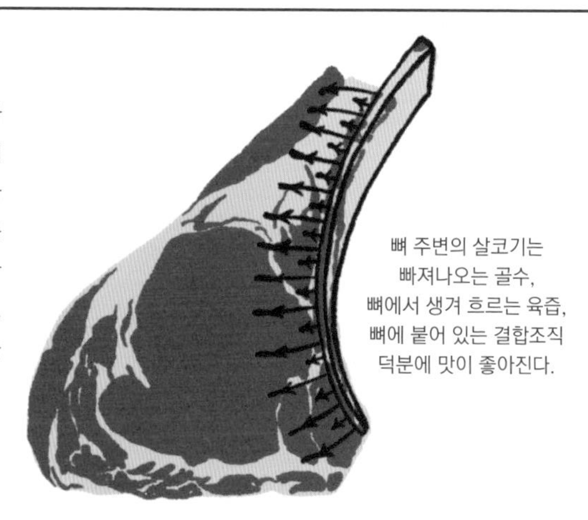

뼈 주변의 살코기는
빠져나오는 골수,
뼈에서 생겨 흐르는 육즙,
뼈에 붙어 있는 결합조직
덕분에 맛이 좋아진다.

와규에 관한 3가지 질문

1 왜 와규는 그렇게 유명한가요?

와규를 모른다고? 그럼 먼저 설명을 해야겠다. 와규는 정말 탁월한 소고기이기 때문이다. 와규는 일본소인데, 「와(wa)」는 일본을, 「규(gyu)」는 소를 의미한다. 이 작은 소는 옛날에는 농사일, 특히 논농사를 돕던 일소였다. 와규의 고기는 말 그대로 지방으로 마블링이 되어 있는데, 이 소들이 맡아하던 일들은 많은 에너지를 필요로 했고, 이 에너지는 근육에 저장된 지방에서 나왔기 때문이다. 오늘날의 와규는 우리가 푸아그라를 얻기 위해 거위나 오리를 키우듯이 목장에서 살을 찌우고 있다. 심지어 이 소들을 안정시키기 위해 음악을 틀어주기도 한다. 아무런 손상도 입히지 않기 위해서 와규는 항생제도 맞지 않는다.

2 그리고 왜 그렇게 맛이 좋죠?

고기에 지방이 많다. 고기의 맛은 대부분 지방에서 나온다. 그리고 와규는 지방이 남아돌 정도로 많다. 최고급 와규 조각은 살코기 주변에 지방이 있는 것이 아니라, 지방 속에서 살코기를 찾기 어려울 정도이다. 와규는 곡물, 벼이삭, 맥주를 만들 때 사용하지 않고 남은 보리기울 등을 먹는다. 매우 특별한 이 먹이가 지방에 풍부한 맛을 제공한다.

3 일본 밖에서 파는 와규는 진짜 와규가 아니라고요?

해외에서도 「와규」라는 이름을 사용할 수 있다. 와규의 이름과 뜻은 법적으로 등록된 용어가 아니기 때문이다. 와규 사육업자들은 나쁜 선례를 이용하여 일반적으로 미국 블랙앵거스가 섞인 교잡종에 「와규」라는 이름을 붙이는데, 이 소들은 미국의 거대한 목장 안에서 살을 찌우고 항생제를 잔뜩 맞으며 자란다. 그 결과는, 정확히 말해 전혀 다르다. 이 외국산 와규는 아무런 매력이 없는 지방질을 지닌 두툼한 스테이크로 팔리지만, 진짜 와규는 혀에서 섬세하게 녹을 수 있게 얇게 슬라이스하여 먹는다. 일본 밖에서 기르는 와규는 마치 상하이에서 만든 모짜렐라나 미국에서 UHT우유로 만든 까망베르와 같다. 이름은 붙이고 있지만, 맛과 식감은 전혀 다르다.

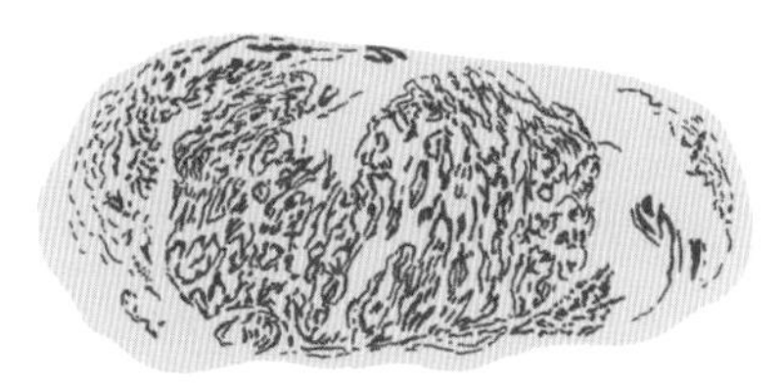

진짜 와규의 등심

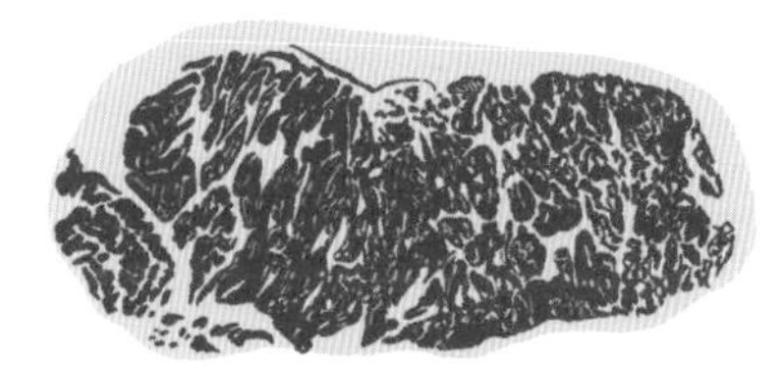

가짜 와규의 등심

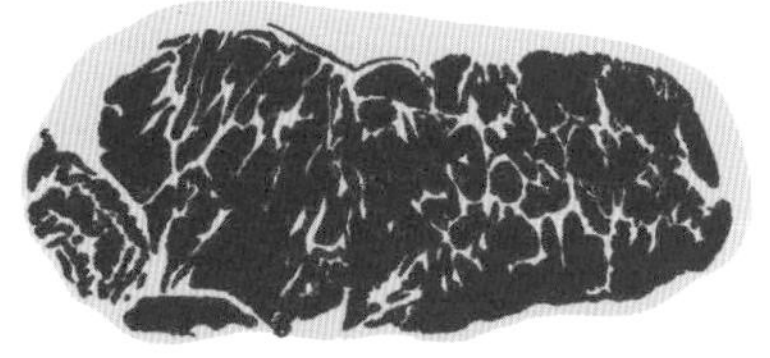

노르망디 품종소의 등심

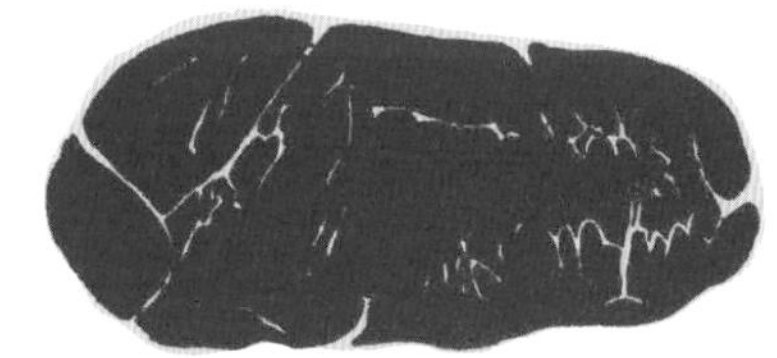

일반 품종소의 등심

고기의 색

고기에서 나오는 것은 즙이지 피가 아니다! 그리고 고기의 색깔에 대해서 이러쿵저러쿵 말하지만 사실 잘못된 내용이 많다. 이번에 좀 더 정확하게 알아보자.

왜 육류는 모두 똑같은 색이 아닌가요?

고기의 색은 근육 속에 들어 있는 미오글로빈의 양에 따라 달라진다. 미오글로빈은 근육에 산소를 공급해주는 단백질이다. 근육이 일을 더 많이 할수록, 산소를 공급하기 위해 미오글로빈 함량이 높아진다. 예를 들어, 멀리 날아야 하는 오리는 매우 붉은 근육을 가지고 있는 반면, 평화롭게 주위를 노닐기만 하는 닭의 근육은 매우 연한 색이다.

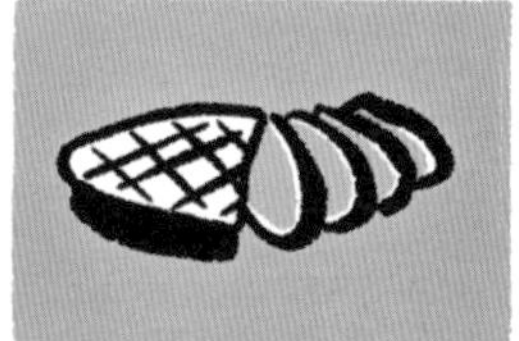
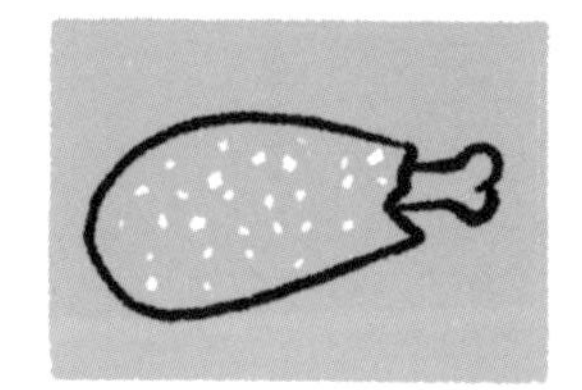
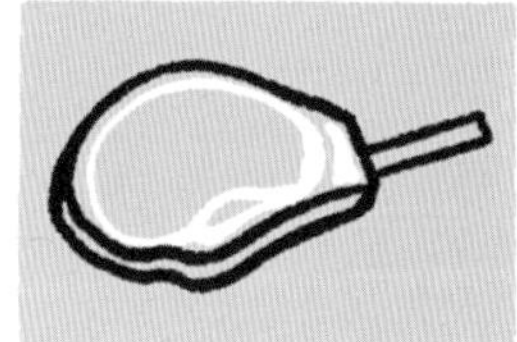

고기에서 나오는 붉은 육즙이 피가 아니라고요?

간단하게, 이미 가축의 피를 다 뺐기 때문에 고기에는 더 이상 피가 들어 있지 않다. 송아지 고기에서는 붉은 육즙이 나오지 않는데, 소고기에서는 붉은 즙이 나온다는 것을 알고 있는가? 송아지도 분명히 피가 있는데 말이다. 고기에서 나오는 붉은 육즙은 고기에 들어 있는 미오글로빈의 양과 관계가 있다. 그래서 소는 붉은색이고, 송아지나 닭은 거의 무색인 것이다.

왜 진공포장한 고기를 실온에 꺼내놓으면 본래의 붉은 색으로 돌아오나요?

고기를 진공포장하면, 말 그대로 공기가 없는 환경, 그러니까 산소가 없는 상태가 된다. 그리고 미오글로빈과 결합할 산소가 없기 때문에 고기의 색이 어두워진다. 진공포장을 열면 미오글로빈은 다시 공기 중의 산소와 결합하기 때문에, 고기에 다시 붉은색이 돈다.

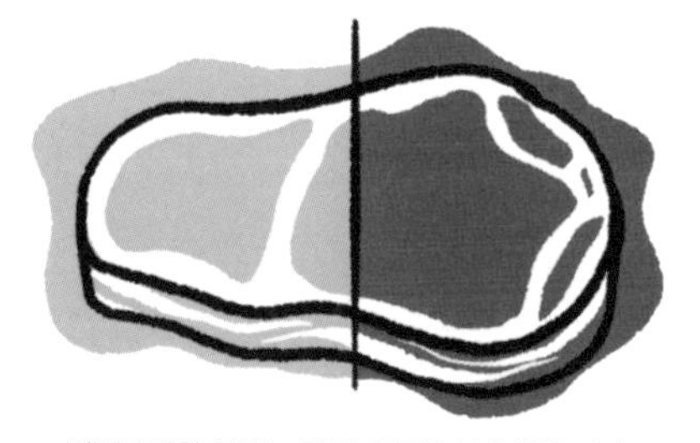

진공포장한 고기는 아주 어두운 붉은색을 띠며,
포장을 열면, 즉 산소와 접촉하면 다시 붉은색으로 돌아온다.

소고기의 색으로 신선도를 정확하게 판단할 수는 없다고요?

좋은 품질의 고기는 선명하게 빛나는 붉은색이거나, 반대로 매우 어두운 붉은색을 띨 수도 있다. 기본적으로 고기의 색을 내는 것은 미오글로빈인데, 이는 다음 3가지 요인에 의해 달라진다.

① **산소 노출.** 앞에 설명한 것처럼, 진공포장한 고기는 상온에 노출된 고기보다 색이 어둡다.

② **숙성 정도.** 5~6주 정도 숙성한 고기는 15일간 그냥 묵힌 고기보다 당연히 색이 더 어둡다(「숙성」 참조).

③ **동물의 나이.** 나이든 동물의 고기는 어린 동물보다 당연히 더 많은 미오글로빈을 함유하고 있다. 그러므로 고기의 색이 더 진하다.

신선도를 분명히 알 수 있는 소고기의 색은 오직 지저분한 갈색에 초록빛이 살짝 감도는 상태뿐이다. 만약 그런 색이라면 빨리 버리자.

왜 소고기의 지방은 흰색이나 연한 노란색인가요?

지방의 색은 소의 먹이에 따라 달라진다. 오직 곡물만 먹은 소들의 지방은 매우 하얀 반면, 들판에서 풀을 뜯으며 자란 소들은 풀에 함유된 카로틴의 영향으로 지방에 노란색이 조금 감돈다.

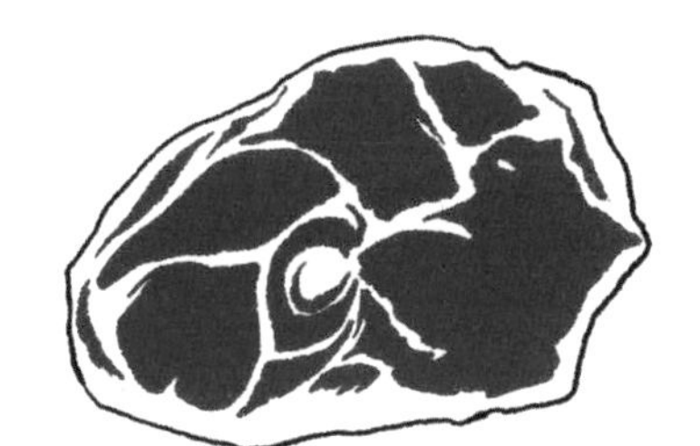

흰 지방은 곡물이 기본 먹이임을 의미하는 반면,

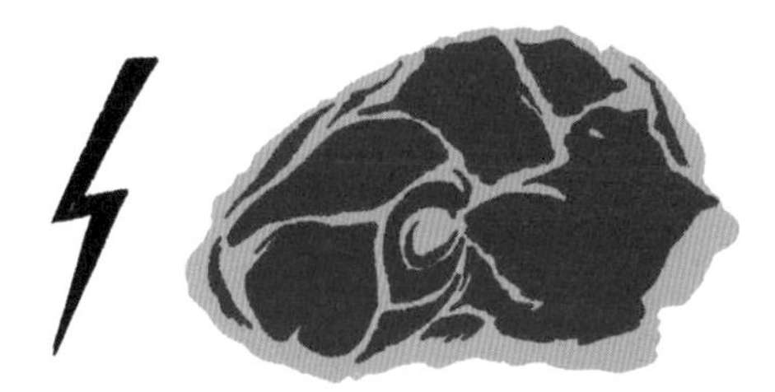

노란 지방은 풀이 기본 먹이임을 의미한다.

왜 송아지 고기는 아주 하얄 수도 있고, 진한 붉은색일 수도 있나요?

어미소의 젖이나 분유를 먹는 송아지는 철분이 결핍되어 있다(우유에는 철분이 거의 없다). 그래서 고기의 색이 연하고, 철분이 풍부한 풀을 먹은 송아지의 살코기는 진한 붉은색이다.

나이도 중요한데, 동물이 자랄수록 근육에 함유된 미오글로빈의 양도 증가해 고기가 더 어두운 붉은색을 띠게 된다.

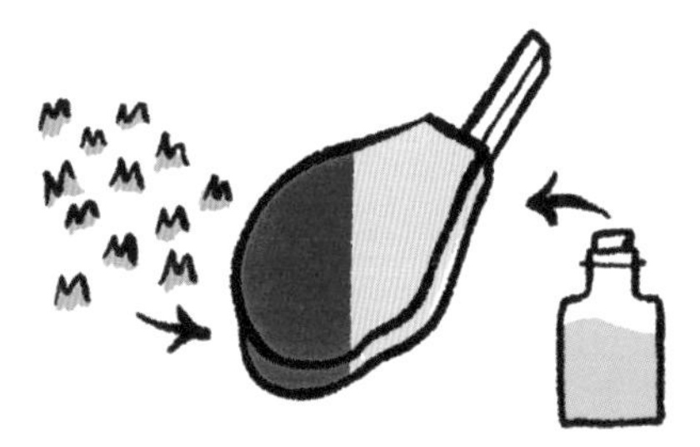

풍부한 풀을 먹고 자란 송아지의 고기는 진한 붉은색에 진한 맛이 난다. 반면, 어미소의 젖을 먹는 송아지의 고기는 매우 연한 색이며 맛이 부드럽다.

왜 어떤 품종의 돼지고기는 진한 붉은색인가요?

송아지와 마찬가지로, 특정 품종의 돼지고기는 본래 색이 더 붉다. 그러나 사육방법 또한 돼지고기의 질에 영향을 미친다. 대량 사육한 돼지의 살코기는 연한 색인데, 충분히 움직일 수 없는 돈사에서 자라기 때문이다. 방목사육한 돼지는 들판에서 작은 초목 사이를 자유롭게 노닐며 자란다. 많이 움직이고 질 좋은 먹이를 먹는 이런 돼지들의 살코기는 더 진한 붉은색이다.

맛있는 지방

퉤퉤퉤! 여러분이 비계는 맛이 없다며 벌써부터 고개를 내젓는 모습이 보이는 것 같다….
하지만, 정확히 말하면 고기의 맛은 살코기가 아닌 지방에서 나온다.
그리고 기름기가 많을수록 맛이 더 좋다. 지방의 명예를 회복시켜주자!

왜 지방으로 마블링이 된 고기는 더 맛있나요?

고기를 가열하는 동안, 지방이 가볍게 녹아 많은 맛이 발달한다. 만약 근육 속에 지방이 있다면, 한입 먹을 때마다 지방의 맛을 느낄 수 있을 것이다. 이어서, 이 지방은 우리의 혀에 자리를 잡고 일종의 맛있는 막을 형성한다. 이 막은 시간이 조금 지난 후에 사라지는데, 이것을 「입안의 여운」이라고 부른다.

그리고 왜 더 부드럽고 촉촉한가요?

사실 그렇지 않지만, 우리는 그렇게 느낀다. 고기의 단백질은 가열하면 단단해지지만, 지방은 녹는 경향이 있다. 우리가 고기를 지방과 함께 씹을 때 느껴지는 부드러움은 「액체」, 즉 「육즙」에서 나온다.

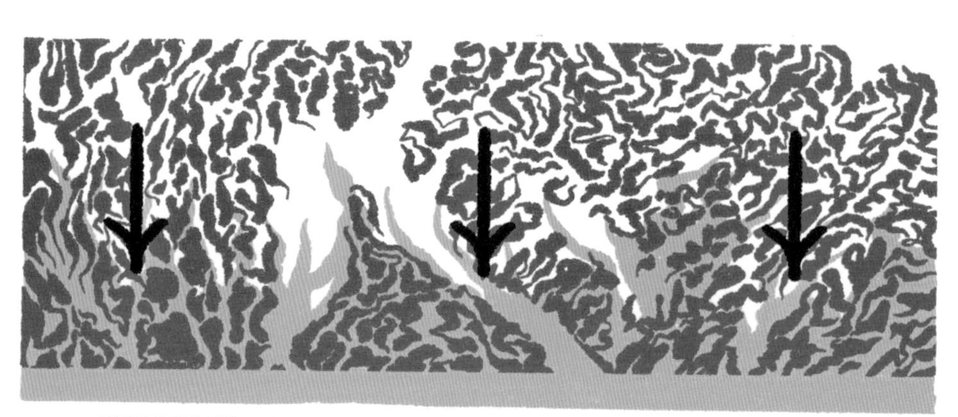

지방이 촘촘히 박힌 고기가 익으면, 열이 더 천천히 침투하며 고기가 지나치게 빨리 마르는 것을 막는다.
지방은 열의 영향으로 녹으며, 부드러움과 입안의 여운을 남긴다.

꼭 알아둘 것

왜 기름진 고기는 지방이 없는 고기보다 더 오래 익힐 수 있나요?

첫 번째 이유는, 지방이 지나치게 익은 고기의 건조함을 보완하기 때문이다. 그래서 옛날에는 과조리되기 쉬운 고기에 돼지비계를 끼워 넣기도 했다.
두 번째, 지방은 고기보다 열을 더 천천히 전달하기 때문이다. 고기에 마블링이 있을 경우에는 열이 침투하는 데 시간이 걸린다. 결과적으로 고기 중심부는 부드럽고 촉촉한 상태를 더 오래 유지한다.

놀라운 사실

왜 돼지고기보다 소고기가 더 기름진가요? 소는 돼지보다 「덜 뚱뚱」하잖아요?

소의 지방은 근내지방으로, 근육 안에 존재한다. 게다가 기름기가 많은 갈비처럼 어떤 부위는 지방이 더 잘 보인다. 돼지의 경우는 지방이 특히 등과 가슴살 아래에 집중되어 있다. 근육 사이에도 존재하지만, 근육 내부에는 지방이 매우 적다. 한편, 저지방 다이어트를 할 때는 소고기보다는 돼지고기를 먹는 것이 더 좋다. 비계가 아니라 살코기 말이다.

그리고 왜 양고기는 다른 고기보다 더 기름진가요?

아침부터 저녁까지 뛰노는 양은 많이 달리고, 사방으로 껑충껑충 뛰어다닌다. 간단히 말해 양은 무척 바쁘다. 그리고 그만큼 활동하기 위해 양은 에너지, 그것도 많은 에너지가 필요하다! 참으로 오묘한 자연의 섭리로 인해, 양의 몸은 게걸스럽게 먹어댄 먹이를 이용해 지방을 만들어낸다. 그리고 이 지방이 근육에 에너지를 제공한다. 이런 이유로 양고기는 지방으로 둘러싸여 있고, 근육 내부에도 지방질이 존재한다.

냠냠!

왜 좋은 돼지갈비는 표면에 지방이 많은가요?

대량사육방식으로 길러 6개월 만에 도축하는 돼지는, 빠른 성장을 위해 다량의 호르몬제를 주입한다. 그래서 몸속 기관들이 지방을 발달시킬 충분한 시간을 갖지 못한다. 반대로 좋은 품종의 돼지는 천천히 2살까지 키우고, 좋은 먹이를 먹을 시간을 충분히 가진다. 이 시간과 먹이가 양질의 살코기와, 갈비뼈 주위의 훌륭한 지방을 발달시킨다. 만약 전체가 지방으로 뒤덮인 돼지갈비를 본다면, 이는 좋은 품질이란 표시이므로 바로 집어도 좋다!

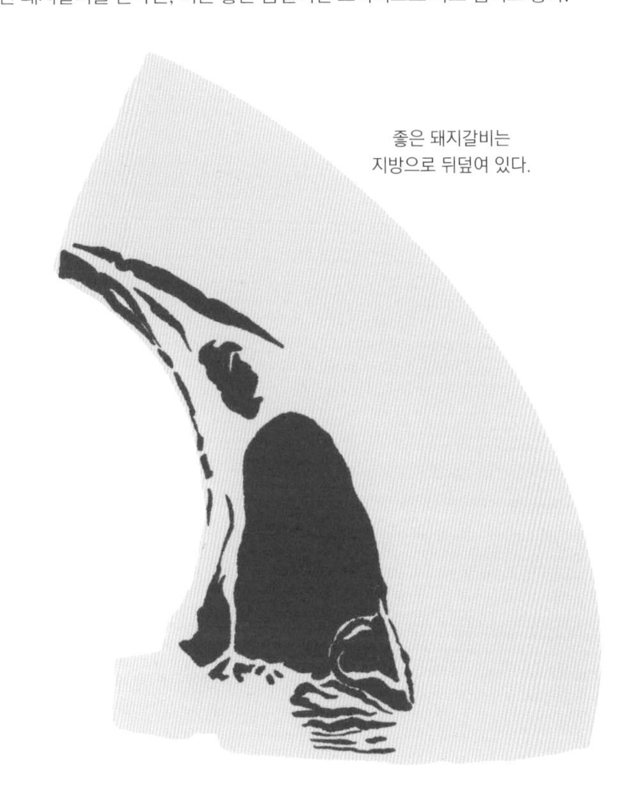

왜 송아지고기와 돼지고기는 익히면 빨리 건조해지나요?

이 두 기름기 없는 육류는 근육 내에 지방질이 거의 없는데, 이것이 다음 3가지에 작용한다.

① 지방은 고기의 온도가 올라가는 것을 방해한다. 기름기가 없는 고기는 더 빨리 뜨거워지고 건조해진다.

② 지방은 가열하면 녹아서 고기를 촉촉하게 만든다. 이들 고기는 지방이 적기 때문에 촉촉함이 덜하다.

③ 지방은 우리의 침샘을 자극하여 침이 더 많이 나오게 한다. 그리고 입안에 침이 고이면, 한입한입마다 액체가 더해지기 때문에 육즙이 더 많은 것처럼 느껴진다.

한 가지 팁이 있다. 송아지나 돼지고기를 익히기 시작할 때 노릇하게 색을 낸 다음, 고기가 건조해지는 것을 막기 위해 너무 높지 않은 온도로 천천히 부드럽게 굽는다.

육질의 질김과 부드러움

고기가 왜 이렇게 질기지? 맞다, 고기는 질기다! 그리고 그것은 고기의 질이 떨어져서가 아니다. 가열시간이 좀 더 필요할 뿐이다. 그 후에 여러분은 그 고기를 맛있게 먹어치울 것이다!

왜 질긴 고기와 부드러운 고기가 있나요?

그것은 모두 콜라겐 함량의 문제이다. 콜라겐은 결합조직으로서 마치 전선 주위를 감싸는 플라스틱 피복처럼 근섬유 주위에 막을 형성한다. 각각의 섬유질은 콜라겐으로 싸여 있고, 또 다른 콜라겐막이 수백 개씩 모인 근섬유를 둘러싸고 있으며, 또 다른 막이 수백 개의 근육 다발을 감싸고 있다. 근육이 운동을 할수록 그리고 동물이 나이를 먹을수록 콜라겐의 양은 늘어나며, 고기는 더 질겨진다.

콜라겐은 각각의 근섬유를 막의 형태로 감싸고 있으며, 이 막은 또 다른 콜라겐막으로 싸여 있다.

이것이 테크닉!

고기를 써는 방향에 따라 고기가 연해지기도 하고 질겨지기도 한다고요?

고기를 써는 방향은 고기의 부드러움에 큰 영향을 미친다. 처음 듣는다고? 이제 놀라운 사실을 알게 될 것이다.

고기는 빨대(아이들이 음료수를 마실 때 좋아하며 사용하는 그 빨대 말이다)를 닮은 섬유질로 이루어져 있다. 고기를 섬유질과 같은 방향으로 썰면 입안에 「긴 빨대」들이 들어가서 씹을 때 질기다. 하지만 반대로 섬유질과 직각이 되게 썰면, 「얇은 빨대 슬라이스」들을 얻게 된다. 그리고 당연히 긴 섬유질을 씹을 때보다 짧은 섬유질을 씹는 것이 더 쉽다.

잠깐! 아직 끝이 아니다. 매우 중요한 다른 내용이 있다. 섬유질에 들어 있는 즙은 길게 잘랐을 때보다 얇게 슬라이스한 상태에서 더 쉽게 빠진다. 그래서 씹을 때 짧은 섬유질에서 즙이 더 많이 나온다. 결과적으로 섬유질의 결과 반대로 썰면 더 부드럽고 촉촉한 고기, 즉 더 맛있는 고기를 먹을 수 있다.

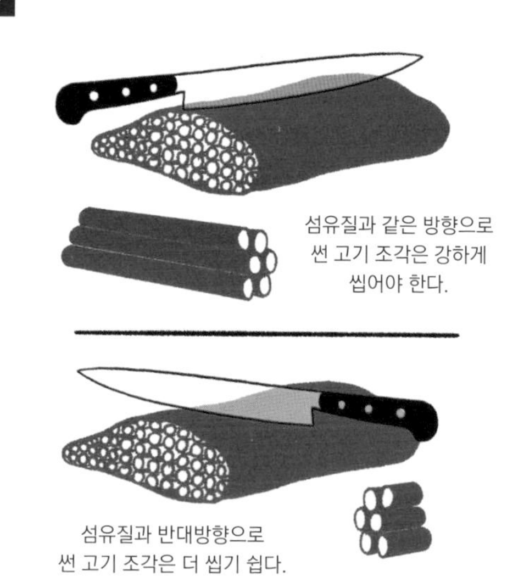

섬유질과 같은 방향으로 썬 고기 조각은 강하게 씹어야 한다.

섬유질과 반대방향으로 썬 고기 조각은 더 씹기 쉽다.

왜 소고기는 다른 동물에 비해 질긴 경우가 더 많나요?

소는 송아지, 돼지, 양, 그리고 닭에 비해 훨씬 더 무겁다. 소의 일부 근육들은 더 많은 힘을 쓰도록 만들어졌다. 그래서 두껍고 질긴 콜라겐이 더 많고, 이것이 고기를 질기게 만든다.

송아지 역시 블랑케트(송아지고기 스튜)용으로 사용하는 부위처럼 질긴 고기가 있다. 그러나 송아지의 콜라겐은 더 약하고, 익히는 시간도 더 짧다. 또, 송아지의 양지는 얇게 썰면 짧게 익히고, 통으로는 오래 익힌다.

돼지는 정강이 부위가 특히 단단하다. 그리고 송아지와 마찬가지로 다리나 어깨 같은 몇몇 부위는 얇게 썰었을 때 짧게 익힌다.

양 역시 뒷다리와 어깨가 단단하다.

그리고 닭은 다리 근육에만 콜라겐이 들어 있지만, 이 역시 빨리 익혀야 한다.

왜 소는 주로 앞부분에 질긴 부위가 있나요?

왜냐하면 앞다리가 뒷다리에 비해 더 많은 무게를 지탱하기 때문이다. 그리고 소는 앞으로 걸어갈 때 (뒷다리를 미는 돼지와는 반대로) 앞다리를 당기는 것이 더 중요하다. 마치 자동차처럼, 동물들도 소와 같은 「전륜구동」형, 그리고 돼지와 같은 「후륜구동」형이 있다.

왜 소 안심은 매우 부드럽고 또 매우 비싼가요?

안심은 우둔살과 채끝등심 아래에 위치하는데, 거의 일하지 않는 근육이며 지방도 매우 적다. 일을 하지 않기 때문에 부드럽고, 또 지방이 거의 없기 때문에 맛도 거의 없다. 이 2가지 특징을 많은 사람들이 좋아하기 때문에 가격이 터무니없이 비싸진다. 진정한 육류 애호가들은 장점이 별로 없는 안심에서, 더 많이 씹고 맛을 더 많이 느낄 수 있는 부위로 관심을 돌린다.

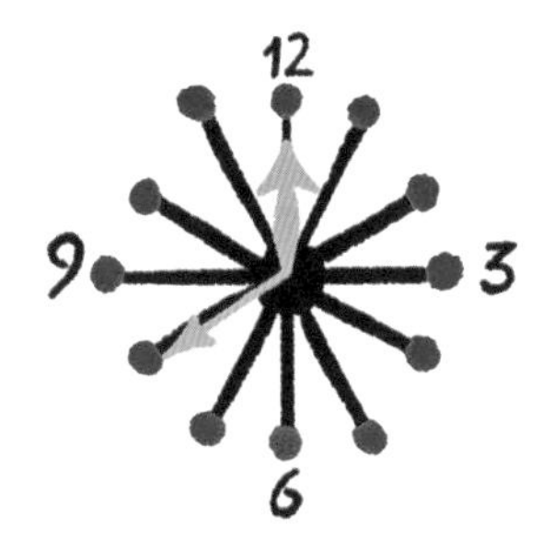

왜 질긴 고기는 더 오래 익혀야 하나요?

날것일 때 콜라겐은 탄력이 있고 질겨서 고기를 먹을 수 없게 만든다. 그러나 약불로 오랫동안 익히면 콜라겐이 맛있는 젤라틴으로 변하면서 고기가 부드러워진다. 바로 이것이 포토푀나 뵈프 부르기뇽을 좋아하는 사람들을 행복하게 만든다.

좋은 부위의 비밀

맛있는 소 갈빗살을 알아보는 법을 아는가?
퐁뒤 부르기뇽에 가장 좋은 부위를 고르는 법은? 양 뒷다리를 즐기는 법은? 어휴, 모두 알려줘야겠군….

소 갈빗살에 관한 3가지 질문

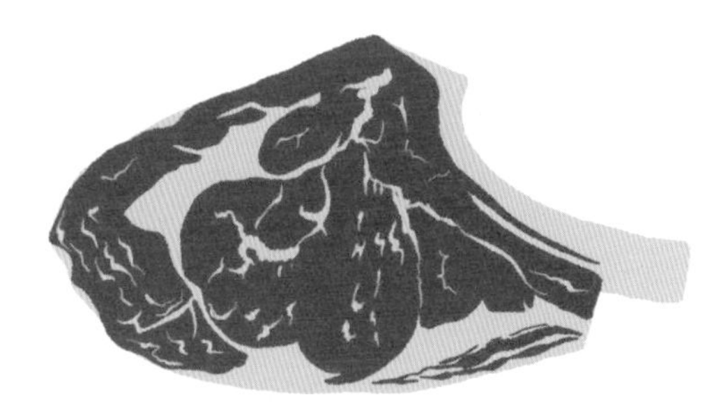

1 왜 좋은 갈빗살은 내부에 지방이 있어야 하나요?

앞에서 지방이 매우 중요한 맛의 매개체라는 점을 알아보았다. 지방이 적다는 것은 맛이 덜하다는 뜻이다. 마블링이 좋은 갈빗살을 선택하라. 더할 나위 없이 맛있다.

2 왜 갈빗살은 구웠을 때 꽃등심보다 천천히 건조해지나요?

꽃등심은 갈빗살과 같은 부위에 속한다. 갈빗대 사이에 위치할 수 있지만, 갈비뼈를 제거한 갈빗살일 수도 있다. 둘의 큰 차이점은 가열시에 나타나는데, 고기의 맛있는 부분은 뼈에 붙어 있기 때문이다. 「고기의 품질」에서 살펴보았듯이 뼈에 붙어 있는 고기는 수축할 수 없어 육즙이 터지지도, 마르지도 않는다. 이것이 갈빗살이 언제나 꽃등심보다 촉촉한 이유이다.

3 그런데 왜 전날 소금을 뿌려두어야 하나요?

소금이 육류에 미치는 영향은 「소금」에서 살펴보았다. 귀찮은 사람들을 위해 반복해주겠다. 일반적인 생각과는 달리, 미리 소금을 뿌린 고기는 육즙을 더 오래 머금고 있다. 소금이 단백질 변성을 일으켜, 가열할 때 뒤틀리며 육즙이 터지는 것을 막아주기 때문이다. 또 갈빗살은 매우 두툼해서 소금이 깊이 침투할 시간이 필요하다. 그러므로 48시간 전에 소금을 뿌린다.

왜 돼지 삼겹살이 특별한가요?

삼겹살은 돼지에서 가장 맛있는 부위 중 하나이다(그리고 값도 싸다). 껍질이 붙어 있는 삼겹살을 약불에 구우면, 껍질이 가볍게 녹는다. 이어서 그릴에서 마무리하여 이 껍질을 노릇하게 만든다.
또 한 가지 비법이 있다. 하루 전날 팬에 삼겹살을 담고 껍질을 덮어둔다. 여기에 베이킹파우더를 살짝 뿌린다. 이것이 돼지껍질의 pH농도에 변화를 주어 더 부드럽게 만들어준다. 그야말로 진미가 따로 없다!

양 가슴살은요?

내가 정말 좋아하는 부위는 바로 양 가슴살이다.
양 가슴살 역시 잘 알려져 있지 않은데, 모양이 별로 좋지 않기 때문이다. 쿠스쿠스나 양으로 퐁을 만들 때 사용하는데, 뼈와 함께 「양삼겹」이라는 이름으로 팔거나 뼈를 제거한 상태로 「에피그램(épigramme)」이라는 이름으로 판매한다. 당연히 뼈가 붙어 있는 쪽이 더 맛이 좋다. 오레가노나 타임을 곁들여 간단히 오븐에 구운 다음, 우리 아이들 몰래 뼈에 붙어 있는 살을 뜯어먹는다. 가장 맛있는 부위이다!

퐁뒤 부르기뇽의 성공 비결은
24시간 동안 재운 치마살이나 토시살,
그리고 제대로 예열한 뜨거운 오일이다.

왜 치마살과 토시살이 퐁뒤 부르기뇽을 만들 때 가장 좋은 부위인가요?

정육점에서 「퐁뒤용 고기」를 판다는 것은 잘 알고 있다. 정육점에서 열심히 권하는 이 별 볼일 없는 고기들은 당장 잊어버리자. 이런 고기는 우리의 요리를 위해 준비된 것이 아닌 자투리살이며, 부드럽긴 하지만 맛이 거의 없고 노릇해지지도 않기 때문이다.

맛있는 퐁뒤를 위해서는 뜨거운 오일 속에서 빨리 튀겨지고, 겉면이 바삭해지는 고기가 필요하다. 이에 가장 좋은 부위는 토시살, 치마살 또는 안창살이다. 이런 부위를 사용하면 아주 바삭하고 훌륭한 크러스트가 만들어지며, 속은 부드럽고 촉촉하여 마치 잼이 들어 있는 캔디와 같다. 안창살과 토시살이 치마살보다 좀 더 고급스러운 맛을 낸다. 짠! 아래에 맛있는 퐁뒤를 위한 2가지 비법을 공개한다.

비법 1 나는 고기를 두 입 크기로(그 이상 크면 안 된다) 잘라 올리브오일, 마늘, 후추, 타임, 카옌페퍼 가루를 듬뿍 넣어 섞은 것에 24시간 재운다.

비법 2 보통 퐁뒤 냄비는 식사하는 동안 한 번에 여러 개의 고기 조각이 노릇하게 익을 만큼 충분히 뜨거워지지는 않는다. 그래서 나는 오일을 주방에서 180℃까지 예열한 다음, 퐁뒤 냄비 아래에 워머용 초를 최대한 많이 놓아둔다. 그러면 오일이 훨씬 오랫동안 뜨거운 온도를 유지한다.

왜 양 뒷다리살에 마늘을 끼워 넣는 것이 별로 효과적이지 않나요?

사실 육류의 내부는, 양 뒷다리처럼 큰 고깃덩어리에 끼워 넣은 마늘이 익을 만큼 뜨거워지지는 않는다는 것을 알아둘 필요가 있다. 고기 내부는 60℃에서 레어, 65℃에서 미디엄이 되는데 마늘이 어떻게 익겠는가? 결국 완벽하게 익은 고기 속에 향이 매우 강한 생마늘이 그대로 있는 결과를 마주하게 될 것이다.

하지만 양 뒷다리 구이의 마늘을 좋아한다면, 방법은 있다. 마늘 슬라이스를 양고기의 껍질 바로 아래에 넣는 것이다. 거기라면 온도가 더 높기 때문에 마늘이 익는다.

또는 냄비에 약간의 올리브오일과 통마늘을 함께 넣고 아주아주 약한 불에 약 10분 정도 익힌 다음, 이것을 고기 속에 깊숙이 넣는다.

하지만 2가지 방법 모두 마늘향이 퍼지는 정도는 매우 약하다. 고작 1㎜ 정도에 지나지 않는다.

거짓에서 진실로

왜 바르드로 감싼 로스트용 고기는 피해야 하나요?

우리는 3가지 잘못된 이유로 오랜 세월 동안 로스트용 고기를 얇게 저민 라드, 즉 바르드(bardes)로 감싸왔다.

① 「바르드는 굽는 동안 고기가 마르는 것을 막아줘요.」 이 말은 틀렸고 그 사실은 이미 20여년 전에 과학적으로 증명되었다. 바르드는 고기 속 육즙이 마르는 것을 전혀 막지 못하며, 바르드가 있든 없든 가열 도중에 고기 중량의 손실분은 정확히 같았다.

② 「조리 중에 고기의 맛을 풍부하게 해줘요.」 이것 역시 틀렸다. 이유는 아주 간단한데, 마리네이드액은 1시간에 0.1㎜도 스며들지 않기 때문이다(「마리네이드」 참조). 그런데 심지어 지방이 더 빨리 침투하기를 바라는가?

③ 이런 소릴 하면 싫어하겠지만, 고기를 바르드로 둘러놓은 경우 고기와 함께 중량을 재어 같은 가격에 판다. 라드 자체는 거의 거저나 다름없는데 말이다. 아무도 모르게 여러분만 알고 있어야 한다….

그러나 바르드로 감싼 로스트를 피해야 하는 주된 이유는, 바르드에 덮인 부분은 잘 구워지지 않기 때문이다. 고기가 덜 노릇해지면 맛도 덜 발달한다. 그러므로 바르드로 감싼 고기는 바르드가 없는 고기보다 덜 맛있다. 더 이상 말할 필요도 없다!

햄

「돼지는 모두 맛있다고요?」 물론이다! 그리고 햄이 있으면, 우리는 가장 완벽한 맛을 즐길 수 있다. 이제부터 특별한 돼지로 만드는 햄에 대해 알아보자.

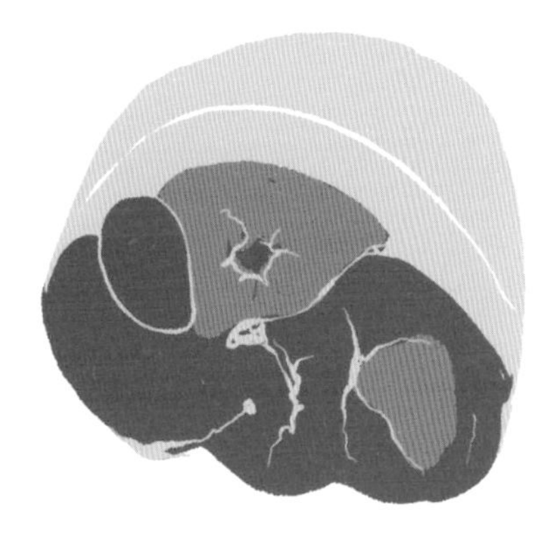

생햄은 붉은색인데, 익힌 햄은 왜 핑크색이죠?

같은 부위, 전혀 다른 두 색깔…. 왜 그런지 그 이유를 설명해주겠다.

장봉 「블랑」은 물, 향신료, 설탕, 소금을 섞은 소금물에 고기를 며칠 동안 담가 절인 후, 부이용이나 증기에 익혀 만든다. 핑크색을 띠는 이유는 연한 핑크색을 유지시키기 위해 아질산염을 넣었기 때문이다. 아질산염을 사용하지 않은 천연햄은 연한 회색이다.

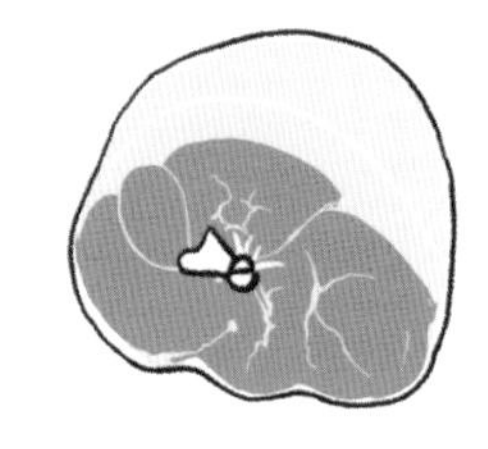

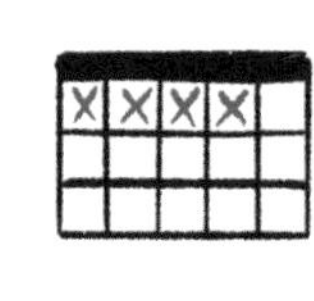

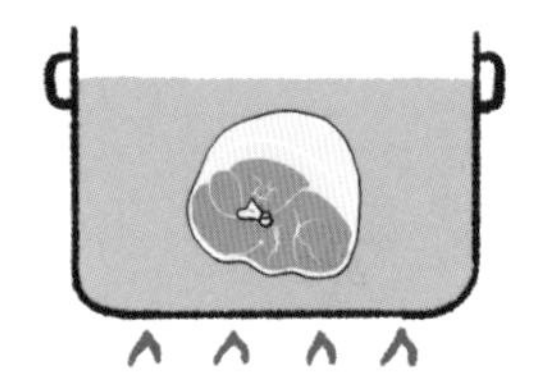

생햄(장봉 크뤼)은 혼합 향신료와 소금으로 표면을 덮어 여러 달 건조시켜 만든다. 이 건조 기간 동안, 고기를 노릇하게 굽거나 로스트치킨을 만들 때 맛있는 냄새를 발생시키는 마이야르 반응이 일어난다. 당분은 응축되고, 지방은 산화하며, 색은 천천히 발달하여 진한 붉은색으로 변한다.

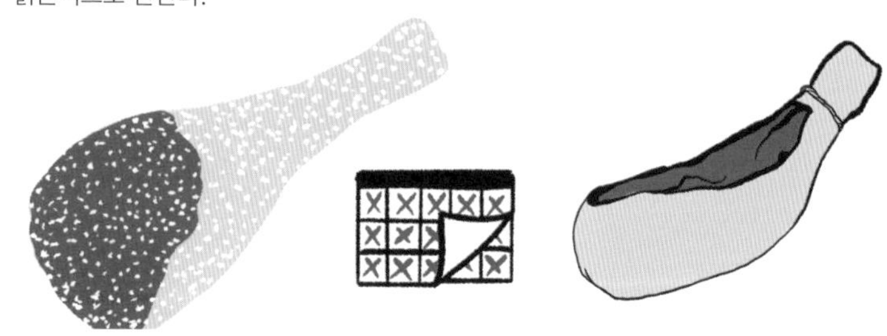

왜 좋은 장봉 블랑은 부분적으로 색이 다른가요?

돼지의 다리는 여러 개의 근육으로 이루어져 있으며, 각각 기능도 다르다. 일부는 걷는 데 쓰이는 반면, 나머지는 서 있는 데만 쓰인다. 그렇기 때문에 일부 근육에는 미오글로빈이 더 많이 들어 있고 더 진한 붉은색을 띤다. 이런 색의 차이는 잘 자란 돼지라는 것과 가공 품질이 뛰어나다는 것을 의미한다. 반대로 생각하지 말라!

여기 주목!

왜 이탈리아와 스페인 햄이 맛있나요?

그것은 돼지 품종과 노하우의 문제이다. 이탈리아와 스페인에서 찾아볼 수 있는 주요 품종들은 이베리코 품종의 후손으로, 이베리코 돼지는 켈트 품종, 아시아 품종과 함께 3대 주요 돼지 품종으로 꼽힌다. 이베리코 품종의 직계후손들은 확실히 가장 탁월하고, 가장 섬세하며, 최상급 햄으로 만들어진다.

파타 네그라에 관한 2가지 질문

1 왜 파타 네그라를 세계 최고의 햄이라고 하나요?

그렇게 이야기하긴 한다…. 솔직히 세계 최고는 아니지만, 탑5 안에는 들 것이다. 그건 분명하다!
파타 네그라(Pata Negra)는 특정 품종의 돼지, 즉 이베리코 흑돼지로만 만드는데, 이들은 지방에 올레산을 저장하는 특성이 있다. 이 돼지들은 스페인 남서부 지역에서 반방목 상태로 자라며, 겨우내 풍부한 도토리, 식물의 뿌리, 껍질, 채소 등 최상의 먹이를 먹는다. 이 먹이가 돼지의 살코기를 맛있게 만든다. 또한 자연환경과 장인들의 숙련된 솜씨가 파타 네그라의 차이를 만들어 내며, 숙성기간이 3~5년에 이른다.

2 그리고 왜 그렇게 비싼가요?

장봉 크뤼는 약간 샴페인 같아서, 쉽게 접근할 수 있는 등급과 특별한 등급이 있다. 파타 네그라는 특별한 등급의 햄으로 매우 귀하고, 약간의 단맛, 호두, 헤이즐넛, 초목의 향을 느낄 수 있으며, 입안에 놀라운 여운을 남긴다. 그리고 그 희귀성이 가격을 높인다.
하지만 파타 네그라라는 이름으로 팔리는 햄들 중에는 품질이 그에 못 미치는 경우도 있으니 주의해야 한다.

진정한 파타 네그라는 이베리코 100%(이베리코 순종 100%) 베요타(Bellota)라는 명칭으로 판매된다. 특별한 햄으로, 구분을 위해 검정 라벨을 붙여 판매한다.

베요타 이베리코 햄은 그 아래 등급으로, 같은 먹이로 키우기는 하지만 이베리코 돼지 혈통의 비율이 75%밖에 되지 않는다. 여기에는 붉은 라벨을 붙인다.

이베리코 세보 데 캄포(Cebo de Campo)는 더 낮은 등급으로, 이베리코 품종 혈통이 75%이지만 도토리를 먹이지 않고 방목하여 키운다. 초록색 라벨을 붙인다.

이베리코 세보는 이베리코 혈통 50%에 돈사에서만 키우기 때문에 실질적으로 산책을 할 수 없다. 흰색 라벨을 붙인다.

왜 이제 소고기햄이 나오는 건가요?

사실, 소고기햄은 스페인 또는 이탈리아에서는 2000년 전부터 존재해왔으며, 새로울 것이 하나도 없다!
가장 고급이지만 대중적으로는 잘 알려지지 않은 소고기햄은 세시나 데 레온 (Cecina de León)으로, 스페인 북서부 지역에서 생산된다. 이 햄은 최소 5년은 기른 소의 뒷다리 근육으로 만들며, 일부 건조 햄과 거의 비슷한 과정을 거친다. 염장, 훈연 후 건조하여 숙성시킨다. 이탈리아에서 소의 뒷다리 부위로 만드는 브레사올라(bresaola)와 같이 보통 올리브오일을 가볍게 끼얹어 낸다.

닭과 오리

아, 일요일의 로스트치킨과 오르탕스 고모의 오렌지소스 오리 요리! 닭과 오리에는 좋은 기억이 많다….
좋다, 하지만 최신정보도 필요한 법이다!

놀라운 사실

왜 닭은 발에 비늘이 있나요?

닭은 지저분한 오물 위나 잡초 등 이곳저곳을 휩쓸고 돌아다닌다. 비늘은 닭의 발을 보호하여 병에 걸리는 것을 막아준다.

왜 닭다리는 가슴살보다 색이 더 진한가요?

다리 근육은 닭이 서 있거나, 움직이거나 달릴 때 돕는 역할을 한다. 이 근육은 훨씬 많이 쓰기 때문에 더 많은 산소가 필요하다. 그리고 이 산소는 미오글로빈이라는 붉은색을 띤 단백질에 의해 운반된다. 반면 가슴살 근육은 엄청난 게으름뱅이로, 숨쉬기운동 말고는 하는 일이 없어 미오글로빈이 필요하지 않다. 이것이 닭다릿살의 색이 더 붉은 이유이다.

여기 주목!

소릴레스는 우리가 아는 그 부위가 아니라고요?

모두가 좋아하는 이 유명한 부위 「소릴레스(sot-l'y-laisse)」는 닭의 고관절 주위 살이라고 알려져 있지만, 사실 진짜 소릴레스가 아니다. 소릴레스는 「이 부분을 남기면 바보」라는 뜻인데, 그럴 만한 이유가 있다. 소릴레스는 너무 크고 너무 뻔히 보인다. 이 부분의 명칭은 영어로 「치킨 오이스터」라고 하는데, 왜냐하면 굴 모양을 닮았기 때문이다. 진짜 소릴레스는 훨씬 더 작아 거의 보이지 않으며, 닭꽁지 바로 앞 꼬리뼈 옆면의 틈새 속 껍질 아래에 숨겨져 있다.

1798년판 아카데미 사전에 나타난 본래의 정의는 착오로 인해 19세기에 내용이 수정되었다. 오늘날 사전들은 조금씩 정확한 정의로 돌아오고 있으며, 마침내 소릴레스도 정확한 위치를 되찾고 있다.

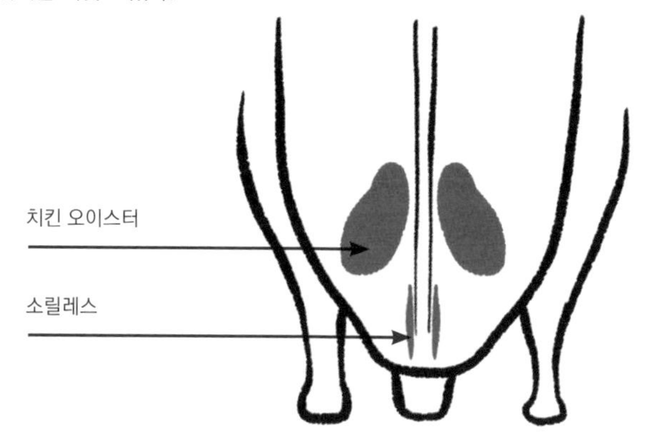

왜 닭은 모래주머니를 갖고 있나요?

닭은 부리를 갖고 있지만 이빨이 없다. 먹이를 부수기 위해 닭은 아주 작은 자갈을 삼킨 다음, 그것을 「모래집」이라고도 불리는 근육주머니에 저장한다.

모래주머니는 닭이 갖고 있는 2개의 위 중 하나이다. 이때 닭은 자갈을 결코 아무렇게나 선택하지 않는다. 먹이의 종류와 필요에 따라 크기, 굵기, 모양, 둥글기, 모래의 질 등 알맞은 자갈을 골라 삼킨다.

미묘한 차이

왜 야생 오리와 사육장 오리에는 엄청난 차이가 있나요?

야생 오리의 대부분은 철새이다. 지방은 장거리 비행을 견디기 위한 에너지 역할을 한다. 땅에 내려앉은 야생 오리들을 사냥해보면, 일반적으로 사육된 오리에 비해 더 말랐지만 더 풍부한 맛을 지녔다.

페이 바스크 지방의 몇몇 사육자들이 정성스레 키운 맛있는 크리아제라(Kriaxera) 종 오리에서 야생 오리의 특징을 상당 부분 찾아볼 수 있다.

오리 마그레에 관한 3가지 질문

1 왜 뚱뚱한 오리에서만 마그레를 찾아볼 수 있나요?

푸아그라를 만들기 위해 살을 찌운 오리가 일반 오리보다 더 기름지기 때문이며, 여기서 「카나르 그라(canard gras)」 즉 살찐 오리라는 명칭도 나왔다. 두툼한 껍질 아래 충분한 지방층이 자리잡고 있는 오리의 가슴살은 「마그레(magret)」라는 명칭으로 판매되는 반면, 크기가 훨씬 작고 기름기도 적으며 껍질도 얇은 그 외 오리들의 가슴살은 「필레」라는 이름으로 팔린다.

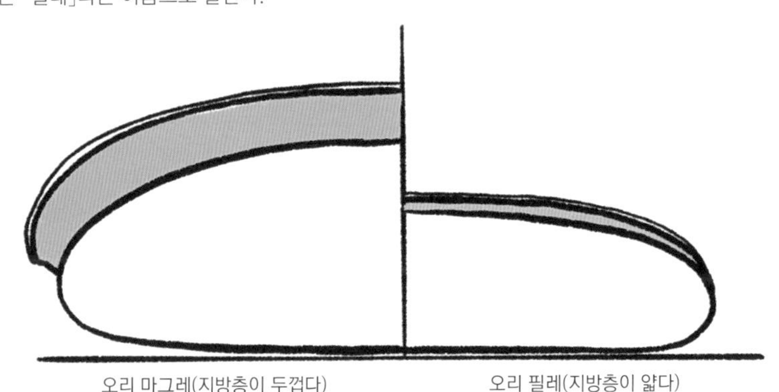

오리 마그레(지방층이 두껍다)　　　오리 필레(지방층이 얇다)

2 왜 마그레는 근래에 발견되었다고 하나요?

푸아그라용 오리는 콩피로 익히거나 이따금 구이로 먹었다. 1959년, 오슈의 요리사 앙드레 다갱(André Daguin)은 작은 마을 제르(Gers)에서 붉은 육류를 굽는 방식으로 마그레를 굽기 시작했다. 곧이어 다갱은 여기에 어울리는 그린페퍼 소스를 개발하였다.

하지만 마그레의 재발견은 1970년에 미국을 통해서 이루어졌는데, 성공한 소설가 로버트 달리(Robert Daley)가 뉴욕타임즈에 마그레를 찬양하는 글을 썼고, 그는 마그레를 두고 프랑스에서 새로운 육류를 발견했다고 설명했다.

3 그리고 왜 이름이 「마그레」인가요?

지방으로 뒤덮여 있지만, 마그레는 지방이 없는(maigre, 메그르) 고기이다. 무슨 이야기인지 이해가 되는가? 아니라고? 다시 설명하자면, 메그르한(기름기가 없는) 고기에서 마그레가 나왔다는 것이다. 게다가 마그레를 「메그레(maigret)」라고 부르기도 한다.

닭과 오리

왜? 그리고 어떻게?

닭을 익히기 전에 물에 씻는 것이 왜 바보 같은 짓인가요?

닭껍질에는 많은 박테리아가 살고 있는데, 닭이 살아 있을 때 발로 오물을 밟고 다니기 때문이다. 옛날부터 닭은 물에 헹구어 씻은 다음 보관해왔다. 문제는, 닭을 씻으면서 박테리아의 대부분을 싱크대와 우리 손이 닿는 여러 곳에 퍼뜨리게 된다는 것이다. 닭을 절대 흐르는 물에 씻지 말라. 박테리아는 어쨌든 조리시에 모두 죽는다!

반면에 닭을 굽기 전에 소금물에 담가두는 것은 좋다고요?

닭을 소금물에 하룻밤 담가두면, 소금이 살에 깊이 스며들 시간이 생긴다. 소금은 단백질 변성을 일으켜, 가열할 때 육즙이 뒤틀리거나 터지는 것을 막아준다. 또한 살도 더 촉촉한 상태를 유지할 수 있다. 효율적인 준비를 위해 닭을 6% 염수, 즉 물 1ℓ에 소금 60g을 섞은 소금물에 하룻밤 담가둔다. 닭을 꺼내 헹군 다음, 키친타월로 물기를 닦아내고 굽는다.

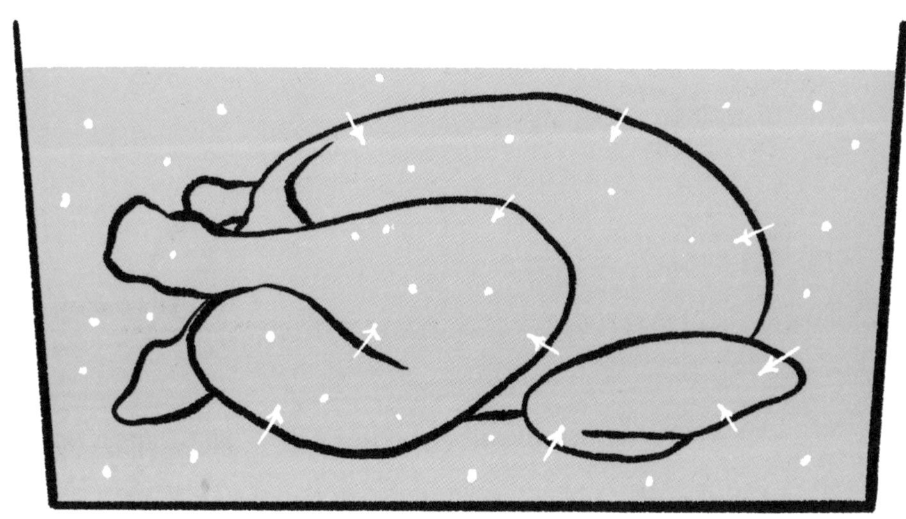

소금물에 닭을 12~24시간 담가두면 살코기에 간이 깊이 배며, 가열 후 더 촉촉한 닭고기를 맛볼 수 있다.

그리고 왜 이틀간 냉장고에서 말려야 하죠?

잘 고른 닭의 포장을 풀고 오븐망 위에 얹어 이틀간 냉장고에 넣어두면 닭껍질이 서서히 마른다. 이렇게 말린 덕분에 닭을 구울 때 아주 바삭한 껍질을 얻을 수 있다. 정말 세심한 사람이라면, 닭에 소금을 뿌려 증발속도를 더 높일 수 있다.
그리고 만약 이틀간 말리는 것을 잊어버렸다면, 또 하나의 효과적인 방법이 있다. 닭을 오븐망 위에 올려 오븐에 넣고, 해동 모드로 돌린다. 이 모드는 환기팬을 돌려 공기의 흐름을 만듦으로써 건조속도를 높여준다. 최소 8시간 또는 하룻밤 정도면 좋은 결과를 얻을 수 있다.

올바른 방법

그런데 왜 페킹덕을 만들기 전에 오리를 먼저 데치나요?

페킹덕의 원칙은 아주아주아주 바삭한 껍질을 만드는 것이다. 그리고 닭과 마찬가지로 오리의 껍질은 오랫동안 말렸을 때 바삭해진다. 페킹덕을 만들기 위해서 바람이 살짝 통하는 곳에서 오리를 말리기도 한다. 이 공기의 흐름으로 오리에 존재하는 박테리아가 퍼지는 것을 막기 위해, 끓는 물에 2~3분 오리를 데치는 것이다. 그리고 모든 박테리아가 죽은 후, 다른 식료품이 오염될 걱정 없이 이 멋진 오리를 말릴 수 있다.

오리를 말리기 전 먼저 데쳐서 박테리아를 없앤다.

왜 마그레를 조리하기 전에 껍질에 가늘게 칼집을 내야 하나요?

잘 알려진 설명에 따르면 「껍질의 수축을 막기 위해서다.」 하지만 유감스럽게도, 이것은 바보 같은 소리다! 껍질은 똑같이 수축한다. 왜냐하면 칼집 사이에 공간이 생기는데, 이것은 껍질이 수축했기 때문이다.

그래도 칼집을 내는 것이 중요하기는 한데, 그것은 전혀 다른 이유 때문이다. 마그레의 껍질이 수축하면, 칼집을 낸 껍질은 지방이 녹아 더 쉽게 흐르게 된다. 마그레가 익으면 지방층이 더 얇아지고, 고기는 더 맛있어진다.

마그레의 껍질에 칼집을 내면, 지방층이 더 쉽게 녹아 흐를 수 있다.

거짓에서 진실로

왜 오리 푸아그라가 거위 푸아그라보다 맛있다는 거죠?

오, 아니다, 아니 아니 아니다! 오리 푸아그라가 더 나은 것이 아니다. 그러니 전혀 아닌 말씀이다! 오리 푸아그라는 맛이 더 특징적이고 강하다. 또한 더 부드럽고, 베이지색과 오렌지빛이 도는 예쁜 색을 갖고 있다. 거위 푸아그라는 훨씬 더 고급스럽고, 더 섬세하며, 입안에서 더 긴 여운을 남긴다. 가열할 때 손실분도 더 적다. 하지만 약간 회색빛이 도는 색 때문에 덜 먹음직스러워 보인다. 오리 푸아그라를 더 쉽게 찾아볼 수 있는데, 그것은 거위 고기에 비해 오리 고기의 판로가 더 넓기 때문이다.

왜 푸아그라의 힘줄을 제거할 수 없다는 거죠?

간단하고도 당연한 이유를 들자면, 푸아그라에는 힘줄이 없기 때문이다. 힘줄이 없으면 당연히 그것을 제거할 수도 없다. 반면에 푸아그라에 있는 것은 혈관이다. 그러므로 푸아그라의 「힘줄을 제거한다」가 아니라, 「혈관을 제거한다」라고 해야 한다.

다짐육과 소시지

수요일에 먹는 햄버그 스테이크와 콜레트 할머니의 퓌레를 곁들인 소시지….
아이들은 좋아하고 어른들은 거기에 무엇이 들어갔는지 걱정하지만,
다행히 해결책은 있다!

웩!

왜 마트에서 랩을 씌워 파는 다짐육은 사면 안 되나요?

랩을 씌워 파는 이 가짜 다짐육 속에 어떤 부위가 들어갔는지 절대 알 수 없다(사실, 갈아서 어느 부위인지 모르게 해야 팔 수 있는 최하품질의 부위를 쓴다).
더 나쁜 것은, 이 고기에 몇 마리나 되는 동물이 섞여 있는지 알 수 없다는 것이다. 실제로 엄청나게 큰 기계 속으로 자투리 고기들을 수백 ㎏씩 넣는다. 그러면 모든 것이 섞여서 잘게 갈리고, 결국 한 팩에 백여 마리의 고기가 섞여 들어가게 된다. 농담이 아니라, 정말 끔찍하다!

왜 정육점에서 먼저 고기를 고른 다음 고기를 갈아달라고 해야 하나요?

정육점에서 반드시 미리 갈아놓은 고기를 사야 하는 것은 아니다. 점원에게 여러분이 원하는 고기를 갈아달라고 할 수 있다. 좋은 정육점이라면 기꺼이 그렇게 해줄 것이다. 그리고 그렇게 하면, 여러분의 입맛에 맞는 고기를 구할 수 있다.

왜 직접 고기를 다지는 것이 아주아주 좋은 생각인가요?

볼 것도 없이 좋은 생각이다. 직접 고기 부위를 고르는 것으로 모든 것이 달라진다!
고급스러운 맛을 좋아한다면 토시살을 고를 수도 있다. 덜 질긴 고기를 선호한다면 부채살을 고를 수도 있다. 또한 레시피에 따라서 원하는 지방의 양을 선택할 수도 있는데, 장시간 가열한다면 20% 정도의 지방이 필요하고, 가열시간이 짧다면 10~15%면 충분하다. 송아지고기, 돼지고기, 또는 닭고기를 갈 수도 있다. 다짐기를 살 필요는 없다. 칼날이 있는 푸드프로세서면 충분하다. 중간 중간 끊어가면서 갈아주기만 하면, 고기가 퓌레처럼 갈려버리는 일 없이 질감을 유지할 수 있다.

세심하게 고른 좋은 부위와 다짐기가 있으면
홈메이드 햄버그 스테이크를 만들 수 있다.

다진 고기로 만든 햄버그 스테이크는 왜 굽기 전에 꼭 해동시켜야 하나요?

누구나 냉동 햄버그 스테이크를 굽다가 너무 익혀서 말라비틀어지고 먹을 수 없게 되어버린 경험이 있을 것이다. 그리고 그것을 아이들에게 준다. 솔직히, 부끄러워해야 할 일이다.

어떤 일이 벌어지는가 하면, 열이 패티의 표면을 녹이고 중심까지 닿는 동안 스테이크의 4/5가량은 이미 지나치게 익게 된다. 우린 이것보다 훨씬 더 잘 만들 수 있다. 초등학교 때 배운 덧셈 뺄셈만 알아도 할 수 있다. 아주 간단하다.

만약 냉동된 스테이크를 굽는다면, -18℃(냉동고의 온도)에서 50℃(레어 기준으로 고기의 중심부 온도)까지 도달해야 한다. 그러므로 우리의 스테이크는 -18℃에서 50℃까지 68℃나 되는 온도차를 겪는다. 엄청난 차이다! 결과적으로 가열시간은 너무 길어지고 고기는 말라버린다.

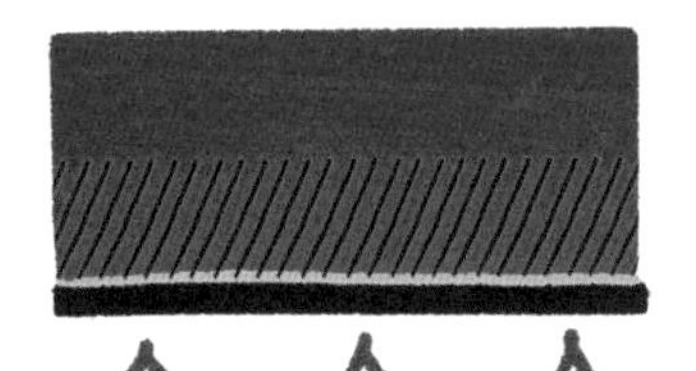

스테이크 중심부를 익히기 위해
올려야 하는 온도는 68℃나 된다.
중심부로 열이 전달되는 동안,
표면부터 속까지 너무 많이 익게 된다.

냉장고에서 미리 해동해둔 스테이크를 굽는다면, 고기가 냉장고에서 5℃에서 나오므로 올려야 하는 온도는 5℃에서 50℃까지, 45℃에 지나지 않는다. 가열시간은 더 짧고, 고기는 약간 촉촉하다. 벌써부터 훨씬 낫다.

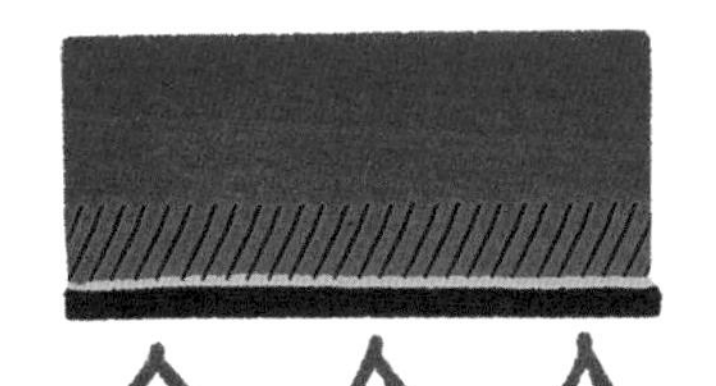

냉장 해동한 스테이크 속이 익으려면
온도를 45℃ 올려야 한다.
내부가 따뜻해지기 전에
표면이 여전히 많이 익는다.

만약 스테이크를 냉장 해동한 다음 상온에 미리 꺼내둔다면, 온도차는 20℃에서 50℃까지, 30℃에 지나지 않는다. 이것이 정말 좋은 상태이다! 가열시간은 짧고, 고기의 내부는 따뜻하고 촉촉하며, 표면은 노릇하고, 지나치게 구워지거나 건조해지지 않는다.

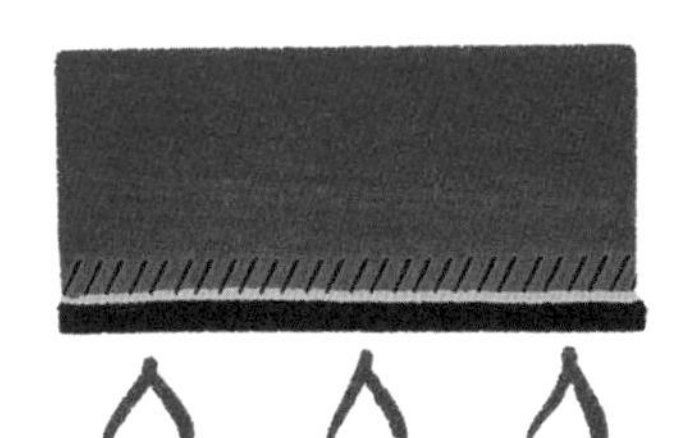

상온의 스테이크는 30℃를 올려야 한다.
표면이 지나치게 익기 전에
열기가 깊이 들어갈 시간이 있다.

이것이 테크닉!

왜 다진 고기는 익힐 때 육즙이 더 많이 빠지나요?

고기는 섬유질과 약 70%의 수분으로 이루어져 있다. 고기를 가열하면 섬유질이 뜨거워지고 수축하면서, 섬유질의 말단부에서 약간의 즙이 흘러나온다. 하지만 여러 방향으로 다진 고기의 섬유질은 가열 즉시 많은 양의 즙을 잃게 되고, 고기는 마르거나 노릇해지기보다는 말 그대로 육즙 속에서 끓게 된다. 결국 모든 즙을 잃어 노릇하지도 않은 상태로 말라버린, 거의 아무 맛이 없는 뭉쳐진 고기만 남게 된다. 완전한 실패다….

왜 다진 고기는 저장이 불가능한가요?

고기를 다질 때 표면적은 더 넓어지고, 박테리아가 번식할 수 있는 틈새가 더 많이 생긴다. 따라서 다진 고기는 매우 취약하여 세심하게 조리해야 하며, 구입 후 최대 24시간 이내에 빨리 소비해야 한다.

다짐육과 소시지

볼로네제 소스에 다짐육을 쓰지 말라고요?

다짐육은 실질적으로 어떤 맛도 발달하지 않고, 구웠을 때 급속도로 마르기 때문이다. 고기가 들어간 소스를 만드는 데 다짐육을 사용하는 것은 좀 이상하지 않은가? 게다가 이탈리아에서는 볼로네제 소스라는 말은 쓰지 않고 알 라구(al ragù) 소스라고 부르며, 포토푀를 만들 때처럼 (「볼로네제 스파게티」 참조) 장시간 조리용 고기를 써서 만든다.

하지만 만약, 그럼에도 불구하고 다짐육으로 볼로네제 소스를 만들겠다고 결심했다면, 여기 작은 비법이 있다. 큰 팬을 강불로 달궈 고기의 1/3만 넣고 노릇하게 구운 다음(고기가 마르긴 하겠지만, 노릇하게 구웠을 때의 풍미는 낼 수 있다), 이후 토마토와 함께 나머지 2/3를 넣는 것이다(이 분량은 촉촉함을 유지하면서 맛을 낸다).

타르타르에도 다짐육을 사용하지 말라고요?

다짐육은 「볼륨감이 없고」 씹을 것도 없기 때문에 사람들이 심지어 씹지도 않는다. 입안에서 한 바퀴 돌린 후 맛을 느끼지도 않고 삼킬 뿐이다. 고기를 칼로 자르면, 씹을 조각이 생긴다. 그리고 씹기 때문에, 고기의 모든 맛뿐만 아니라 소스와 허브의 맛까지 느낄 시간을 갖게 된다.

그리고 또한, 여기서도 원하는 고기 부위를 선택할 수 있다. 너무 질긴 고기를 좋아하지 않는 나의 아내는 토시살로 만든 타르타르를 좋아한다. 하지만 원한다면 더 부드러운 고기를 쓸 수도 있다. 좋아하는 대로 해라. 그것이 중요하다.

칼로 썬 타르타르는 씹을 것이 있고 모든 맛을 잘 느낄 수 있는 반면,
다짐육으로 만든 타르타르는 씹을 것이 없어 맛을 느낄 새도 없이 그냥 삼키게 된다.

왜 집에서 만드는 미트볼에는 달걀, 빵가루 조금, 그리고 또 다른 재료들을 넣는 거죠?

소스에 넣어 익히는 미트볼은 그 맛을 풍부하게 만들기 위해 오랫동안 익혀야 한다. 결국, 미트볼이 마르고 부서지는 것을 막기 위해 그와 같은 여러 가지 것들을 모두 넣는다. 달걀노른자는 촉촉함을 유지시키고, 흰자는 미트볼이 뭉치게 하며, 우유에 적신 빵가루 역시 촉촉함과 부드러움을 더해준다.

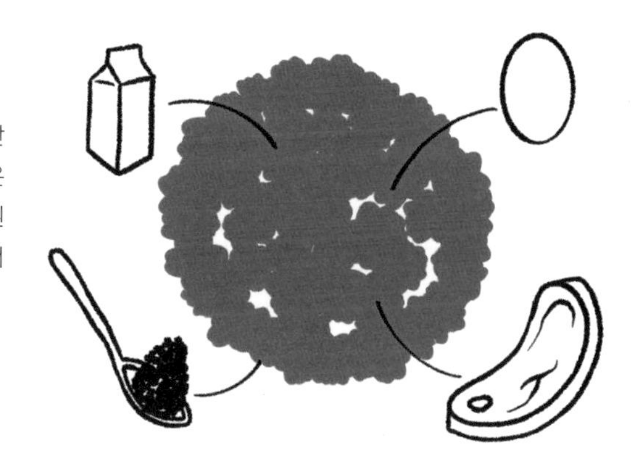

올바른 방법

홈메이드 소시지는 만들 때 왜, 다짐육에 미리 간을 해야 하나요?

만약 직접 소시지를 만든다면, 케이싱하기 전날 스터핑(내용물)에 미리 간을 해두자. 이것은 테린이나 파테를 만들 때와 정확히 같은 원리이다. 소금이 고기 깊숙이 침투하여 단백질 구조를 바꾸므로, 가열할 때 스터핑의 육즙이 훨씬 덜 빠진다(「테린과 파테」, 「소금」 참조). 이것이 촉촉하고 맛있는 소시지의 비결이다.

소시지, 메르게즈, 그리고 다른 치폴라타류에 절대 구멍을 내지 말라고요?

소시지의 케이싱은 스터핑을 촉촉하게 유지시켜준다. 또한 소시지를 익힐 때 약간 액체화되는 지방을 유지시키는 역할도 한다. 만약 소시지에 구멍을 뚫어놓는다면, 소시지의 수분과 지방이 빠져나가 본래의 상태보다 더 퍽퍽해질 것이다.
다른 효과로, 만약 바비큐를 한다면 지방이 흘러나와 숯불에 떨어지고, 불길이 치솟으며 여러분의 아름다운 소시지를 태우고 말 것이다. 소시지에는 절대, 절대로 구멍을 뚫으면 안 된다!

거 봐라! 소시지 안에 들어 있어야 할 것들이 흘러나와 탄다. 완전히 실패다!

왜 소시지 스터핑은 사지 않고 직접 만드는 편이 좋은가요?

왜냐하면 그 속에 정확히 무엇이 들어있는지 알 수 없기 때문이다! 당연한 소리! 일반적으로, 소시지 스터핑에는 별로 훌륭하지 않고, 맛있지도, 부드럽지도 않고, 지방이 많은 부위들이 들어간다. 간을 세게 하고 말린 허브를 넣어 맛을 낸다. 다 만들어진 소시지 스터핑은 대형마트의 다짐육과 약간 비슷하다. 피하는 것이 좋다! 반면 소시지 스터핑을 직접 준비한다면, 재료 혼합을 원하는 대로 할 수 있고, 진짜 좋은 생허브를 사용하거나 서로 다른 부위를 혼합할 수도 있다.

꼭 알아둘 것

왜 어떤 소시지는 익히는 중에 터지나요?

소시지 내부가 뜨거워지면, 그 안에 들어 있는 수분의 일부가 증기로 변한다. 수증기는 물에 비해 더, 정말 훨씬, 훨씬 더 부피가 크다는 것이 문제다. 정확히 말하자면 1700배나 더 크다. 그러므로 소시지에 들어 있는 수분의 일부가 수증기로 변하면 전체가 부풀게 된다. 그리고 이 모든 것을 붙들고 있는 것은 케이싱이다. 품질이 좋은 케이싱이라면 부피가 커져도 견딜 수 있지만, 품질이 나쁘다면 그 압력에 의해 찢어진다. 지나치게 뜨거워서 타게 되면 터질 수도 있다. 그러므로 소시지가 터졌다면, 그것은 케이싱의 품질이 나쁘거나 너무 높은 온도로 조리했다는 뜻이다.

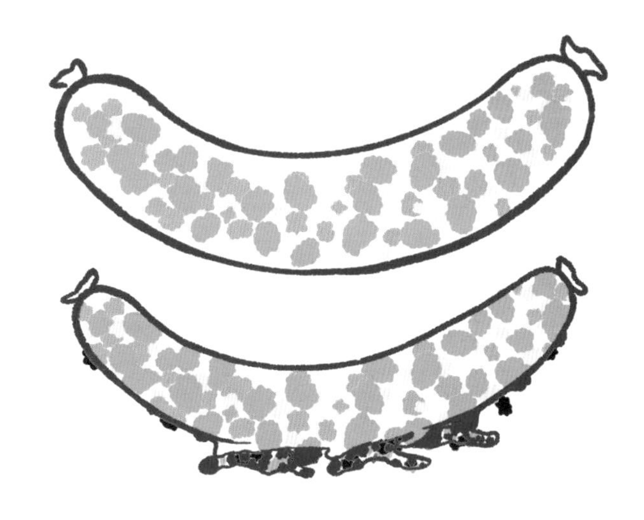

생선의 특성

생선은 원래 네모난 모양에 빵가루를 입고 있다고 생각하는 아이들도 있는 것 같다….
네모난 생선 도막은 있지만, 네모난 생선이 있을 리 없다!
생선은 맛과 질감, 그리고 영양의 질에서도 아주 훌륭한 식품이다.

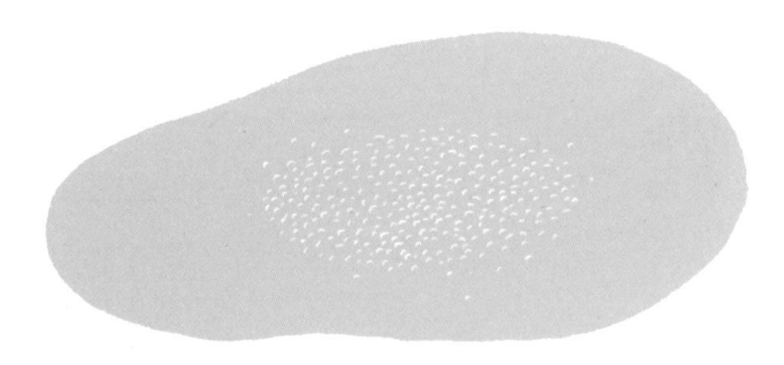

왜 어떤 생선은 등이 푸르스름한가요?

고등어, 멸치, 정어리, 바다빙어, 그리고 심지어 참치와 가다랑어에 이르기까지 이들은 모두 부어류로, 해수면 가까이에 서식하는 물고기들이다. 푸르스름한 빛깔을 띤 이들의 등은 물 위에 반사된 하늘의 빛깔과 비슷해, 포식동물로부터 가능한 한 안전하게 스스로를 지키는 역할을 한다. 이들은 보통 집단생활을 하며, 무리지어 이동함으로써 적에게 잡아먹히거나 무리에서 이탈되는 위험을 막는다.

놀라운 사실

납작한 생선은 왜 납작해졌어요?

이 생선도 다른 생선처럼 머리 양쪽에 눈이 달린 모습으로 태어난다. 이후, 아직 치어 상태일 때 납작한 모양으로 헤엄치기 시작하고, 그때부터 조금씩 아래쪽 눈이 위로 올라오기 시작한다. 성어가 되면 이들은 포식자들로부터 숨기 위해 모래 바닥, 진흙 또는 자갈 바닥 위에 납작하게 붙어 살아간다. 대문짝넙치와 광어는 왼손잡이라고 할 수 있는데, 왜냐하면 그들의 입이 눈의 왼쪽에 있기 때문이다. 반면 서대는 오른손잡이인데 입이 눈의 오른쪽에 붙어 있기 때문이다.

이것이 테크닉!

상어의 비늘은 아주 독특하다고요?

대부분의 생선 비늘은 둥글고 납작한 모양이며, 주로 보호 역할을 한다. 상어의 비늘은 이와는 매우 다르다. 굴곡이 있고, 뒤쪽으로 뾰족해지며, 가느다란 홈이 있는 이빨모양이다.

이러한 형태와 표면에 있는 독특한 돌기가 소용돌이를 일으켜 물로 인한 마찰과 흔들림 그리고 항력을 줄여줄 뿐만 아니라 더 조용한 이동이 가능하다. 비교연구에 따르면, 이 비늘이 납작하고 둥근 비늘보다 상어를 훨씬 빨리 이동할 수 있게 만들어준다.

한편 「리블렛 효과(Riblet Effect)」라고 부르는 이러한 특수성은, 항공 분야의 공기역학 전문가들과 포뮬러1 경기에서도 사용되었다.

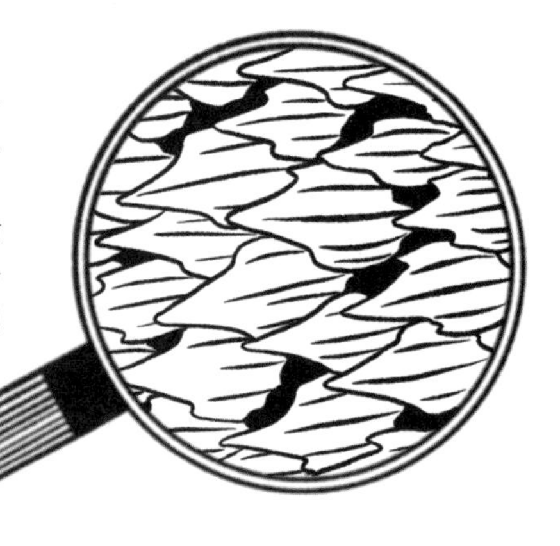

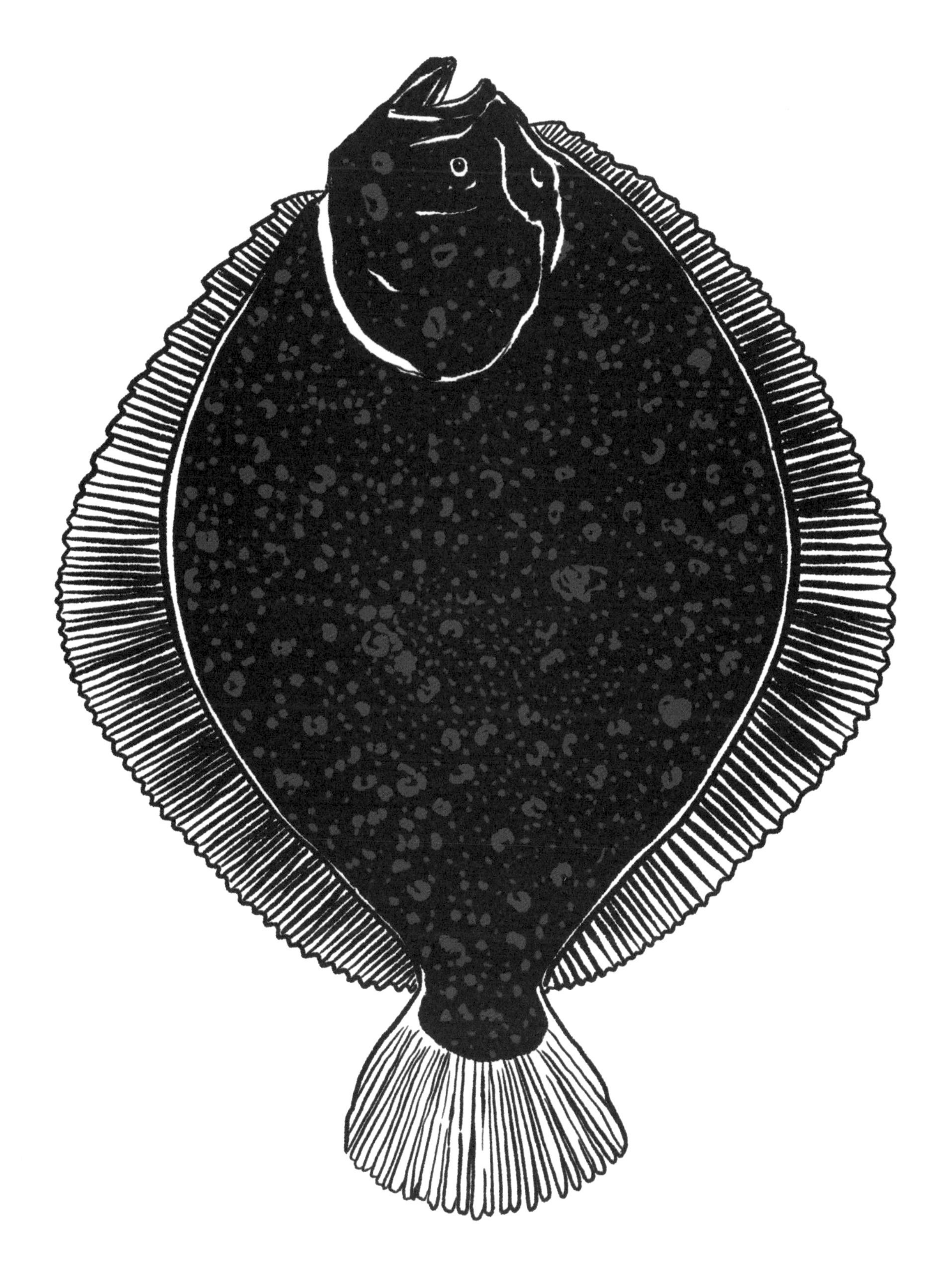

생선의 특성

미세한 차이

왜 대부분의 생선살은 흰색인가요?

생선은 물속에 떠 있기 때문에 몸을 떠받치기 위한 근육이 필요하지 않다. 오직 포식자로부터 재빨리 도망치기 위한 근육이 필요할 뿐이다. 게다가 빠르고 격렬한 힘을 필요로 하는 이 근육들은, 지구력이 있는 근육에 산소를 공급하는 붉은 단백질인 미오글로빈을 거의 함유하고 있지 않다(「고기의 색」 참조). 근육에 붉은 미오글로빈이 적게 들어 있기 때문에 생선살은 창백하며 흰색에 가깝다.

대구

그럼 참치의 살은 왜 붉은색인가요?

참치류의 생선은 빠르게, 오랫동안 헤엄친다. 그리고 헤엄치는 속도가 빨라질수록 물의 저항은 더 커진다. 따라서 이들의 근육은 튼튼하고 지구력이 있어야 하므로 훨씬 많은 미오글로빈이 필요하고, 그렇기 때문에 붉다.

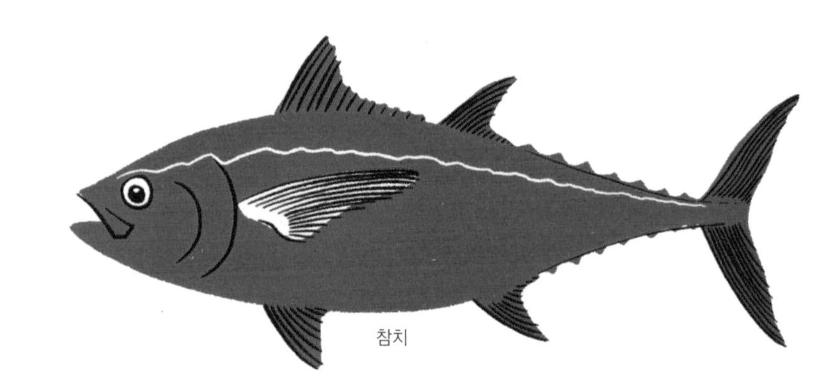
참치

연어와 송어는 왜 오렌지색인가요?

이 생선의 경우는 조금 다르다. 이들의 먹이가 되는 작은 갑각류와 새우류에는 아스타잔틴이라는 진한 붉은색 단백질이 많이 들어 있는데, 이 단백질의 영향으로 근육이 붉은색을 띤다. 한편, 익힌 바닷가재의 예쁜 붉은색도(「바닷가재」 참조) 아스타잔틴 때문이다.

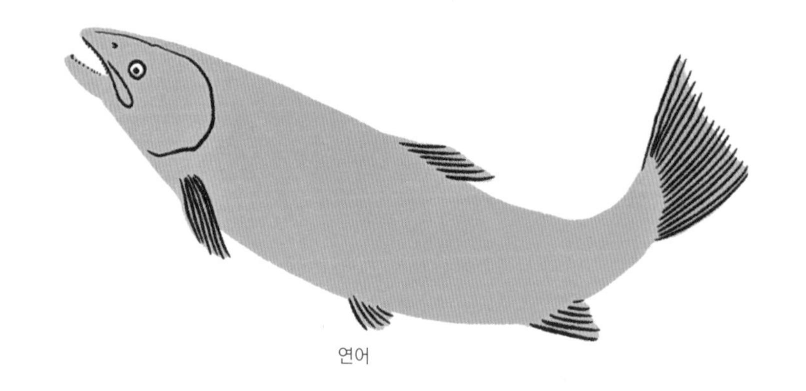
연어

연어에 관한 3가지 질문

1 왜 자연산 연어는 양식 연어보다 맛이 좋은가요?

먼저, 자연산 연어의 먹이는 계절과 어획 장소에 따라 다양하며, 이것이 연어의 풍부하고 복합적인 맛을 발달시킨다. 자연산 연어가 먹이를 찾기 위해서는 더 많은 노력이 필요한 만큼, 살과 육질이 바다의 큰 그물망 속이나 육지의 큰 수조에서 양식되고 1년 내내 같은 방식으로 단시간에 크게 키우기 위한 먹이를 먹는 양식 연어보다 더 단단하고 기름기는 적다.

2 왜 연어살의 갈색 부분은 맛이 없죠?

이 부분은 오래 헤엄치기 위한 근육으로, 다량의 미오글로빈이 들어 있다. 참치의 중심 근육과 마찬가지로, 여기서도 씁쓸하고 가벼운 금속성의 맛이 난다.

3 연어의 색이 품질을 나타내지는 않는다고요?

앞서 살펴보았듯이 연어의 핑크색은 대부분 먹이에서 비롯된다. 양식 연어의 경우는 1년 내내 선명한 오렌지색과 윤기, 균일함을 얻기 위해 매우 주의를 기울여 먹이를 선택하여 준다. 심지어는 오렌지색을 내는 단백질인 아스타잔틴의 용량 가이드처럼 연어의 살색을 조정하기 위한 색견본(그림을 그릴 때와 같은)도 있다!

자연산 연어의 살색은 본래 서식지에서 먹던 먹이에 따라 달라진다, 알래스카 연어의 살은 매우 붉은데, 주로 차가운 물속에서 사는 크릴과 작은 새우들을 먹기 때문이다.

반면에 발트해의 연어들은 매우 창백하고 우윳빛이 도는 핑크색 살을 갖고 있는데, 청어와 작은 청어류인 스프랫이 주된 먹이이기 때문이다.

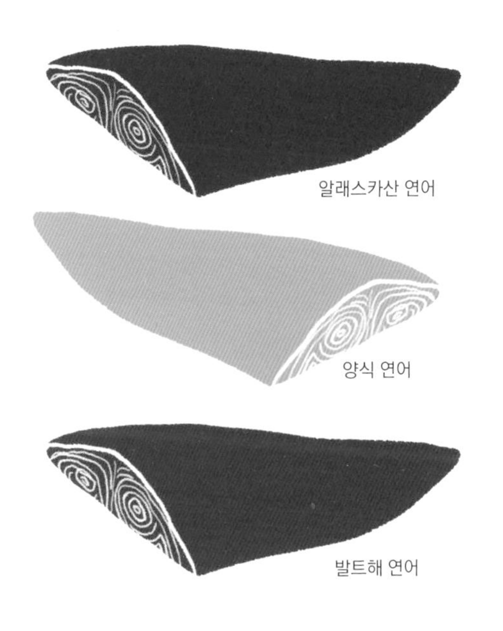

왜 생선을 먹으면 똑똑해진다고 하나요?

우리는 아이들에게 반복해서 이야기한다. 「생선을 먹으면 똑똑해진단다!」 물론 이것은 진실이다. 하지만 주의할 것이 있는데, 생선 종류와 익히는 방식에 따라 차이가 있다.

머리를 좋아지는 생선은 등푸른생선들로, 뇌의 신경세포가 일을 더 잘하도록 만들어주기에 충분한 양의 오메가-3를 지니고 있다. 그 외에도 오메가-3는 일부 뉴런 사이의 연결을 원활하게 하여 학습능력을 향상시키고, 지능을 발달시키며, 사고력을 증진시킬 뿐만 아니라 중추신경계와 망막에도 매우 이롭다.

그러나 생선을 아무렇게나 조리해 이 모든 오메가-3를 망가뜨리지는 말자. 튀김은 잊어버리고, 증기로 찌거나 오븐에 굽는 방식을 선택하라. 그리고 좀 더 맛있게 먹기 위해 버터에 볶은 채소나 신선한 허브를 조금 곁들이는 것도 좋다. 아이들을 위한 메뉴로는 연어, 고등어, 청어, 정어리, 참치, 송어, 아귀 등을 추천한다. 그러나 이성적으로 생각하여 그 모든 것을 한꺼번에 다 먹이지는 말자.

생선의 선택과 보관

세상에는 냉동 생선만 있는 것이 아니다. 신선한 생선도 있다!
신선한 생선을 잘 고르고 최상의 조건에서 보관하기 위해
몇 가지 알아야 할 것이 있다. 전혀 복잡하지 않다, 내가 보증한다!

왜 생선을 얼음 위에 직접 올려두면 안 되나요?

생선을 절대로 얼음 위에 올려두면 안 된다! 절대로, 절대로…. 좋은 생선장수는 언제나 얼음과 생선 사이에 종이 한 장을 끼워놓는데, 여기에는 2가지 이유가 있다.

① 그들은 얼음이 생선을 「익히고」 분자구조의 변형을 일으켜 결국 생선살을 망가뜨린다는 것을 알고 있다.

② 그들은 또한 얼음이 녹아 물이 되고, 거기서 박테리아가 아주 좋은 번식장소를 찾아 생선의 보존기간과 질을 떨어뜨린다는 것을 알고 있다.

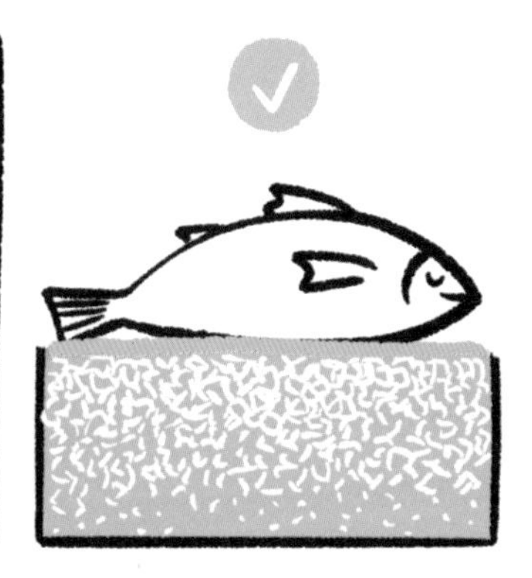

왜 생선에도 제철이 있다는 거죠?

1년 동안 일부 생선은 이동을 하기도 하고, 번식을 하거나, 좋은 먹이를 찾지 못할 수도 있다. 생선살의 질은 일정하지 않다. 번식 전까지 생선은 에너지를 저장해두는데, 이때 맛이 최고조에 이른다. 이후 생선은 비축된 에너지를 이동과 번식에 사용한다. 이후에는 맛이 없어지고, 속살은 스펀지처럼 푸석푸석해진다. 예를 들어, 농어는 연말 즈음 그 맛이 절정에 이르는 반면, 달고기는 한여름이 제철이다. 생선마다 제철이 언제인지 알아보라. 이는 나라에 따라 달라질 뿐 아니라 지역에 따라서도 달라진다.

잘 고르는 법

눈이 맑고, 아가미가 빨갛고, 껍질은 빛나며, 점액질로 조금 끈적이는 생선을 골라야 하는 이유가 뭔가요?

왜냐하면 이런 것들이 생선의 신선도를 나타내는 중요한 지표이기 때문이다.

눈은 수분을 포함하고 있어 투명함과 볼륨감이 있다. 시간이 지나 이 물이 증발하면, 눈의 부피가 줄어들고 투명함은 사라져 창백한 회색막이 눈을 흐리게 만든다. 그러므로 눈이 반짝반짝하는 생선을 골라야 한다.

아가미에는 미오글로빈이 다량 포함되어 있기 때문에 붉은색을 띠는데, 미오글로빈은 산소와 접촉할 때 색이 진해진다. 그러므로 아가미의 색이 진할수록, 더 나아가 갈색에 가까울수록 생선이 공기 중에 더 오래 노출되었다는 표시이므로 덜 신선하다.

껍질은 끈끈한 점액으로 뒤덮여 있는데, 이것이 생선을 수중세계에서 보호하는 역할을 한다. 생선이 싱싱할 때 점액은 촉촉하고 조금 끈적이지만, 점액이 말라 있다면 물에서 나온 지 오래된 생선이다.

웩!

왜 생선에서는 그렇게 금방 나쁜 냄새가 나죠?

모든 생선에서 다 같은 속도로 나쁜 냄새가 나는 것은 아니다. 민물고기는 심지어 손상된 경우에도 냄새가 별로 나지 않는 반면, 바닷물고기는 금방 냄새가 나빠진다. 바닷물고기 중에서 대구 또는 명태와 같은 일부 종류는 껍질이 얇아 다른 어종보다 더 빨리 냄새가 난다. 생선 비린내에는 3가지 이유가 있다.

① 바닷물고기는 스스로 염도를 조절한다. 바닷물의 소금 함량은 3%이지만, 생선의 소금 함량은 그 1/3밖에 안 된다. 생선이 죽으면, 이 염도를 조절하는 물질이 상하면서 소량의 암모니아 계열의 가스를 발생시킨다.

② 생선이 살아 있을 때, 생선의 면역체계는 생선껍질뿐 아니라 아가미, 내장 속에 사는 박테리아로부터 스스로를 보호한다. 생선이 잡히면, 이 면역체계는 정지되고 일부 박테리아가 살로 침투하여 역시 다른 암모니아 계열의 가스인 메틸아민을 더 많이 생산한다.

③ 다른 화학반응도 일어난다. 썩은 달걀에서 나는 황냄새, 역한 식초냄새 등, 간단히 말해 신선하지 않은 바닷물고기에서는 냄새가 매우 심하게 난다!

냉장고에 넣기 전에 생선 전체를 재빨리 씻고 닦으라고요?

만약 생선 내장을 제거하지 않았다면, 가능한 한 빨리 생선을 흐르는 물에 헹구어 내장뿐만 아니라 생선 내부와 껍질에 존재하는 박테리아를 제거하여 끈적거리지 않게 한다❶. 이어서, 헹군 생선을 완벽하게 닦아 물과의 접촉으로 다른 박테리아가 발달하는 것을 막는다❷. 마지막으로 생선을 키친타올이나 랩으로 싸서 공기 중 산소와의 접촉을 막는다❸.

왜 서대는 며칠 두었다가 요리해야 하나요?

먼저, 고기를 잡은 후 며칠 동안은 살이 나무토막처럼 단단하고 맛이 별로 없다. 특히 가열할 때, 결합조직이 조여지며 생선이 말리면서 팬 바닥과 잘 닿지 않는다. 완전히 재앙이다! 그러므로 그날 잡은 서대를 요리하는 건 불가능하다. 고기를 잡은 후 3일은 기다려야 생선 살이 부드러워지고 불포화지방이 「숙성」되어 맛이 훨씬 좋아진다.

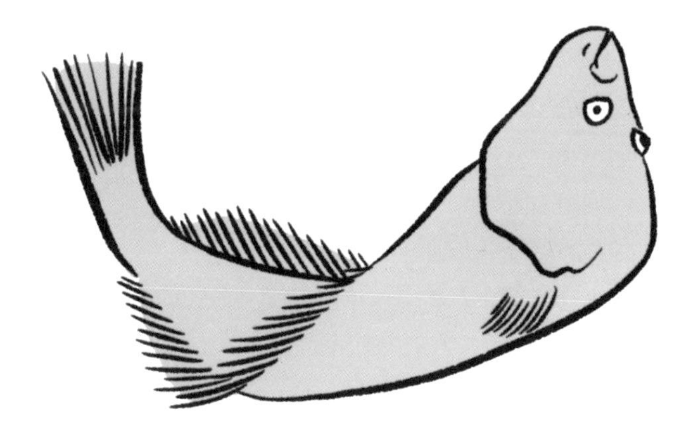

이것이 테크닉!

생선의 염분을 뺄 때 왜 물을 여러 번 바꿔야 하나요?

염분을 빼는 동안 생선에서 소금기가 빠지고(이것이 주목적이다), 이 소금은 생선이 담긴 물에 녹아 나온다. 이것이 삼투압 원리이다. 그런데 한 가지 알아두어야 할 것은, 물은 제한된 양의 소금밖에 녹일 수 없다는 것이다(정도를 넘어서면 물은 포화상태가 된다). 그러면 생선 속 소금이 점점 빠져나오기 어려워져 빠지는 속도가 느려진다. 물을 규칙적으로 갈아주면, 이 현상을 피할 수 있어 염분을 훨씬 빨리 효과적으로 뺄 수 있다.

일본의 생선

고래 사냥과 냉동 생선으로 만든 스시는 그만 잊어버리자.
일본에서 생선은 일종의 철학이자 예술이라고 할 수 있다. 무엇이 그만큼 우리에게 영감을 줄 수 있겠는가….

짤막한 역사

왜 일본에서는 생선을 그렇게 많이 먹나요?

먼저, 일본은 7,000개에 달하는 섬으로 이루어진 열도로, 인구의 대부분이 바닷가 근처에 살고 있다. 어디에나 바다가 있다.
다음으로, 7세기에 불교가 전파되면서부터 1870년 메이지 일왕의 새로운 허가가 있기 전까지 육류 소비가 금지되었다는 것을 알아둘 필요가 있다. 그 영향이 남아 있는 것이다.
마지막으로, 일본은 주로 산지와 화산지형으로 이루어져 있어 농업이 발달하기 매우 어렵다. 그런 이유에서 일본인들은 생선을 잡고 가공하는 기술을 넘어 수세기 동안 진정한 전문분야를 발달시킬 수 있었다.

이것이 테크닉!

이케지메는 어떻게 생선의 맛과 질감을 훌륭하게 만들어주나요?

여기서는 일본인이 아닌 사람들에게 완전히 새로운 식감과 맛, 진정한 생선의 맛을 선사하는 무언가에 대해 다뤄보도록 하겠다. 여러분이 생선맛은 이미 알고 있다고 이야기하는 소리가 들리는 듯하다. 그런데 아니다. 미안하지만 아니다! 당신은 「진짜 생선의 맛」이 아니라 「죽은 생선의 맛」을 알고 있을 뿐이라고 일본인들은 말한다. 갑판 위에서 천천히 죽어간 생선의 맛 말이다.
게다가 생선이 겪은 스트레스는 다른 동물들이 겪는 스트레스와 마찬가지로 살을 단단하게 만든다. 근육이 빠르고 강하게 경직되어, 수축으로 인해 섬유질이 말 그대로 찢어진다. 한 번 사후경직이 지나가면 생선은 완전히 흐물흐물해진다.
뇌를 찔러 활어를 즉살하는 이케지메의 원리는 이것을 피하는 것이다. 15분에 걸쳐 질식으로 죽는 대신, 생선은 순식간에 느낄 새도 없이 어떤 스트레스도 없이 죽는다.

❶ 생선을 한 마리씩 부드럽게 눈 사이에 있는 소뇌에 철사를 관통시켜 즉사시킨다. 이것은 간단하고 빠르며 고통이 없고, 생선은 그 순간에 뇌사상태에 빠진다.
❷ 꼬리쪽에 칼집을 내어 피를 뺀다.
❸ 등뼈에는 다른 철사를 넣어 척수를 빼낸다. 이렇게 하면 사후경직이 천천히 오고, 근섬유는 찢어지지 않은 상태로 부드럽게 수축한 다음 다시 연해진다.
마지막으로, 생선을 최대 2주까지 「숙성」시키면 생선살이 부드러우면서도 씹는 맛이 있고, 풍부한 맛의 아미노산이 많이 나온다(「숙성」 참조).

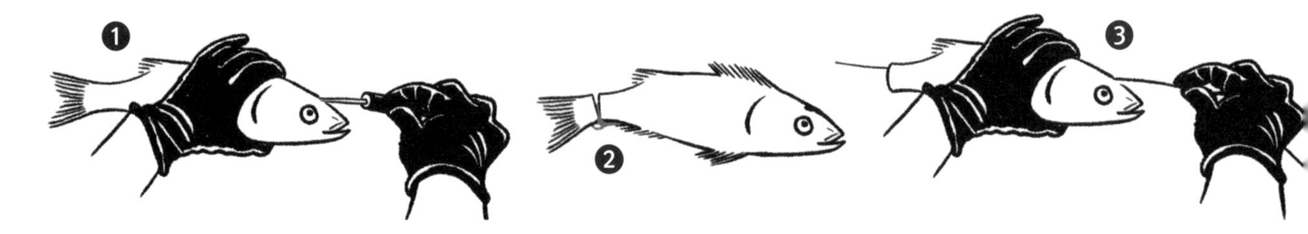

왜 아시아식 오버 칠링법은 생선을 더 오래 보관할 수 있게 하나요?

보통 생선을 0~4℃의 냉장고에 보관하는 것이 효과적이라고 생각한다. 그러나 아시아, 특히 일본이나 한국에서는 생선을 더 건조한 상태로 영하 2~3℃의 더 낮은 온도에서 보관한다. 이 온도에서 생선은 얼지 않는다. 왜냐하면 내부온도가 -18℃에 도달해야 얼기 때문이다. 지나치게 낮은 온도로 식힌다는 뜻의「오버 칠링(over-chilling)」방식은 수분을 얼려 박테리아의 번식을 크게 줄인다. 이 생선들의 보존 기간은 2배로 길어지고, 살의 품질도 저하되지 않는다.

왜 일본에는 연어스시가 별로 없나요?

연어에는 익히거나 냉동시켜도 죽지 않는 기생충이 들어 있을 수 있다. 그러나 일본인들은 특히 연어의 뒷맛에서 불쾌한 흙맛이 난다고 생각한다. 일본의 고급 스시전문점에서는 절대 연어스시를 찾아볼 수 없다.

왜 생참치에서는 여러 가지 맛이 나죠?

참치의 등뼈 주변에 붙어 있는 근육들은 가장 힘이 세다. 이 근육들은 헤엄치기 위한 근육으로, 다량의 미오글로빈을 함유하고 있어 날것으로는 먹지 않는다. 일식당에서 사용하는 참치에는 세 가지 다른 부위가 있다. 지방이 없는 부위부터 기름진 부위, 그에 따라 색이 진한 부위부터 연한 부위로 나뉘며, **아까미(등살), 주토로(중뱃살), 오토로(대뱃살)**라고 부른다. 오토로는 가볍게 숙성시킴으로써 섬유질을 무르게 하여 부드럽게 만든다. 와규의 지방이 그렇듯, 기름진 부위일수록 혀에서 살살 녹는다.

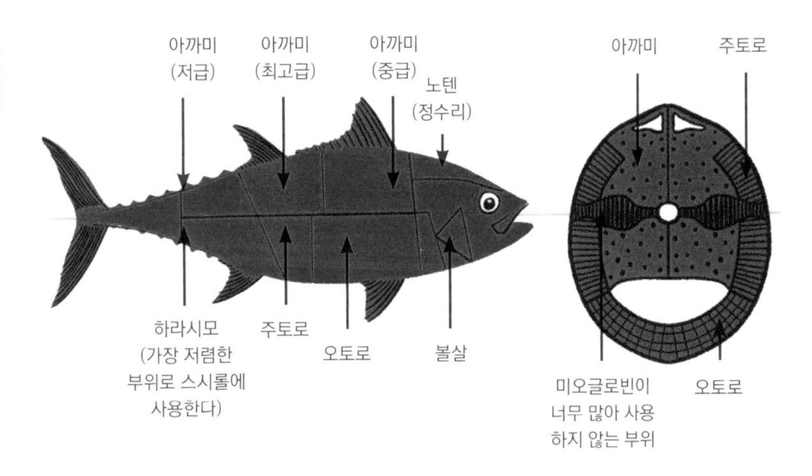

복어에 관한 2가지 질문

왜 복어는 치명적일 수 있나요?

복어는 간과 내장, 난소, 콩팥, 아가미, 그리고 눈에 테트로도톡신이라는 치명적인 독이 들어 있다. 분명한 것은, 이 독에 대한 해독제가 없다는 것이다. 이 물질은 먼저 신경계의 신호를 차단시킨 다음, 근육과 횡격막을 마비시킨다. 이 독을 먹은 사람은 몇 시간 후 호흡곤란으로 사망한다. 자신에게 어떤 일이 닥칠지 온전히 인식하고 있는 상태로 말이다…. 오늘날 대부분의 복어는 양식되며 독을 지니고 있지 않지만, 이들의 육질은 자연산 복어에는 훨씬 못 미치는 수준이다.

복어가 왜 그렇게 귀하고 인기 있나요?

일본과 한국에서는 복어요리사 국가기술자격증을 획득한 요리사만이 복어를 다룰 수 있다. 복어 요리가 왜 복잡한지 알 수 있는 부분이다. 물론 복어회를 맛볼 때 두려움이 들긴 하지만, 씹는 맛이 있으면서도 부드러운 식감, 가벼운 단맛과 신맛은 애호가들을 즐겁게 해준다.

캐비어와 기타 생선알

맞다, 캐비어는 비싸다. 캐비어는 아주 유명한 와인과 같은 고급식품이다.
다 좋다! 하지만 솔직히 말해 좋은 캐비어나 완벽하게 숙성된 어란을 맛보고 다시 이야기하자….

놀라운 사실

철갑상어가 그렇게 특별한 생선인가요?

철갑상어는 경골어류로, 비늘이 없고 파충류처럼 진흙 바닥 위를 천천히 움직인다. 무척추동물과 작은 어류를 먹이로 삼으며, 공기 중에서도 몇 시간 동안 생존할 수 있다는 특이점이 있다.
연어와 같은 소하성 어류로, 민물에서 알을 낳는다. 알에서 깨어나면 철갑상어 치어는 강을 타고 내려가 강 하구에서 살다가, 다시 알을 낳기 위해 강을 거슬러 올라가기 전까지는 바다에 머무른다. 현존하는 가장 오래된 어류로, 공룡과 동시대에 속하는 1억년 이상 된 철갑상어의 흔적도 존재한다.

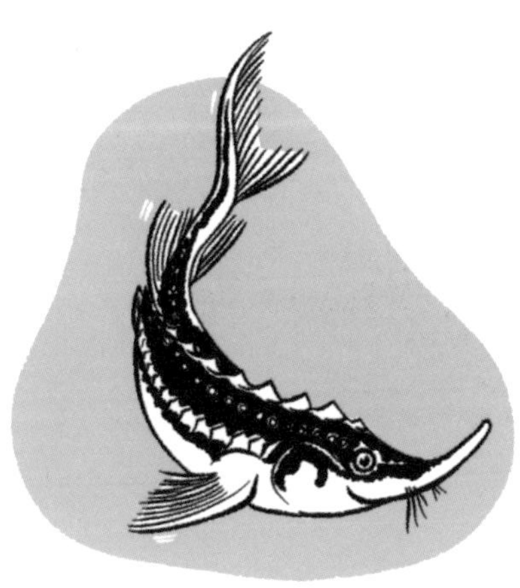

왜 캐비어의 색은 여러 가지인가요 ?

알의 색은 어종에 따라 다르지만, 같은 어종 사이에서도 개체마다 다르다. 염장 과정 역시 영향을 미치는데, 이때 색이 더 짙어지기 때문이다. 오세트라(Oscietra)는 황금빛에서 연한 갈색이 돌고, 벨루가(Beluga)는 다소 맑은 진회색이며, 세브루가(Sevruga)는 어두운 회색, 유럽 캐비어 양식에서 가장 흔한 종인 바에리(Baeri)는 진한 적갈색, 흰 철갑상어는 진한 검은색 알을 낳는다.

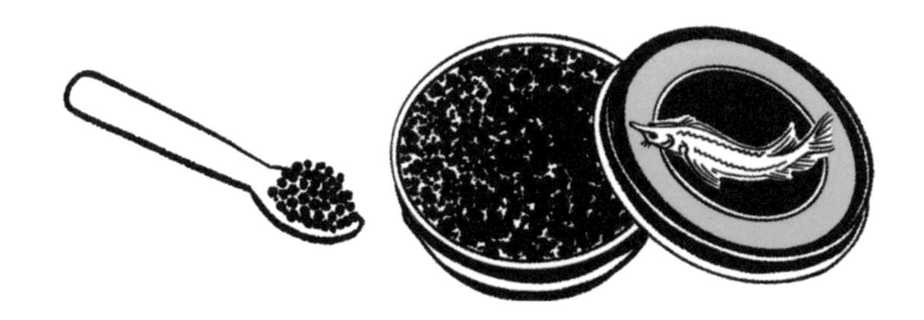

캐비어 알의 크기는 왜 서로 다른가요?

이 역시 어종과 상어의 크기에 따라 다르다. 상어가 클수록 알이 굵다.

가장 작은 크기는 2~2.5㎜

바에리(몸길이 0.5~1m, 무게 7~30㎏)
세브루가(몸길이 0.7~1.5m, 무게 30~80㎏)
흰 철갑상어(몸길이 0.7~1.3m, 무게 20~80㎏)

중간 크기는 2.5~3.5㎜

오세트라(몸길이 1.5~2m, 무게 80~150㎏)
아무르강 철갑상어(몸길이 1.5~2m, 무게 100~190㎏)

가장 큰 크기는 3.5~4㎜

칼루가(몸길이 1.5~6m, 무게 100~1,000㎏)
벨루가(몸길이 1.5~6m, 무게 100~1,000㎏)

왜? 그리고 어떻게?

캐비어는 왜 그렇게 비싼가요?

먼저, 알을 얻기 위해 철갑상어를 남획한 결과 20세기 말에 철갑상어의 개체수가 크게 줄었기 때문이다. 오늘날 철갑상어 포획은 실질적으로 금지되었으며, 공급되는 캐비어의 대부분은 양식을 통해 얻는다.
또한, 철갑상어는 성어가 되기까지 아주 오랜 시간이 걸리는데, 3년 정도 되어야 성별을 구분할 수 있다. 암컷은 작은 어종의 경우 6~9년 사이에 알을 낳지만, 벨루가처럼 큰 어종은 15년 또는 20년은 지나야 알을 낳는다.
당연히 알을 얻기 위해서는 철갑상어를 잡아야 하기 때문에 철갑상어 한 마리에서 알은 한 번밖에 얻을 수 없다.

알을 채취한 다음 가공하는 것은 섬세한 노하우의 결실이며, 완전히 수작업으로 이루어져 명품의 가치를 높인다.
❶ **알집의 채취.** 알이 들어 있는 주머니인 알집은 미리 잡아 피를 빼놓은 철갑상어에서 채취한다.
❷ **체로 거르기**는 얇은 껍질과 막을 제거하기 위한 과정이다.
❸ **염장**은 보존을 위한 것으로, 사용하는 소금의 질과 양은 알의 조직과 품질에 따라 달라진다. 소금을 너무 적게 넣은 캐비어는 빨리 상하고, 너무 많이 넣으면 알에서 물이 빠져 끈끈해진다. 염도는 다양한데, 말로솔(Malossol) 캐비어의 경우 3%로 보존기간이 매우 짧고, 염도가 가장 높은 것은 10%에 달해 변질은 덜하지만 섬세함이 떨어진다.
❹ **건조**는 염장 후 알에서 나온 수분을 빼는 과정이다. 건조가 지나치면 알이 마르고 끈끈해지며, 충분하지 않으면 물기에 잠겨 맛이 희석된다. 이 과정은 5~15분 정도 걸린다.
❺ **포장** 역시 섬세한 과정이다. 공기와 넘치는 물기를 제거하면서도 충분한 습기를 유지하고, 알이 눌리지 않게 공간도 확보해야 한다.
❻ **숙성**은 -3℃ 냉장실에서 시작되며, 염분이 이 온도에서 알이 어는 것을 막는다. 어종, 알의 크기, 양식산지, 생산 용도에 따라 이 숙성 과정의 진행방식은 달라지며, 3개월 후 캐비어는 가장 훌륭한 맛으로 발달한다.

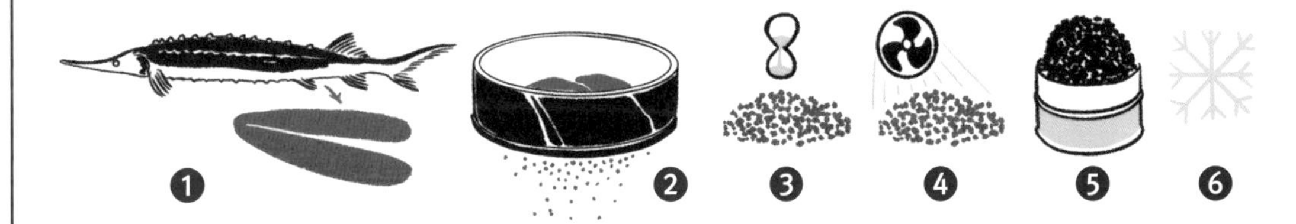

그리고 왜 그렇게 맛있나요?

캐비어 시식은 눈으로부터 시작한다. 윤기, 반짝임, 황금색에서 진한 회색을 지나 재와 같은 검은색으로 물드는 색, 알의 크기, 균일함. 입안에서는 캐비어를 혀와 입천장 사이에서 굴리며 알의 조직, 단단함, 탄성을 느낀다. 이어서 우리는 신선한 맛의 복합적인 팔레트를 단번에 발견하게 된다. 가볍거나 진한 요오드의 향, 헤이즐넛, 호두, 캐슈넛, 버터 등의 향기를….
벨루가는 매우 얇은 막과 헤이즐넛, 섬세한 버터의 향을 지닌 알을 낳는다. 입안에서 매우 긴 여운을 남긴다. 가장 귀한 캐비어이다.
오세트라의 알은 더 단단하여 입안에서 굴리기 쉽고, 바다와 견과류의 향이 나며, 섬세하고 매우 균형 잡힌 맛이다. 가장 클래식한 캐비어이다.
바에리의 알은 상당히 단단하며, 가장 먼저 느껴지는 과실향에 이어 미네랄의 풍미와 나무향이 느껴진다.
흰 철갑상어의 캐비어는 향이 강하고, 입안에서 긴 여운과 함께 상당히 복합적인 풍미, 가벼운 요오드와 신선한 호두향을 느낄 수 있다.

왜 캐비어를 맛볼 때는 뿔이나 자개로 만든 스푼을 사용해야 하나요?

은스푼과 알이 접촉할 때 일어나는 화학반응으로 인해 캐비어에서 금속 맛이 느껴질 수 있다. 이 문제가 생기지 않도록, 완전히 중성을 띠는 뿔이나 자개로 만든 스푼을 사용한다.

캐비어와 기타 생선알

연어알

도치알

숭어알

왜 암컷 물고기는 그렇게 많은 알을 품고 있나요?

아주 간단하게도 그 알들의 대부분은 다른 물고기들의 먹이가 되고, 또 다른 일부는 부화하지 못하기 때문이다. 알이 부화할 확률은 1/1,000에서 1/2,000,000 정도로 추정된다! 부화가 되어도 유어 상태에서는 수많은 포식자들이 골라 잡아먹는 먹이가 된다.

냠냠!

왜 생선알은 그렇게 맛있나요?

달걀처럼 각각의 생선알에는 생명을 탄생시킬 수 있는 중심세포가 있고, 이를 끈끈한 액체가 둘러싸고 있다. 알이 수정될 경우에 필요로 하는 모든 영양분을 담고 있는 극도로 농축된 이 영양분 속에는, 20%에 달하는 지방과 감칠맛을 내는 아미노산이 풍부하게 들어 있다.

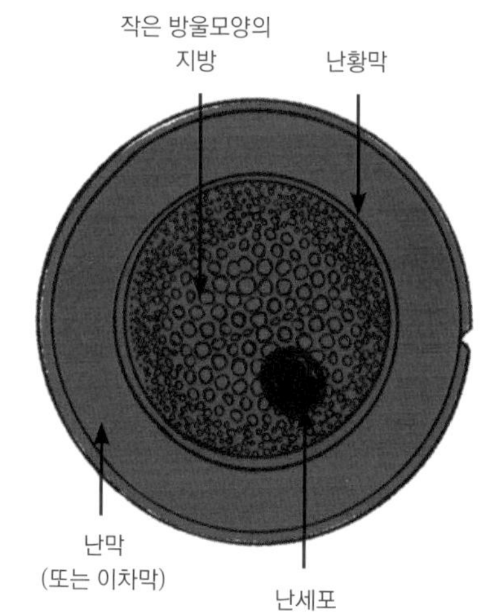

톡톡!

왜 생선알을 깨물면 입안에서 터지나요?

생선알은 수정시에 수컷의 정자가 뚫고 들어갈 수 있도록 얇은 막으로 둘러싸여 있다. 갓 낳은 알일수록 단단하며, 오래된 알일수록 부드러워 바로 수정이 가능하다. 알을 씹지 말고, 혀와 입천장 사이에서 터뜨려보자. 생선알의 맛과 향을 온전히 즐길 수 있을 것이다.

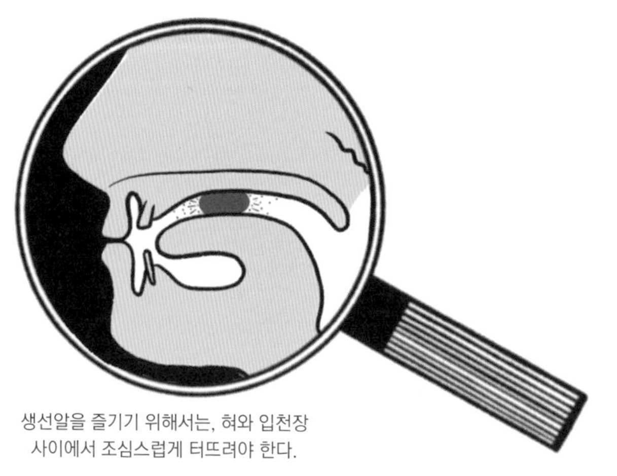

생선알을 즐기기 위해서는, 혀와 입천장 사이에서 조심스럽게 터뜨려야 한다.

연어알에 관한 2가지 질문

❶ 연어알에 제철이 있다고요?

연어는 바다에 살지만 민물에서 알을 낳는 소하성 어류이다. 연어알은 산란 직전에 채취하며, 서식지역(연어를 잡은 지역), 어종에 따라 포획 시기가 달라진다. 북쪽에서는 큰 추위와 강이 얼어붙는 것을 피해 산란기가 빠르고, 남쪽에서는 가을 무렵에 산란을 한다.

❷ 왜 연어알과 송어알은 오렌지색인가요?

「생선의 특성」에서 살펴보았듯이, 연어와 송어의 살은 오렌지색이다. 이들이 카로티노이드계 천연색소인 아스타잔틴을 함유한 갑각류를 먹이로 삼기 때문이다. 암컷이 번식을 준비할 때, 아스타잔틴은 난소로 들어가 알에 그 오렌지색을 입힌다. 이 색은 빛으로 인한 손상으로부터 알을 보호하는 역할을 하며, 수컷이 수정을 위해 보다 쉽게 알을 찾을 수 있게 해준다.

주의!

왜 어떤 도치알은 빨갛고 또 어떤 알은 검은가요?

도치(또는 럼피시)는 북대서양 또는 발트해에 서식하는 작은 생선이다. 본래 도치의 알은 회색이며, 식욕을 돋우기 위해 붉은색 또는 검은색 색소로 물들인 것을 볼 수 있다. 자연스러운 구석이라고는 찾아볼 수 없는 색이다….

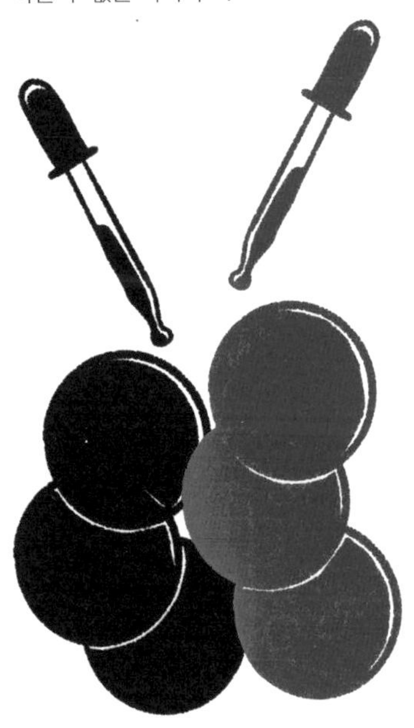

왜 타라마*에는 흰색과 핑크색이 있나요?

대구알로 만든 타라마는 흰색이고, 숭어알로 만든 타라마는 자연적으로 핑크색이 더 난다. 대형마트에서 판매하는 타라마는 핑크색인데, 색소를 넣었기 때문이다. 그건 그냥 잊어버리자. 진짜 타라마는 조직이 가볍고 매끄러우며 생선알, 빵가루, 오일, 그리고 크렘 프레슈(생략 가능)만 넣어 만든다. 다른 것은 들어가지 않는다!

* 생선알을 절여 만든 스프레드.

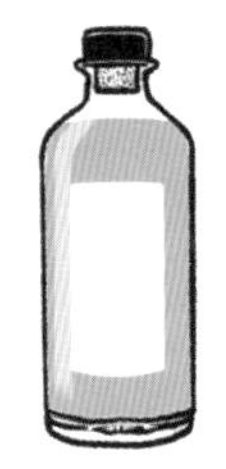

보타르가(어란)에 밀랍을 바르는 이유는 무엇인가요?

염장하여 약 2주일 동안 말린 숭어의 알주머니를 누른 다음 밀랍을 입힌다. 이 밀랍은 공기로 인한 산화를 막는 보호막이자, 가장 좋은 순간에 숙성을 멈춰 더 오래 보존할 수 있게 한다. 아참, 이 밀랍은 먹지 않으니 벗겨내도록 한다! 하지만 반드시 먹기 직전에 벗겨 보타르가가 마르지 않게 한다.

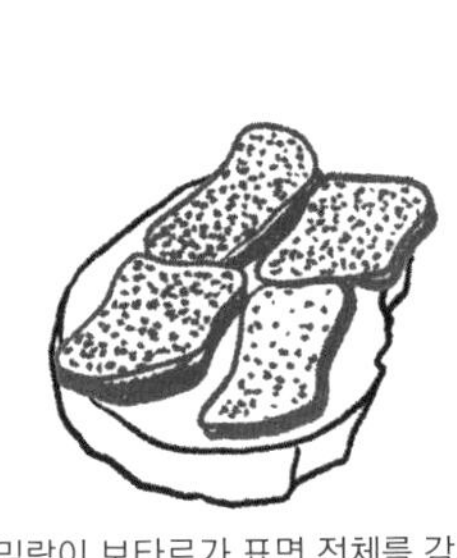

밀랍이 보타르가 표면 전체를 감싸 마르는 것을 막는다.

조개류

외투막, 족사, 점액, 해감, 그리고 또 생식선, 삼배체, 그리고 첫물….
조개가 지닌 요오드의 풍미와 섬세함을 알 수 있다.
조개에 대해 짤막하게 공부하면서 바다향을 진하게 느껴보자.

폭풍우가 지나간 후 바닷가에 물레고둥이 많이 보이는 이유는 무엇인가요?

물레고둥은 닭새우처럼 육식을 하며 생물의 시체를 먹고 산다. 폭풍우가 몰아치는 동안 물레고둥은 파도에 휩쓸려 다니며 해안 가까이로 이동하여, 바다가 요동칠 때 죽은 생물들을 먹는다.

그리고 왜 전복은 먹기 전에 두드려야 하죠?

전복은 단단한 근육질로 이루어져 있어 마치 소의 일부 부위처럼 숙성이 필요하다. 전복 껍질을 벗긴 다음(전복은 바로 죽는다, 안심해도 좋다), 냄비 바닥이나 제과용 밀대를 사용해 10번가량 두드려줘야 한다. 그리고 보통 몇 분간 주물러준 다음, 냉장고에서 3~4일 정도 숙성시켜 풍미를 발달시키는 것이 좋다.

왜 조개를 먹기 전에 외투막을 제거해야 하나요?

외투막은 바닷물을 걸러 조개의 먹이를 최대한 깨끗하게 만드는 역할을 한다. 그러므로 이 조직에는 바다의 불순물들이 묻어 있다. 아주 적은 양이라고 해도 먹지 않도록 한다.

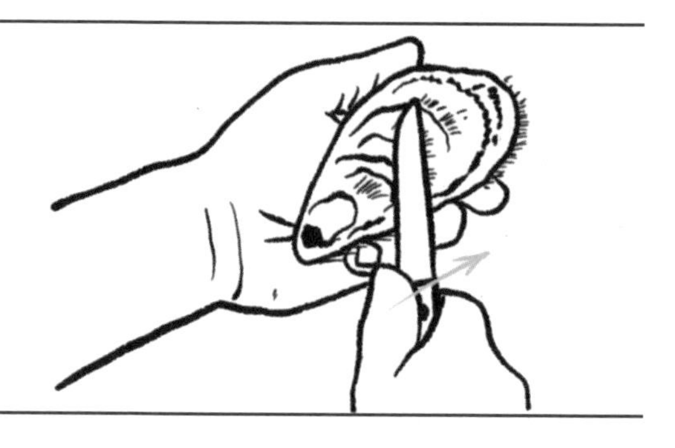

올바른 방법

왜 경단고둥과 물레고둥은 익히기 전에 해감을 해야 하나요?

이들은 바다의 달팽이들로, 육지에 사는 달팽이처럼 아주 많은 점액을 분비한다. 만약 점액을 빼지 않은 채 경단고둥이나 물레고둥을 익힌다면, 조리 중에 나오는 끈적끈적한 점액질로 뒤덮이게 된다. 이런 불쾌함을 피하기 위해 식초를 조금 넣은 매우 진한 소금물에 고둥을 1시간 동안 담가두고, 여러 번 물을 갈아준다.

왜 꼬막, 대합, 사마귀조개, 삼각조개 등은 먹거나 익히기 전에 소금물에 담가두어야 하나요?

이들은 땅 속으로 파고드는 조개들로, 모래밭이나 진흙 속에 산다. 이 조개 내부에는 보통 모래가 들어 있다. 이것을 제거하기 위해서는, 좀 더 정확히 말해 조개가 이것을 뱉어내게 하려면, 조개를 매우 진한 소금물(바닷물과 같은)에 2~3시간 동안 담가두어야 한다.

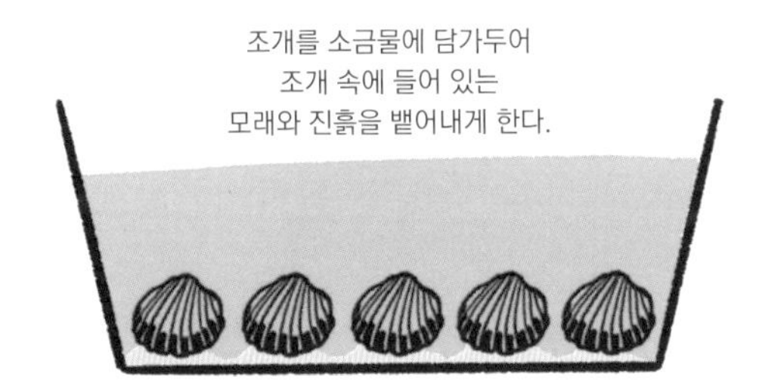

조개를 소금물에 담가두어
조개 속에 들어 있는
모래와 진흙을 뱉어내게 한다.

왜 홍합의 족사는 미리 떼어내서는 안 되고, 세척 후 제거해야 하나요?

족사는, 홍합이 양식장의 나무기둥이나 긴 덤불과 같은 물체에 붙어 있기 위해 만들어내는 실이다. 족사는 홍합 살에 단단하게 붙어 있어서, 뽑아내면 홍합이 조금 열린다. 만약 이것을 세척 전에 제거한다면, 홍합이 씻는 물의 일부를 흡수하여 맛이 떨어질 수도 있다. 족사는 가열하기 전 마지막 단계에서 제거한다.

그런데 홍합은 담가두지 않는다고요?

꼬막, 대합 등과는 달리 홍합은 모래 속에서 살지 않는 여과섭식성 조개로, 플랑크톤을 먹기 위해 바닷물을 걸러낸다. 홍합을 물에 담가두면 홍합이 여과를 시작해 지니고 있는 맛을 잃는다. 그러므로 홍합은 흐르는 물에 씻는다.

홍합을 흐르는 물에 씻으면,
물을 여과하지 못하므로
홍합의 맛이 빠져나가지 않는다.

왜 지중해산 홍합이 가장 큰가요?

지중해산 홍합은 대서양과 망슈(Manche) 지역에서 흔히 보는 것과는 다른 종으로, 요즘 들어 이곳저곳에서 자주 보이기 시작했다. 지중해 홍합의 학명은 미틸루스 갈로프로빈키알리스(*Mytilus galloprovincialis*)로, 대서양에서 자라는 미틸루스 에둘리스(*Mytilus edulis*)보다 더 크고 맛은 조금 덜하다.
지중해 홍합은 일반적으로 「스페인 홍합」이라고 불리는데, 흔히 소를 채워 내거나 해산물 플래터에 생으로 내기도 한다.

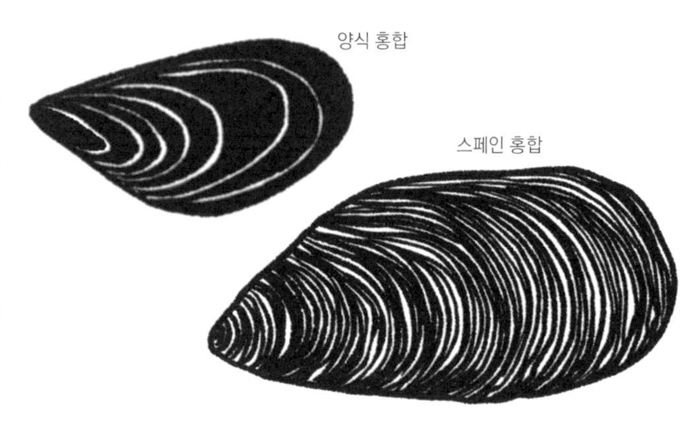

조개류

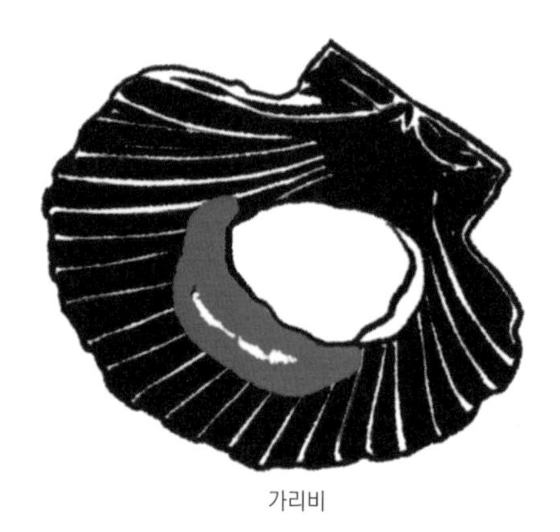

가리비

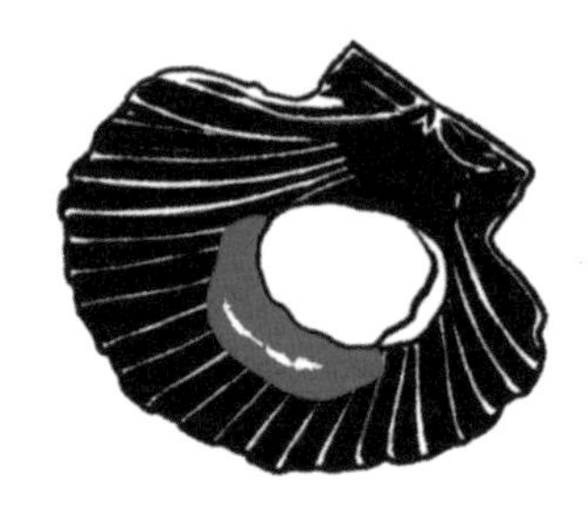

국자가리비

어떻게 금어기에도 가리비를 살 수 있죠?

가리비 채취는 프랑스에서 매우 강력하게 규제되고 있다. 가리비는 10월 1일부터 5월 15일까지, 하루에 5시간 동안 채취가 가능하며, 이는 조수간만의 차이에 따라 유동적이다. 하지만 다른 국가의 규제는 다른데, 예를 들어 영국과 아일랜드는 가리비 채취를 연중 허가한다. 그러므로 프랑스에서 금어기 동안에 판매되는 가리비는 외국산이다.

미묘한 차이

왜 가리비와 국자가리비를 혼동해서는 안 되나요?

같은 가리비과에 속하기는 하지만, 두 조개는 매우 다르다. 유럽의 국자가리비는 훨씬 작고 껍질이 볼록한 반면, 가리비는 아래쪽 껍질은 납작하고 위쪽은 볼록하다. 특히 맛의 차원에서 차이가 분명하다. 국자가리비는 섬세함이 훨씬 덜하고, 맛이 별로 없다.

놀라운 사실

가리비는 살아 있는 동안 생식소의 색이 변한다고요?

가리비는 자웅동체로, 생식소의 흰 부분은 수컷, 오렌지색 부분은 암컷의 기관이다. 이 생식선은 갓 태어났을 때는 흰색인데, 조개류는 일단 수컷으로 태어나기 때문이다. 이후 성별이 바뀌어 암컷이 될 때 생식소의 색이 오렌지색으로 변한다. 가리비는 두 성별을 다 가지고 있는 셈이다. 5월에서 9월 사이 산란기가 가까워지면 생식소의 부피가 점점 커진다.

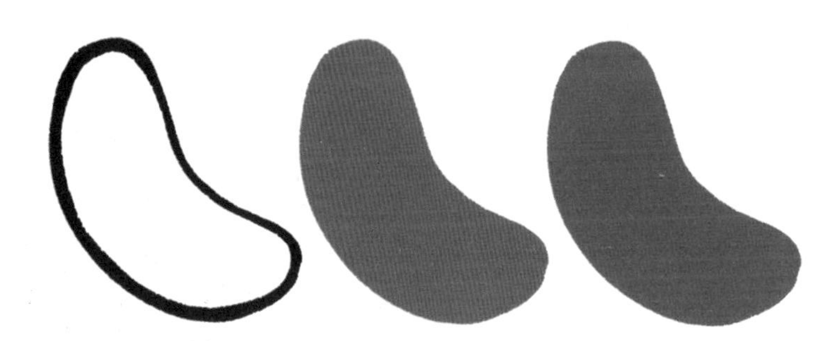

왜 가리비는 특정 시기에 더 단맛이 나나요?

산란기 직전이 되면, 가리비 내부에 미래 유생들의 에너지원이 될 포도당이 축적된다. 포도당이 당분인 만큼 가리비에서 단맛이 나게 된다. 또한 가리비를 구울 때 캐러멜화되어 먹음직스럽게 노릇한 색을 내는 데 도움이 된다.

굴에 관한 4가지 질문

1 굴을 열었을 때 처음 나오는 물은 왜 버려야 하나요?

이 물을 「첫물」이라고 부르는데, 이것은 바닷물 그 이상도 그 이하도 아니다. 한 번 이 물을 비워내면 굴의 조직에서 두 번째 물이 나오는데, 이것이 훨씬 섬세하고 맛있다.

2 왜 여름철 굴에서는 유백색 물질이 나오나요?

여름은 굴의 번식기이다. 5월부터 8월까지, 흔히 이야기하는 「r」이 들어가지 않는 달(프랑스어로 5,6,7,8월을 의미하는 mai, juin, juillet, aout에는 알파벳 r이 없다)이 해당되며, 이때 굴은 유즙과 같은 물질을 만들어 알에 영양분을 공급한다. 그런데 이 물질의 단맛이 굴의 섬세한 풍미를 가릴 수 있다. 모든 사람들의 취향에 맞지는 않으며, 일부는 싫어할 수도 있기 때문에 맛을 보고 결정하는 것이 좋다.

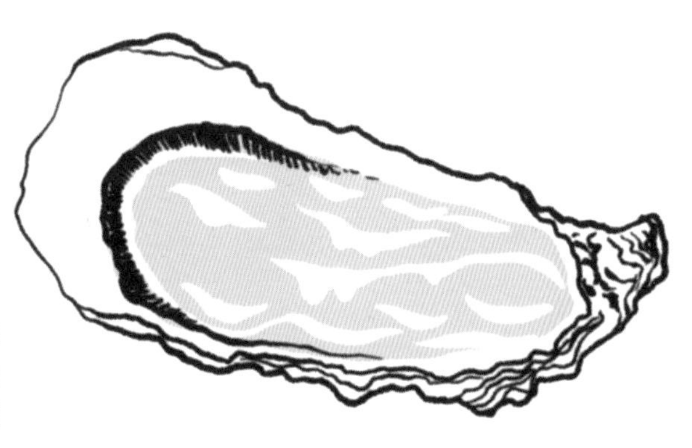

3 이배체 굴과 삼배체 굴은 어떤 차이가 있나요?

사람과 대부분의 생물처럼 굴은 기본수의 2배의 염색체를 갖고 있다(이배체). 산란기 동안 굴에서 나오는 유백색 물질이 굴 소비에 일으키는 문제를 해결하기 위해, 과학자들은 기본수의 3배의 염색체를 가진(삼배체) 굴을 만들어냈다. 이 굴은 산란을 하지 못하며, 따라서 유백색 물질이 나오는 기간 없이 1년 내내 굴을 먹을 수 있게 되어 소비자에게 큰 기쁨을 주고 있다.

삼배체 굴은 외래 유전자를 주입해서 만드는 것이 아니기 때문에 유전자 조작 식품(GMO)이 아니라는 점도 알아두자!

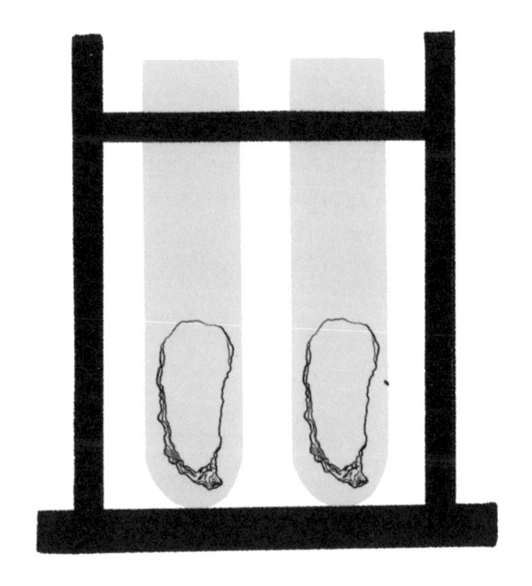

4 산 채로 먹는데 굴은 아무것도 느끼지 못한다고요?

굴은 중추신경계를 갖고 있지 않으며, 뇌도 없다. 레몬즙을 몇 방울 떨어뜨렸을 때 굴이 움츠리는 것을 보면 산도에 반응하는 것 같지만, 어떤 과학적인 연구도 그것을 증명한 것이 없으며, 굴이 고통(또는 쾌락)을 느낄 가능성은 거의 없다.

바닷가재

나는 파랗지만 사람들은 내가 빨간색일 때 좋아하며, 연말파티 메뉴로 나를 너무 자주 등장시킨다. 그리고 나는 목욕할 때 소리를 지르지 않는다. 나는 누구일까?

왜 바닷가재에는 집게발이 있고 닭새우에는 없나요?

바닷가재는 작은 물고기, 게, 연체동물, 조개류 등 눈앞에 지나가는 것은 무엇이든지 잡아먹는 대식가이다. 그래서 먹이를 삼키기 전에 붙잡고 부술 집게발이 필요하다. 닭새우는 해조류, 무척추동물, 그리고 사체를 먹는다. 하이에나처럼 시체식을 하는 것이다. 그리고 이런 먹이는 모두 무르기 때문에 자를 필요도 없다. 따라서 집게발도 필요하지 않다.

그리고 왜 집게발 모양이 서로 다른가요?

바닷가재는 큰 집게발을 2개 가지고 있는데, 둘의 기능이 분명히 다르다. 더 얇고 긴 쪽은 날카롭고 작고 뾰족한 톱니가 여러 개 나 있으며, 「**자르는 집게발**」 또는 「**가위**」라고 부른다. 작은 물고기처럼 부드러운 먹이를 쥐거나 자를 때 사용한다. 다른 쪽은 「**부수는 집게발**」 또는 「**망치**」라고 부르는데, 더 두꺼우며 큰 톱니가 있다. 이 집게발은 조개나 다른 바닷가재와 같은 일부 먹이의 껍질을 부수는 역할을 한다. 이 무서운 야수는 육식동물이다!

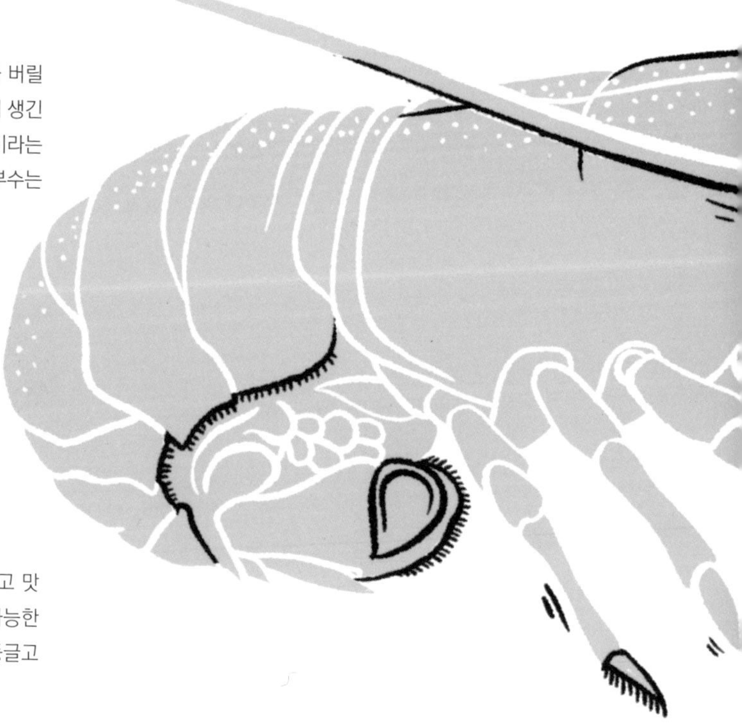

놀라운 사실

왜 집게발이 하나밖에 없는 바닷가재가 잡히기도 하나요?

궁지에 몰렸을 때, 바닷가재는 도망가기 위해 한쪽 집게발을 버릴 수 있다. 마치 도마뱀 꼬리처럼 그 자리에는 새로운 집게발이 생긴다. 문제는, 새로 돋아나는 집게발은 무조건 자르는 집게발이라는 것이다. 그리고 자르는 집게발이 2개가 되면, 오래된 쪽이 부수는 집게발로 변한다. 자연은 정말 경이롭다….

왜 암컷이 수컷보다 맛있나요?

수컷의 집게발이 크기는 하지만, 암컷이 몸통에 살이 더 많고 맛도 좋다. 허풍쟁이 콧수염 수컷은 자신의 모든 에너지를 가능한 한 가장 큰 집게발을 만드는데 쓰지만, 영리한 암컷은 더 둥글고 통통한 예쁜 몸매를 유지한다. 암컷을 고르자. 훨씬 맛있다!

왜 바닷가재는 탈피를 하나요?

보통 생물의 골격은 몸 안에 있어 근육과 함께 자란다. 하지만 닭새우, 게, 그리고 곤충과 마찬가지로 바닷가재는 「외골격」이라고 부르는 뼈대가 바깥에 있다. 그리고 이 뼈대는 자라지 않기 때문에 바닷가재는 살이 찌면 골격을 바꿔야 한다. 이를 위해 우리의 바닷가재는 먹는 것을 멈추고 살을 뺀다. 그리고 너무 커진 외골격은 깨지게 된다. 외피가 벌어지면, 그 틈을 통해 바닷가재가 빠져나온다. 이어서 바닷가재는 물을 삼켜 몸을 더 큰 크기로 부풀린 다음 새로운 외골격을 만들고, 몸이 커질 때마다 이 과정을 평생 반복하는데, 약 40년 동안이다. 그리고 탈피 중인 바닷가재를 먹을 생각은 하지 말자. 바짝 말랐거나 물을 잔뜩 먹은 상태이다. 두 경우 모두 아무 맛도 없다!

「자르는 집게발」 또는 「가위」

알아두면 좋아요

왜 연말파티에 나오는 브르타뉴 바닷가재는 피하는 것이 좋은가요?

브르타뉴 바닷가재는 가을이 시작될 무렵 포획이 중단된다. 그러므로, 연말파티에 등장하는 녀석들은 수개월 동안 통발 안에 갇혀 있어 살이 마르고 맛도 별로 없으며, 보통 다른 바닷가재들과 싸우느라 손상된 것들이거나, 아무 맛도 나지 않는 미국 바닷가재들이다. 제철이 아니라는 뜻이다!

미묘한 차이

그런데 왜 브르타뉴산 바닷가재가 캐나다산보다 맛이 더 섬세한가요?

이들은 모두 대서양에서 잡히기 때문에 사촌지간이라 할 수 있다. 블루랍스터(또는 브르타뉴 바닷가재)는 브르타뉴 연안에서 잡힌 것이고, 캐나다 바닷가재는 북미 연안에서 잡힌 것이다.
그러나 품질과 관련해서는 더 말할 것이 없다. 브르타뉴 바닷가재는 훨씬 질 좋은 먹이를 찾을 수 있는 바위 밑에서 살고, 이것이 섬세하고 단단하면서도 요오드 풍미가 있는 살을 만든다. 한편 캐나다 사촌은 별 장점이 없는 진흙 바닥에서 살기 때문에, 살이 무르고 푸석푸석하여 진정한 바닷가재의 맛을 느낄 수 없다.

「부수는 집게발」 또는 「망치」

바닷가재

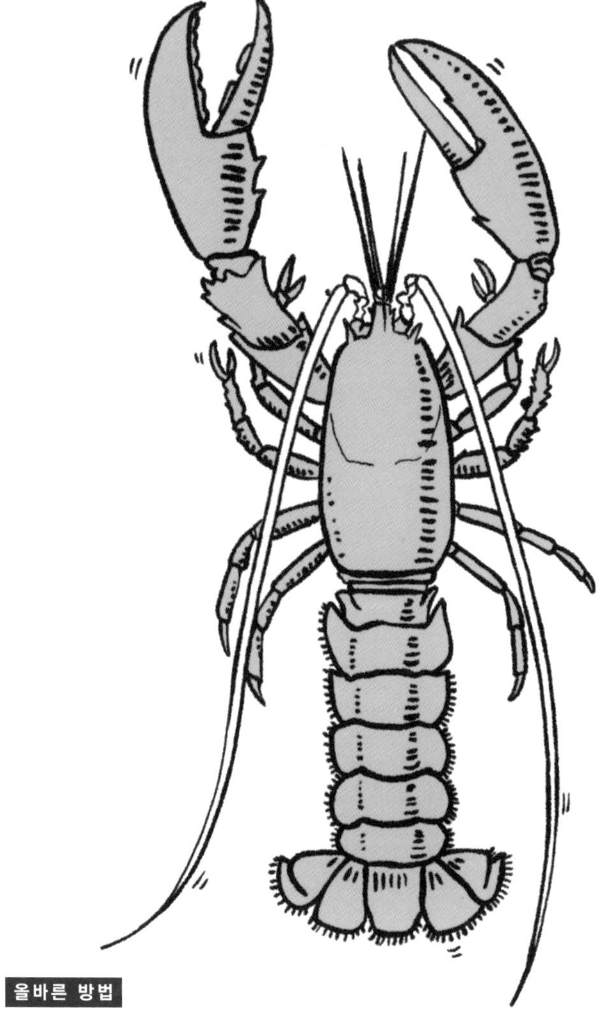

바닷가재를 구입할 때 살아 있는지를 확인하라고요?

바닷가재가 죽으면, 살에서 조직을 공격하는 효소와 박테리아가 배출된다. 구입 전 바닷가재를 들어올렸을 때 활발하게 움직이면서 가슴팍 아래로 꼬리를 잘 접는지, 머리 위의 촉각(더듬이)은 잘 움직이는지 확인하자.

왜 등딱지가 아주 단단한 것을 골라야 하나요?

바닷가재를 맛보기에 가장 나쁜 타이밍은 허물을 벗을 때인데, 여기에 대해서는 앞서 설명하였다. 바닷가재의 등딱지가 단단하고 두꺼울수록 탈피한 지 오래되었다는 의미다.

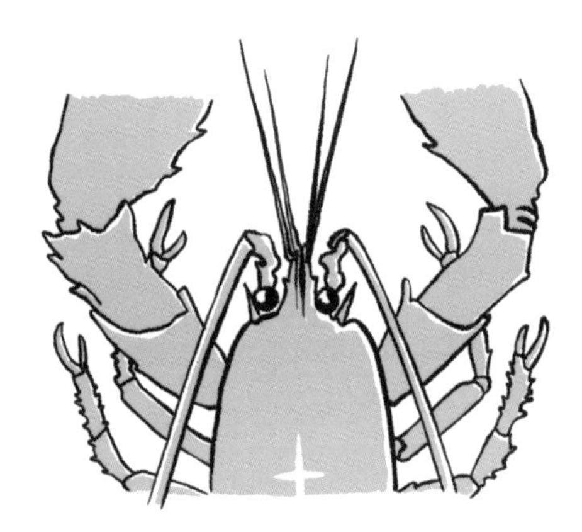

바닷가재를 죽일 때 왜 칼을 머리 위의 십자무늬에 꽂아야 하나요?

바닷가재는 중추신경계를 갖고 있지 않거나 매우 미숙한 상태이다. 연구에 따르면, 바닷가재는 자극에 반응하지만 그 이유가 고통을 느끼기 때문인지는 알 수 없다. 하지만 만약 의심이 된다면, 가장 좋은 방법은 칼끝을 가재머리 위에 있는 십자무늬에 꽂아본다. 그러면 바닷가재는 어떤 고통도 느낄 새 없이 죽게 된다.

올바른 방법

이등분한 바닷가재는 어떻게 익히죠?

익히는 동안 살에서 육즙이 조금 빠진다. 만약 살쪽을 먼저 구운 다음 바닷가재를 뒤집으면, 육즙이 딱지 안에 남아 있다가 증기로 변하며 속살을 섬세하게 익혀준다. 반면에 만약 반대 순서로 굽는다면, 즙이 쏟아지게 된다. 너무나 아깝다….

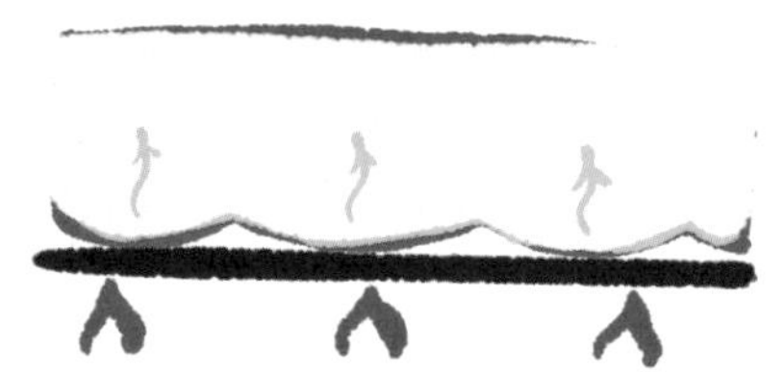

조직에서 나온 육즙이 증기로 변하면서 속살이 완전히 익는다.

올바른 방법

바닷가재를 데치기 전에 왜 묶어야 하나요?

바닷가재는 데치면 몸마디를 둥글게 말면서 움츠러든다. 등은 늘어나고 배는 수축하기 때문에 열이 양쪽에 같은 속도로 전달되지 않는다. 결과적으로 익는 정도가 균일하지 않고 자르기도 어렵다.
가재를 묶으면 오그라드는 것을 막아주므로 고르게 익힐 수 있다.

바닷가재를 통째로 익히기 전에 먼저 집게발을 데쳐야 하는 이유가 뭔가요?

집게발은 몸통보다 익는 시간이 더 길다. 집게발을 4~5분가량 먼저 익히면 바닷가재를 충분히 고르게 익힐 수 있다. 먼저, 바닷가재의 가슴 부분을 잡고 집게발을 퓌메나 쿠르부이용에 담근다. 그대로 바닷가재를 냄비 가장자리에 걸쳐 놓고, 바닷가재의 등이 바깥을 향하게 두면 증기로 인한 화상을 피할 수 있다.

왜 푸른 바닷가재를 익히면 붉어지나요?

바닷가재의 등껍질에는 아스타잔틴이라는 붉은 색소가 들어 있다. 이것은 새우, 게, 닭새우, 그리고 핑크색 홍학의 깃털에도 들어 있는 색소이다. 바닷가재의 등껍질에서 이 분자는 크루스타시아닌(crustacyanin) 단백질과 결합하여 숨겨져 있다. 조리하는 동안 이 단백질이 분해되면서 바닷가재의 예쁜 붉은색이 나타난다.

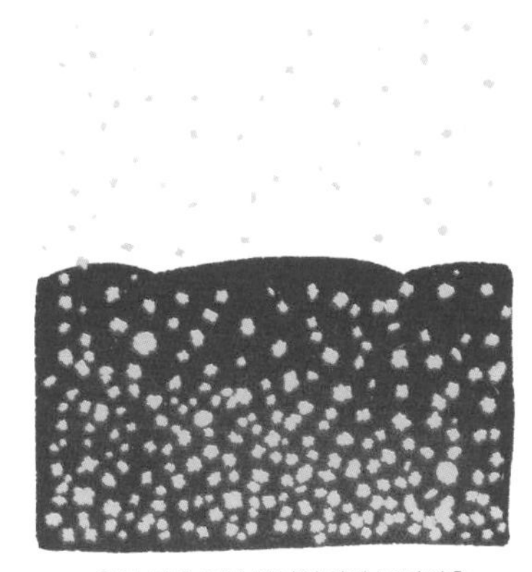

열과 접촉하면 바닷가재의 등껍질은 붉은색으로 변한다.

왜 바닷가재는 물이 아닌 생선육수나 쿠르부이용*에 익혀야 하나요?

이미 여러 차례 다룬 내용이지만 다시 설명한다. 맛은 삼투작용에 의해 밀도가 높은 쪽에서 낮은 쪽으로 이동한다. 바닷가재를 물에 데치면 바닷가재가 지닌 맛을 잃게 되지만, 부이용이나 퓌메(생선육수)에 데치면 액체에 이미 맛이 들어 있는 상태이므로 다른 맛이 우러나기 힘들다. 따라서 바닷가재가 더 맛있어진다.

* 용도에 따라 고기, 생선, 채소, 향신료 등을 넣고 맑게 우려낸 육수.

거짓에서 진실로

바닷가재를 익힐 때 가재가 비명을 지른대요!

사람들이 하는 이야기를 전부 믿는 건 이제 그만두자. 바닷가재를 끓는 물에 담근다고 해서 바닷가재가 소리를 지르지는 않는다. 작고 날카로운 소리가 나기는 하는데, 비명과는 아무 관련이 없다. 이것은 등껍질 안의 공기주머니가 열의 작용으로 부풀어오르고 터지면서 나는 소리일 뿐이다. 아니 그런데 「바닷가재가 비명을 지른다」니…. 정말 풍부한 상상력이다!

게와 거미게

구분하기는 쉽지만, 게와 거미게는 몇 가지 작은 비밀을 숨기고 있다.
이 게들을 충분히 즐기기 위해서는 그 비밀을 알아낼 필요가 있다.

브라운크랩

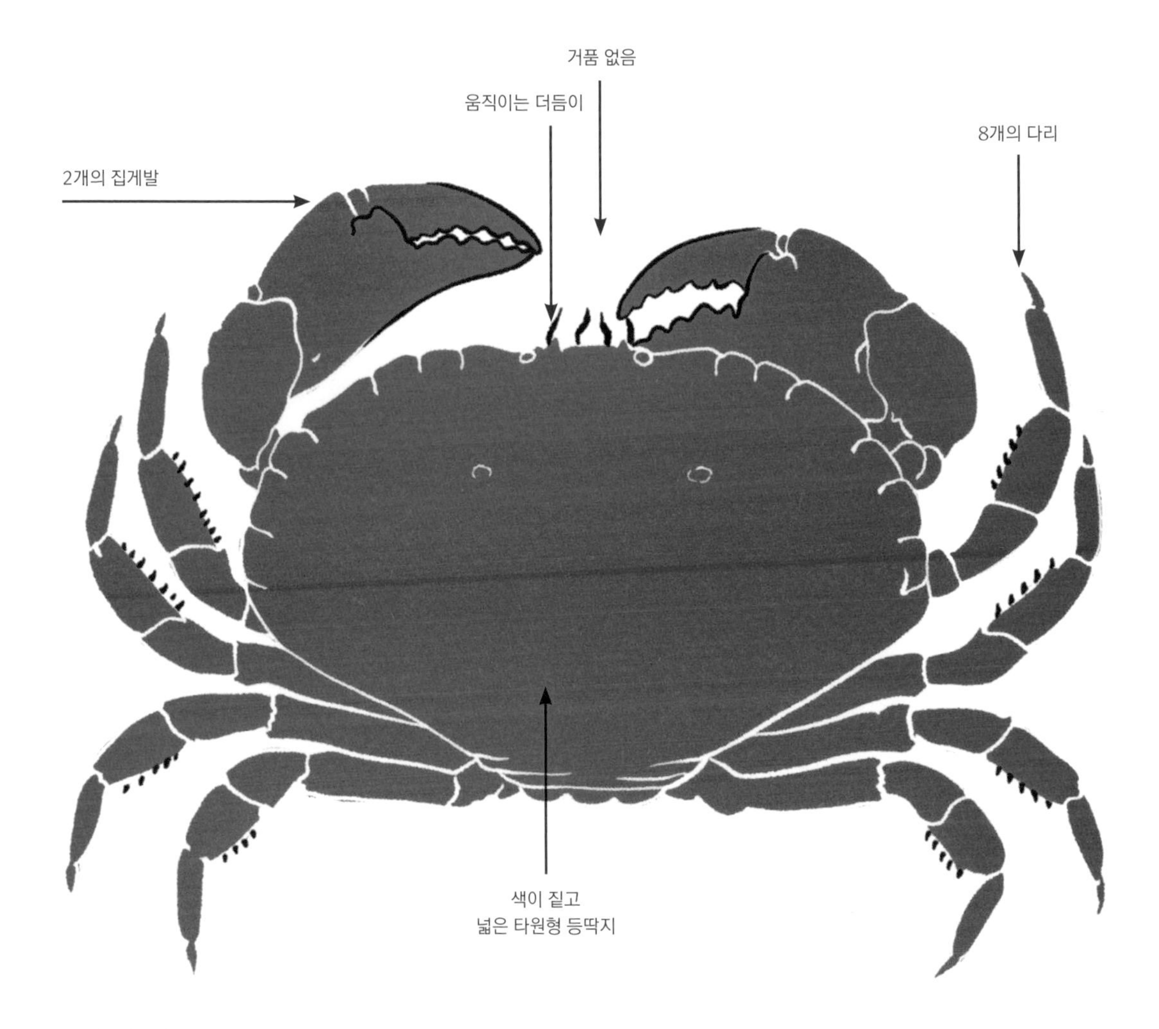

잘 고르는 법

왜 게나 거미게는 살아 있는 것을 사야 하나요?

죽은 후에는 살이 급속도로 마르고, 맛도 변하기 때문이다. 게를 고를 때, 더듬이가 움직이는지 확인하자. 거품을 물고 있는 게는 피하는 것이 좋다. 거품은 생존에 필수적인 일부 장기를 촉촉하게 유지하기 위한 수단으로, 거품이 있으면 곧 의심할 여지없이 탈수 상태이며 죽기 직전이라는 뜻이다. 또한 집게발 2개와 다리 8개가 다 붙어 있는지 확인하자. 브라운크랩은 수컷을, 거미게는 암컷을 고른다. 거미게가 암컷인지 확인하기 위해서는 배딱지(생식강)를 보고 알을 품을 수 있는 넓고 둥근 모양인지 살펴본다. 수컷의 경우에는 배딱지가 얄팍하고 삼각형이다. 항상 묵직한 게를 선택해야 하는데, 속이 꽉 차 있다는 의미이기 때문이다.

거미게

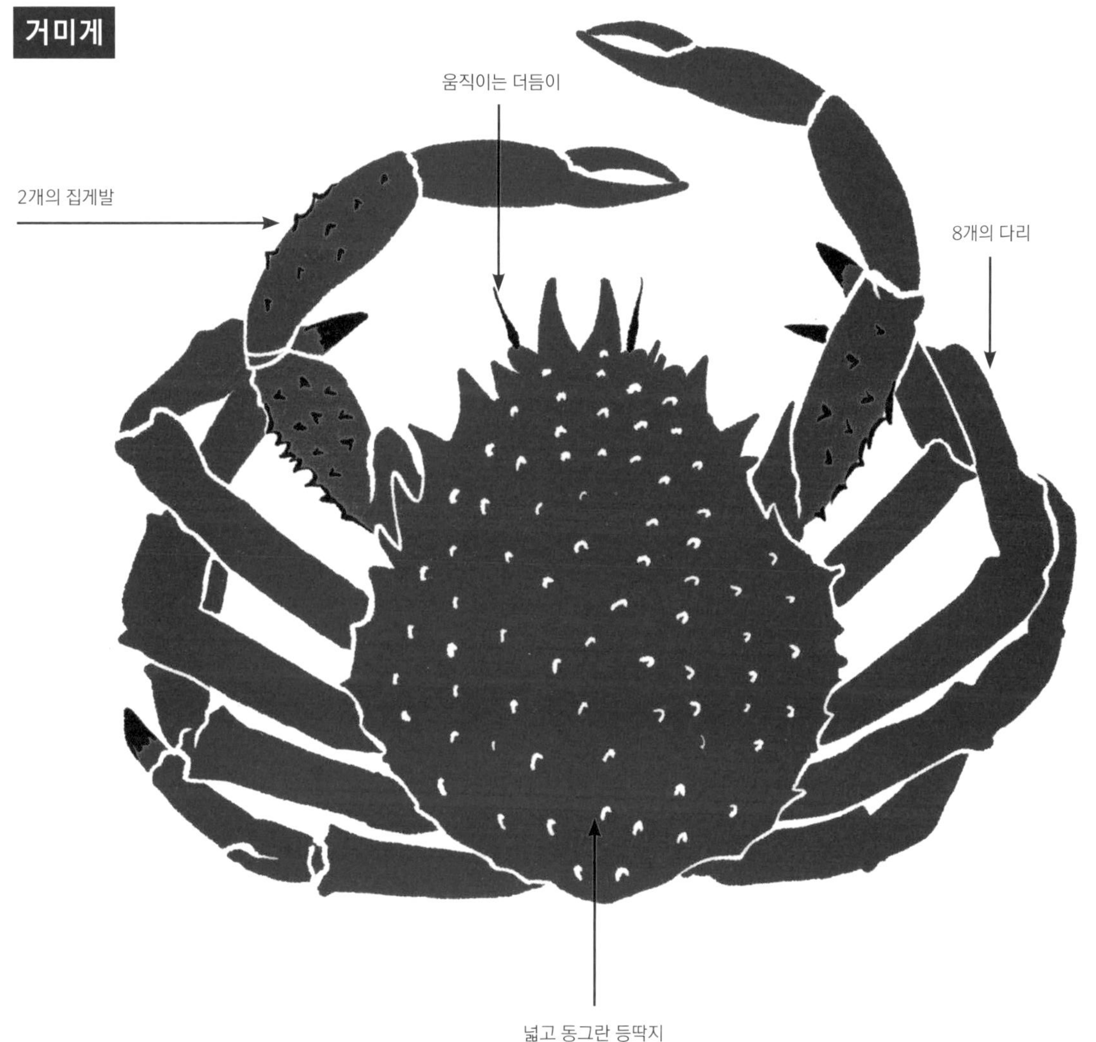

게와 거미게

여기 주목!

왜 통발로 잡은 게가 더 좋은가요?

그물로 잡은 게는 잡히는 순간, 그물에 끌려갈 때, 그리고 그물을 배로 건져 올릴 때 스트레스를 받는다. 이 때문에 게의 살이 마르고 오돌토돌해져 별로 좋을 것이 없다. 반면에, 통발로 잡은 게는 수킬로미터를 끌려가는 일도 없고, 몇 시간 또는 며칠 동안 통발에서 지내기에 끌어올려지기 전까지 적응한다.

놀라운 사실

왜 겨울에는 거미게를 볼 수 없나요?

봄과 여름에 거미게는 알을 낳기 위해 해안가 가까이에 머무른다. 그러나 가장 추운 몇 달 동안에는 더 깊은 곳, 수심 70m까지 내려가 짝짓기를 한다. 거미게는 정말 잘 걷는다. 몸에 비해 긴 다리를 본 적이 있는가? 겨울이 되면 거미게는 500㎞까지도 주파해가며 진정한 대이동을 한다! 교미할 장소에 도착하면, 거미게는 매우 변덕을 부리지만 질투는 없다. 암컷 거미게는 수컷 열 마리의 정자를 저장할 수 있으며, 저장된 정자는 몇 달까지도 그 효력을 유지한다.

등딱지의 색을 보면 브라운크랩의 품질을 알 수 있다고요?

탈피 시기가 오면, 브라운크랩은 체격을 줄이기 위해 먹이를 먹지 않고 등딱지에서 빠져나온다. 그러므로 이때의 살맛은 밍밍하다. 탈피 후의 새로운 등딱지는 연한 베이지색이다. 탈피한 지 얼마 되지 않았다는 표시이고, 이때도 살맛은 별로 없다.

알아두면 좋아요

왜 브라운크랩은 암컷보다 수컷이 맛있나요?

브라운크랩은 수컷과 암컷이 같은 장소에 살지 않는다. 수컷은 딱딱한 바닥을 좋아하는 반면, 암컷은 진흙이 많은 곳에 산란을 한다. 수컷의 서식지가 조개, 연체동물, 갑각류와 같은 더 질 좋은 풍부한 먹잇감을 제공한다. 수컷의 집게발 또한 더 크고, 암컷에 비해 수컷이 더 무거운 편이다.

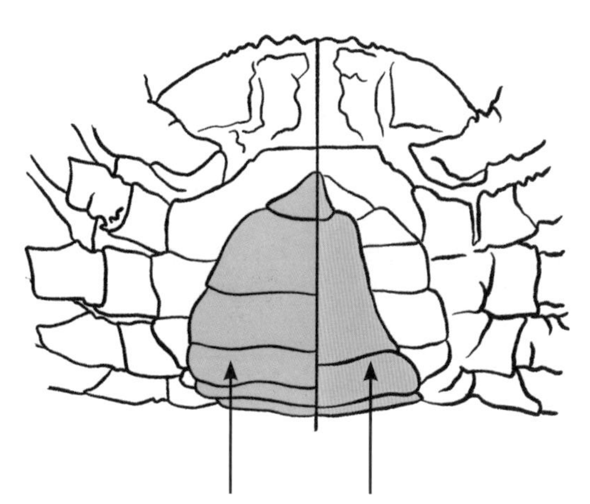

암컷 브라운크랩의 배딱지는 넓고 둥글다.

수컷 브라운크랩의 배딱지는 좁고 삼각형이다.

그런데 거미게는 수컷보다 암컷이 더 맛있잖아요?

암컷 거미게의 살은 힘이 센 수컷보다 섬세하고 촉촉하다. 그 이유는? 모른다. 아니, 세상에 모르는 게 나올 때도 있지 않은가? 이들은 먹이도 사는 장소도 같다. 그런데도 그렇다….

게 조리법에 관한 4가지 질문

❶ 브라운크랩이나 거미게나 왜 모두 증기로 찌는 방법을 추천하나요?

갑각류를 물에 익히면, 아주 짠 소금물을 사용한다고 해도 맛의 일부가 소금물에 빠져나오게 된다. 반면에 증기로 찌면 맛이 고스란히 보존된다. 그럼에도 불구하고 물에 삶는 방식을 택한다면, 찬물에서 시작하는 것이 낫다. 열기가 천천히 침투하여 살이 마르지 않기 때문이다.

❷ 그런데 왜 수게와 암게는 따로 쪄야 하나요?

앞에서 암컷 거미게의 살이 수컷 거미게보다 더 섬세하고 맛도 좋다는 것을 설명했다. 그래서 둘의 맛이 섞이지 않게 암게와 수게를 함께 익히지 않는다는 것도 알아두자.

❸ 왜 게를 삶기 시작할 때 게를 물속에 가라앉혀야 하나요?

등딱지 아래에는 공기가 들어 있다. 게가 물 위로 떠올라 골고루 익지 않는 것을 방지하려면 게를 눌러 2~3분 동안 냄비 바닥에 가라앉혀둔다. 나중에는 눌러두지 않아도 떠오르지 않는다.

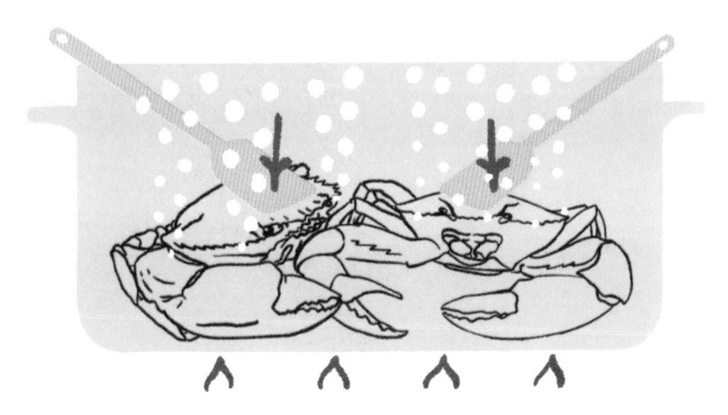

❹ 하루 전날 익혀놓은 게가 더 맛있다고요?

밤 사이에, 익힌 게살은 살짝 단단해지면서 함유하고 있던 약간의 수분이 증발한다. 그러나 맛이 발달하여 더 섬세해지고 입안에 긴 여운을 남긴다. 냉장고에 넣고 잊어버렸다가 2~3일 후에 먹는 테린이 맛있는 것과 조금 비슷하다.

문어 · 오징어 · 갑오징어

촉수, 여러 개의 심장, 돌출된 큰 눈, 그리고 두족류가 지닌 먹물주머니에 너무 겁먹지 말자.
어차피 여러분의 접시 위에서 끝날 운명이다.

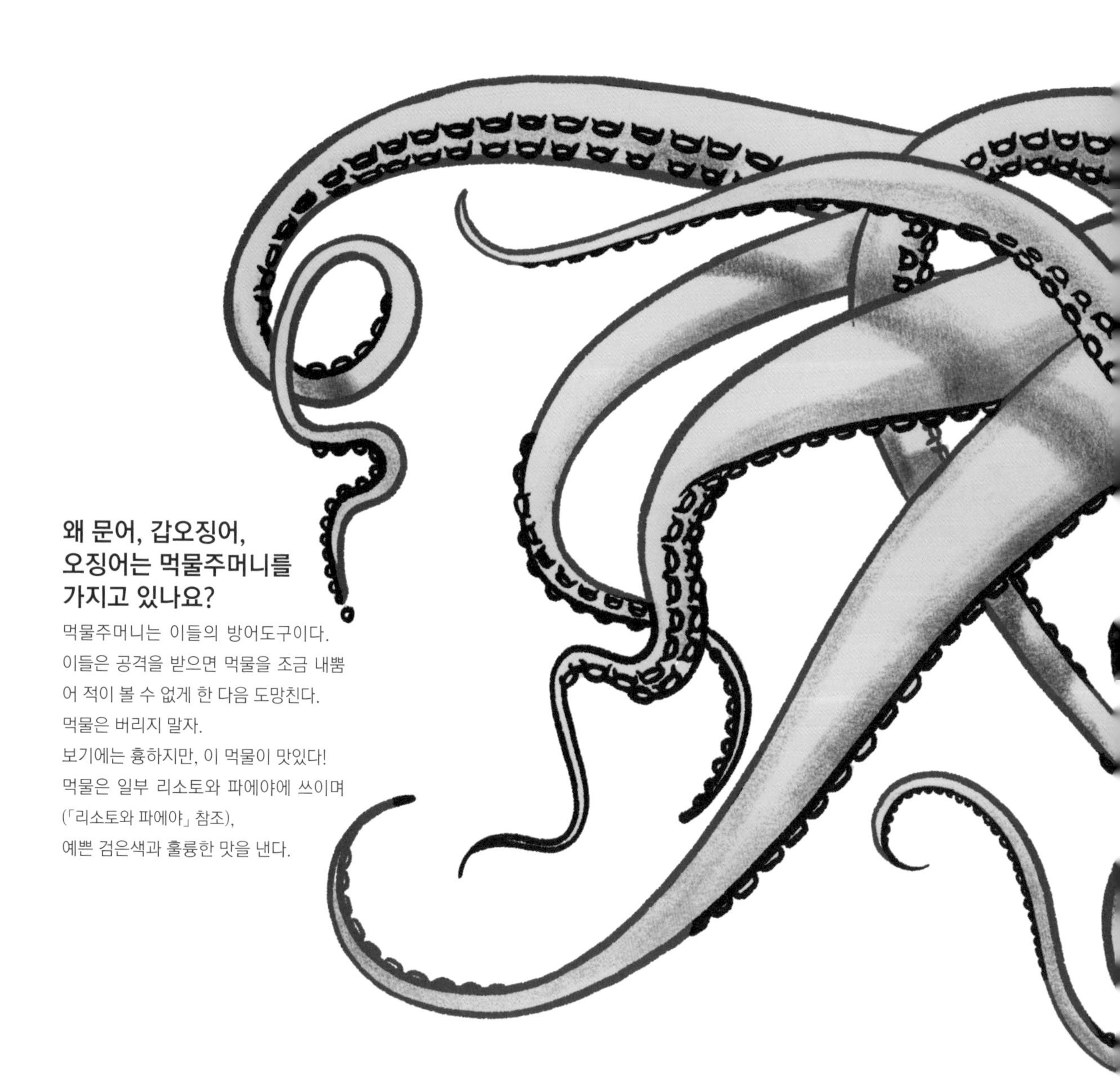

왜 문어, 갑오징어, 오징어는 먹물주머니를 가지고 있나요?

먹물주머니는 이들의 방어도구이다.
이들은 공격을 받으면 먹물을 조금 내뿜어 적이 볼 수 없게 한 다음 도망친다.
먹물은 버리지 말자.
보기에는 흉하지만, 이 먹물이 맛있다!
먹물은 일부 리소토와 파에야에 쓰이며 (「리소토와 파에야」 참조),
예쁜 검은색과 훌륭한 맛을 낸다.

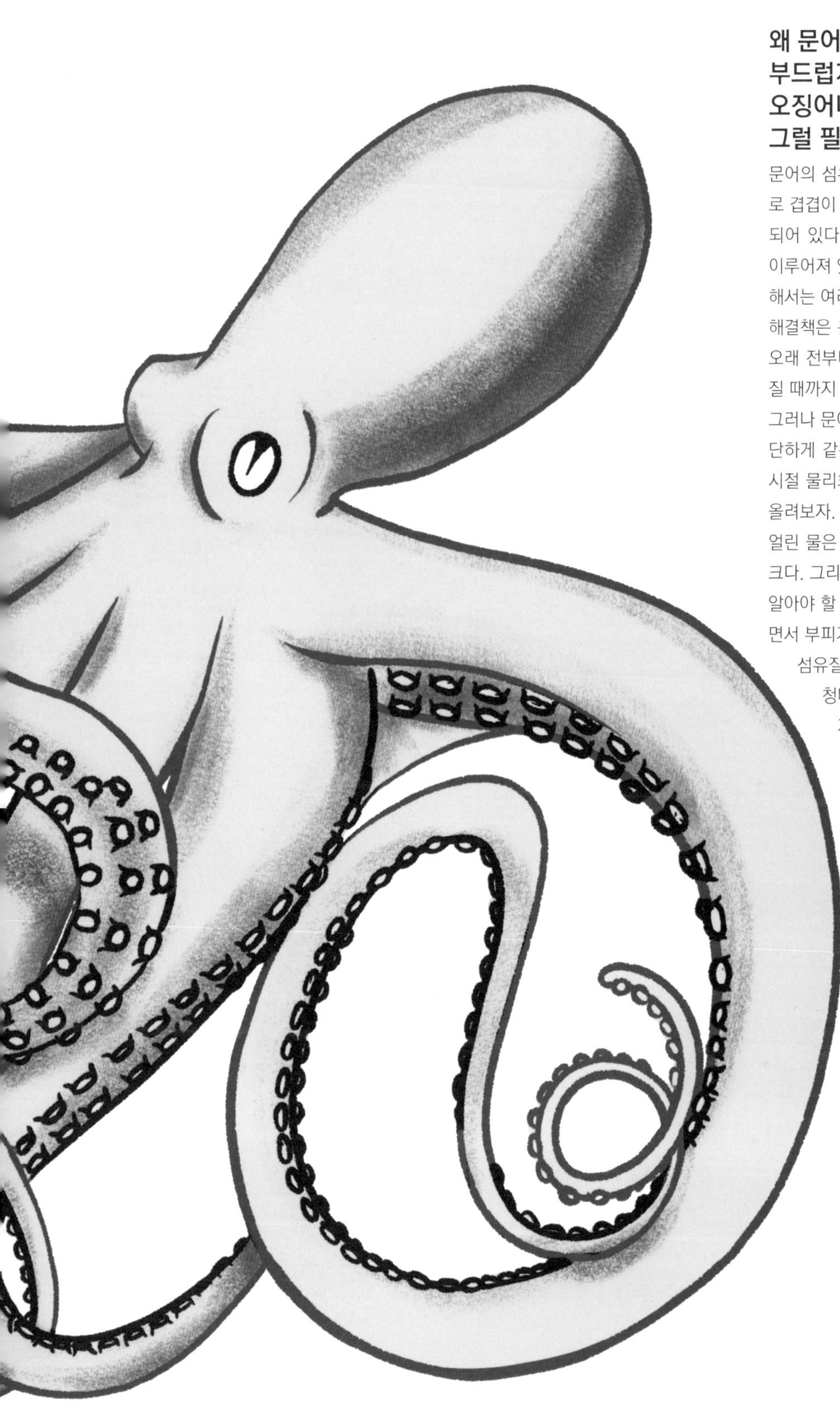

왜 문어는 육질을 부드럽게 만들어야 하지만, 오징어나 갑오징어는 그럴 필요가 없나요?

문어의 섬유질은 매우 얇지만 여러 막으로 겹겹이 싸여 있으며, 콜라겐으로 보강되어 있다. 전체가 아주 단단한 구조로 이루어져 있기 때문에, 이것을 없애기 위해서는 여러 시간에 걸쳐 익혀야 한다.
해결책은 문어의 막을 파괴하는 것이다. 오래 전부터 어부들은 문어의 살이 연해질 때까지 문어를 바위에 내리치곤 했다. 그러나 문어를 48시간 동안 냉동시켜 간단하게 같은 결과를 얻을 수 있다. 학창시절 물리화학 시간에 배웠던 내용을 떠올려보자.
얼린 물은 액체상태의 물보다 부피가 더 크다. 그리고 바로 이것이 정확히 우리가 알아야 할 부분이다. 문어살의 수분은 얼면서 부피가 커지며, 자신을 가두고 있는 섬유질을 찢어놓는다. 그리고 짠! 엄청나게 단단한 막이 물의 부피 증가로 인해 터지면서 부드럽고 맛있는 살을 선사한다. 그리고 문어를 냉장고에서 24시간 해동한 후 익힌다.

문어 · 오징어 · 갑오징어

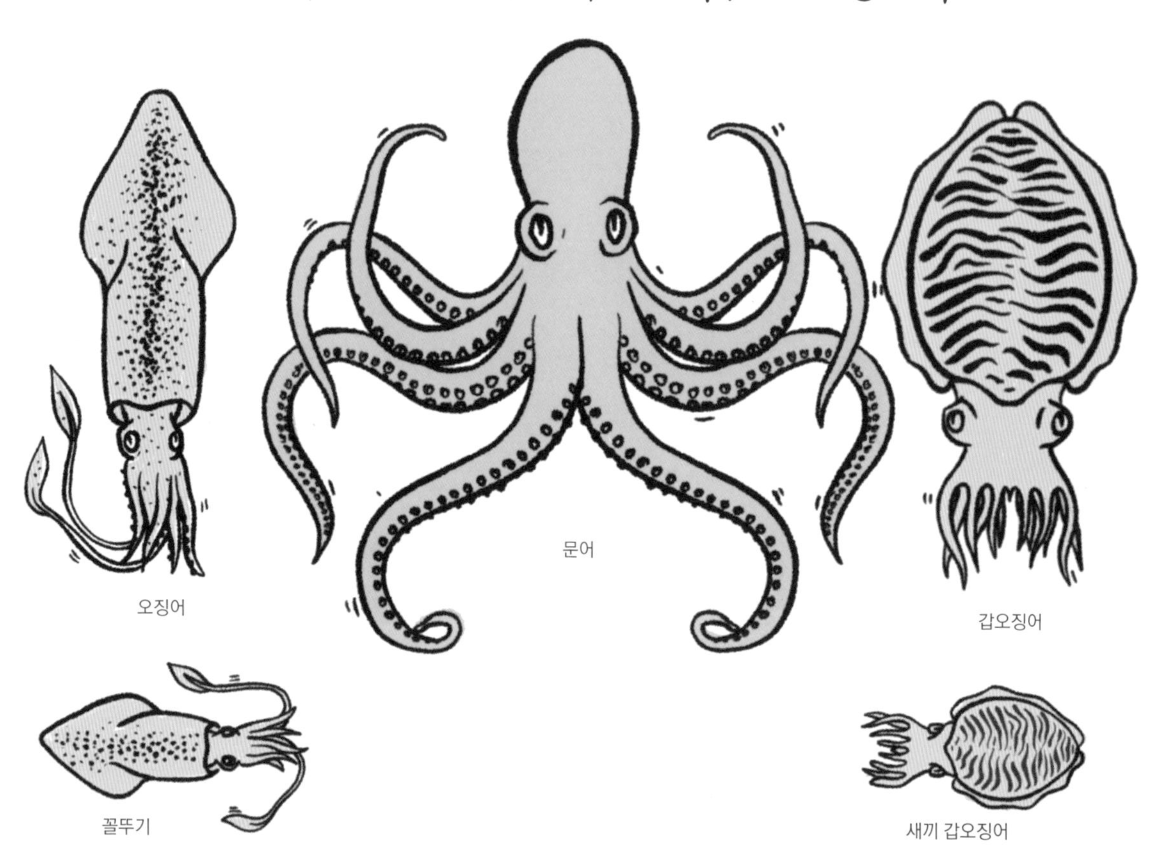

미묘한 차이

꼴뚜기와 새끼 갑오징어를 혼동하지 말라고요?

꼴뚜기는 작은 오징어이다. 새끼 갑오징어와는 전혀 다르다. 프랑스어로 새끼 갑오징어를 뜻하는 쉬피옹(supion)의 「쉬피(supi)」는 루아르강 남부에서 사용하는 오크어로 갑오징어를 뜻한다.

흰 오징어와 붉은 오징어는 다른 건가요?

연안에서 잡은 오징어는 흰색인 반면, 먼 바다로 나가 깊은 심해에서 잡은 오징어는 검붉은 색이다. 이 검붉은 오징어는 훨씬 커서 무게가 수 ㎏에 달하기도 한다. 둘은 맛도 다른데, 흰 오징어의 살이 더 단단하고 맛도 좋다.

왜 갑오징어와 큰 오징어는 조리하기 전에 칼집을 내야 하나요?

둘 다 아주 재빨리 익혀야 고무처럼 질겨지지 않는다. 일정한 간격으로 격자모양의 칼집을 내면, 열이 중심부로 더 빨리 침투할 수 있어 겉이 과조리되는 것을 피할 수 있다.

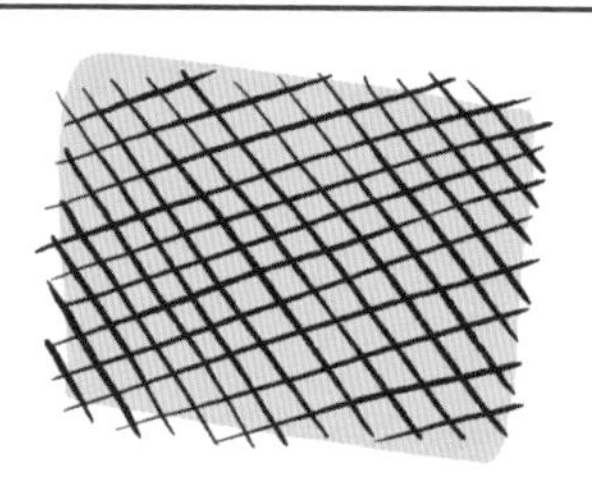

문어를 끓는 물에 데치는 것은 잘못된 생각인가요?

그렇게 하면 안 된다! 끓는 물은 당연히 우리 두족류 친구들에게 너무 뜨겁기 때문이다! 정확히 끓기 전의 훨씬 낮은 온도에서 익혀야 한다. 이 무섭게 생긴 친구들은 사실 연약하다. 좀 더 아껴주도록 하자….

냉동 문어가 품질이 떨어지는 것은 아니라고요?

앞서 섬유질을 파괴하기 위해 문어를 얼려야 한다는 것을 설명했다. 이미 언 상태라면 그만큼 집에서 할 일이 줄어든다. 냉동 문어 앞에서 망설이지 말자. 아무렇게나 처리한 것이 아니다!

올바른 방법

문어에게 컬을 해주라고요?

이 과정은, 열을 천천히 침투시켜 살을 균일하게 수축시키기 위한 것이다.

문어의 다리만 10초 동안 부이용에 담갔다 꺼내 1분간 열이 내부로 침투하고, 외부는 식을 수 있게 한다. 이 과정을 3~4번 반복한다.

이어서 문어를 부이용에 통째로 담가 완전히 익힌다.

잘못 알려진 상식

왜 문어를 데칠 물에 코르크를 넣으면 문어가 부드러워진다고 하나요?

정확히 말해서, 정말 정확하게 어떤 효과도 없음에도 불구하고 이 방식은 계속되고 있다.

옛날에는 항구에 거대한 솥을 걸고 문어를 데쳤다. 문어가 익은 정도를 확인하고 쉽게 들어올리기 위해서 사람들은 문어에 코르크를 매달아 두었고, 따라서 코르크가 표면에 떠 있었다.

시간이 지나면서, 사람들은 이 조리방식을 두고 코르크가 문어를 부드럽게 해준다고 주장하기 시작했는데, 이는 완전히 바보 같은 생각이다. 왜냐하면 사실 코르크에 들어 있는 타닌은 콜라겐을 안정시켜 문어의 섬유질을 단단하게 만들기 때문이다. 그러니 제발 문어를 데칠 물에 코르크를 넣지 말자!

채소의 특성

맙소사! 겨우 완두콩 세 줌을 까면서 한숨 쉬는 사람이 있는가 하면, 일주일 먹을 채소를 미리 썰어놓는 사람도 있다.
아이들에게 감자 껍질에 비타민이 많다고 말하는 사람이 있는데, 사실이 아니다!
지금부터 채소를 조리하기 위한 올바른 지식을 배워보자.

알아두면 좋아요

왜 어떤 채소는 냉장고에, 또 다른 채소는 상온에 보관해야 하나요?

수확 후 채소는 「생존 모드」로 들어가며, 가능한 한 오랫동안 살아남기 위해 저장물질을 꺼내 쓰기 시작한다. 이때, 채소의 맛과 질감은 나빠지기 시작한다. 이럴 때 채소를 냉장고에 넣어두면 세포의 파괴와 세균의 공격을 줄일 수 있다. 온화한 지역에서 재배되고 서늘함에 익숙한 채소에 완벽한 방법이다.
그러나 더 따뜻한 지역에서 온 채소들은 역효과가 생겨 세포벽이 더 빨리 상하고 맛을 잃는다. 그러므로 상온의 그늘진 곳에 보관하는 편이 낫다. 토마토, 가지, 오이, 주키니, 깍지콩, 단호박, 호박, 무, 감자, 마늘, 양파, 샬롯이 여기에 해당한다.
반대로 아스파라거스, 당근, 브로콜리, 양상추, 버섯은 표면에 물기가 너무 많이 맺히는 것을 막기 위해 키친타월로 싸서 냉장고에 보관한다.

왜 채소가 너무 오래되면 물러지나요?

채소는 주로 수분으로 이루어져 있다. 수분은 세포벽을 압박하고 채소를 단단하게 만들어준다. 채소는 자연적으로 흙에 들어 있는 수분을 끌어오고, 증발에 의해 그 수분을 잃는다. 하지만 한번 수확한 다음에는 더 이상 수분을 얻지 못하고 조직 내의 수분은 보충되지 못한 채 계속 증발한다. 그래서 세포가 조금씩 무너지고, 결국 채소는 물러진다. 바로 이런 이유로 채소를 보통 서늘하고 습기가 있는 곳에 보관하여 수분의 증발을 줄인다.

비닐포장에 담긴 샐러드는 시장에서 파는 신선한 샐러드보다 왜 더 오래가나요?

그 비닐봉투 안에는 증발을 줄이고 잘린 잎을 훨씬 더 오래 보관할 수 있게 하는 가스가 들어 있다. 이런 샐러드를 두고 「가스치환」 상태로 보존되었다고 하는데, 플라스틱 용기에 포장된 햄과 정확히 같은 보존시스템이다.

채소의 특성

놀라운 사실

샐러드를 애피타이저가 아니라 메인 디시 다음에 내는 것이 더 좋다고요?

물론, 비네그레트의 가벼운 산미는 입맛을 돌게 하고 소화를 돕는다. 그러나 샐러드에는 훨씬 덜 알려진 다른 특성도 존재한다. 샐러드는 입냄새를 줄여준다. 놀랍지 않은가? 이유는 이렇다. 샐러드에는 버섯이나 바질과 마찬가지로 냄새 화합물(페놀)이 들어 있는데, 이 냄새 화합물은 황을 함유한 유기 화합물(마늘과 양파에 들어 있는 것과 같은)과 결합하여 냄새가 나지 않는 분자를 만들어낸다. 간단히 말해, 샐러드와 황이 들어 있는 음식을 매칭하면 냄새가 사라진다. 마술 같지 않은가!

깍지콩의 예쁜 초록색을 살리려면 어떻게 해야 하나요?

삶는 온도와 수질이 중요하다. 삶는 물의 온도가 너무 낮으면 깍지콩은 누르스름해진다. 물이 지나치게 산성을 띠면 깍지콩은 갈색으로 변한다. 다행히, 여기에는 2가지 해결방법이 있다.

① 깍지콩을 충분한 양의 끓는 물에 삶는다.

② 필요하다면, 탄산수소나트륨을 1꼬집 넣어 물의 산성을 제거한다(「채소의 가열조리」 참조).

왜 버섯은 익히면 그렇게 줄어드나요?

먼저, 버섯은 채소가 아니라는 점을 말해두고 싶다. 마치 식물이나 동물처럼, 버섯(균류)은 독자적인 별도의 왕국을 이룬다. 하지만 요리를 한다는 측면에서 버섯을 채소와 함께 다루기로 한다.

본론으로 돌아가, 버섯의 세포는 채소 대부분의 세포와는 달리 가늘고 매우 연약하다. 버섯이 익으면 세포막은 급속히 파괴되고, 가지고 있는 수분이 빠져나온다. 버섯은 90% 가까이 수분으로 이루어져 있는 만큼, 그 부피는 익혔을 때 말 그대로 녹아서 없어져버린다.

딸기와 사과가 채소라고요?

그렇다. 딸기와 사과는 채소이다! 놀라고 있는 것 안다. 하지만 그것들은 분명히 채소가 맞다. 설명해주겠다.

요리사들에게 과일과 채소의 차이는 간단하다. 과일은 달고 주로 디저트에 사용되는 반면, 채소는 디저트로 쓰지 않거나 매우 드물게 사용된다. 이것은 「관습적인」 구분이지만, 사전상의 의미를 본다면 다음과 같다.

「**채소** : 채소는 식용식물로, 적어도 그 일부(뿌리, 구근, 줄기, 꽃, 씨, 열매)를 식품에 사용한다.」

「**과일** : 과일은 식물의 기관으로, 꽃이 진 뒤 수정된 씨방이 발달한 것이다. 번식에 필요한 씨앗이 들어 있다.」

이해가 되었는가? 과일은 채소이다. 왜냐하면 과일은 식물에서 나왔고, 그 일부(이 경우에는 열매)가 소비되기 때문이다. 더 나아가 오이, 토마토, 콩은 과일(그리고 또한 채소)이다. 그러나 예를 들어 루바브의 경우는 채소일 뿐, 과일은 아니다.

또 가짜 과일(헛열매)이나 식물학자들이 말하는 「복합과」도 있다. 복합과는 씨방의 형성이 「단일조직으로 이루어지지」 않은 과일을 말한다. 딸기류(또 나왔다), 라즈베리, 무화과, 파인애플, 사과, 배 등이 이들 분류에 들어간다. 간단히 말해, 모든 과일은 채소이지만 모든 채소가 과일인 것은 아니다!

콩류에 관한 4가지 질문

1 콩을 먹으면 왜 속이 더부룩해지나요?

콩은 다른 채소보다 소화가 어렵다. 음식은 주로 위와 소장에서 소화가 되지만, 콩류는 그렇지 않다. 콩이 분해되기 위해서는 대장에 존재하는 미생물들이 필요하다. 그리고 발효를 통해 우리 장기에 소화 흡수된다. 문제는 이 발효과정에서 가스가 생기고, 당연히 이를 내보내야 한다. 유일한 배출방법은…. 그러나 걱정하지 말자. 어찌되었든 인간의 몸은 매일 0.5~1ℓ의 가스를 배출한다.

2 왜 콩은 먼저 불려서 익혀야 하나요?

콩은 건조하다. 수분이 없고, 내부에 수분이 없으면 딱딱한 채로 남아 있기 때문에 잘 익지 않는다. 아래의 2가지 방법이 있다.

선택 1 콩을 미리 물에 불려 더 쉽게 익힌다.

선택 2 콩을 바로 물에 넣어 익힌다. 가열시간이 훨씬 더 길어지고, 속은 덜 익는다.

선택은 여러분에게 달렸다.

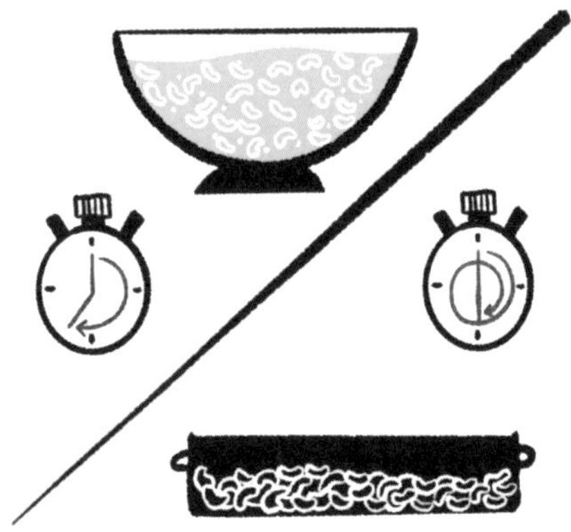

물에 담가둔 콩은 물을 흡수한다.
물에 불린 콩은 불리지 않은 콩보다 더 빨리 익는다.

3 그리고 왜 소금물에 불리는 것이 더 나은가요?

콩은 전분으로 채워져 있고, 전분은 콩 속 수분을 일부 흡수하면 부풀어오른다. 그리고 내부에 물이 많으면, 전분은 아주 많이 부풀어 콩의 껍질을 찢는다. 콩을 소금물에 불리면, 콩이 흡수하는 물의 양을 1/3가량 줄일 수 있다. 그러면 전분의 수분 흡수량도 줄어들고, 덜 불어나기 때문에 콩 껍질이 찢어질 위험도 줄어든다. 이것이 콩을 보기 좋게 잘 익히는 비결이다.

4 왜 콩을 삶는 물에 탄산수소나트륨을 1꼬집 넣나요?

콩을 삶는 물이 석회질을 함유하고 있는 경우 (석회질은 탄산칼슘으로 이루어져 있고, 칼슘과 마그네슘을 함유하고 있는 만큼) 여기에는 칼슘이 들어 있다. 그리고 이 칼슘은 콩의 세포간 결합을 강화시켜 몇 시간을 삶아도 콩이 물러지지 않는다. 결국 콩이 익지 않게 된다. 그러나 여기에 탄산수소나트륨(중조나 베이킹소다라고도 한다)을 1꼬집 넣으면, 보이지 않던 석회질이 침전되어 콩을 완전히 익힐 수 있다.

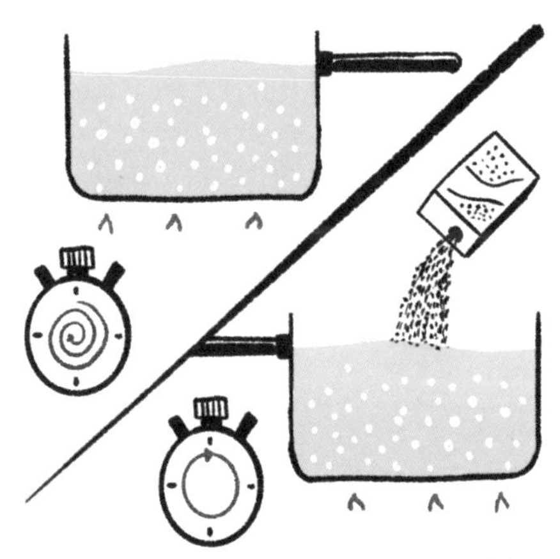

탄산수소나트륨은 물에 들어 있는 석회질을 침전시켜
콩을 제대로 익힐 수 있다.

채소의 조리 준비

정성껏 고른 아름다운 채소가 접시 위에서는 매력을 잃어버리는 경우가 있다.
「내 요리에 무슨 문제가 있어서 채소가 이렇게 변해버린 걸까?」 생각해본 적이 있는가?
지금부터 그 비밀을 풀어보자.

채소의 냉동에 관한 2가지 질문

1 왜 집에서 얼린 채소를 가열하면 수분이 많이 빠지나요?

집에서 얼린 채소에서는 허브에서 일어나는 것과 같은 현상(「허브」 참조)이 나타난다. 세포 내부에 들어 있는 수분의 부피가 증가하여 조직을 망가트린다. 이 채소를 익히면 손상된 세포 구조는 더 이상 수분을 잡아두지 못하기 때문에 힘없이 흘러나오게 되고, 후줄근하고 아무런 식감도 느껴지지 않는 채소가 된다.

2 시판되는 냉동 채소는 그렇지 않던데요?

기업에서 사용하는 급냉기는 여러분의 냉동고보다 훨씬, 훨씬 더 강력한 위력을 자랑한다. -50℃까지 도달할 수 있고, 냉기순환 기능을 갖춰 냉동을 가속화시킨다.
채소 냉동에서 가장 중요한 것은, 각 채소가 통째로 냉동온도인 -18℃까지 도달하는 데 걸리는 시간이다. 만약 이 시간이 극단적으로 짧다면, 채소 속 수분은 부피가 커질 시간을 갖지 못하므로 세포벽을 손상시키지 않는다.

알아두면 좋아요

왜 글라세한 채소는 그렇게 맛있나요?

아, 당근과 무 글라세! 아직 글라세가 무엇인지 모르는 이들을 위해 설명하자면, 채소 글라세란 채소에 약간의 물과 버터, 설탕을 넣어 익힌 것을 말한다. 「글라세」라고 부르는 이유는 조리 후 버터와 설탕의 혼합물이 채소를 윤기 있게 만들어 얼음 같은 느낌을 주기 때문이다. 마치 유리처럼 말이다. 콘에 들어 있는 아이스크림(프랑스어로 글라스는 아이스크림을 뜻하기도 한다)을 말하는 게 아니다!
채소 글라세가 그렇게 맛있는 데는 3가지 이유가 있다.

① 익히는 도중에 채소가 지닌 당분이 캐러멜화된다.
② 채소에 함유된 수분의 대부분이 빠져나가 맛이 농축되고 더 진해진다.
③ 게다가 버터의 지방이 입안에 여운을 남기고, 이것이 글라세한 채소의 맛을 더 오래 느낄 수 있게 한다.

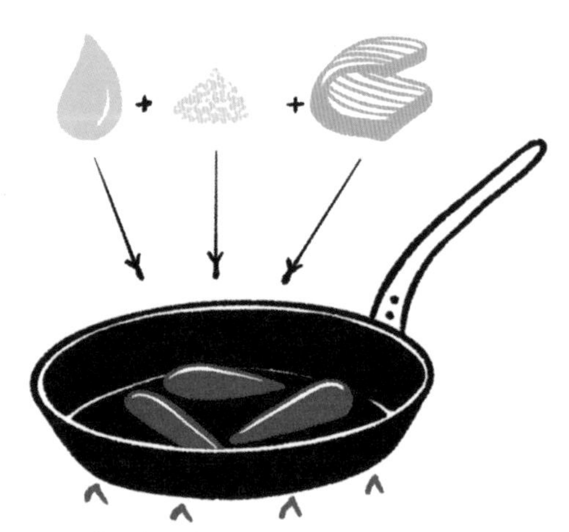
채소가 물, 설탕, 버터 속에서 익으면서 「글라세」된다.

올바른 방법

왜 채소는 익히거나 먹기 직전에 잘라야 하죠?

채소의 세포는 공과 같은 구조로 되어 있으며, 중심에는 「액포」라고 불리는 일종의 액체가 있고, 그 주변으로는 효소, 산, 당분 등이 서로 접촉하고 있지만 섞이지는 않은 상태로 존재한다.

채소를 자르면, 다수의 세포가 잘리고 동시에 그 안에 들어 있는 모든 것들이 잘리게 된다. 세포로서 채소를 구성하고 있지만 서로 섞이지 않은 모든 것들이 한꺼번에 상호작용을 하며, 마치 양파를 자를 때 눈물이 나는 것과 같은 효소반응을 일으킨다. 채소의 맛과 질감을 변질시키는 이러한 작용을 피하기 위해서 채소는 항상 조리 전이나 먹기 직전, 마지막 순간에 잘라야 한다.

채소를 자르면 단단한 식감과 맛을 잠시밖에 보존하지 못한다.

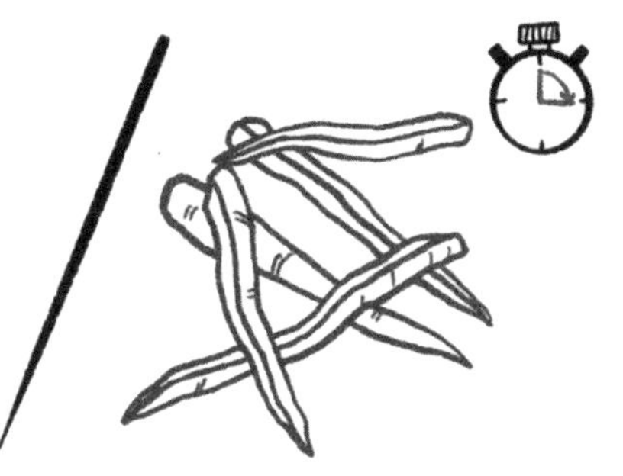

15분이 지나면 잘라놓은 채소들은 물러지고 맛을 잃는다.

토마토를 데치기 전에 바닥에 칼집을 내면 껍질을 쉽게 벗길 수 있다고요?

끓는 물은 토마토 껍질을 부드럽게 만든다. 그리고 이 아무것도 아닌 작은 칼집이 끓는 물에서는 토마토 껍질이 잘 떨어지게 만들어 쉽게 잡아 벗길 수 있게 한다.

칼집을 내지 않으면, 껍질이 물러지기는 하지만 잡아 벗길 수가 없다.

만약 토마토가 조금 단단하다면 채소필러를 사용하자. 그것도 좋은 방법이다.

채소를 오일에 가열하는 경우에 먼저 수분을 제거하는 이유는 뭔가요?

이것은 아주 중요한 내용이다. 채소를 아삭아삭하게 유지시켜주며, 느끼함도 줄일 수 있는 방법이다. 어떻게 하는 거냐고? 채소를 잘라(슬라이스 또는 큐브로), 소금을 섞고 체에 담아 1시간 동안 기다린다. 그 동안 소금은 채소 표면의 수분을 흡수하고, 조리 중에 오일의 흡수를 막아줄 막을 형성한다. 주키니와 가지의 경우에 이 과정이 특히 중요한데, 이 채소들은 조리 중에 많은 양의 오일을 흡수하는 경향이 있기 때문이다.

수분을 뺀 채소는 가열할 때 오일을 덜 흡수한다.

왜 채소는 익히면 물러지나요?

채소의 세포는 매우 단단한 조직처럼 보인다. 채소를 익히면, 이 조직 내의 결은 대부분 무너지고 약화되어 단단함을 잃는다. 좀 더 과학적으로 설명하면, 다음과 같이 이야기할 수 있다. 세포들은 펙틴, 셀룰로오스, 헤미셀룰로오스로 구성된 일종의 매우 견고한 벽으로 연결되어 있다. 채소를 익히면 이 세포벽이 약화되어 대부분의 펙틴을 잃게 된다.

다음에 어머니가 채소를 너무 많이 익혀 주시거든 잘 설명해 드리도록 하자. 왜 그렇게 물러졌는지….

감자와 당근

최고의 기본 재료! 감자와 당근이라면 같은 요리를 두 번 만들지 않으면서도 하루 종일 즐겁게 요리할 수 있다. 감자와 당근으로 어떤 요리를 할 수 있으며, 어떻게 하면 가장 맛있게 요리할 수 있는지 알아보자.

짤막한 역사

당근은 왜 오렌지색인가요?

당근은 오래 전부터 잘 알려진 채소이지만, 오래 전 옛날의 당근은 맛이 쓰고 매워서 오히려 약용으로 쓰였다. 19세기 네덜란드에서 당근 재배가 발달하기 시작해 식용으로 사용하게 되었고, 색도 표준화되었다. 그리고 오렌지색은 (지금도 그렇지만) 네덜란드를 상징하는 색이었다. 이해가 되었는가? 오늘날에는 고대의 채소를 되살리고자 하는 노력으로 흰색, 노란색, 붉은색, 보라색 당근과 같은 옛 품종들이 되살아나고 있다.

왜 당근의 잎줄기를 제거하고 보관해야 하나요?

당연하다. 밭에서 자라는 잎줄기가 달린 당근은 매우 아름답다. 문제는, 잎줄기째 뽑은 당근은 저장해둔 에너지를 사용해 잎줄기에 영양분을 공급하여 시들지 않게 한다는 것이다. 그러므로 에너지를 소모할수록 당근은 빈약해지고 맛을 잃는다. 깔끔한 칼질로 잎줄기를 제거하자!

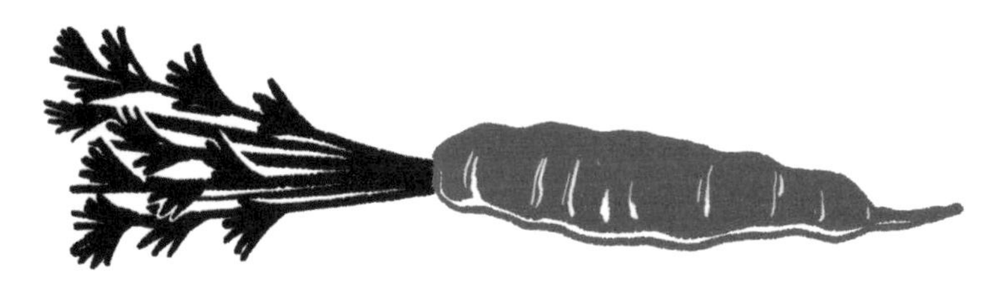

꼭 알아둘 것

당근은 생으로 먹을 수 있지만 감자는 왜 안 되나요?

감자는 전분이 많은 반면, 당근에는 전분이 거의 없다. 전분? 맞다, 밀가루와 녹말가루에 들어 있는 성분이자 소스를 되직하게 만들어주는 것이다! 간단히 말해, 생전분은 소화가 되지 않지만, 익히면 세포 안에 들어 있는 수분의 일부를 흡수하여 부드러워진다. 당근은 전분이 매우 적어 생으로 먹을 수 있다. 그러나 감자는 그렇지 않다.

감자 껍질에 관한 3가지 질문

❶ 왜 감자 껍질이 초록색으로 변하나요?

감자를 빛이 드는 장소에 보관하면 엽록소의 광합성이 일어나는데, 이 과정에서 독성을 띠며 식용으로 적절하지 않은 유독물질인 솔라닌의 농축을 촉진한다. 감자의 초록색 부분은 쓴맛을 내고, 너무 많이 섭취할 경우에는 구토, 현기증, 환각 등을 일으킬 수 있기 때문에 반드시 제거한다.

❷ 왜 감자는 껍질째 익히는 것이 더 좋은가요?

껍질은 외부의 공격에 대한 보호막이다. 또한 감자가 가진 모든 수용성, 다시 말해 물에 녹는 비타민과 무기질을 지켜준다. 감자를 껍질째 익히면, 껍질을 벗겨 익혔을 때보다 비타민과 무기질을 4배 더 유지할 수 있다. 반면, 감자를 익힌 후에는 껍질을 빨리 제거해야 감자에서 흙맛이 나지 않는다.

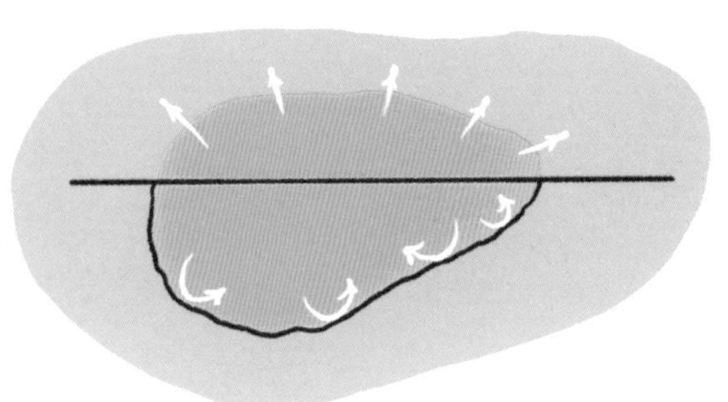

감자를 익히는 동안,
껍질은 비타민과 무기질을 지켜주는
역할을 한다.

❸ 그런데 삶았든 튀겼든 껍질은 먹지 말라고요?

맞다. 여기서 또 솔라닌이 문제를 일으킨다. 해충으로부터 감자를 지켜주는 역할을 하는 솔라닌은, 사람에게는 사실상 독성물질이다. 지나치게 많은 양을 섭취할 경우에는 죽을 수도 있다!

그러므로 햄버거 가게에서 나오는 껍질 있는 감자튀김은 절대 먹지 않도록 한다.

왜 봄부터 초여름까지 「햇」감자라는 게 나오나요 ?

이제 드디어 더 맛있는 감자를 즐길 수 있는 방법에 대해 알아보자. 「햇감자」 또는 「맏물」로 분류되는 이 감자는 제철보다 일찍 수확하는 품종으로, 아직 완전히 성숙한 상태가 아니다.

이들은 전분은 적고 수분이 많으며, 또한 식감이 버터처럼 부드럽다. 그리고 완전히 성숙한 상태가 아니기 때문에 솔라닌이 적어 껍질째 먹을 수 있다.

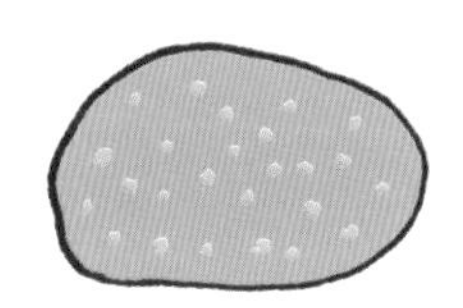

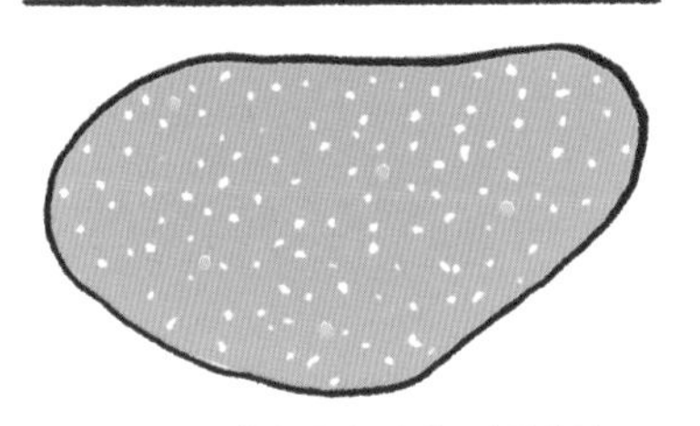

햇감자는 「다 자란」 감자보다 물이 많고
전분과 솔라닌이 적다.

그리고 왜 이 햇감자로는 퓌레를 만들 수 없나요?

만들 수 있다. 햇감자로 퓌레를 만들 수 있다! 심지어 아주 훌륭한 퓌레를 말이다. 하지만 그 퓌레는 「햇감자」 아닌 다른 품종으로 만든 것보다는 묽을 것이다. 왜냐하면 전분 함량이 낮아 되직함이 덜하기 때문이다.

감자와 당근

이것이 테크닉!

단단한 생감자를 익히면 왜 부드러워지나요?

이건 조금 어려운 이야기지만, 이해에 도움이 되도록 자세히 설명해보겠다.
생감자의 세포에는 전분 입자가 단단하게 들어차 있다. 가열하면 감자의 세포막이 부드러워지다가 파괴되고, 동시에 전분은 덩이줄기(감자) 속의 수분을 일부 흡수하여 팽창하고 젤라틴으로 변한다. 결국 감자가 부드러워진다는 것이다.
하지만 햇감자일수록 더 부드럽고, 오래된 것일수록 식감이 퍼석퍼석하다는 사실을 알아야 한다.

가끔 감자가 터지는 이유는 무엇인가요?

당연하게도 너무 익었기 때문이다.
또한 저 고약한 전분 탓이다…. 감자를 익히는 동안 전분 입자는 본래 부피의 50배까지 부풀어오른다. 내부의 부피가 그렇게 커지기 때문에 감자가 터지는 것이다. 큰일이다!

샐러드용으로 감자를 삶을 때, 물 온도를 60℃ 이하로 맞추라고요?

부스러지는 감자를 넣은 샐러드는, 섞으면 전부 퓌레가 되어버린다. 그보다 더 끔찍한 건 없다! 하지만 방법이 있다. 만약 감자를 60℃ 이하의 온도에서 삶으면, 더 오랫동안 익히면서 약간의 단단함을 유지하게 된다. 이렇게 만든 감자 샐러드는 보기에도 좋고 맛도 좋다.

왜 감자를 팬에 익히면 물에 익힐 때보다 더 오래 걸리나요?

감자를 팬에 익히는 경우에는 보통 작은 조각으로 자르지만, 그럼에도 불구하고 큰 통감자를 물에 삶을 때보다 익는 데 더 오래 걸린다. 당연하다. 정육면체의 감자 조각을 익히려면 6개의 면이 모두 팬 바닥에 닿아야 한다. 앞서 살펴봤던 내용을 다시 떠올려보자. 팬에서는 열원과 직접 닿는 면만 뜨거워지고 익는다. 반면에 끓는 물에서는 정육면체의 6개 면이 뜨거운 물과 접촉하여 익기 때문에, 익는 시간이 훨씬 더 빠르다.
여기서 여러분들이 하는 이야기가 들리는 것 같다.「그럼 감자 슬라이스는요? 그건 두 면만 익히면 되잖아요!」그렇다. 맞는 말이다. 하지만 모든 감자 슬라이스가 팬 바닥에 납작하게 붙어 있지는 않다. 일부는 서로 겹쳐 있는데, 그렇기 때문에 익지 않는다. 물에 넣어 익히는 것보다야 어쨌든 더 오래 걸리지만, 여기에 오리기름을 조금 넣어준다면 훨씬 맛있어지긴 할 것이다.

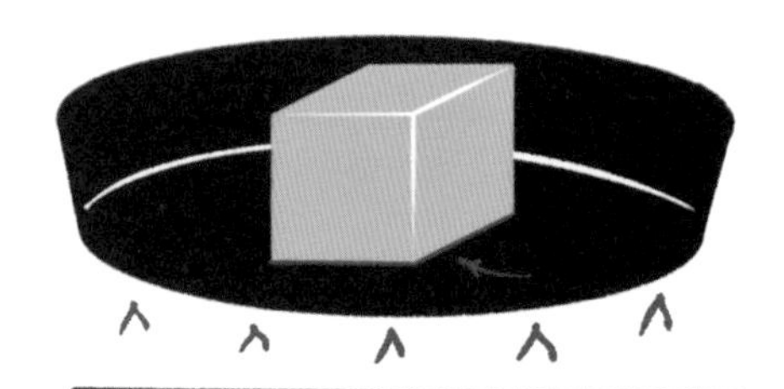

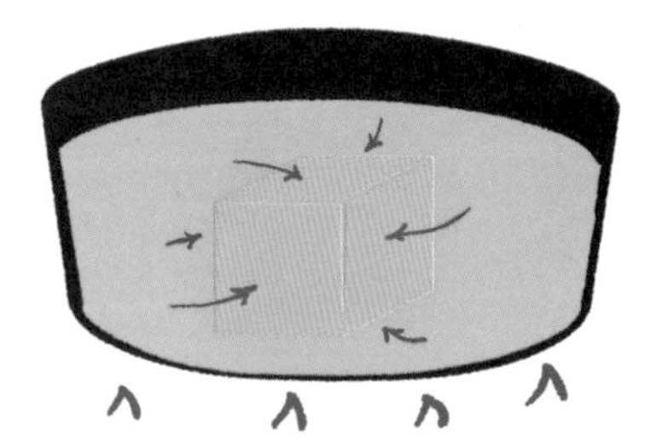

팬 위에서는 감자 조각의 한 면만 열원과 닿지만,
물속에서는 감자의 모든 면이 동시에 익는다.

올바른 방법

왜 감자를 익힐 때 끓는 물이 아닌 찬물에서 시작해야 하나요?

그렇다. 맞는 이야기다! 많이 이야기하지 않은 내용이지만, 감자는 찬물에서부터 익혀야지 절대 뜨거운 물에 넣어서는 안 된다. 그리고 물온도는 천천히 올려야 한다. 참 어렵기도 하다. 그렇지 않은가?

여기에는 매우 단순한 이유가 있다. 감자는 열전달이 매우 느리기 때문이다. 너무 어렵게 열을 전달하는 나머지, 감자의 한쪽 끝을 잡고 다른 한쪽을 180℃의 오일에 튀겨도 손이 데지 않을 정도이다. 감자를 끓는 물에 집어넣으면, 열기가 중심부에 닿기 전에 이미 겉은 익어버린다. 그리고 중심부가 익을 때쯤이면, 겉은 너무 익어버린다. 아마도 이미 터져버린 후겠지만. 그러므로 물을 서서히 가열하여, 열기가 감자의 중심부에 서서히 도달한 다음 감자가 골고루 익게 해야 한다.

하지만 당근은 찬물이 아니라 끓는 물에 넣으라고요?

이 경우는 아주 다르다. 당근에 들어 있는 단백질은 70℃까지 서서히 가열하면 결합이 강해지고, 세포벽이 질겨진다. 한번 질겨진 세포벽은 다시 부드러워지지 않아, 당근은 계속 단단한 상태로 남아 있는다. 이 문제를 해결하기 위해서는 당근을 끓는 물에 넣어 바로 70℃가 넘어가게 해야 한다.

냠냠!

조엘 로부숑의 감자 퓌레는 세계 최고라고요?

조엘 로부숑(Joël Robuchon)의 감자 퓌레 레시피는 전 세계를 휩쓸었다. 정말이지 그의 감자 퓌레는 내가 먹어본 최고의 퓌레였다! 맞다. 여기에는 버터가 들어간다. 그것도 껍질 벗긴 감자 1㎏당 250g의 버터가. 그는 다른 품종보다 작은 라트(Ratte) 감자를 고르고, 차가운 버터와 따뜻한 우유를 넣는다.

그러나 이런 이유만으로 세계 최고의 퓌레가 된 것은 아니다. 사람들이 절대로 말해주지 않는 진짜 이유는 따로 있다. 이 퓌레는 아주 고운 두 겹의 체에 내려 질감을 곱게 만든 다음, 공기가 들어가도록 최소 30분 동안 거품기로 휘젓는다. 그리하여 마침내 공기처럼 가볍고 너무나도 섬세한 감자 퓌레가 완성된다.

꼭 알아둘 것

폼 수플레는 왜 부풀어오르나요?

폼 수플레(pommes soufflées)는 두 번 튀겨 만든다. 140℃의 첫 번째 튀김냄비에 감자 슬라이스를 넣으면, 열기 때문에 마른 슬라이스의 표면에 불투과성의 얇은 껍질이 생긴다. 이어서 180℃의 두 번째 튀김냄비에 넣으면, 감자 내부에 남아 있던 수분이 증기가 되어 팽창하면서 표면의 막을 밀어낸다. 잊지 말자. 물이 증기가 되면 본래 부피에서 1,700배나 늘어난다는 사실을….

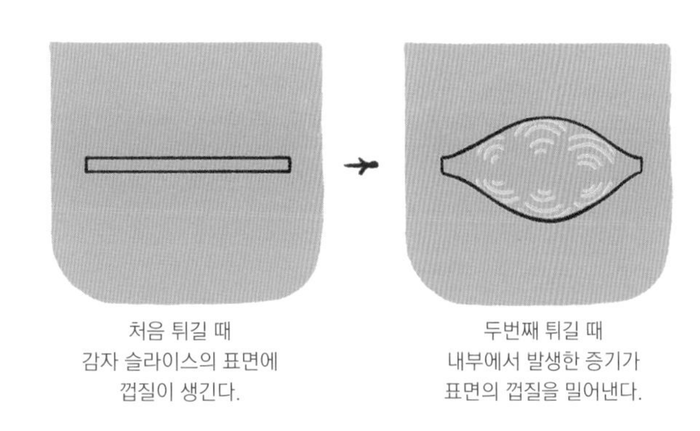

숙성

누구나 고기의 숙성에 대해서 들어보았을 것이다.
모두들 신선하지 않은 고기와 공들여 숙성한 고기를 구별하지 않고 이야기한다.
그런데 물고기도 종류에 따라서는 숙성시킬 수 있다는 사실을 알고 있는가?

이것이 테크닉!

왜 숙성을 하면 고기의 질이 좋아지나요?

도축 후 도체는 사후경직이 일어나고, 세포는 젖산을 만들어낸다. 이후 여러 효소가 경직된 근육조직을 분해하여 고기가 부드러워진다. 이 두 번째 단계에서 분해된 단백질이 맛있는 아미노산을 만들어낸다. 일부 탄수화물은 당질로 변하고, 고기의 진한 맛이 만들어진다. 그러나 이것이 전부가 아니다! 또한 고기는 이 과정을 겪는 동안 부드러워진다. 질긴 콜라겐이 고기를 익히는 동안 더 쉽게 젤라틴을 내보내는 결합조직으로 변한다. 이는 가열 도중에 살코기의 수축을 제한하여 육즙의 손실을 줄여준다.

왜 특히 소고기를 숙성시키는 경우가 많나요?

소고기는 숙성을 시키면 질이 좋아지지만, 모든 육류가 다 그런 것은 아니다. 닭, 새끼양, 돼지의 도체는 1주일 정도 숙성시킬 수 있지만, 그 이상이 되면 살코기가 산패한다. 소고기의 경우는 매우 다르다. 갈비, 등심, 우둔살은 8주까지도 무난히 숙성시킬 수 있고, 도축 후 2주간 숙성하면 고기가 80%가량 더 부드러워진다. 하지만 일부 고기는 풍미를 높이기 위해 그 후에도 50일 정도 더 숙성시킨다. 일부 정육업자들은 200일 심지어 300일까지 숙성시키기도 하지만, 8주와 300일의 숙성으로 얻을 수 있는 맛과 부드러운 육질의 차이는 미미하다.

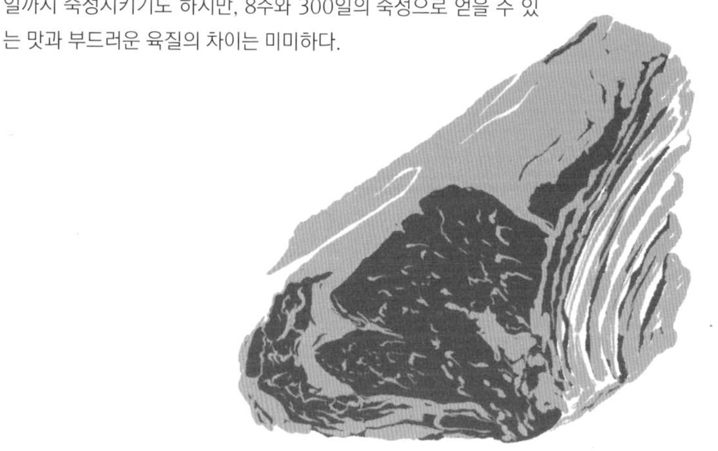

숙성한 고기는 왜 그렇게 맛이 좋은가요?

숙성, 또는 전문가들이 말하는 「아피나주(affinage)」는 온도, 습도, 숙성고 내부의 공기순환 등을 조절하여 고기 고유의 맛과 질감을 발달시키는 것이다. 흔히 에이징이라고 한다. 숙성고의 온도는 일반적으로 1~3℃, 습도는 70~80% 정도이지만, 소의 품종이나 연령, 지방의 양과 질, 근육의 육질과 결에 따라 일부 환경적 요소는 조절할 수 있다. 여기서 유능한 숙성사의 능력이 발휘된다.

이 숙성기간 동안 고기 속 수분은 일부(초기 중량의 40%까지) 증발하며, 당분은 농축된다. 지방은 산화하며, 맛의 일부는 응축되고 다른 맛이 발달한다. 잘 숙성된 소고기에서는 치즈, 캐러멜, 버터, 견과류, 붉은 과일 등 일반적인 고기에서 느낄 수 없는 모든 풍미를 경험할 수 있다.

미세한 차이

숙성 고기와 묵은 고기는 무엇이 다른가요?

「숙성」되었다고 말하는 육류 중 많은 경우는 냉장고에서 4~6주 묵힌 것에 지나지 않는다. 그렇게 하면 확실히 맛과 부드러움을 얻을 수는 있지만, 숙성 고기와는 전혀 다르다.

왜? 그리고 어떻게?

생선을 「숙성」시키는 것이 왜 그렇게 특별한가요?

생선을 「숙성」시키기 전에, 특정한 조건에서 생선을 잡아 너무 급속하고 강한 사후경직을 막아야 한다. 잡힌 고기는 상온의 큰 수조에 담겨 육지까지 온다. 배가 육지로 돌아가는 동안, 생선은 긴장을 풀고 잡힐 때 받은 스트레스로 인해 잃어버린 글리코겐 저장량의 일부를 복구한다. 생선의 몸속에 글리코겐이 없으면 사후경직이 더 빨리, 더 세게 일어나며 돌이킬 수 없이 생선살의 질을 손상시킨다. 글리코겐 저장량이 복구되면, 각각의 생선을 한 마리씩 최적의 조건에서 이케지메 방식으로(「일본의 생선」 참조) 죽인다. 여기에는 고통도 스트레스도 없다.

이어서 피를 빼고 긴 바늘로 척수를 제거한 다음, 마침내 껍질을 벗긴다. 이때 껍질 점액이 속살에 닿아 박테리아가 옮지 않도록 매우 주의해야 한다. 정확성과 청결을 위해 각 단계마다 칼을 완벽하게 씻고 도마를 바꾼다. 이어서 생선살은 「숙성」 또는 「무르익는」 단계에 들어간다. 일본요리 전문가 치히로 마스이는 다른 어떤 기교도 없이 시간만이 흘러가는 동안 이 생선살이 겪는 변화를 두고 「시간의 요리」라고 말한다.

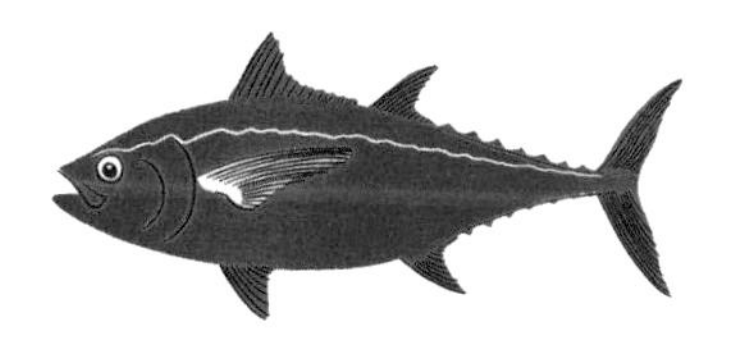

생선도 숙성할 수 있다고요?

몰랐는가? 그렇다. 생선도 숙성을 시킨다. 「숙성」이라는 단어가 가장 적합한 표현은 아니지만, 소고기처럼 맛과 부드러움을 높이는 대신, 생선의 숙성은 생선살을 변질시켜 새로운 맛과 질감을 만들어내고, 매우 풍부한 맛의 아미노산을 끌어낸다.

왜 몇몇 나라 말고는 생선을 숙성시키지 않나요?

일본, 한국을 제외하고 생선을 숙성시키는 나라는 매우 드물다. 먼저, 생선 품질이 좋아야 하고, 이케지메 방식으로 생선을 잡아야 하며, 마지막으로 손질 기술이 뛰어나야 한다. 숙성기간은 생선과 보관조건에 따라 다르다. 참치 또는 대구는 최소 1주일, 대문짝넙치는 전문가의 솜씨로 2주까지 숙성시키는 것이 가능하며 훌륭한 맛이 난다.

냠냠!

왜 숙성 생선은 주로 고급 스시전문점에서 사용하나요?

스시는 인위적인 기교 없이 생선을 가장 단순한 모습으로 선보인다. 생선 자체가 완벽, 단순히 완벽해야 한다.

이름 높은 스시전문점에서는 사용할 생선을 직접 숙성시키며, 각 생선의 품질이 가장 좋은 순간을 선택하여 살살 녹는 듯한 식감을 보장한다. 그러면서도 어떤 생선에서는 부드러움과 함께 사각사각한 씹는 맛을, 또 다른 생선에서는 더 단단한 씹는 맛을 보여주며 수준 높은 감칠맛을 선사한다.

마리네이드

마리네이드는 재료를 보존하고 향을 입히는 역할을 한다.
그러나 재료를 부드럽게 만들지는 않는다. 그것은 분명히 짚고 넘어가자.

짤막한 역사

중세시대에 고기를 마리네이드한 이유는 무엇인가요?

여기에는 2가지 이유가 있다.

① 고기를 마리네이드하면 더 오래 보관할 수 있었다. 고기를 액체에 담가서 공기와의 직접적인 접촉을 막아 산화와 부패를 지연시킨다.

② 마리네이드를 하면 고기의 색이 더 진해지고, 더 이상 부패를 알아차릴 수 없게 되어 고기의 상태를 숨길 수 있었다. 게다가 마리네이드의 풍미가 상한 고기의 나쁜 냄새와 맛을 가려주었다.

왜 생선에는 마리네이드액이 더 잘 스며드나요?

생선의 섬유질은 육상동물의 섬유질과는 많이 다르며, 콜라겐이 매우 적다. 마리네이드액은 생선살 내부로 더 쉽게 스며드는데, 그렇다고 몇 시간이고 담가두면 안 된다. 생선 고유의 맛을 덮어버리기 때문이다. 그러면 너무나 아깝다!

놀라운 사실

마리네이드액이 고기를 부드럽게 만들지는 않는다고요?

아주 간단하게도, 마리네이드액이 고기 속으로 거의 침투하지 않기 때문이다. 마리네이드액의 입자는 고기의 섬유질 속으로 스며들기에는 너무 굵다. 과학자들이 고기 조각에 마리네이드액이 침투하는 정도를 측정했는데, 4일 동안 고기 속으로 5㎜도 침투하지 못했다.

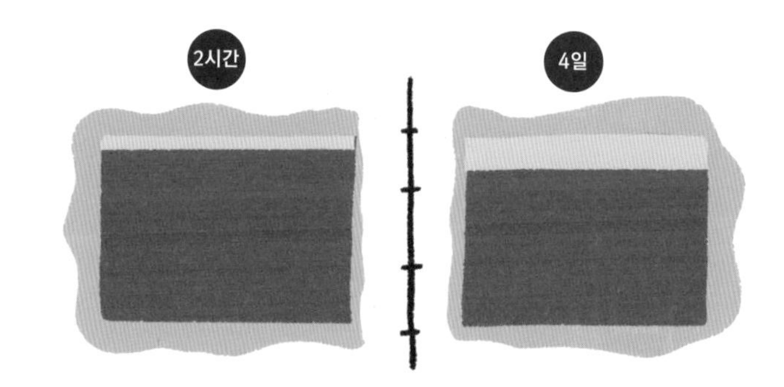

왜 고기를 작게 잘라서 마리네이드해야 하나요?

앞서 마리네이드액이 일반적인 조건에서 고기에 약 2~3㎜ 정도밖에 스며들지 못한다는 것을 설명했다. 돼지의 넓적다리 하나에 마리네이드액은 전체 무게의 1%도 침투하지 못한다. 그러나 만약 이 넓적다리를 3㎝ 크기의 작은 조각으로 자르면, 2~3㎜ 정도씩 침투하는 마리네이드액의 양은 전체 무게의 30% 이상이 된다. 그리고 그렇게 되면, 우리의 훌륭한 마리네이드는 훨씬, 훨씬, 훨씬, 더 진한 풍미를 내줄 것이다!

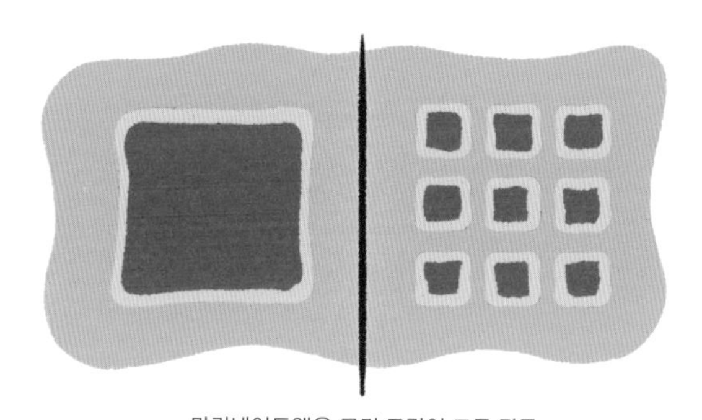

마리네이드액은 고기 조각이 크든 작든,
그 속으로 2~3㎜밖에 스며들지 못한다.

왜 마리네이드액에 대부분 오일이 들어가나요?

오일은 맛과 향을 흡수한다. 대부분의 방향물질은 오일에 녹는다. 그렇기 때문에 오일은 마리네이드하는 재료에 맛과 향을 더 빨리 전달한다.

와인, 레몬즙, 식초 등의 산 성분이 들어가는 이유는 무엇인가요?

옛날에는 더 오래 보관하기 위해 마리네이드액에 산성물질을 넣었다. 산은 일부 세균을 죽이고, 수분을 흡수하기 때문에 고기를 건조시켜 더 오래 보존할 수 있었다. 오늘날에는 마리네이드액에 산 성분을 훨씬 적게 넣는다. 맛에 약간의 상큼함과 신선함을 더하기 위해서이지, 어떤 경우에도 흔히 말하는 「고기를 부드럽게 만드는 것」이 목적은 아니다.

왜? 그리고 어떻게?

왜 어떤 경우에는 고기를 마리네이드하기 전에 살짝 굽나요?

레드와인이나 식초와 같은 산성재료가 들어 있는 마리네이드액은 고기 표면의 단백질을 변성시킨다. 한번 변성된 단백질은 고기가 노릇하게 구워지는 것을 방해한다. 그래서 마리네이드하기 전에는 고기를 먼저 노릇하게 굽는 것이 좋다.

이미 구워진 고기에 마리네이드가 더 효율적으로 작용한다고요?

고기를 익히면, 미세한 균열이 생기면서 고기의 표면적이 크게 증가한다. 그렇게 마리네이드와의 접촉면이 더 많아지면, 더 많은 맛이 고기로 전달된다. 결과적으로 마리네이드의 효율이 증가한다. 그야말로 금상첨화!

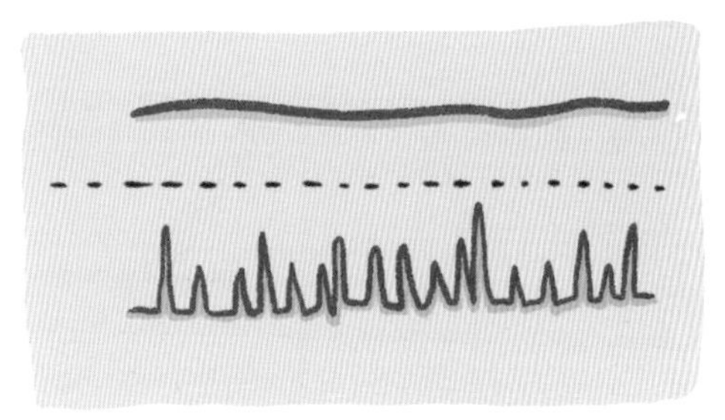

고기를 구우면 표면에 균열이 생기고
살코기와 마리네이드 사이의 접촉면이 더 넓어진다.

하지만 바비큐를 할 때는 재료를 먼저 마리네이드한 다음에 굽잖아요?

「고기를 1~4시간가량 마리네이드한다」라고 말하는 레시피는 믿으면 안 된다. 아무런 도움이 되지 않는다. 마리네이드액이 겨우 1㎜ 정도밖에는 스며들지 못하는 시간이다! 바비큐에서 중요한 요소는 숯불과 연기이다. 연기가 피어오르면서 재료에 많은 맛과 향을 입힌다. 일부 요리사들은 숯불 위로 아로마오일을 몇 방울 떨어뜨려 연기를 일으키고 풍미를 더하기도 한다.

비네그레트

균형 잡힌 비네그레트의 새콤한 맛은 우리 혀의 미뢰를 자극한다.
가족마다 비네그레트 담당이 있다는 것을 알고 있는가? 이 페이지는 그들을 위한 것이다.

꼭 알아둘 것

왜 비네그레트를 만들 때 소금과 식초에서부터 시작하나요?

「슈퍼 울트라 메가 쉬운 질문이네!」 나의 6살짜리 아들은 그렇게 말할 것이다. 소금은 물에 녹지만(식초에는 수분이 있다), 오일에는 녹지 않는다. 만일 여러분이 소금을 오일에 넣는다면, 녹지 않고 결정 상태로 남아 있을 것이다.
아, 하지만 여러분이 이렇게 말하는 것이 보인다.「나중에 식초를 넣으면 소금은 그 안에서 녹을 거예요, 그럼 똑같잖아요.」그렇지 않다. 완전히 다르다. 여러분이 생각하는 것처럼 되지 않기 때문이다. 한번 오일 속에 들어간 소금 결정은 얇은 지방층에 둘러싸이고, 식초와 직접 접촉하는 것에 방해받는다. 그래서 녹기가 훨씬 더 어려워진다. 그러나 그래도 (원한다면) 한번 해봐도 좋다.

왜 내 비네그레트의 오일과 식초는 섞이지 않을까요?

섞일 수 있다. 그러나 유화상태가 오래 유지되지 않는다. 왜냐하면, 오일 입자와 식초 속 수분 입자가 서로 달라붙지 않기 때문이다. 몇 시간이고 미친 사람처럼 비네그레트를 휘저을 수는 있지만, 결국 분리된다. 그건 어쩔 수 없다. 자연이 하는 일이다….

다시 보기

고기를 익힐 때 흘러나오는 기름을 비네그레트에 사용할 수 있다고요?

「오일과 기타 유지류」에서 이미 설명했지만, 다시 한 번 설명한다.
닭이나 양 뒷다리를 구울 때 흘러나오는 즙의 지방은, 일부 샐러드나 그릴에
구운 채소에 곁들일 비네그레트에 오일 대신 사용할 수 있다. 이것이 음식에 산뜻함과 놀라운 맛을 더해준다.
어떻게 하냐고? 구울 때 흘러나온 즙을 냉장고에서 하룻밤 굳힌 다음, 표면에 떠오른 기름을 걷어내 비네그레트의 식초에 넣고 녹이면 된다.

비네그레트의 질감에 관한 2가지 질문

❶ 왜 비네그레트에 머스터드를 조금 넣으면 질감이 훨씬 좋아지나요?

머스터드는 모든 것을 바꿔놓는다. 왜냐하면 머스터드가 두 재료를 연결해주기 때문이다. 머스터드는 한쪽으로는 오일과 결합하고, 다른 한쪽으로는 식초와 결합한다. 그 결과 비네그레트의 농도가 진해진다. 문제를 겪는 2인 가정이 3인 가정이 되어 행복을 찾는 셈이다. 마치 인생처럼….

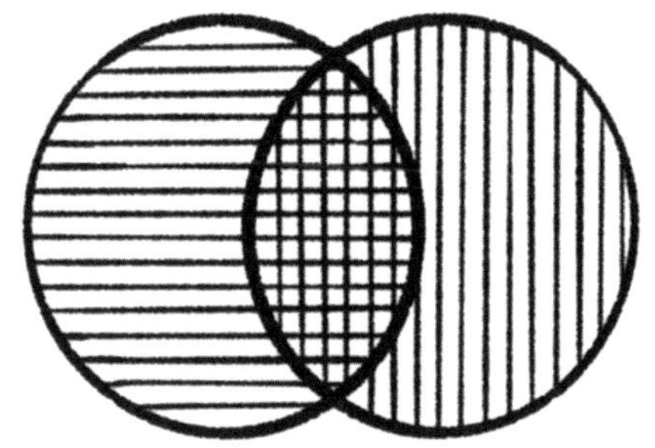

머스터드가 오일과 물(식초의) 분자를 연결해주어 비네그레트의 질감이 좋아진다.

❷ 소스는 농도가 조금 되직한 것이 더 좋다고요?

만약 비네그레트가 아주 묽다면, 샐러드의 잎을 따라 바로 미끄러져 샐러드볼 바닥에 고일 것이다. 하지만 비네그레트가 되직할수록 잎에 더 잘 달라붙어 맛이 더 좋아진다.

그리고 비네그레트의 농도를 높이기 위해서 머스터드 대신 달걀노른자를 넣으면 비네그레트가 크리미해지고, 꿀을 넣으면 약간의 단맛이 난다.

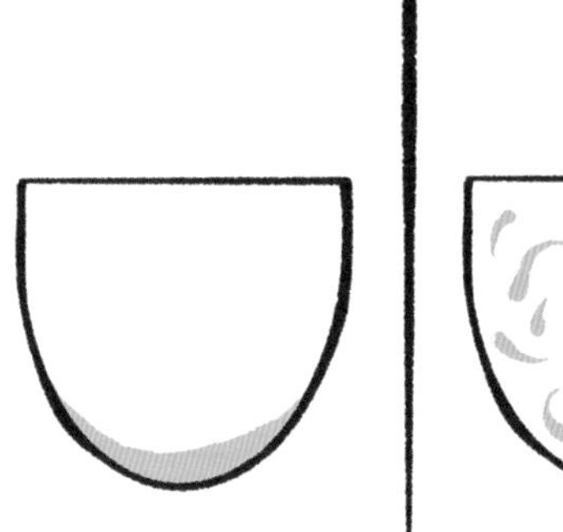

묽은 비네그레트는 샐러드볼 바닥으로 다 흘러내리지만, 농도가 더 진한 비네그레트는 샐러드잎에 잘 묻는다.

거짓에서 진실로

왜 비네그레트를 너무 일찍 끼얹으면 샐러드가 시들어버리나요?

흔히 「식초는 샐러드잎을 익힌다」고 한다. 식초가 산성을 띠기 때문이다. 그러나 식초가 샐러드를 익히는 것은 아니다! 설명해주겠다. 샐러드잎은 기름기가 있는 아주 얇은 보호막으로 덮여 있다. 오일과 식초는 별로 친하지 않기 때문에, 식초는 이 보호막 위를 그냥 미끄러져 내린다! 반대로, 비네그레트에 들어 있는 오일은 잎에 붙어 이 보호막을 통과하고, 결국 오일이 잎을 손상시킨다. 놀랍지 않은가?

머스터드가 들어간 비네그레트를 넣으면 샐러드의 갈변 속도가 느려진다고요?

위에서 오일이 샐러드잎 위에 머물러 있다가 잎을 시들게 한다는 것을 설명했다. 만약 비네그레트에 머스터드를 조금 넣고 잘 섞어주었다면, 농도가 진한 비네그레트가 되었을 것이다. 오일은 이 유화소스 안에 갇혀 있고 더 이상 샐러드잎 위에 머물러 있을 수 없기 때문에, 그렇게 쉽게 샐러드잎을 갈변시킬 수 없다.

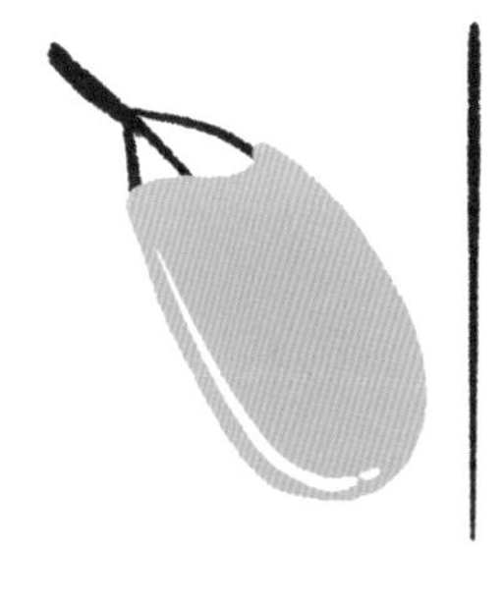

오일이 샐러드잎 위에 머무르면서 잎을 시들게 만든다.

하지만 식초는 그 위에서 미끄러져 내린다.

소스

마요네즈, 베아르네즈 소스*, 올랑데즈 소스*는 모두 오일과 달걀을 기본으로 하는 소스이다.
이 소스를 유화시키는 법 역시 잘 알고 있어야 한다.

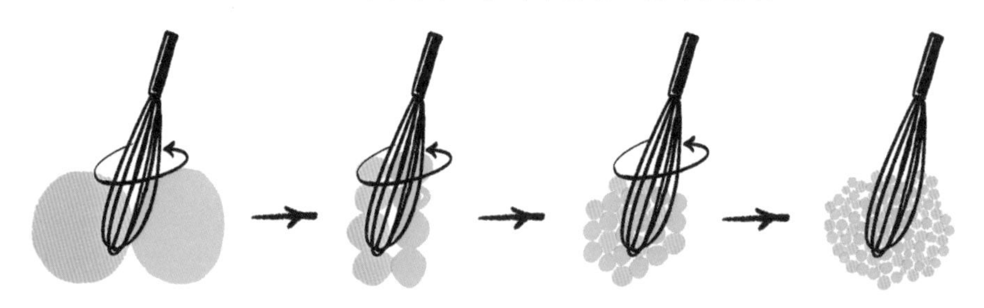

* **베아르네즈 소스_** 버터, 달걀노른자, 타라곤, 샬롯으로 만든 크리미한 소스.
* **올랑데즈 소스_** 버터, 레몬즙, 달걀노른자로 만든 크리미한 소스.

올바른 방법

마요네즈를 만들 때 왜 처음에는 오일을 조금씩 부어야 하나요?

약간의 오일과 달걀노른자를 함께 휘핑하면, 달걀노른자에 들어 있던 물방울과 오일방울이 나뉜다. 그리고 더 많이 휘핑할수록 물방울은 더 작은 물방울로 바뀐다. 마법은 여기서 일어난다. 작은 노른자 알갱이가 한쪽에서는 작은 물방울과 결합하고, 다른 한쪽에서는 작은 오일방울과 결합한다. 전체적으로 되직해지면서 하나로 합쳐진다.

하지만 처음부터 오일을 너무 많이 넣으면 오일의 양이 너무 많아 작은 오일방울로 나뉘지 않아 마요네즈가 덩어리지지 않는다. 그러므로 처음에는 오일을 조금씩 넣고, 어느 정도 뭉쳐지기 시작하면 좀 더 넣어도 좋다.

마요네즈를 만들 때 재료의 온도는 전혀 중요하지 않다고요?

오일을 냉장고에 보관해서 굳어진 오일이 작은 방울로 분산되는 것을 방해하지만 않는다면 재료의 온도는 전혀 중요하지 않다. 노른자와 머스터드(넣는 경우)에 들어 있는 수분은 냉장 상태에서는 굳지 않는다. 옛 관습에 현혹되지 말기를!

마요네즈가 분리되는 이유는 무엇인가요?

이것은 오일을 한꺼번에 너무 많이 넣어 물방울과 오일방울이 더 이상 서로 결합하지 못하기 때문이다. 이것을 어떻게 해결할 수 있는가?

해결책 1 : 표면에 뜬 오일을 볼에 따라낸 다음, 마요네즈를 강하게 휘핑하여 다시 되직해지도록 만든다. 그런 다음 따라낸 오일을 조금씩 섞는다.

해결책 2 : 물을 1/2ts 정도 넣고, 마요네즈가 되직해질 때까지 다시 휘핑한다.

베아르네즈 소스를 만들 때, 왜 처음에 타라곤을 식초에 넣어 익힌 후 건져내고 마지막에 새 타라곤을 넣나요?

처음에 타라곤잎을 익혀 맛을 최대한 우려내는 이유는, 이것이 소스의 기본향을 이루기 때문이다. 그리고 건져내는 것은, 익히는 동안 타라곤잎이 물러져서 너무 오래 삶은 시금치처럼 되어버리기 때문이다. 마무리에 신선한 타라곤을 넣으면, 신선하고 상쾌한 맛을 낼 뿐만 아니라 소스를 보기 좋게 만들어준다.

프로의 팁

올랑데즈 소스와 베아르네즈 소스가 분리되는 이유는 무엇인가요?

올랑데즈 소스나 베아르네즈 소스를 너무 오래, 또는 너무 강불에 가열하면, 처음에 부었던 물이나 식초와 달걀노른자에 들어 있던 수분이 증발한다. 유화를 안정적으로 유지시킬 수분이 부족해지면 소스가 「분리된다.」 너무 익힌 노른자는 마치 완숙 달걀처럼 단단해지고 응어리지면서 소스에서 분리된다.

이 소스를 만들 때는 항상 수분이 충분해야 하며, 온도는 노른자를 되직하게 만들 수 있을 정도로 충분히 뜨거워야 하지만, 단단하게 익혀버려서는 안 된다.

그리고 수습도 쉽게 할 수 있다고요?

❶ 소스의 3/4을 볼에 담아두고, 나머지 소스에 물 1~2ts을 넣은 다음, 세게 휘저어 섞는다.

❷ 다시 유화가 이루어지면 따로 덜어낸 소스를 조금 넣고 계속해서 휘핑한다.

❸ 나머지 소스를 조금씩 넣어 섞으면서 소스가 정상적인 질감이 될 때까지 계속 휘핑한다.

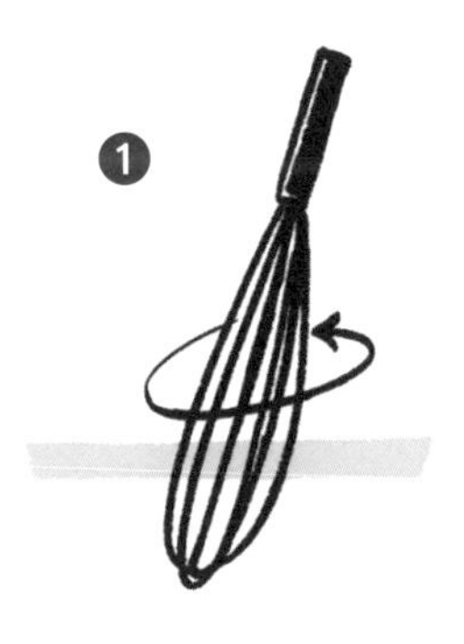

올랑데즈 소스와 베아르네즈 소스는 왜 되직한가요?

달걀을 익힐 때를 생각해보자. 달걀을 끓는 물에 넣으면, 액체였던 노른자는 3분 후 살짝 굳은 상태가 된다. 이어서 부드러운 반숙 또는 되직한 상태가 되었다가 결국 완숙, 즉 단단하게 굳어진다.

올랑데즈 소스와 베아르네즈 소스를 익힐 때도 마찬가지다. 노른자는 열에 의해 되직해지며, 버터와 섞여 맛있는 소스가 된다.

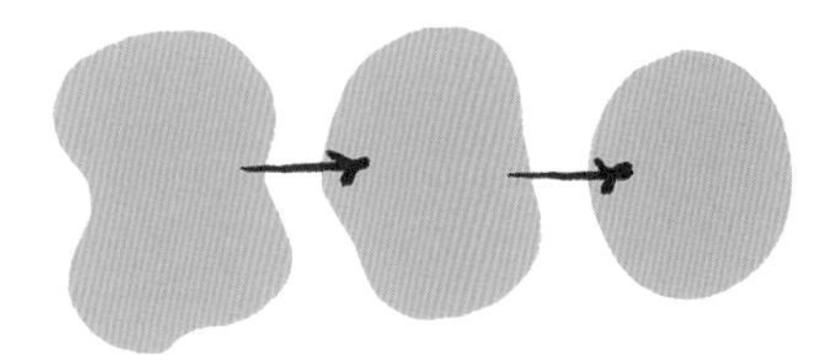

달걀노른자는 가열할수록 더 되직해진다.

거짓에서 진실로

8자를 그리면서 휘핑하는 것은 의미가 없다고요?

주방의 어린 막내직원을 힘들게 할 뿐이다. 이 오래된 가르침은 그만 잊어버리자! 중요한 것은 거품기로 냄비 안을 구석구석 저어줘야 한다는 것이다. 달걀 분자는 8자를 그리든 4자를 그리든 상관하지 않는다. 달라지는 것은 아무것도 없다!

퐁과 부이용

아니, 아니, 아니, 퐁*이나 부이용*의 준비는 물이 끓고 있는 냄비에 분말큐브를 던져 넣는 것이 아니다!
맛좋은 육수는, 요리하는 것이다….

냠냠!

왜 어떤 퐁과 부이용은 다른 것들보다 더 맛있나요?

부이용, 퐁, 퓌메 등을 만들 때는 고체재료(고기, 채소, 향신료 등)의 맛을 액체(물)로 최대한 우려내는 것이 중요하다. 홍차나 말린 잎을 우려낸 허브차를 만들 때와 똑같다. 부이용이나 퐁을 만드는 것은 사실 고기로 차를 끓이는 것이다.

퐁과 부이용은 재료를 우려낸 차다.

부이용의 물에 대한 2가지 질문

1 왜 사용하는 물의 수질이 가장 중요한가요?

물은 부이용의 재료를 익힐 뿐만 아니라, 무엇보다도 그 자체가 주요 재료이다. 부이용, 퐁, 퓌메는 대부분 물로 만든다(물에 맛을 더한다). 만약 처음부터 물에서 어떤 맛(세제냄새나 다른 맛)이 난다면, 조리 후 부이용에 그 맛이 남는다. 그러므로 물맛이 두드러지거나 다른 재료의 맛을 가리지 않도록 가장 중성적인 물을 사용해야 한다.

2 특히 뜨거운 물은 쓰지 않는 것이 좋다고요?

뜨거운 물이 수도꼭지에 도달하기 전, 열기가 수도관 내부에 붙어 있는 일부 미네랄 성분을 녹이는데, 이것이 물맛을 나쁘게 만든다.
다른 모든 요리과정과 마찬가지로, 퐁이나 부이용의 베이스로 차가운 물을 사용해야 하며, 뜨거운 물은 절대, 절대 사용해서는 안 된다. 뜨거운 물은 설거지를 할 때만 좋다.

* **퐁(fond)_** 여러 가지 소스의 바탕으로 사용되는 육수로, 흔히 말하는 스톡이다. 버섯액과 생선의 육수는 퓌메(fumet)라고 한다.
* **부이용(bouillon)_** 맛이 약한 육수로, 용도에 따라 내용물이 달라지며 그대로 마시기도 하는 일종의 맛국물.

왜 조리 전이나 조리 중에는 부이용에 소금을 넣지 않나요?

재료의 맛이 물로 옮겨가지 못하게 방해하는 모든 것은 피한다. 부이용을 만들 때 처음부터 소금을 넣으면 물의 밀도가 높아진다. 액체의 밀도가 높을수록 새로운 맛을 덜 흡수하게 된다. 그러므로 부이용을 끓일 때 절대로 처음부터 소금을 넣지 않는다.

소금을 넣지 않은 부이용

소금을 넣은 부이용

그리고 왜 후추도 뿌리지 않나요?

옛날에는 고기의 위생상태를 확신할 수 없었다. 때문에 살균효과를 이용하여 세균을 죽이기 위해 후추를 넣었다. 오늘날에는 다행스럽게도 이러한 목적이 더 이상 통용되지 않는다.

후추는 차나 버베나처럼 액체 속에서 가열되면 향이 우러난다. 그리고 지나치게 오래 우려낼 경우에는 마찬가지로 쓰고 매워진다. 부이용에 매운맛과 쓴맛을 내고 싶은 게 아니라면, 끓이기 시작할 때나 끓이는 중간에 후추를 넣지 않도록 한다.

꼭 알아둘 것

물의 양이 왜 중요한가요?

어느 시점부터 물은 포화상태가 되어 몇 시간을 더 끓여도 그 이상 새로운 맛을 흡수하지 못한다. 대략적으로 말하자면 짐가방과 같다. 꽉 차면, 꽉 찬 것이다. 더 이상 그 안에 무언가를 더 집어넣을 수 없다. 처음에 물양을 충분히 잡아 고기의 맛을 최대한 흡수할 수 있게 한다.

또한 부이용을 끓이는 냄비의 소재도 중요하다고요?

무쇠와 같은 일부 소재는 냄비의 두툼한 두께 안에 열을 저장한 다음, 냄비 전체에 재전달한다. 그러므로 액체 역시 냄비 바닥에서나 옆면에서 모두 같은 방식으로 가열되며, 전체적으로 균일하게 데워진다.

한편, 철이나 스테인리스는 열을 축적하지 않고 오직 열을 받는 부분에서만 열을 전달한다. 그러므로 냄비 바닥은 매우 강하게 가열되지만, 옆면은 그렇지 않다. 결국 재료가 냄비 안의 어디에 위치하느냐에 따라 조리상태가 달라지며, 결과도 만족스럽지 못하다.

마지막으로 좀 더 전문적인 내용인데, 무쇠는 부드러운 복사열을 방출하는 반면, 철과 스테인리스는 강렬한 복사열을 방출한다. 퐁이나 부이용을 만들 때 필요한 것은 부드러운 열이다. 그러므로 철이나 스테인리스 냄비는 피하도록 하자!

철이나 스테인리스

무쇠

조리 준비

퐁과 부이용

왜 고깃덩어리의 크기가 중요한가요?

퐁이나 부이용을 준비하는 주된 목적은, 여러 가지 재료의 맛을 최대한 끌어내는 것이다. 만약 큰 고깃덩어리를 넣을 경우 덩어리의 중심부에 들어 있는 맛이 액체에 도달하려면 두꺼운 고기를 통과해야만 한다. 이 거리는 지나치게 멀어서 맛의 대부분이 거기까지 도달하지 못한다. 맛을 충분히 우려낼 수 없으니 고기를 넣으나마나인 셈이다.

반면에 고기를 너무 두껍지 않게 잘라서 넣으면, 고기의 중심부에서 가장자리까지 맛이 통과해야 하는 거리가 줄어들고, 액체에 전달되기 쉬워진다. 따라서 훨씬 더 맛있는 부이용을 만들 수 있다.

왜 뼈를 먼저 구운 다음에 물을 붓고 끓여야 하나요?

뼈 자체는 맛을 내지 않는다. 뼈는 주로 석회질로 이루어져 있고, 맛을 내는 것은 관절의 연골, 일부 뼈 중심부에 들어 있는 골수, 뼈에 붙어 있는 작은 고기 조각이다.

뼈를 구우면, 뼈에 붙어 있는 고기 조각, 일부 연골과 골수에서 일어나는 마이야르 반응이 만들어내는 풍미를 이용할 수 있다. 그래서 뼈를 부이용에 넣으면 더 풍부한 맛을 우려낼 수 있다.

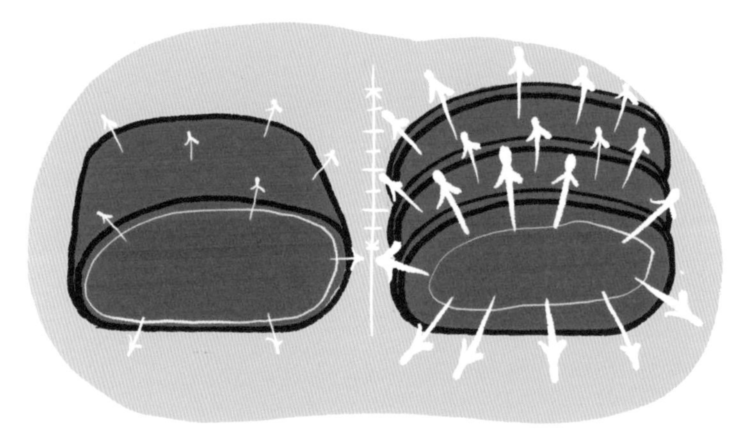

고기 두께가 얇을수록, 고기의 맛이 부이용에 더 빨리 퍼진다.

프로의 팁

부이용은 왜 약불에서 오래 끓여야 하나요?

퐁과 부이용을 만들기 위해서는 콜라겐을 함유한 고기를 사용해야 한다. 콜라겐이 들어 있는 고기에 열을 가하면, 콜라겐이 젤라틴으로 변하면서 풍부한 맛을 내기 때문이다.

여기서 작은 문제가 있다. 콜라겐이 맛있는 젤라틴으로 변하려면 긴 시간과 너무 높지 않은 온도가 필요하다. 바로 이런 이유 때문에 맛있는 부이용은 오랫동안 뭉근하게 약 80℃ 정도로 가열해야 하는데, 약하게 끓이거나 심지어 끓기 직전의 온도도 안 된다.

온도를 어떻게 아냐고? 작은 기포가 한두 개씩 천천히 떠오르기 시작하면 적절한 온도이다. 그리고 결과는 지금까지 여러분이 경험한 맛과 전혀 다를 것이다.

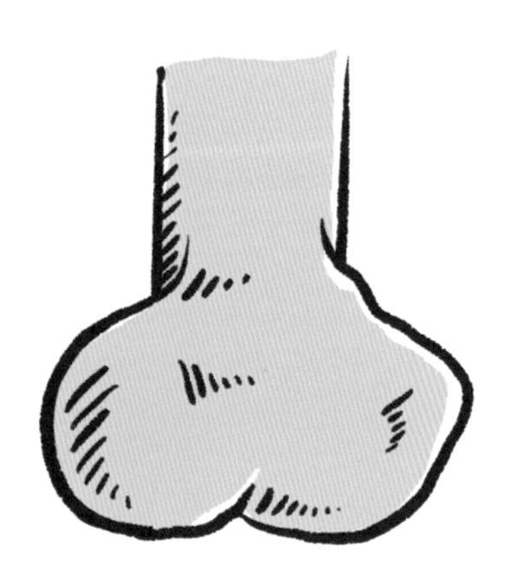

부이용을 만들 때 왜 「불순물을 제거」해야 하나요?

그런 말을 자주 듣지만, 요리에서 듣는 최악의 몰상식한 말이라고 할 수 있다. 흙이 묻은 채소를 사용하지만 않는다면 부이용에는 불순물이 없다. 부이용 안에 떠다니는 미세한 입자는, 떨어져 나간 작은 고기 조각이지 불순물이 아니다. 게다가 소갈비를 준비할 때 대체 어디에서 불순물이 생긴단 말인가? 아주 간단하게도, 아무것도 없기 때문에 불순물도 없다.

퐁은 먼저 뚜껑을 덮고 가열한 후 졸여야 한다고요?

만약 뚜껑을 덮지 않으면 물의 일부가 증발하고, 따라서 액체가 졸아 양이 줄어든다. 그러면 고기가 지닌 모든 맛이 빠져나오기도 전에 액체는 포화상태가 될 것이다. 너무나 아깝다! 뚜껑을 덮으면 이러한 증발을 막을 수 있고, 고기의 맛을 최대한 액체로 우려낼 수 있다. 졸이는 것은, 이렇게 맛이 액체로 전해진 다음의 일이다. 동시에 진행되는 것이 아니다!

왜 진하게 졸인 퐁을 「글라스」라고 하나요?

퐁의 수분이 줄어들수록 졸아들고, 젤라틴의 비중은 더 커진다. 젤라틴이 아주 진하게 졸인 육수에 윤기를 더해주기 때문에 빛을 받으면 반짝거리게 된다. 마치 얼음(glace)처럼….

거품에 관한 2가지 질문

❶ 일반적으로 「거품」이라고 부르는 것이 사실 불순물이 아니라고요?

여기서 말하는 거품은 액체 표면에 떠다니는 불순물과 액체가 섞여 있는 것이다. 하지만 퐁이나 부이용에는 불순물이 나올 원인이 없다. 그러므로 불순물도 없다. 이상, 끝.

❷ 그러면 왜 「거품」을 제거해야 하나요? 불순물이 아닌데요.

여기서 제거하는 거품은 표면에 떠 있는 희끄무레한 기포이다. 이것은 단백질과 응고된 고기의 지방, 그리고 공기(이것이 거품이 나는 이유이다)로 이루어져 있다. 이것이 부이용에 쓴맛을 내기 때문에 제거해야 한다.
이 거품은 부이용을 지나치게 센불에 끓였을 때 생긴다. 그러나 더 낮은 온도에서 가열하면 거품이 일어나지 않는다.

퐁과 부이용

올바른 방법

왜 부이용의 기름기를 걷어내거나, 또는 걷어내지 않아야 하나요?

퐁이나 부이용에 들어 있는 지방은 혀의 미뢰를 가볍게 덮는데, 지방의 양에 따라 미뢰는 다소 섬세하게, 그리고 길거나 짧게 맛을 느낀다. 표면의 지방을 제거하지 않은 부이용은 맛의 여운이 길게 느껴지고 선명함이 덜한 반면, 기름기를 걷어낸 부이용은 여운이 짧지만 매우 분명한 맛이 느껴진다. 또한 여운이 길면서도 맛이 분명한 부이용을 만들기 위해 표면에 떠 있는기름을 부분적으로만 걷어낼 수도 있다.

그러나 만약 기름기를 걷어낸다면, 이 맛의 보물을 버리지 말자. 이 기름은 냉장고에 4~5일 보관할 수 있으며, 비네그레트용 오일의 훌륭한 대체품이 된다(「비네그레트」 참조). 또한 채소구이에 끼얹을 수도 있고, 생선을 소테할 때에도 사용할 수 있다. 사용하기 전에 1~2시간 동안 상온에 두어 액체상태로 만든다.

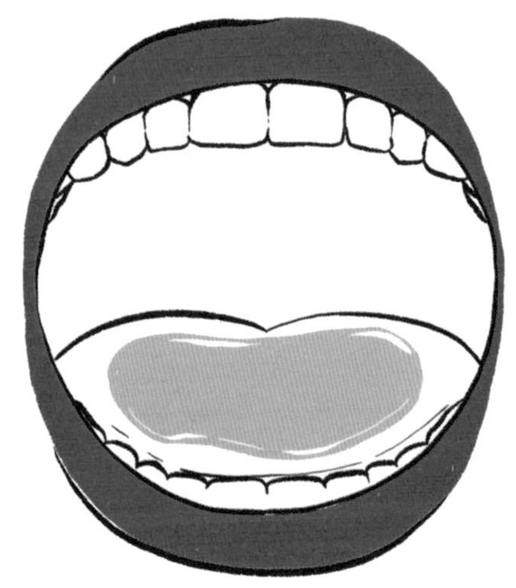

부이용의 지방이 미뢰를 덮어
맛을 느끼는 정도와 지속성을 변화시킨다.

왜 부이용의 표면에 떠 있는 기름을 제거할 때 식빵을 사용하나요?

일반적으로는 부이용을 냉장고에 하룻밤 두어 표면에 굳어 있는 지방을 제거한다. 그러나 만약 그럴 시간이 없다면, 뜨거운 상태에서 재빨리 식빵으로 부이용의 표면을 훑어 지방을 걷어낼 수 있다. 빵이 지방을 포함한 부이용의 일부를 흡수하여 기름기가 부분적으로 제거된다.

부이용이 아직 뜨거워도 식빵으로 표면을 쓸어
기름기를 부분적으로 제거할 수 있다.

왜 좋은 부이용은 젤리화되나요?

끓이는 동안, 고기에 들어 있는 콜라겐은 맛있는 젤라틴으로 변한다. 만약 콜라겐이 충분히 들어 있는 품질 좋은 고기를 사용했거나 닭뼈를 많이 넣었다면, 하룻밤이 지난 후 부이용은 젤라틴으로 변해 있을 것이다. 이렇게 젤리화되는 것은 부이용의 질이 훌륭하고 맛이 풍부하다는 표시다.

부이용의 정제에 관한 2가지 질문

1 부이용을 맑게 하는 이유가 뭔가요?

정제는 부이용 안을 떠다니는 입자들을 최대한 제거하여 되도록 맑은 부이용을 만들기 위한 것이다. 정제에는 달걀흰자, 다짐육, 아주 잘게 썬 채소를 사용한다. 처음에 흰자를 넣고 익히는 동안, 흰자가 떠다니는 입자들을 가두어 부이용이 맑아진다.

익는 동안, 흰자는 떠다니는 미세한 입자들을 가두어 부이용을 맑게 만들어준다.

정제는 맛을 지닌 미세한 입자들을 제거하는 한편, 고기와 채소를 이용해 다시 맛을 우려내는 과정이기도 하다.

2 그러면 다짐육과 채소를 넣는 이유는 뭐죠?

부이용을 정제하면 떠다니는 입자가 제거된다. 문제는, 이 입자들이 부이용에 풍부한 맛을 낸다는 것이다. 이 입자들을 제거하면 부이용이 매우 빈약해진다. 그러므로 이러한 맛의 손실분을 보충하기 위해, 정제할 때 다짐육과 채소를 넣는다.

냠냠!

왜 부이용에 간장을 조금 넣으면 맛이 좋아지나요?

「감칠맛」에 대해 들어보았는가? 못 들어봤다고? 어떤 사람들은 감칠맛을 제5의 맛이라고 하지만, 정확한 것은 아니다. 좀 더 분명하게 말하면, 감칠맛이란 만족감(맛이 좋은 느낌)을 주는 것이다. 소량의 간장이나, 파르메산치즈 껍질을 퐁이나 부이용에 넣으면 약간의 감칠맛을 더할 수 있다. 그 맛이 구분되지는 않겠지만, 분명히 맛이 좋아졌다고 느껴진다.

퓌메

퓌메(fumet)는 생선으로 만든 부이용을 말한다. 직접 퓌메를 준비해보면,
우리가 냄비 속에 던져 넣는 분말큐브와는 완전히 다르다는 것을 알 수 있다.
그냥 맛있는 것 이상으로 정말정말 맛있다.

다시 보기

왜 퓌메는 수질이 그렇게 중요한가요?

고기로 만든 부이용과 마찬가지로 물은 퓌메의 주요 재료이다. 질이 낮은 물은 기분 나쁜 뒷맛을 남길 수 있으며, 절대 맛있는 퓌메를 만들 수 없다. 절대로 불가능하니 쓰지 않는 것이 좋다. 아무런 맛이 나지 않는 투명한 물을 사용해야 한다!

퓌메에 넣는 생선뼈에 관한 3가지 질문

❶ 퓌메를 만들 때, 왜 생선뼈를 충분히 씻어야 하나요?

모든 핏덩어리, 점액, 비늘과 닿았을 가능성이 있는 모든 것들을 제거하는 것이 매우 중요하다. 아가미도 잘 제거해야 하고, 내장 등이 남아 있지 않게 주의해야 한다. 등뼈, 머리, 자투리살은 써도 좋지만, 아무것도 묻어 있지 않아야 한다.

❷ 왜 생선뼈를 작은 조각으로 잘라야 하나요?

생선뼈를 작게 잘라서 넣으면 냄비 안에서 자리도 덜 차지하고, 완전히 잠기는 데 필요한 물의 양도 줄어든다. 물을 너무 많이 넣어 물에 빠진 것 같은 퓌메보다 더 진하고 맛이 풍부해진다.

❸ 그리고 다른 재료를 넣기 전에 생선뼈를 5분 정도 볶으라고요?

생선뼈와 머리를 버터나 올리브유로 약불에 볶으면, 그냥 물에 넣고 만들었을 때는 절대 얻을 수 없는 훨씬 풍부하고 복합적이며 깊은 맛을 낼 수 있다. 그러므로 생선뼈를 5분 정도 먼저 볶은 다음, 채소를 넣고 5분 더 볶는다 ❶. 화이트와인을 넣고 2~3분 졸인다 ❷. 마지막으로 물을 붓는다 ❸.

올바른 방법

왜 끓는점 이하의 온도로 가열해야 하나요?

퓌메는 생선뼈와 머리의 맛을 우려낸 것이지, 익힌 것이 아니다. 온도는 맛이 액체로 전달될 수 있을 만큼 충분히 뜨거워야 하지만, 재료가 익을 정도로 너무 높으면 안 된다. 끓기 직전보다 낮은, 대략 80℃ 정도로 가열한다. 기포가 한두 개 천천히 표면에 떠오르는 상태와 같다. 그보다 더 뜨거워지지 않게 주의하자!

퓌메를 냉장 보관하면 왜 젤리처럼 굳나요?

생선뼈에는 콜라겐이 들어 있는데, 이것은 조리 도중에 젤라틴으로 변한다. 식으면 젤라틴이 굳어 고기로 만든 부이용과 마찬가지로 젤리 같은 질감을 갖게 된다.

왜 퓌메를 30분간 그대로 두어야 하나요?

가열하는 동안 미세입자가 채소, 생선뼈, 머리에서 떨어져 나온다. 30분간 퓌메를 그대로 두면 이 입자들이 냄비 바닥에 가라앉는다. 그래서 대부분의 미세 입자들을 체에 부어 걸러내지 않아도 된다.

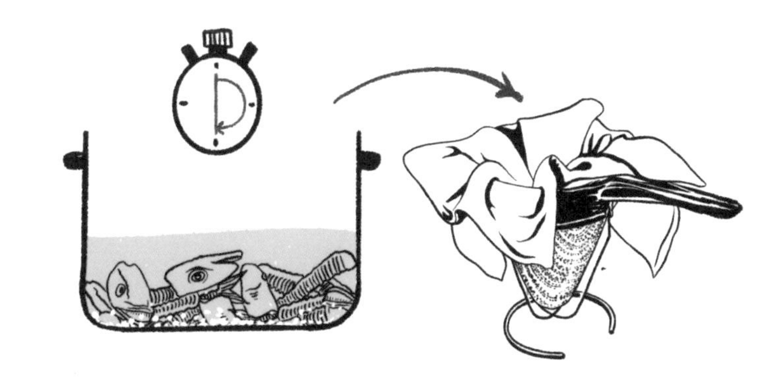

하지만 체에 또 거른다고요?

좋은 퓌메는 완벽하게 투명해야 한다. 이러한 투명함을 얻기 위해서는 모든 고체물질을 제거해야 한다. 그러니 체에 걸러 세계챔피언급 퓌메를 만들도록!

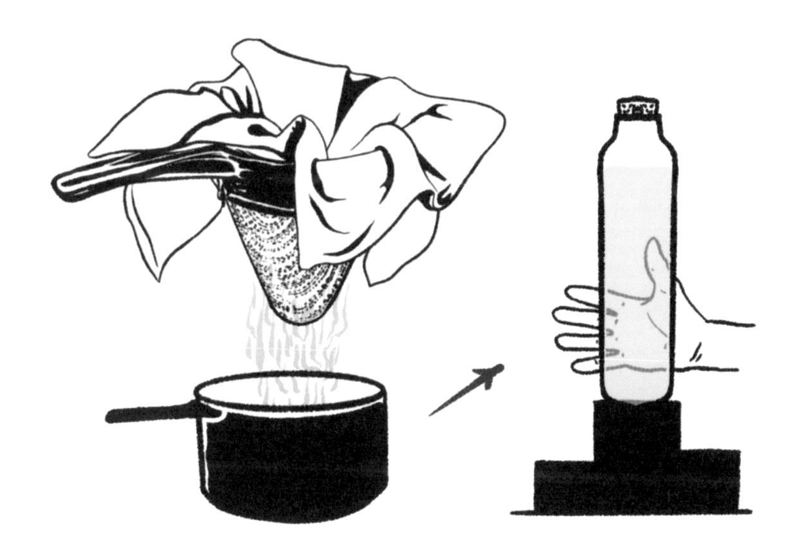

왜 퓌메를 조금 졸여야 하나요?

가열할 때 물을 충분히 붓는 것은 생선뼈와 머리가 물에 잠기도록 하고, 물이 너무 빨리 포화상태가 되는 것을 피하기 위해서이다. 생선의 맛이 충분히 우러난 뒤에는 1/3 정도 졸여서 농축하여 더 맛있는 퓌메를 만든다.

가 열 조 리

육류의 가열조리와 온도

정육점에서 이렇게 말하는 것을 들어보았을 것이다.
「로스트용 고기는 굽기 1시간 전에 냉장고에서 미리 꺼내두세요. 알겠죠? 온도 충격을 줄여야 하니까요!」
이 잘못된 조언은 잊어버리고, 조심스럽게 그들에게 고기를 굽는 온도에 대한 몇 가지 정보를 알려주자.

잘못 알려진 상식

「온도 충격을 피하기 위해」 고기를 미리 꺼내놓아야 한다는 것이 바보 같다고요?

솔직히 내가 들어본 가장 바보 같은 말 중에 하나다! 어떤 온도 충격도 없이 스테이크를 상온의 팬에 구워보아라. 그리고 어떻게 되는지 알려 달라…. 고기를 굽기 위해서는 고기와 팬 사이에 당연히 온도 차이가 있어야 하지 않겠는가? 온도 충격 없이는 마이야르 반응도 없고, 고기를 노릇하게 구울 수도 없다. 그러므로, 일부 고기는 미리 꺼내두어야 하지만, 이것은 온도 충격을 피하기 위해서가 아니다.

왜 온도 충격이 고기를 질기게 만드나요?

고기를 냉장고에서 꺼내자마자 뜨거운 팬에 구우면 질겨진다고 생각하는 것 같다. 그러면, 상온에 미리 꺼내놓으면 고기가 질겨지지 않을까? 전혀 그렇지 않다. 전혀 그렇게 되지 않는다. 생각해보자!
냉장고의 온도(5℃)와 상온(20℃)의 온도차는 15℃이다. 고기를 구울 때, 팬이나 그릴의 온도를 15℃ 사이에서 조절할 수 있다고 생각하는가? 매번 레이저 온도계를 사용해 팬의 온도를 측정하는가? 하하하, 농담도 참! 팬의 온도가 200℃인데 15℃ 차이가 큰 영향을 미친다고 생각하는가? 난 아직 바비큐를 할 때 온도가 얼마나 올라가는지는 이야기하지 않았다. 그 경우에는 400℃까지 올라간다!
만일 고기가 질겨지고 마른다면, 그것은 중심부를 따뜻하게 먹을 수 있게 데우기 위해 겉을 너무 오래 익혔기 때문일 것이다. 온도 충격과는 아무런 관계가 없다.
냉장고에서 방금 꺼낸 스테이크용 고기를 레어로 굽기 위해서는, 온도를 5℃(냉장고의 온도)에서 50℃(레어 스테이크의 온도)로 올려야 한다. 따라서 구우면서 45℃를 올려야 한다. 만일 고기가 이미 상온이라면, 20℃에서 시작해 30℃까지만 올리면 된다. 그러므로 가열 시간은 더 짧아지고, 겉의 과조리를 피하면서도 중심부를 데워 고기가 더 부드럽고 더 촉촉해질 것이다. 이것이 고기를 미리 꺼내두어야 하는 유일한 이유이다!

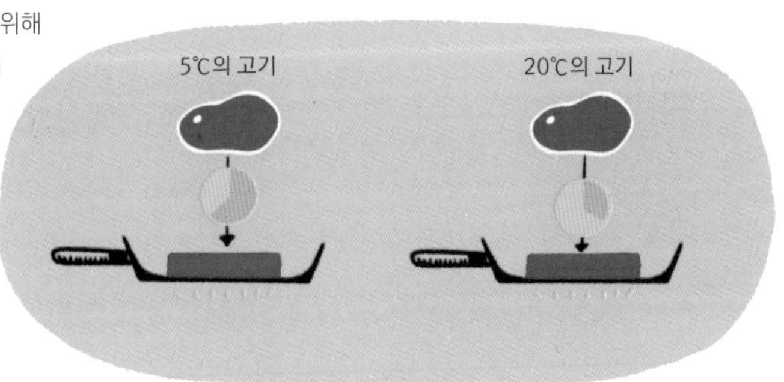

고기를 냉장고에서 일찍 꺼내둘수록
팬에서 굽는 시간이 줄어든다.

그럼에도 고기를 가열하기 전에 미리 꺼내두어야 하는 이유는 무엇인가요?

어떤 사람들은 「고기를 30분 미리 꺼내두세요!」라고 한다. 또 어떤 사람들은 「적어도 1시간 전에는 꺼내두세요.」라고 한다. 과연 그럴까? 고기가 상온으로 돌아오기까지 얼마나 걸리는지는 온도계로 알아보면 간단하다. 그렇지 않은가? 좋다, 자리에 앉았는가? 그럼 설명을 시작하겠다.

소의 치마살 200g을 기준으로, 중심부가 20℃로 돌아오려면 약 2시간이 걸린다. 두께가 4㎝인 갈비의 경우는 실질적으로 4시간이 걸리고, 지름 7㎝의 로스트용 고기는 5시간도 부족하다. 미리 고기를 꺼내놓는 것은 좋다. 하지만 30분은 아무 소용이 없다.

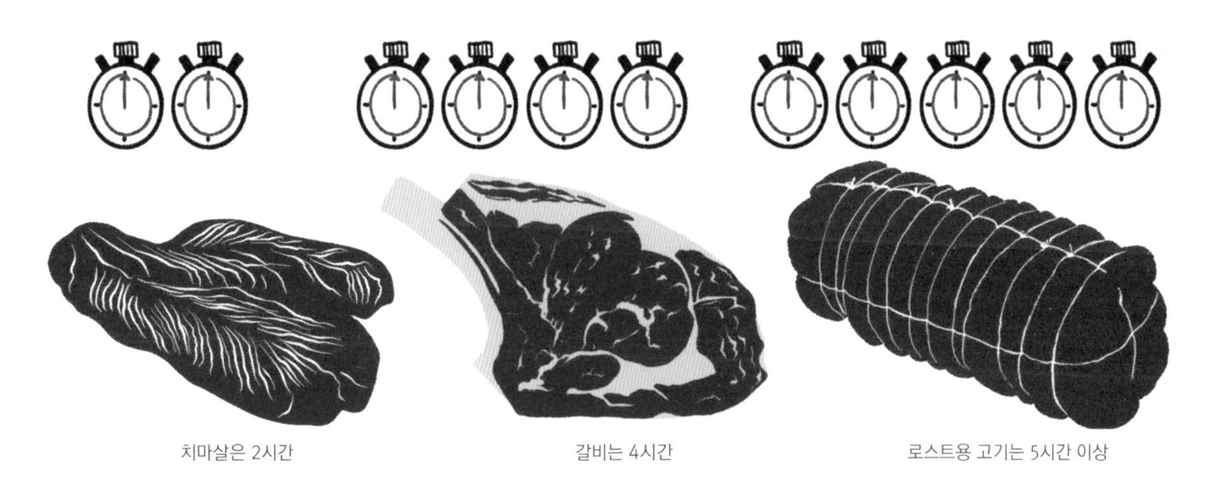

치마살은 2시간　　갈비는 4시간　　로스트용 고기는 5시간 이상

왜 두께에 따라 냉장고에서 고기를 꺼낼 타이밍이 결정되나요?

덩어리가 큰 경우는(닭, 양 뒷다리살 등) 가열시간이 길어지고 중심부로 열이 전달되는 속도가 매우 느리다. 그러므로 가열하기 시작할 때 15℃의 온도차는, 가열시간이 몇 분 길어지는 것 말고는 고기의 부드러움이나 촉촉함에 아무런 영향을 미치지 못한다. 어찌되었든 닭이나 양 뒷다리살 중심부를 상온으로 되돌리기 위해서는 적어도 6~7시간이 필요하다. 고기가 세균에 감염되기에 매우 충분한 시간이다. 그러므로 부피가 큰 고기는 미리 꺼내놓는 것이 쓸모없는 일이다.

작은 조각의 경우, 예를 들어 스테이크나 에스칼로프(얇게 슬라이스한 송아지 고기)는 다른데, 가열시간이 매우 짧기 때문이다. 이 경우에는 내부온도가 미리 충분히 올라가 있어야만, 고기의 중심부가 따뜻해지기 전에 표면이 과조리되는 것을 막을 수 있다. 그래서 항상 2시간 전에 냉장고에서 고기를 꺼내 중심부를 상온에 가깝게 약 20℃ 정도로 만들면, 30℃만 높여도 레어로 구울 수 있다.

프로의 팁

내 친구 토마스가 큰 고깃덩어리를 굽는 방법은, 왜 그렇게 효과가 좋을까?

화학을 전공한 오랜 식도락가인 내 친구 토마스는 기존의 모든 가열방법과 반대로 굽는데도 정말 끝내주는 결과를 보여준다. 커다란 소고기 덩어리에 엄청난 온도 충격을 준 다음 천천히 조리하는 방식이다.

① 토마스는 로스트용 고기나 큰 고깃덩어리를 냉장고에서 꺼내 바로 뜨겁게 달군 무쇠냄비에 넣는다. 고기의 표면은 즉시 온도가 높아져 눈 깜짝할 사이에 노릇해진다(상온으로 온도를 맞춰두었던 고기와 똑같다). 그러나 표면 바로 아래에서는 온도 상승이 매우 느린데, 왜냐하면 고기가 차갑기 때문이다. 고온에서 과조리한 고기는 겉이 회색이 되는데, 이렇게 하면 과조리된 회색부분이 최소한으로 줄어들어 0.5㎜도 되지 않는다!

② 고기를 무쇠냄비에서 꺼내 몇 분간 휴지시킨다.

③ 불을 약 70℃ 정도로 줄인 다음, 다시 로스트비프를 무쇠냄비에 넣고 뚜껑을 덮은 채로 중심부가 먹기 좋은 온도가 될 때까지 기다린다.

간단히 말해, 토마스는 재빨리 겉면을 노릇하게 익힌 다음, 저온에서 조리를 마친다. 그리고 그 결과는 탁월하다!

덮을 것인가? 열 것인가?

덮어야 하는가? 덮지 말아야 하는가? 덮었다가 열어야 하는가? 아니면 그 반대인가? 아니면 둘 다인가? 어휴, 어떻게 할지 모르겠다…. 하지만 이 질문들에 답이 될 아주 간단한 설명이 있다.

왜 닫나요?

뚜껑을 덮고 조리하면 다음과 같은 장점이 있다.
먼저, 뚜껑을 덮으면 재료에서 나온 모든 수분은 냄비 안에 갇히고, 촉촉한 환경에서 익기 때문에 덜 마른다.
다른 한편으로는 조리를 가속화시킨다. 왜냐하면 젖은 공기는 오븐 속에서와 마찬가지로 열을 훨씬 더 잘 전달하기 때문이다.
그러나 뚜껑을 덮었을 때의 불편한 점도 있다. 재료가 「축축해진다」는 것과, 노릇하게 익히기 어렵다는 것이다.

왜 여나요?

뚜껑을 덮지 않으면 즙은 증발하고, 재료에서 나온 수분이 빠져나가며, 가열시간이 더 길어진다.
장점으로는, 재료가 마르기 때문에 노릇하게 익히기가 더 쉽다는 것이다.
그러나 큰 덩어리를 요리하는 경우에는, 내부가 채 익기도 전에 익은 표면이 마르기 시작한다는 점을 주의해야 한다! 이 문제에 대처하기 위해 너무 높지 않은 온도에서 재료를 익히도록 한다.

올바른 방법

왜 생선 필레 파피요트는 뚜껑을 덮고 익혀야 하나요?

재료를 종이에 싸서 쪄내듯 익히는 파피요트(papillote)는 뚜껑을 덮은 무쇠냄비처럼 작용한다. 생선 필레를 매우 촉촉한 환경에서 익혀 살이 마르지 않게 한다. 향신채, 매우 작게 썬 채소, 올리브오일을 조금 뿌릴 수도 있다. 파피요트는, 노릇하게 구울 필요가 없는 경우라면 생선을 통째로 익힐 때에도 알맞은 조리법이다.

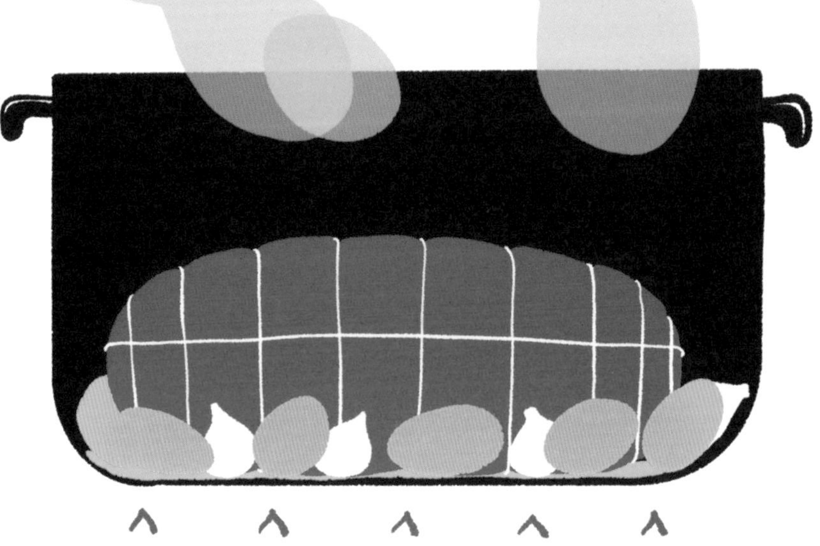

뚜껑을 열고 조리하는 경우에는 증기가 빠져나가 재료를 노릇하게 구울 수 있고, 맛있게 눌러붙은 육즙도 얻을 수 있다.

채소 소테를 만들 때는 왜 뚜껑을 덮으면 안 되나요?

채소를 소테하는 목적은, 재빨리 강하게 볶아 속을 빠르게 익힘과 동시에 표면을 노릇하게 굽는 것이다. 그리고 채소를 아삭하게 익히기 위해서는 꼭 중불~강불로 재료 표면의 수분을 증발시킬 수 있어야 한다. 그러므로 뚜껑을 덮지 않는다.

하지만 채소구이는 처음에 뚜껑을 덮고 익힌다고요?

오븐 채소구이는 처음에는 알루미늄포일로 표면을 덮어, 열이 재료 내부로 깊이 스며들면서도 마르지 않게 한다. 조리가 어느 정도 진행되면 알루미늄포일을 벗겨낸다. 증기는 빠져나가고, 채소가 오븐의 뜨겁고 건조한 공기 속에서 노릇하게 구워진다.

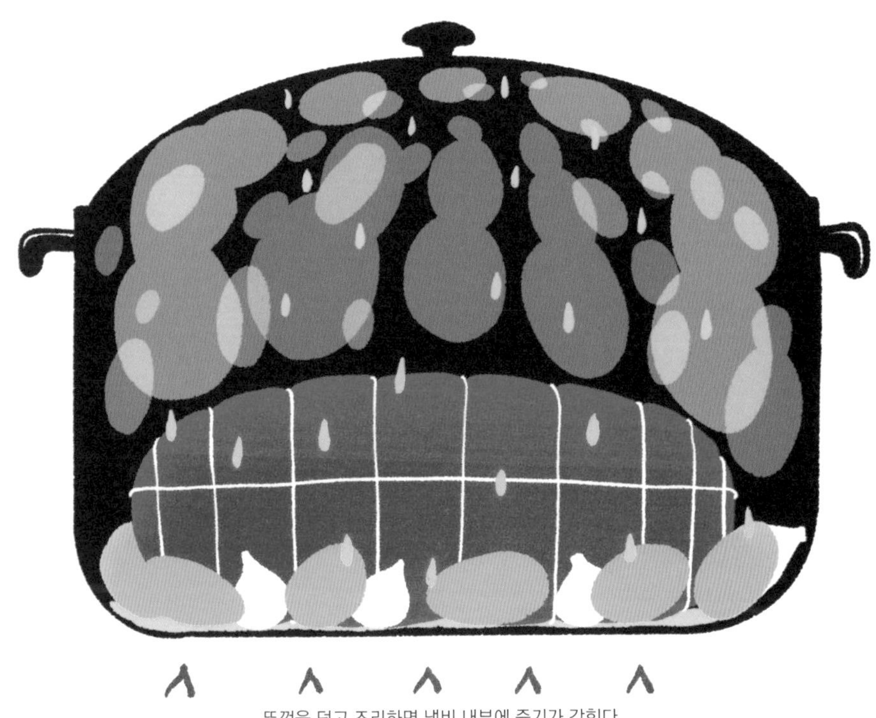

뚜껑을 덮고 조리하면 냄비 내부에 증기가 갇힌다.
재료는 촉촉한 환경에서 천천히 익는다.

이것이 테크닉!

왜 일부 고기 요리에서는 뚜껑을 벗겼다 나중에 덮나요?

큰 송아지 갈비는 부드럽게 익혀야 마르지 않는다. 그렇기 때문에 먼저 맛을 발달시키기 위해 갈비의 모든 면을 노릇하게 구운 다음, 불을 줄이고 뚜껑을 덮어 촉촉한 상태에서 열이 천천히 고기 속으로 스며들게 한다. 이렇게 하면 고기가 마르지 않고 익는다.

로스트를 할 때는 처음에 뚜껑을 열었다가 덮고, 다시 연다고요?

뚜껑을 연 상태로 무쇠냄비 안에서 로스트나 닭을 노릇하게 구운 다음, 뚜껑을 덮어 수분을 내부에 가두고 고기가 마르는 것을 막는다.

조리가 끝날 무렵, 뚜껑을 열고 불을 세게 하여 다시 한 번 겉의 수분을 날려 바삭하게 만든다.

육류의 소테

고기를 소테팬에 굽는 것을「소테」라고 부르는 반면(프라이팬에서도 충분히 소테를 할 수 있는데도 말이다),
팬에 굽는 것은「팬프라잉」이라고 한다. 아, 프랑스어의 까다로움이란!
좋다, 그래도 한번 보자. 소테한 고기에서 어떤 일이 일어나는지….

왜 미리 꺼내놓은 고기는 겉의 물기를 제거해야 하나요?

차가운 고기를 상온에 내놓으면, 공기 중의 습기가 고기 표면에 응결하여 물기의 막이 생긴다. 이 물기는 꼭 제거해야 한다. 그렇지 않으면 고기가 구워지지 않고 끓을 위험이 있다.

고기에 남아 있는 습기가 바닥에 고여
고기가 노릇해지는 것을 방해한다.

올바른 방법

팬에 한꺼번에 많은 고기를 넣으면 안 되는 이유는 무엇인가요?

만약 팬을 고기 조각으로 덮는다면, 노릇하게 굽고 싶어도 엉망이 될 것이다. 설명해주겠다.

① 팬 위에 고기 조각이 많아질수록 고기가 팬의 온도를 떨어뜨리기 때문에, 팬은 수분을 재빨리 증기로 날려보낼 수 있을 만큼 뜨거운 온도를 유지하지 못한다. 따라서 고기는 물러지고, 크러스트도 생기지 않는다.

② 고기 조각들이 서로 붙어 있으면, 수분이 증발하여 빠져나갈 공간이 없다. 그러면 노릇하게 굽는 것이 아니라, 증기에 쪄지고 만다. 그러므로 고기 사이에 공간을 두어 증기가 빠져나갈 수 있게 해야 한다.

고기를 소테하는 동안 왜 오일이나 버터를 끼얹어줘야 하나요?

프라이팬이나 소테팬, 그릴 등에서 고기의 윗면은 익지 않는다. 가열할 때 나오는 아주 뜨거운 육즙을 끼얹어 고기의 윗면도 익힌다. 이렇게 윗면과 아랫면을 보다 균일하게 익힌다. 이것은 꼭 알아야 할 팁으로, 육즙을 끼얹으면서 팬 바닥에 눌러붙은 육즙의 일부도 함께 끼얹게 된다. 결과적으로 고기가 더 맛있어진다!

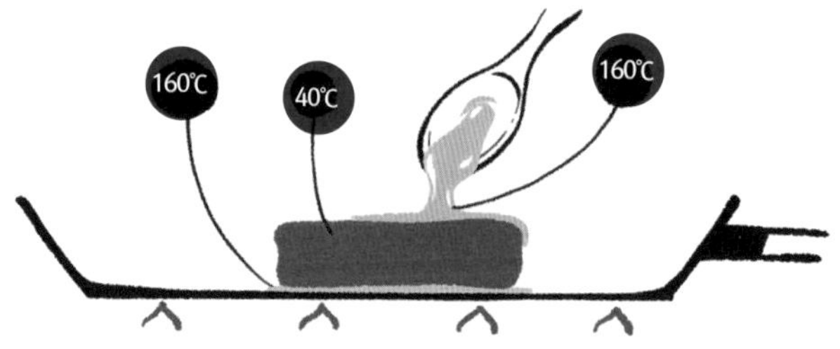

조리과정에서 나오는 즙을 끼얹으면,
고기의 위아래를 모두 익히고 더 풍부한 맛을 낸다.

고기를 굽는 도중에 왜 고기가 마르고 단단해지나요?

굽는 동안, 고기 속의 수분이 일부 증발한다. 그것은 맞다. 그러나 고기를 마르게 하는 것은 이 증발뿐만이 아니다. 고기를 데울 때, 일부 단백질은 응고하여 일종의 망을 형성한다.

만약 여기서 더 가열하면 다른 단백질이 응고하는데, 이것이 두 번째 망을 만들고 또 다른 망이 생기는 식이다. 이 모든 망은 살코기 속에 들어 있는 수분을 매우 단단하게 가두고, 결국 고기를 씹을 때 수분을 더 이상 느낄 수 없게 만든다. 아주 많이 익힌 고기와 거의 익히지 않은 고기 속 육즙의 양은 사실상 큰 차이가 없지만, 우리가 그것을 느끼지 못하는 것이다.

스테이크를 익히기 전에, 왜 팬이나 그릴은 매우 뜨거워야 하나요?

고기는 사실상 70%의 수분을 함유하고 있다. 학교에서 배운 대로 물이 100℃ 이상으로 올라가지 못한다는 것을 잘 알고 있을 것이다. 결과적으로, 고기 속에 들어 있는 수분은 스테이크의 표면 온도가 120~130℃ 이상으로 올라가는 것을 방해한다. 심지어 200℃로 달구어진 팬 위에서도 말이다. 매우 뜨거운 팬이나 그릴 위에 스테이크를 올리면, 고기는 팬을 식힌다. 너무 빨리 온도가 떨어지는 것을 피하기 위해, 굽기 시작할 때부터 팬은 아주 뜨거운 상태여야 한다.

냠냠!

고기를 익힐 때 하얀 연기가 나는 이유는 무엇인가요?

아주 간단하다. 고기에는 다른 모든 재료처럼 수분이 많이 들어 있기 때문이다. 고기를 가열하면 이 수분의 일부가 증기로 변한다. 이 증기는 보통 냄새가 강한 방향물질을 포함하고 있기 때문에 요리할 때 좋은 냄새가 나는 연기가 난다.

꼭 알아둘 것

고기를 구울 때 기름이 왜 사방으로 튀나요?

팬 바닥에 있던 기름이 고기에서 나오는 증기와 접촉하며 터지고, 그 주변 사방으로 튀는 것이다.

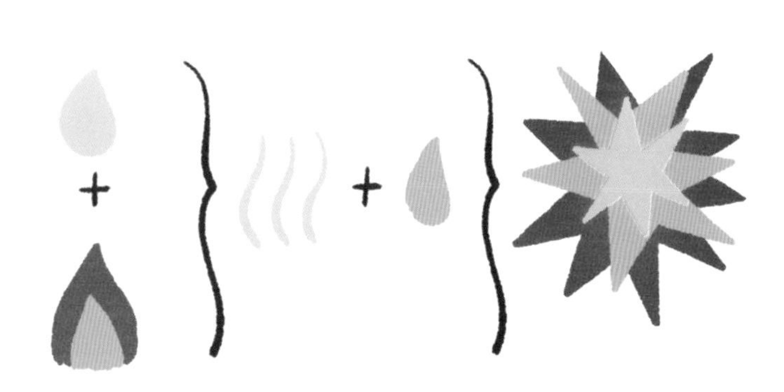

육류의 소테

꼭 알아둘 것

고기를 소테할 때 한 번만 뒤집는 것은 왜 바보 같은 짓인가요?

「고기를 소테할 때는 단 한 번만 뒤집어야 한다.」는 말을 흔히 듣는다. 이에 나는 직접 확인해보았다. 두께 6㎝의 안심을 사서 3㎝ 두께로 이등분한 다음, 동시에 같은 팬에서 구웠다. 한 조각은 30초마다 뒤집었고, 다른 한 조각은 3분이 지나서 단 한 번만 뒤집었다. 그리고 내부 온도가 50℃가 되었을 때 고기를 팬에서 꺼냈더니, 다음과 같은 결과를 얻을 수 있었다.

먼저, 한 번만 뒤집은 스테이크는 다른 스테이크와 같은 온도(50℃)가 되기까지 42초가 걸렸다.
다른 한편으로, 나는 굽기의 차이를 확인하기 위해 양쪽 모두 반으로 잘라보았다. 그 결과가 결정적이었다. 둘 다 레어로 구워질 때까지, 즉 내부 온도가 50℃가 될 때까지, 한 번만 뒤집은 고기❶은 너무 익었고, 윗면과 아랫면 모두 표면에서부터 5㎜ 이상이 매우 건조했다(고기 전체 두께로 보면 절반에 가깝다). 반면에 30초마다 뒤집은 고기❷는 과조리되지 않았고, 건조해진 부분도 표면에서부터 1㎜ 정도에 지나지 않았다.
고기를 소테할 때 단 한 번만 뒤집느냐, 아니면 여러 번 뒤집느냐는 문제의 토론은 끝났다!

❶ 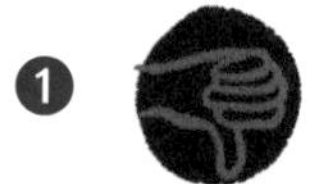

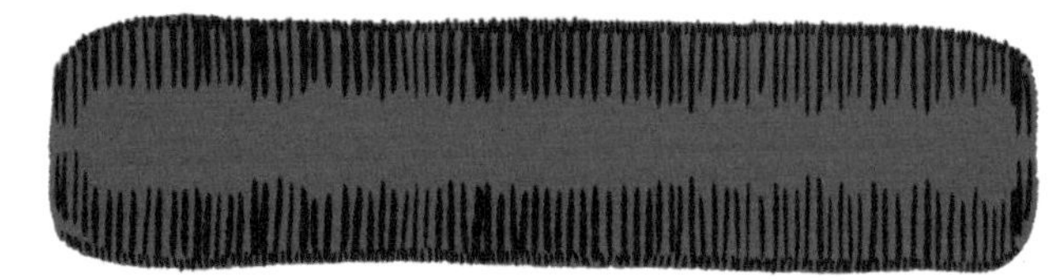

한 번만 뒤집은 고기는 과조리된 부분이 매우 두꺼웠다.

❷

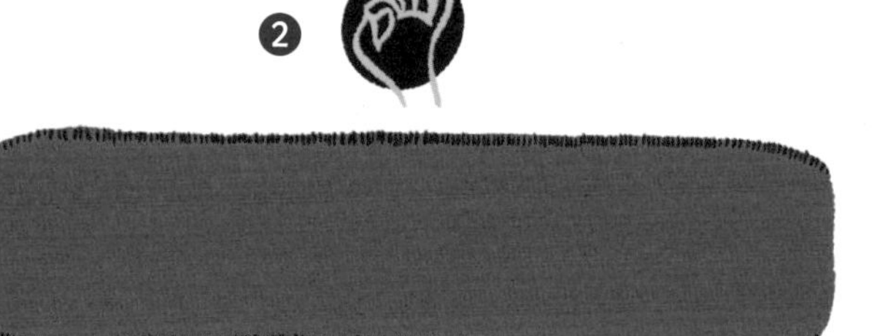

30초마다 뒤집은 고기는 과조리된 부분이 매우 얇았다.

그래서, 여러 번 뒤집는 것이 더 낫다는 진짜 이유는 무엇인가요?

고기 내에서 열전달은 주로 고기가 지닌 수분에 의해 이루어진다. 수분이 없다는 것은 열 전도체가 없다(또는 적다)는 뜻이다. 고기가 익으면, 팬과 닿는 면은 증발에 의해 수분을 잃고 마른다. 그리고 고기가 마를수록 열이 덜 전달되기 때문에, 열이 고기의 중심부에 닿을 수 있도록 더 오랫동안 익혀야 한다. 결국 고기는 지나치게 익고 만다!
반면, 고기를 여러 번 뒤집으면, 고기의 표면은 마를 시간이 없어지고 열은 더 빨리 중심부로 전달될 수 있다. 그러므로 가열시간이 줄어들고, 과조리되는 두께도 줄어든다.

올바른 방법

왜 고기를 소테한 후 휴지시키는 것이 최고인가요?

고기를 구우면 표면이 마르고 단단해진다. 그것을 휴지시키면, 이 마른 부분이 중심부에 아직 남아 있던 육즙의 일부를 흡수하고 다시 촉촉해진다. 조금 식으면서 육즙이 진해져, 고기를 잘랐을 때 덜 흐른다. 그리고 씹을 때는 더 촉촉하게 느껴진다.

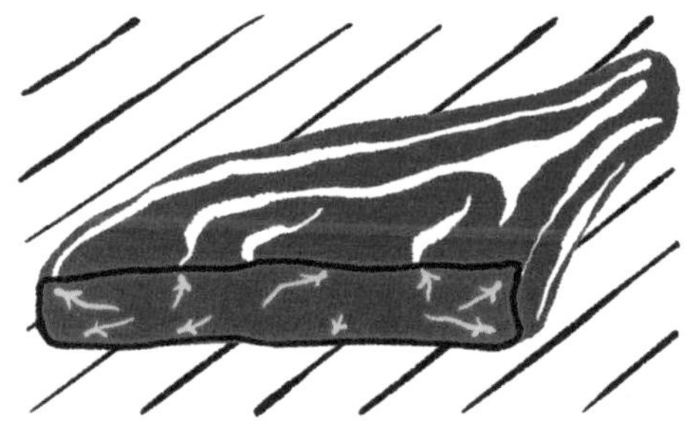
휴지시키는 동안, 육즙이 퍼지고 농도가 진해진다.

거짓에서 진실로

구울 때 생기는 즙을 끼얹어도 왜 고기가 촉촉해지지 않나요?

고기가 촉촉해지려면, 끼얹는 액체가 고기 내부로 침투해야 한다. 그리고 여기서 크게 실망하게 되는데, 구울 때 나오는 액체는 고기 속으로 그다지 스며들지 않는다. 마리네이드의 경우에서 이미 살펴보았듯이, 고기 내부에 2~3㎜가 흡수되려면 며칠이 걸리기도 한다(「마리네이드」 참조). 몇 분 만에 고기 속으로 들어가는 것은 그 무엇도 없다는 것을 잘 알 수 있을 것이다!

왜 포크로 고기를 찔러 뒤집어도 「육즙을 잃지」 않나요?

「고기를 구울 때 절대로 고기를 포크로 찌르지 마세요, 육즙이 빠집니다!」 이 바보 같은 말을 대체 몇 번이나 들어왔는가? 이렇게 말하는 사람들은 고기에 물이 가득 차 있어서 조그마한 구멍에도 즙이 빠진다고 생각한다. 그들은 또한 고기의 크러스트가 내부의 즙을 가두고 있고, 여기에 구멍이 나면 육즙이 더 쉽게 빠진다고 생각한다. 그들의 논리를 따른다면, 고기를 찌르면 육즙이 팡 하고 터져 나와야 한다! 그러나 전혀 그렇지 않다.
고기는 튜브모양의 수많은 섬유질로 이루어져 있다. 포크로 찌르면 몇몇 섬유질을 찌르기는 하겠지만, 사실 그 수는 매우 적다. 찔린 섬유질의 수는 전체에 비하면 무한히 적다. 셀 수도 없을 정도이며, 정말 미미하다. 고기는 뒤집고 싶은 도구로 뒤집어도 좋다. 변하는 것은 거의 없다!

구울 때 생기는 크러스트가 육즙을 가두지 않는다고요?

당연히 크러스트는 방수막이 아니라 갈라진 틈이 있고, 그 사이로 육즙이 흘러나올 수 있기 때문이다. 그것을 확인하는 방법은 매우 쉽다. 고기를 알루미늄포일에 싸서 휴지시키면 바닥에 육즙이 고여 있다. 그리고 이 즙은 크러스트를 통해 흘러나온 것이다. 즉 크러스트는 방수막이 아니라는 말이다.

휴지시킨 후에 왜 한 번 더 살짝 가열하나요?

고기를 휴지시키면, 건조하고 바삭했던 고기의 표면이 다시 축축해지고 물러진다. 만약 여기에 아주 재빨리 열을 가하면 맛있는 크러스트를 되살릴 수 있다. 그러므로 고기의 양면을 뜨거운 팬 위에 몇 초만 올려놓자. 이것은 위대한 요리사들의 비밀이다. 쉿….

육류의 브레이징

아니, 아니다. 브레이징은 고기를 숯불 위에서 굽는다는 뜻이 아니고,
너무 뜨겁지 않은 증기로 익히는 것을 말한다.

올바른 방법

고기를 브레이징할 때, 왜 무쇠냄비가 필요한가요? 철이나 스테인리스 소재는 안 되나요?

무쇠는 약불에서 장시간 조리하는 데 이상적인 소재이다(「냄비와 팬」 참조). 반면에, 철이나 스테인리스는 빠르고 강한 불을 사용하는 조리에 안성맞춤이다. 고기를 제대로 브레이징하기 위해서는 지출을 아끼지 말자. 무쇠를 선택하면 훨씬 더 좋은 결과를 얻을 수 있다.

여기 주목!

왜 좋은 브레이징용 고기는 오랫동안 익혀야 하나요?

콜라겐(또 나왔다)이 분해되려면 많은 시간이 걸린다. 완전히 분해되어 맛있는 아미노산이 요리의 액체에 풀리기까지는 몇 시간이 걸린다(「육질의 질김과 부드러움」 참조).

왜? 그리고 어떻게?

왜 무쇠냄비 바닥에 채소를 깔아야 하나요?

고기를 냄비 바닥에 바로 놓으면, 그 부분은 팬에 굽는 고기처럼 나머지 부분보다 훨씬 빨리 익는다. 반면에, 채소를 깔고 그 위에 고기를 올려놓으면 열원과 직접 접촉하지 않기 때문에 고기 전체가 증기로 익게 된다.

브레이징은 증기를 이용한 조리법이다.
냄비 바닥에 채소를 넓게 깔아, 고기가 액체 속에서 삶아지는 것을 피한다.

그리고 액체는 조금만 넣는다고요?

브레이징의 원칙은 고기 아래에 깔아놓은 채소에서 나온 증기와, 여기에 약간의 액체(퐁, 부이용, 와인 등)를 더해 고기를 익히는 것이다. 이 수분은 증기로 변해 뚜껑을 향해 피어오르며, 응결되어 다시 액화되면서 고기 위로 떨어진다.

이러한 과정이 고기가 지닌 본연의 맛을 모두 간직할 수 있게 해준다. 매우 습한 환경은 고기의 육즙이 지나치게 빠지는 것을 막고, 용해된 콜라겐 조직 덕분에 맛있는 소스가 만들어진다.

오븐 브레이징에 관한 2가지 질문

❶ 왜 가열온도는 정확히 60℃ 이상이어야 하나요?

콜라겐은 55℃ 부근에서 녹기 시작하고, 이는 조리에 완벽한 온도가 될 수 있다. 그러나 미생물(박테리아)은 60℃가 넘어야 죽기 때문에, 이 온도는 최소한의 가열온도일 뿐만 아니라, 맛있는 고기를 얻기 위해 사용할 수 있는 가장 높은 온도이기도 하다.
여기서 주의할 것이 있다. 내가 말하는 60℃는 고기의 온도이지, 오븐의 온도가 아니다! 오븐 온도는 보통 120℃로 맞추면 딱 알맞다.
또한 돼지고기도 주의해야 한다. 돼지고기는 80℃ 이상의 온도에서 익혀야 모든 기생충을 없앨 수 있다(「고기의 품질」 참조). 이 경우에 오븐 온도는 140℃로 맞춘다.

오븐 안에서 냄비는 위에서도, 아래에서도, 또한 옆면에서도 가열된다.

❷ 왜 오븐에서 브레이징을 하면 결과가 더 좋은가요?

고기는 위, 아래 그리고 옆면을 가열해야 고르게 익힐 수 있다. 만약 무쇠냄비를 화구 위에 올린다면, 열은 아래로만 전달된다. 반면, 오븐 안에서 열은 전체에서, 심지어 뚜껑에서도 전달된다. 그러므로 재료를 균일하게 익힐 수 있다!

화구 위에서는 냄비 바닥만 데워진다.

올바른 방법

왜 무쇠냄비의 틈새를 반죽으로 막아야 하나요?

무쇠냄비 안에서 수분의 손실이 일어나면 고기는 마르고, 소스는 진해지며 탈 염려가 있다. 밀가루, 달걀흰자, 물을 섞어 만든 반죽을 사용하여 냄비와 뚜껑의 틈새를 막으면, 수분이 빠져나가지 않아 완벽하게 익힐 수 있다.

냄비를 봉하지 않으면, 증기의 일부가 냄비와 뚜껑 사이로 빠져나간다.

냄비 틈새를 막으면, 증기는 냄비 안에 갇히고 아무것도 빠져나가지 못한다.

육류의 포칭

포칭이란, 고기를 강불에서 삶는 것이 아니라
고기가 잠기도록 액체를 붓고 천천히 섬세하게 삶는 것이다.

고기를 포칭하기 전에 데치는 것이 왜 소용없는 짓인가요?

아주 오래 전에는 그렇게 했다. 왜냐하면 고기를 냉장고에 보관하지 않았고, 고기는 많은 경우 상했거나 심지어는 조금 썩어 있었기 때문이다. 데치기는 고기를 씻고, 부이용에 우러날 수 있는 나쁜 맛을 뺄 수 있게 하였다.
오늘날에는 고기의 보관상태가 좋기 때문에 이러한 관습은 더 이상 설 자리가 없다. 고기를 삶기 전에 데치지 말자. 중세시대의 관습이다!

하지만 먼저 노릇하게 굽는 것은 괜찮다고요?

포토푀를 만들 때, 일부 요리사는 고기를 삶기 전에 살짝 굽는다. 이것은 좋은 생각이다. 왜냐하면 이렇게 하면 고기에 풍미를 더하고, 그 맛이 부이용에 우러나기 때문이다. 더 나은 방법은, 고기를 무쇠냄비에 구운 다음 그 냄비를 사용하는 것이다. 부이용을 가득 붓고, 뚜껑을 덮기 전에 채소를 넣는다. 냄비 바닥에 눌러붙은 육즙이 조금씩 떨어지면서 부이용의 맛을 풍부하게 만든다.

미리 구운 고기의 육즙이
포칭에 풍미를 더한다.

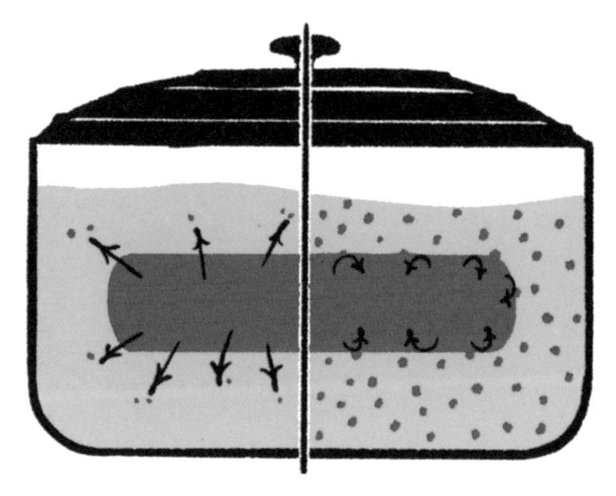

위대한 셰프들의 비밀, 그것은 고기를 절대 물이 아닌
부이용에 삶는다는 것이다.

올바른 방법

왜 고기를 물이 아닌 부이용에 포칭해야 하나요?

고기로 퐁을 만들 때는, 고기와 채소를 물에 넣고 몇 시간 동안 가열하여 재료의 맛이 물로 옮겨가서 퐁으로 변한다.
고기를 물에 포칭한다면(채소를 함께 넣을 때에도), 정확히 같은 원리에 따라 고기의 맛이 대부분 물로 빠져나가게 된다. 그래서는 의미가 없다. 그럼 어떻게 해야 할까?
머릿속에서 잊지 말아야 할 것은, 가열 도중에 고기가 맛을 잃지 않도록 주의해야 한다는 것이다. 그렇게 하려면, 포칭에 사용하는 액체가 이미 맛의 포화상태여야 한다. 그래서 더 이상 새로운 맛을 받아들일 수 없어야 한다. 그러한 상태에서라면 고기가 맛을 잘 유지할 것이다.
그러므로 항상 고기를 포토푀처럼 부이용에 포칭하도록 한다. 절대, 절대, 절대, 물에 넣으면 안 된다.

다시 보기

왜 포칭에 사용할 물에 후추를 넣으면 안 되나요?

앞에서 이미 여러 번 설명하지 않았는가(「후추」, 「퐁과 부이용」 참조). 그래도 다시 반복하겠다. 후추는 액체에 넣고 장시간 가열하면 쓰고 매워진다.

한편으로, 소량의 물에 후추를 20분간 가열하여 향을 느낄 수 있게 하거나, 더 좋은 향신료 판매점에서 알려주는 방법을 따를 수도 있다. 어쨌든, 후추맛이 고기 속으로 스며들 것이라고 믿지 말자. 후추는 맨 마지막에 뿌린다!

절대, 절대로
후추를 포칭액에 넣으면 안된다.

냄비의 소재가 왜 중요한가요?

무쇠냄비와 철제 냄비는 고기에 열을 전달하는 방식이 서로 다르다(「냄비와 팬」 참조). 무쇠는 열을 흡수한 다음, 상당히 부드러운 방식으로 냄비 전체에서, 즉 바닥과 옆면에서 재전달한다. 철은 이 열을 흡수하지 않는다. 그리고 오직 불이 닿는 부분에서만 통과시킨다. 전달된 열은 훨씬 강렬하며, 냄비의 한 곳, 즉 바닥에서만 전달된다.

무쇠냄비에서 한 포칭과 철제냄비에서 한 포칭은 전혀 다르다. 훨씬 더 나은 결과를 위해 무쇠냄비를 선택하자!

무쇠냄비는 냄비 전체에서
열을 재전달한다.

게다가 냄비의 크기도 중요하다고요?

고기를 포칭할 때, 고기가 되도록 포칭액에 맛을 덜 뺏기는 것이 중요하다고 이미 설명하였다. 그리고 액체의 양이 적을수록 맛의 포화는 빨리 일어나고, 고기의 맛을 훨씬 더 많이 지킬 수 있다. 포칭액을 최소화하기 위해 냄비는 고기의 양보다 조금 더 큰 정도여야 한다.

냄비가 클수록 액체가 더 많이 들어가고,
고기의 맛이 더 많이 빠진다.

냄비가 작을수록 액체가 덜 들어가고,
고기의 맛이 덜 빠진다.

육류의 포칭

프로의 포칭에 관한 3가지 질문

1 포칭을 차가운 액체에서 시작하든, 따뜻한 액체에서 시작하든 별 차이가 없다고요?

단도직입적으로 말한다. 「고기를 수축하게 하여 더 많은 맛을 보존할 수 있도록」 고기를 뜨거운 부이용에 넣는다는 말은 어리석은 이야기이다. 이 논리는 기본적으로 잘못되었다. 왜냐하면 고기가 수축하면 육즙, 즉 맛이 터져 나오기 때문이다. 정말이다.

과학자들은 그럼에도 불구하고 차이가 있다는 것을 증명하려고 했다. 고기를 이등분하여, 하나는 끓는 물에, 다른 하나는 찬물에 넣었다. 그들은 고기를 20시간 동안 익혔고, 15분마다 고기를 꺼내 무게를 달고 관찰했다.

결과는 분명했다. 처음에 15시간 동안 끓였을 때 두 고기조각 모두 정확히 같은 무게를 잃었다. 그 다음 15시간째부터 20시간째까지는 뜨거운 물에서 익히기 시작한 고기가 더 많은 무게를 잃었다. 그러므로 포칭을 찬물에서 시작하든 뜨거운 물에서 시작하든, 두 고기 사이에는 어떤 질감의 차이도 없고, 맛이나 촉촉함의 차이도 없다고 할 수 있다.

2 왜 고기를 끓는점 이하, 심지어 끓기 직전보다도 낮은 온도에서 포칭해야 하나요?

물이 끓고 있는 냄비를 본 적 있는가? 커다란 기포가 위로 올라오고, 냄비 안에 들어 있는 것들이 사방으로 흔들린다. 만약 고기를 끓는 액체 속에서 포칭하면, 기포가 떠오르면서 고기의 미세한 조각을 조금씩 떨어뜨리고, 이것이 표면으로 떠오를 것이다. 그리고 기포는 고기에서 녹아 나온 지방, 또 기포에 들어 있는 약간의 공기와 섞여 연한 색의 거품을 만들어내는데, 이것을 어떤 사람들은 「불순물」이라고 부른다(「퐁과 부이용」 참조).

그러나 만약 끓는점 이하, 심지어 끓기 직전보다 낮은 온도에서 고기를 포칭하면 물의 움직임이 줄어들고, 고기에서 떨어지는 입자도 줄어들 것이며, 표면에 거품도 덜 낄 것이다. 그리고 조리 결과도 더 낫다. 끓는점에서 익힌 고기는 더 낮은 온도에서 익힌 고기보다 훨씬 더 단단해지기 때문이다.

3 왜 뚜껑을 덮어야 하나요?

뚜껑을 덮으면, 증기로 변한 액체는 냄비 안에 머물다가 다시 떨어지면서 고기를 적신다. 반면 뚜껑이 열려 있으면, 이 증기는 빠져나가버려 액체의 부피가 줄어들고 고기는 많은 부분이 노출되어 마른다. 따라서 부이용에 물을 더 부어야 하고, 이때 부이용의 포화도가 떨어지기 때문에 고기는 육즙을 잃는다. 그러니, 뚜껑을 닫자!

거짓에서 진실로

왜 표면에 뜨는 거품은 불순물이 아닌가요?

설명하기에 앞서, 먼저 「불순물」, 「찌꺼기」라는 단어의 정의를 알 필요가 있다. 「연한 색의 거품이 쌓인 것으로, 다소 깨끗하지 않으며, 흔들리거나, 가열 또는 발효 중인 액체 표면에 형성된다.」 그러므로 여기에는 불순물이 있어야 한다. 그리고 채소에 묻어 있는 흙을 그대로 두었거나 고기를 지저분한 곳에서 다듬은 게 아니라면, 불순물이라고 부를 만한 것은 없다. 그리고 불순물이 없다면, 제거할 것도 없다.
당근퓌레나 소갈비를 만들 때 불순물을 어떻게 하는가? 아무것도 하지 않는다. 애초에 불순물이란 없기 때문이다! 그리고 불순물이 없다면, 제거할 부유물도 없다. 그저 거품이 끼어 있을 뿐이다.

그렇지만 이 거품을 왜 걷어내야 하나요?

이미 거품이 끼었다면, 그것은 고기를 너무 높은 온도에서 삶고 있다는 뜻이다. 하지만 어쨌든 거품이 끼었다면, 거품은 걷어내야 한다. 그냥 두면 씁쓸하고 매운 맛이 퍼질 수 있기 때문이다.

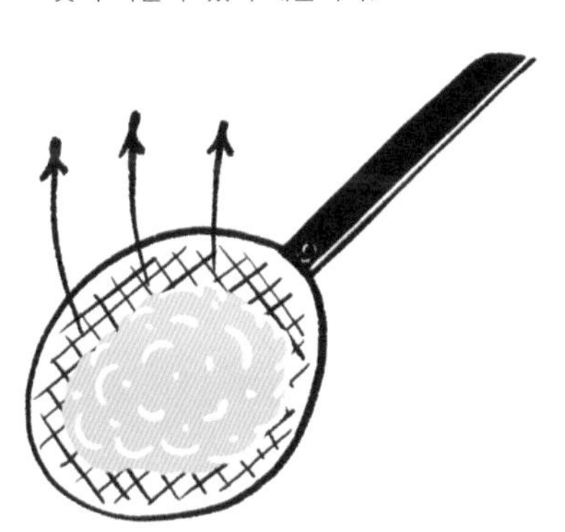

다시 보기

왜 부이용에 달걀흰자, 채소, 다짐육을 넣어 정제하나요?

「퐁과 부이용」에서 이미 이야기했지만, 부이용을 효율적으로 정제하는 데 달걀흰자면 충분하다. 하지만 정제는 액체의 맛도 많이 제거해버린다. 그래서 부이용의 맛이 연해지는 것을 막기 위해, 아주 잘게 썬 채소와 다짐육을 넣어 맛의 손실분을 상쇄시킨다.

그런데 달걀흰자를 이용한 정제를 왜 구시대적이라고 하나요?

정제를 하는 목적은 미세한 재료 조각도 없이 투명한 부이용을 만들기 위해서다. 오늘날 우리는 아주아주 섬세한 차이나캡을 가지고 있어 모든 작은 조각을 완벽하게 걸러내고 아주 투명한 부이용을 만든다. 정제하느라 애쓰지 말고 좋은 체를 사자.

체에 얇은 면보를 받쳐
더 작은 조각들을 걸러낸다.

냠냠!

왜 고기는 먹기 전날 삶는 것이 더 좋은가요?

고기에 들어 있는 콜라겐은 가열하면 젤라틴으로 변해, 액체 상태에서 자기 무게의 몇 배를 흡수하는 특성이 있다. 밤새 휴지시키는 동안 고기는 소량의 부이용을 계속 흡수하여 더 촉촉해진다. 이것이 전날 만든 포토푀가 항상 더 맛있는 이유이다.

닭의 가열조리

우리는 닭을 오븐에 굽거나 꼬치에 끼워 굽는 것을 수없이 보았다.
그리고 닭을 굽는 법도 안다고 생각한다…. 조금 더 정확히 알아보자!

다시 보기

왜 닭을 굽기 전에 절대로 후추를 뿌리면 안 되나요?

닭의 껍질은 물이 새지 않는 보호막으로, 외부 공격으로부터 보호해준다. 닭을 굽는 동안 후추는(소금과 마찬가지로) 닭의 껍질을 뚫고 들어가지 않고 표면에 머물러 있을 것이다. 그리고 우리가 알고 있듯이 후추는 140℃에서부터 타며(「후추」 참조), 이 훌륭한 껍질에 매운맛을 낼 것이다. 그러므로 후추는 가열하기 전에는 뿌리지 않는다.

왜 채운 소의 맛은 닭구이에 퍼지지 않나요?

마리네이드가 닭고기에 2~3㎜ 스며드는 데 약 10시간이 필요하다(「마리네이드」 참조). 그런데 그보다 짧은 시간에 소가 그보다 더 많이 스며들기를 바라는가? 농담이겠지! 그리고 특히, 안을 채운 소와 닭고기에는 흉곽을 이루는 뼈들이 있다. 내용물의 풍미가 뼈를 뚫고 들어가기를 바라는가?

왜 닭을 다리부터 먼저 구운 다음, 다른 부위를 굽는 것이 바보 같은 짓인가요?

그 방법은 닭을 무쇠냄비에 구울 때 적용하는 방식이다. 이때에는 확실히 닭다리가 열원과 직접 접촉하여 익기 시작하는 반면, 닭가슴살은 그렇지 않다(열원과 닿지 않는다).

반대로 오븐구이를 할 때는 이 방식이 아무 소용이 없다. 닭다리와 가슴살은 같은 열을 받으며, 안타깝게도 닭가슴살은 마르고 과조리된다. 여러분한테 저렇게 알려준 사람은, 자신이 하는 말을 1초도 생각해보지 않았을 것이다.

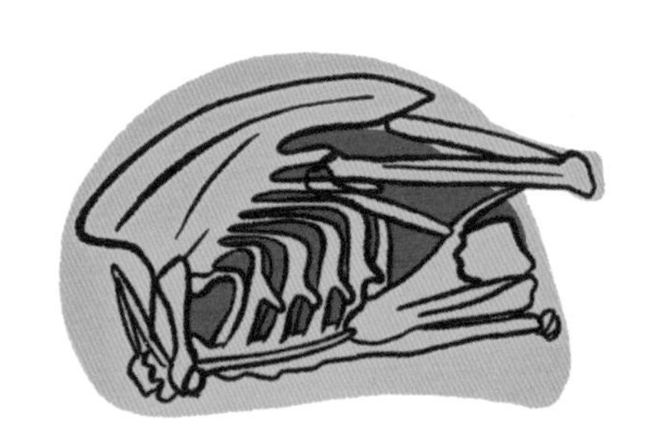

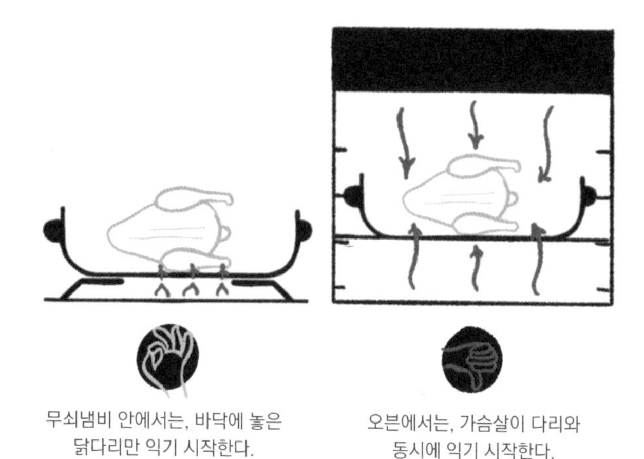

무쇠냄비 안에서는, 바닥에 놓은 닭다리만 익기 시작한다.

오븐에서는, 가슴살이 다리와 동시에 익기 시작한다.

닭을 꼬치에 꿰어 굽는 것이 가장 좋은 방법 아닌가요?

통닭구이집 진열창 안에서, 꼬치에 꿴 먹음직스러운 닭이 빙빙 돌고 있는 모습을 흔히 볼 수 있다. 그러나 이 닭들의 가슴살은 필연적으로 마르고 과조리된다. 왜냐하면 꼬치가 도는 동안 가여운 가슴살은 다리나 날개와 같은 열에 노출되지만 훨씬 빨리 익기 때문이다. 닭을 꼬치에 꿰어 잘 굽기 위해서는, 대부분의 조리시간 동안 꼬치를 돌리지 말고 닭의 등을 열원쪽으로 두어야 한다. 이 방식으로 닭가슴살은 더 천천히 익고 부드러움과 촉촉함을 유지하게 된다.

왜? 그리고 어떻게?

왜 닭가슴살은 보통 퍽퍽한가요?

닭가슴살은 지방이 적기 때문에 빨리 익는다. 반대로, 닭의 다른 근육들은 기름지고 콜라겐이 들어 있다. 그래서 이런 부위는 조리시간이 더 많이 필요하다. 간단하게 말해, 가슴살은 닭의 다른 부위들에 비해 거의 20분은 덜 익혀야 한다. 물론, 골고루 익히기 위한 팁이 있기는 하다.

그럼 왜 닭을 구울 때 가슴살을 아래로 놓고 구워야 하죠? 위로 놓고 구워야 하지 않나요?

닭가슴살을 위로 놓으면, 가슴살에 오븐의 열원이 직접 닿게 되는 반면, 옆면의 다리살은 덜 익는다. 때문에 다리와 날개를 더 오랫동안 구우면 가슴살은 건조해진다. 바보 같은 일이다!

이 문제를 해결하려면, 닭을 오븐 안에서 가능한 한 위쪽에 놓고, 가슴살이 아래로 가게 해야 한다. 이렇게 하면 가장 긴 조리시간을 필요로 하는 부위는 열원에 가까이 닿는 반면, 가슴살은 더 천천히 익는다.

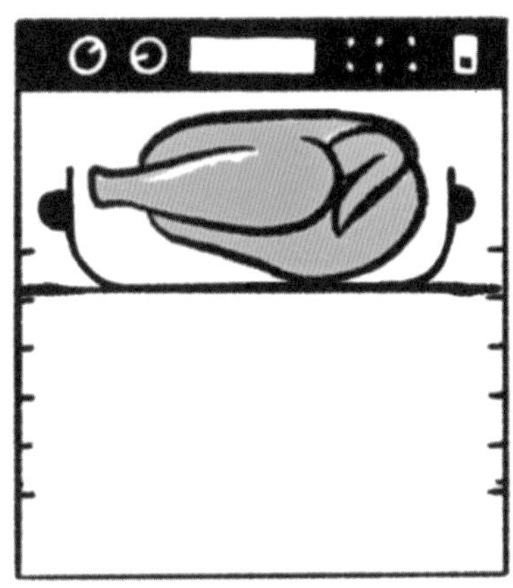

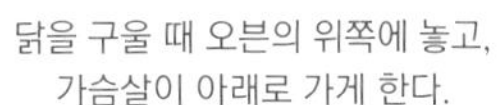

닭을 구울 때 오븐의 위쪽에 놓고,
가슴살이 아래로 가게 한다.

왜 닭껍질에 아무 액체나 끼얹으면 안 되나요?

닭껍질은 마르면 바삭해진다. 그런데 만약 굽는 도중에 물이나 부이용을 끼얹는다면 습기를 더하게 된다. 습기란 무엇인가. 정말로, 설명할 필요도 없는 것 아닌가?

닭껍질에 끼얹어야 하는 단 한 가지는 기름이다. 왜냐하면 지방에는 수분이 없고, 이는 껍질을 완벽하게 바삭하게 만들어주기 때문이다.

왜 닭을 구운 후에 휴지시키면 안 되나요?

만약 다 구운 닭을 휴지시킨다면 대참사가 일어날 것이다. (그리고 맛있는 닭구이를 기대하고 있던 가족들은 실망하게 될 것이다). 육즙이 닭고기에 퍼지면서 껍질이 그 일부를 흡수해 흐물흐물해지기 때문이다. 바삭한 닭껍질이여 영원히 안녕!

좋은 타이밍은, 조리가 끝나기 15분 전에 닭을 휴지시킨 다음 ❶, 다시 아주 뜨거운 오븐에 넣고 조리를 마무리하여 껍질을 다시 바삭하게 만드는 것이다 ❷.

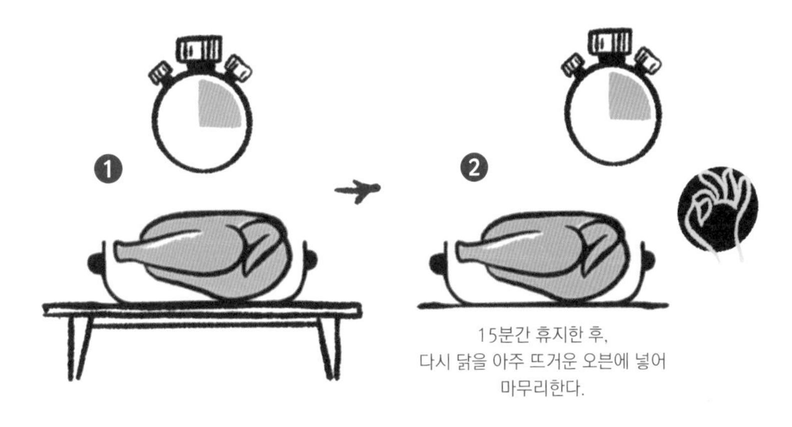

15분간 휴지한 후,
다시 닭을 아주 뜨거운 오븐에 넣어
마무리한다.

테린과 파테

우리는 종종 이 둘을 혼동한다. 자, 닭고기로 만든 것이든, 샤쇠르 파테(chasseur paté)이든, 파테 뒤 디망슈(pâté du dimanche)이든, 테린과 파테를 같은 바구니에 넣지 말자!

미묘한 차이

테린과 파테는 어떻게 다른가요?

파테와 테린의 차이에 대해서는 별의별 이야기를 다 찾아볼 수 있다. 채운 소의 두께, 고기의 품질, 가열시간, 그리고(또는) 조리방식 등. 더 기발한 것들도 많지만, 이 정도만 이야기해두겠다.
단어의 어원을 이해하는 것만으로도 충분하지만, 파테는 파트(pâte), 즉 반죽으로 재료를 써서 익힌 요리를 말한다. 같은 음식을 반죽 없이 「테린」이라는 이름의 세라믹 용기에 넣어 익힌 것이 테린이다.

짤막한 역사

그럼 왜 테린을 익히면서 반죽을 입힌거죠?

본래 반죽은 단순한 빵반죽으로, 주로 테린을 보존하는 역할을 했다. 또한 반죽은 가열한 후에도 소를 촉촉하게 유지시킨다는 장점이 있다. 그래서 파티셰는 그 아이디어에 사로잡혔고, 푀이유테나 브리오슈 반죽 같은 손이 더 많이 들어가는 반죽을 사용하기 시작했다. 그리고 오늘날에는 조각 같은 파이반죽까지도 찾아볼 수 있게 되었다.

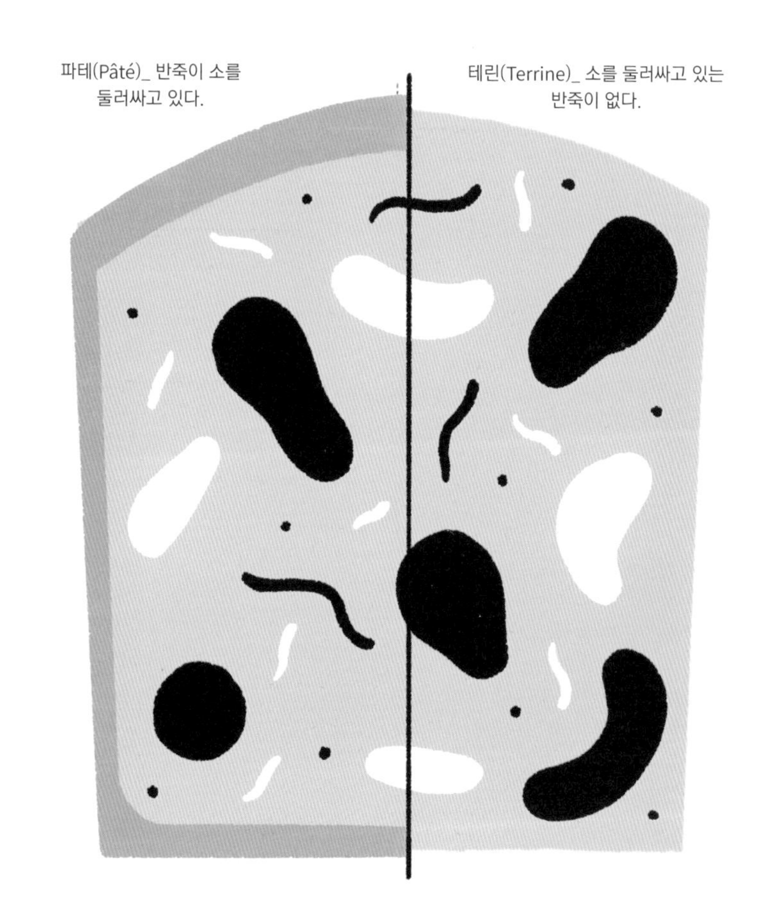

올바른 방법

왜 「고기를 소금에 절여야」 하나요?

샤퀴트리와 관련해 「다짐육을 소금에 절인다」는 말은, 「고기를 익히기 24시간 전에 간을 한다」는 뜻이다. 이것은 매우 오래된 공정으로, 사람들은 그 작용을 이해는 못했지만 소를 덜 건조하게는 했다. 오늘날에는 어떤 작용을 하는지 알고 있다. 소금은 24시간 동안 고기에 깊숙이 침투할 시간을 갖고, 고기에 들어 있는 단백질의 변성을 일으킨다. 그래서 단백질은 가열 중에 더 이상 뒤틀리지 않고, 즙을 터트리지 않는다. 그렇게 만들어진 소는 더 촉촉하다.

왜 테린을 만들 때 타원형 용기는 피해야 하나요?

타원형 용기는 중심부와 가장자리의 폭이 다르다. 테린의 중심부에는 안을 채운 소가 덩어리로 자리하므로, 보통 중심부와 가장자리는 조리 상태에 차이가 생긴다. 직사각형에 전체 폭이 같은 용기를 골라야 한다.

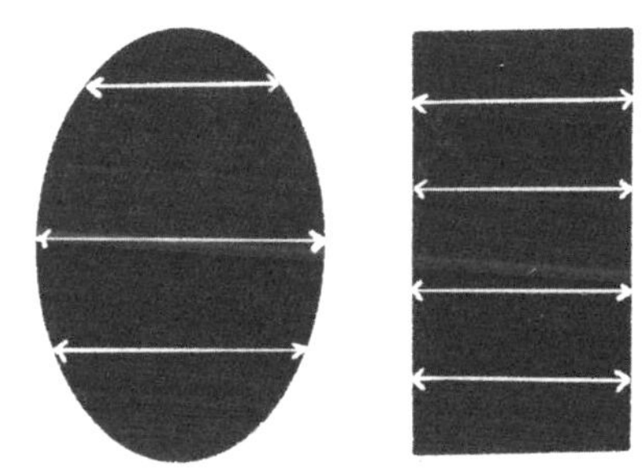

타원형 용기는 중심부와 끝부분의 두께가 다른 반면, 직사각형 용기는 두께가 완전히 같다.

왜 160℃의 오븐에 테린을 중탕하는 것이 아무 소용없는 일인가요?

본래 테린은 나무화덕 안에서 익혔다. 나무화덕은 온도를 정확하게 맞출 수 없었으므로, 테린을 중탕냄비에 올려 오븐에 넣었다. 왜냐하면 오븐의 온도가 400℃까지 올라가더라도, 물은 100℃ 이상 올라가지 않기 때문이다. 160℃의 오븐 안에서 테린을 중탕으로 익히는 것은 의미가 없다. 왜냐하면 테린의 바닥은 100℃에서 익는 반면, 표면은 160℃에서 익기 때문이다. 더 이상 성가시게 중탕할 것이 아니라, 테린을 120~140℃로 예열한 오븐에 익히자. 그것이 훨씬 낫다!

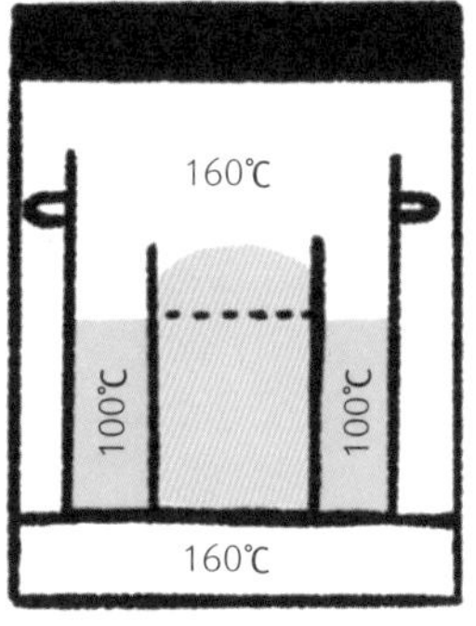

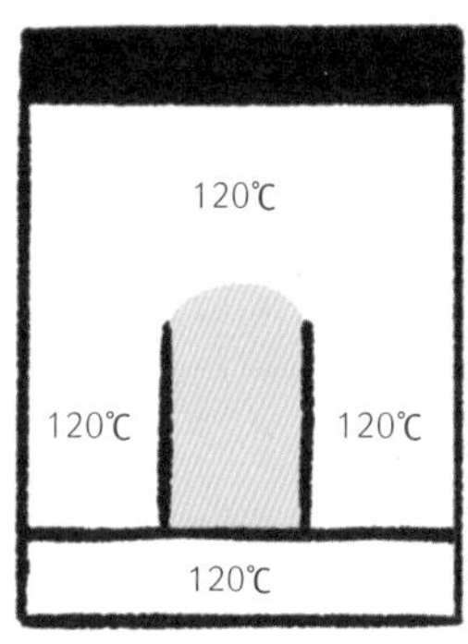

중탕을 하지 않는 편이 더 균일하게 익는다.

프로의 파테에 관한 3가지 질문

1 왜 파테 반죽에 굴뚝을 만들어야 하나요?

가열 도중에 안을 채운 소에서 약간의 즙이 나오는데, 이것이 증기가 된다. 이 증기가 반죽에 갇히면 반죽이 물러진다. 굴뚝을 하나 또는 여러 개 만들면, 증기가 빠져나가면서 반죽이 바삭한 상태를 유지한다.

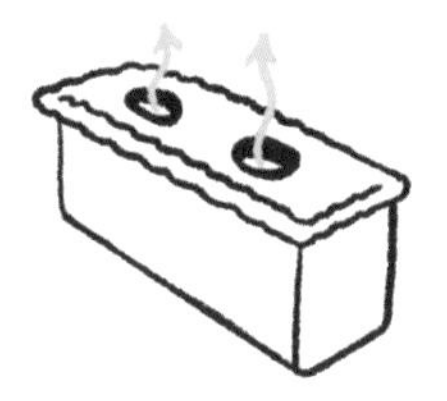

2 힌지(경첩)가 있는 틀이 좋다고요?

보통 파테는 무너지기 쉬운 반죽에 싸여 있다. 따라서 틀에서 꺼낼 때 파테가 망가지지 않도록 분리가 되는 틀을 사용하는 편이 낫다.

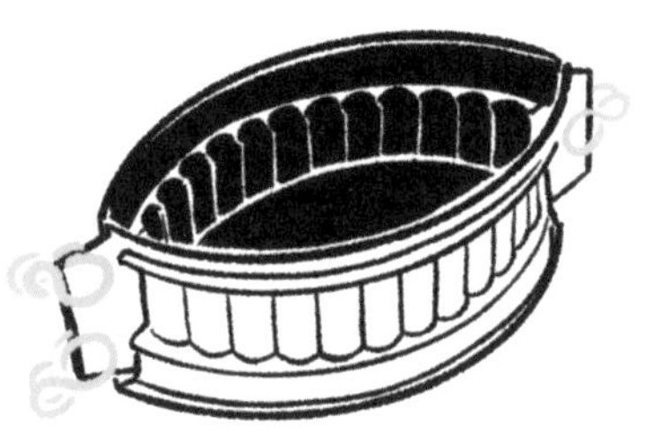

3 왜 파테 안에 젤리를 채워 넣나요?

가열 도중에 파테 안의 소는 부풀었다가 식는 동안 수축하면서 보기 싫은 구멍이 생긴다. 일반적으로, 마르는 것을 막기 위해 파테를 굽고 난 직후에 굴뚝을 통해 약간의 젤리를 반죽과 소 사이에 채워 넣는다. 그 다음 상온에서 소가 식고 최종적인 형태를 찾는 즉시, 젤리를 조금 더 채워 넣는다.

생선의 가열조리

증기로 찌기, 팬프라잉, 튀김…. 생선 조리는 빨리 이루어지지 않는다.
그리고 생선살은 연약해 부서지기 쉬우므로 부드럽게 조심해서 다루어야 한다. 간단히 설명하겠다.

올바른 방법

왜 생선을 냉장고에서 미리 꺼내두어야 하나요?

고기와 마찬가지로, 생선은 미리 꺼내 면보로 감싸 생선살의 온도를 올린 다음 익혀야 한다. 필레의 경우 15~20분, 통생선은 30~40분 정도 그대로 둔다.

이렇게 하면, 생선의 중심부가 따뜻해지기 전에 생선 표면이 과조리되고 마르는 것을 막는다. 하지만, 이것은 「온도 충격」이라는 것과는 전혀 관계가 없다는 점을 꼭 알아두어야 한다(「육류의 가열조리와 온도」 참조)!

필레는 조리하기 15~20분 전에 꺼낸다.

통생선은 조리하기 30~45분 전에 꺼낸다.

거짓에서 진실로

레몬즙은 생선살을 「익히지」 않는다고요?

레몬은 흔히 말하는 것처럼 생선을 「익히지」 않는다. 익히는 것은 오직 열의 작용으로만 일어난다! 하지만 레몬 작용으로 가열했을 때와 아주 비슷한 효과가 나타난다. 산의 효과로 생선살의 pH지수가 변하고, 색이 하얗게 변하며 단단해진다. 그러나 이것은 열에 의한 효과가 아니다. 그렇다고 해서 살이 익은 것은 아니며, 날것인 상태이다.
결과는 다소 비슷하지만, 과정이 다르다.

왜 생선은 고기보다 낮은 온도에서 익혀야 하나요?

생선의 단백질은 고기의 단백질보다 낮은 온도에서 변형된다. 또한 결합조직에 들어 있는 소량의 콜라겐은 젤라틴으로 변하는데, 이 역시 더 낮은 온도에서 이루어진다. 고기는 60℃에서부터 육즙을 많이 잃고, 70℃에서부터 마른다. 반면에 생선살은 45℃에서부터 수축하여 50℃에서부터 마른다.
그러므로 생선살을 조리할 때는 온도가 너무 높이 올라가지 않도록 주의할 필요가 있다.

생선살 VS 고기에 관한 3가지 질문

❶ 왜 생선은 일부 육류처럼 장시간 가열할 필요가 없나요?

물고기는 물속에서 살고, 이것이 결정적인 차이를 만든다. 육지에서 사는 동물은 스스로 지탱하고 움직이기 위한 큰 골격, 강한 근육, 그리고 두꺼운 결합조직을 가지고 있다. 바다 속에서는 물의 밀도가 물고기를 지탱해주므로 물고기는 단단한 근육도, 두툼한 결합조직도 필요로 하지 않는다. 단단한 근육도, 두꺼운 결합조직도 갖고 있지 않기 때문에 생선 조리가 훨씬, 훨씬 더 빠르다.

물고기는 물에 의해 「지탱」되는 반면,
육상동물은 근육이 지탱해준다.

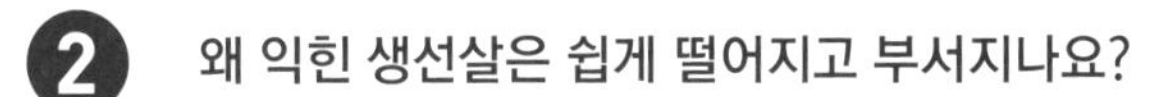

❷ 왜 익힌 생선살은 쉽게 떨어지고 부서지나요?

생선 근육은 콜라겐으로 둘러싸인 근섬유로 이루어져 있다. 그러나 육상동물과 같은 반듯한 형태가 아니라, 근육들이 서로끼워 맞춘 것처럼 W 형태이다. 문제는, 생선의 콜라겐이 육상동물보다 훨씬 더 낮은 온도, 약 50℃ 정도에서 분해된다는 것이다. 이 온도가 되면, 근육들은 더 이상 콜라겐에 의해 지탱되지 못하고 조각으로 떨어지며 서로 분리된다.

콜라겐이 분해되면,
근육은 얇은 슬라이스 모양으로 떨어져 나간다.

❸ 왜 생선은 고기처럼 가열 후에 휴지시킬 필요가 없나요?

고기를 가열한 후에는 휴지시켜서 표면의 건조한 부분에 중심부의 육즙이 일부 퍼질 수 있게 한다. 이후 이 육즙이 식으면 농도가 진해진다. 생선의 경우는 전혀 다르다. 생선은 결합조직이 적고 온도도 훨씬 빨리 떨어지며, 살이 훨씬 약하기 때문이다. 생선을 휴지시켰다가는 차갑게 식은 요리를 서빙하게 될지도 모른다.

여기 주목!

왜 참치는 다른 생선에 비해 가열하면 더 빨리 마르고 단단해지나요?

참치와 같은 대어류의 살은 근육세포 안에 많은 양의 단백질이 들어 있다. 이 단백질은 고온에서 응고하며, 일부 다른 단백질이 수축할 경우에 즙이 터지기도 한다. 따라서 살코기가 빠르게 마른다. 게다가, 즙이 터지지 않은 나머지 단백질은 근섬유 사이에서 응고하여 서로 엉겨 붙어 생선살을 단단하게 만든다.

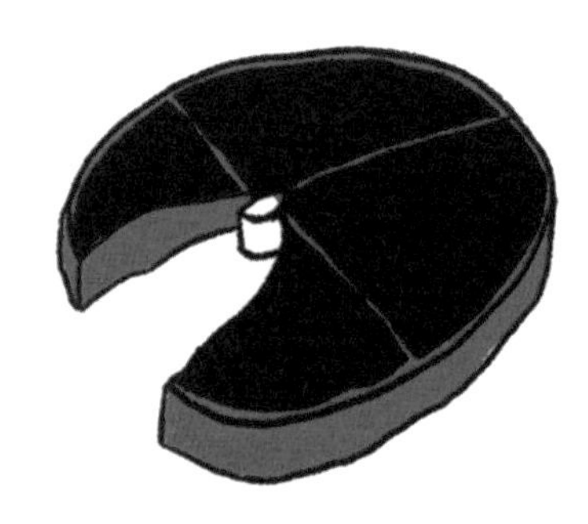

생선의 가열조리

증기로 찌기

증기에 찌면 왜 그렇게 빨리 익나요?

이유는 간단하다. 찜기 안의 습한 공기가 가열을 가속화하기 때문이다. 찌는 방식은 특히 상당히 얇은 필레에 적합하여 중심부가 완전히 익지 않은 상태에서 겉이 과조리되는 것을 피할 수 있다. 그럼에도 불구하고 생선을 통째로 찌고 싶다면, 70℃ 전후의 낮은 온도에서 가열하여 중심부와 표면 모두 열이 골고루 통하게 해야 한다.

왜 찜기에 생선 필레를 겹쳐 넣으면 안 되나요?

생선이 익기 위해서는 증기가 필레 주위를 지나가야 한다. 만약 생선을 겹쳐놓으면, 겹쳐진 부분에는 증기가 닿지 못해 필레가 고르게 익지 못한다.

왜 증기로 찐 생선껍질은 젤리같이 끈적거리나요?

생선껍질에는 점액, 지방, 그리고 매우 많은 양의 콜라겐이 들어 있다. 점액은 일반적으로 조리 전에 제거하지만, 남은 콜라겐이 찌는 도중 젤라틴으로 변하며 껍질을 젤라틴화시킨다.

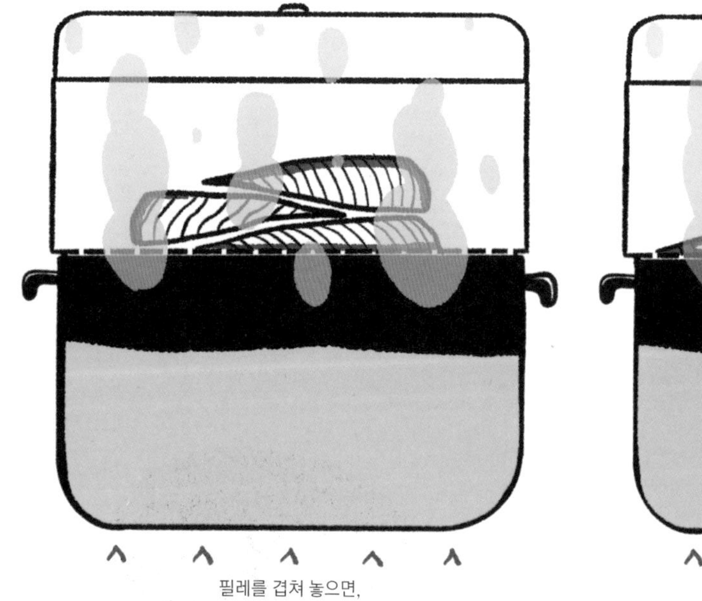

필레를 겹쳐 놓으면,
증기가 겹쳐진 부분을 익히지 못한다.

그러나 필레를 잘 펼쳐 놓으면,
증기가 고르게 익혀준다.

포칭

왜 생선은 물보다는 퓌메에 삶아야 하나요?

생선을 포칭한 물을 맛보면, 그 물에 미리 채소와 향신채를 넣어두었다 하더라도 생선맛이 느껴진다. 이것은 포칭 도중에 생선이 그만큼의 맛을 잃었기 때문이다. 생선이 더 맛있을 수 있었는데 그만큼 맛이 손실된 것이므로 너무나 아깝다. 포칭하는 동안 이렇게 맛 손실을 피하기 위해서는, 생선을 이미 맛으로 포화된 상태의 액체에 익혀야 한다. 이것이 생선을 퓌메에 넣고 삶는 이유이다. 가열시간을 줄일 수 있더라도, 특히 맹물은 쓰지 않는다.

올바른 방법

왜 큰 생선을 너무 뜨거운 액체에 삶는 것은 피해야 하나요?

커다란 생선을 아주 뜨거운 액체에 담그면 생선 표면은 뜨거워지고, 열이 중심부에 도달하기 전에 너무 빨리, 너무 많이 익어버린다. 그러나 생선을 중불에 삶으면 열전달이 부드러워 표면이 과조리되지 않고, 익는 정도가 균일해진다. 적당한 온도는 80℃ 정도이며, 이는 작은 기포가 가끔씩 표면으로 올라오는 상태이다.

하지만 작은 생선은 괜찮다고요?

당연히 작은 생선은 뜨거운 액체에 삶을 수 있다. 크기가 작기 때문에 열이 두꺼운 몸을 통과할 필요가 없고, 따라서 생선 중심부에 열이 닿기 전에 표면이 과조리될 틈이 없다. 작은 생선은 매우 신속하게 익는다.

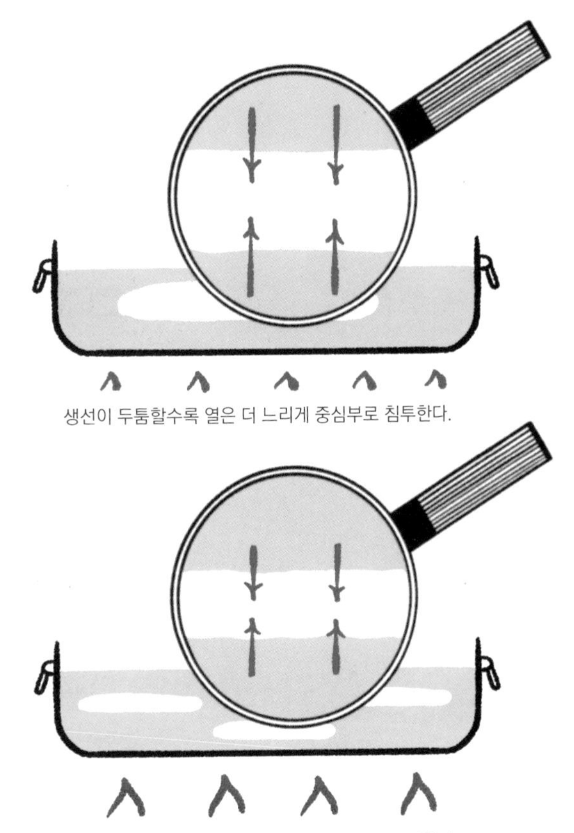

생선이 두툼할수록 열은 더 느리게 중심부로 침투한다.

반면, 생선이 작을수록 열은 중심부에 더 빨리 도달한다.

프로의 팁

오븐 포칭이 맛있게 잘되는 이유는 무엇인가요?

이 기술은 스위스 출신 요리사이자 1986년 세계 최고의 요리사로 뽑혔으며, 1989년 고&미요(Gault&Millau)가 뽑은 세기의 요리사 프레디 지라르데(Freddy Girardet)가 고안한 것이다. 매우 효율적인 방법으로, 포칭을 그릴 조리에 접목시켜 부드럽고 살살 녹는 속살에 바삭한 껍질을 만들어냈다.

먼저 팬에 향신채를 깔고 그 위에 생선 필레를 올린 다음, 생선껍질 높이까지 화이트와인을 붓는다. 특히 껍질이 잠기지 않게 주의한다. 그리고 이 전체를 오븐 속 뜨거운 그릴에서 약 15㎝ 정도 아래에 놓고 가열한다. 그릴의 열이 생선 껍질을 마르게 하며 동시에 와인을 가열하고, 포칭 방식으로 생선을 익힌다. 몇 분이 지나면 완벽하게 바삭한 껍질과 포칭된 살을 얻을 수 있다. 기발한 아이디어다!

생선의 가열조리

소테

두꺼운 생선은 왜 소테가 적합하지 않나요?

팬을 사용하는 조리는 일반적으로 상당히 높은 온도에서 빨리 가열한다. 생선이 너무 두꺼운 경우에는 중심부가 충분히 익기 전에 표면이 과조리된다. 그러므로 소테는 별로 두껍지 않은 필레나 통생선에 적합한 조리법이다.

소테의 경우에 껍질이 매우 중요한 이유는 무엇인가요?

껍질은 조리 중에 생선살을 보호한다. 껍질이 마르고 노릇해질수록, 열전달은 더 천천히 이루어진다. 그리고 열전달이 느릴수록, 조리 상태는 더 균일해진다. 껍질이 붙어 있는 필레는 항상 껍질쪽을 강불에 굽기 시작한다❶. 이어서 불을 줄이고, 필레를 뒤집어 약불을 유지하며 살쪽을 마저 익힌다❷.

그릴

큰 생선을 그릴에 구울 때 두툼한 부분에 칼집을 내는 이유는 무엇인가요?

생선의 두께는 전체적으로 일정하지 않다. 중심부는 두툼한 반면, 가장자리와 끄트머리는 얇아서 가열시간이 더 짧다. 균일하게 익히기 위한 가장 간단한 방법은, 4~5㎜ 깊이의 칼집을 2㎝ 간격으로 내는 것이다. 그러면 열이 더 쉽게, 그리고 빨리 가장 두툼한 부분으로 침투한다.

칼집을 내면 열이 생선 속까지 닿는 거리가 줄어든다.
따라서 전체를 고르게 구울 수 있다.

소금 크러스트

소금 크러스트 구이가 맛있는 이유는 무엇인가요?

소금 크러스트는 생선을 소금으로 싸서 굽는 조리법으로, 소금 크러스트와 생선 사이에 빈틈이 없다. 살에서 빠져나온 증기가 아주 가까이에 갇혀 있기 때문에, 살이 마르지 않고 본연의 맛을 유지할 수 있다.

소금으로 둘러싸서 구웠는데 그렇게 짜지 않네요?

생선을 소금으로 둘러쌀 때, 굵은 소금에 레시피에 따라 밀가루, 달걀흰자, 허브, 그리고(또는) 향신료를 섞어 반죽을 만든다. 가열할 때 이 반죽이 마르면서 소금이 녹지 않게 막아준다. 그리고 소금이 녹지 않기 때문에 생선살에도 간이 되지 않는다.

소금 크러스트가 생선의 수분을 가두어 가열할 때 살이 마르지 않는다.

파피요트

파피요트 조리법은 어떻게 풍미를 향상시키나요?

이 유형의 조리는 좁은 공간에 수분을 가두고, 생선은 자체에서 흘러나온 육즙으로 익는다.
또한 허브, 향신료, 약간의 올리브오일 등을 더할 수 있어, 새로운 맛과 풍미를 즐길 수 있다. 그러나 알루미늄포일은 사용하지 말고 종이포일을 꼭 두 겹으로 사용하자(「필수 도구」 항목 참조).

튀김

생선 베녜는 어쩜 그렇게 맛있죠?

튀기는 도중에 베녜 튀김 반죽의 바깥쪽은 말라서 금새 바삭해진다. 이어서 이 튀김옷은 생선 중심부로 열전달을 늦추는 벽을 만들고, 동시에 생선살의 습기가 빠져나와 증발하는 것을 막아준다. 결과적으로 생선은 자체의 습기로 익으면서 새로운 맛이 향상되고, 바삭한 반죽으로 둘러싸여 부드러움을 유지한다.

냠냠!

뼈 튀김을 먹을 수 있나요?

뼈 튀김은 정말 맛있다! 물론 모든 생선의 등뼈는 아니다. 대어류의 뼈도 아니다. 하지만 예를 들어 서대의 뼈는 튀김으로 먹을 수 있다. 생선가시는 동물뼈에 비해 칼슘이 적고, 콜라겐도 덜 질기다. 한번 먹어보길 바란다!

채소 썰기

채소를 자르는 방식이 맛과 모양, 조리시간뿐 아니라,
같은 팬에서 익고 있는 다른 재료의 맛에도 영향을 미친다는 사실을 알고 있는가?
몰랐다고? 그러면 당근 하나를 썰어보자….

왜 표면적이 가장 중요한가요?

이것에 대해 이야기하는 경우는 별로 없지만, 그럼에도 불구하고 표면적은 요리에서 매우 중요한 요소이다. 그런데 「표면적」이란 무엇인가? 식재료를 작은 조각으로 썰면 크게 썰 때보다 더 빨리 익는다는 것은 누구나 잘 안다. 그러나 잘 모르는 것이 있는데, 작게 썰수록 표면적이 커진다는 것이다. 그리고 표면적이 커질수록 조리 중에 식재료와 그 주위환경은 더 많이 접촉하게 된다. 이것이 「(접촉) 표면적」으로, 그 표면을 통해 맛과 향이 서로 교류한다.

예를 하나 들어보자. 여기 당근이 있다!

통당근일 때, 당근은 부피를 가지고 있다. 이 부피를 평평하게 펼치면 하나의 면이 된다. 당근 껍질을 필러로 벗겨서 하나하나 늘어놓아보자. 이것이 부피의 표면적이다. 다음에는 당근을 슬라이스해보자. 당근은 같은 부피를 유지하지만, 표면적은 늘어난다. 그리고 이것을 다시 큐브모양으로 썰면, 표면적은 또 늘어난다.

이해가 되는가? 계속 설명하겠다. 당근을 작게 썰수록 표면적은 더욱 늘어나고, 가열방법에 따라 맛을 더 잃거나 얻기도 한다. 예를 들어, 작은 큐브모양으로 썬 당근을 물에 넣고 가열하면, 당근의 맛은 물로 많이 빠져나간다. 하지만 이 당근을 아주 적은 물과 버터, 설탕과 함께 가열한다면, 당근에 버터와 설탕의 맛이 더해질 것이다.

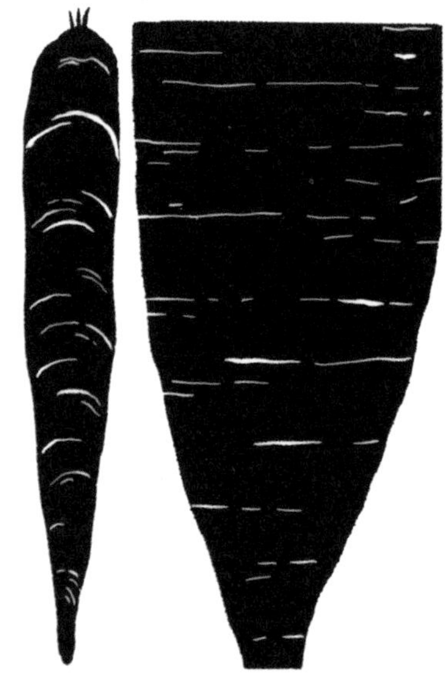

눕혀 놓았을 때, 당근의 표면적은 이렇다.
놀랍지 않은가?

이것이 테크닉!

표면적이 가열과 결과물에 영향을 미치는 이유는 무엇인가요?

표면적과 써는 방법에 따라 가열시간이 달라진다. 당근을 크게 썰수록 가열시간은 길어지고, 당근을 작게 자를수록 가열시간은 짧아진다. 당연하다!

여기서부터는 조금 복잡해지지만 흥미로운 내용이다. 통당근은 오래 익혀야 하지만, 부서지는 조각이 거의 없다. 왜냐하면 그 형태가 둥글고 굴곡이 거의 없기 때문이다. 큐브모양으로 썬 당근은, 빨리 가열하면 부서지지 않고 그대로 남아 있을 것이다. 하지만 오랫동안 가열하면 큐브의 모서리는 순식간에 과조리 상태가 되어 퓌레처럼 뭉개진다. 떨어져 나간 작은 조각들은 액체를 흐리게 만든다. 만약 퐁이나 부이용을 끓이는 경우라면 이는 문제가 된다. 그러나 소스를 만드는 경우라면, 이 작은 조각들이 식감을 더해주어 소스가 되직해지면서 맛이 더 좋아질 것이다.

그리고 결과는 대만족이다!

다양한 썰기와 표면적

2㎜ 두께의 긴 슬라이스

가열하면 맛을 빠르게 잃거나 얻지만,
시간이 지나도 모양이 잘 유지된다.
2~4시간 조리용_ 가금류 부이용, 육류 브레이징….

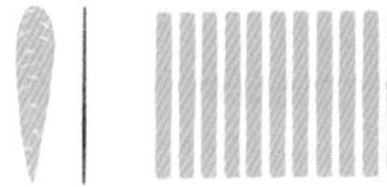

4㎜ 두께의 긴 슬라이스

가열하면 맛을 빠르게 잃거나 얻지만,
시간이 지나도 모양이 잘 유지된다.
3시간 이상 조리용_ 부이용, 퐁, 포토푀….

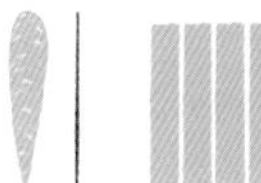

1㎜ 이하의 큐브

가열하면 맛을 매우 빠르게 잃거나 얻는다.
10~30분 정도의 짧은 조리용_ 진한 소스용 퐁.

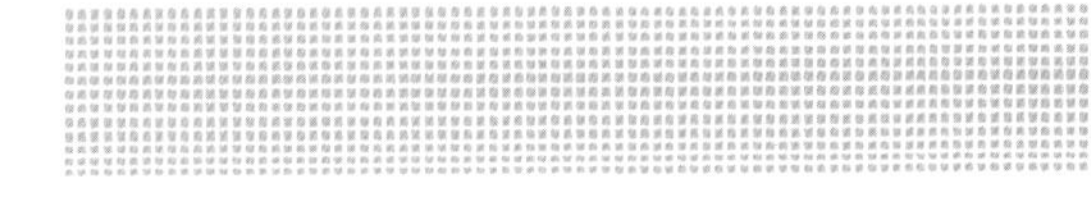

2~3㎜ 크기의 브뤼누아즈(Brunoise)

가열하면 맛을 매우 빠르게 잃거나 얻는다.
15분~1시간 정도의 일반적인 짧은 조리용_
진한 소스용 퐁.

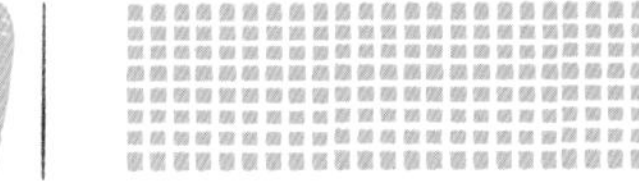

4~5㎜ 크기의 마티뇽(Matignon)

가열하면 맛을 빠르게 잃거나 얻는다.
30분~2시간 정도의 일반적인 긴 조리용_ 소스용 퐁.

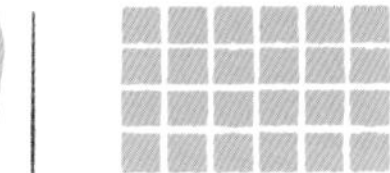

10~15㎜ 크기의 미르푸아(Mirepoix)

가열하면 중간 정도로 빠르게 맛을 잃거나 얻는다.
2~4시간 정도의 긴 조리용_ 소스용 퐁.

1㎜ 두께, 4~5㎝ 길이의 쥘리엔(Julienne)

가열하면 아주아주 빠르게 맛을 잃는다.
매우 짧은 조리용_
곁들임 채소 또는 소스용 퐁.

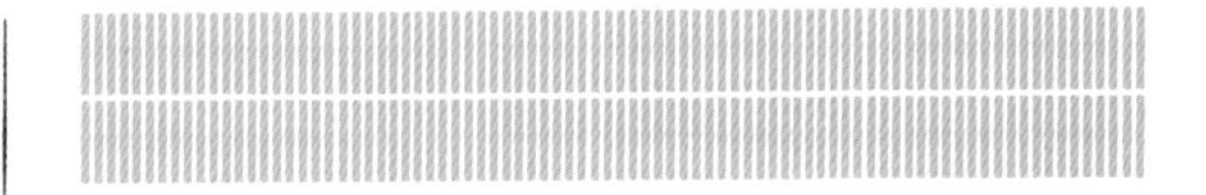

3㎜ 두께, 4~5㎝ 길이의 바토네(Bâtonnets)

가열하면 맛을 빠르게 잃는다.
빠른 조리용_ 곁들임용 채소.

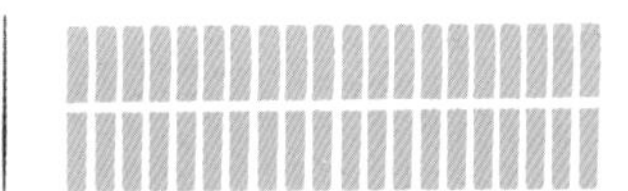

7~8㎜ 두께의 자르디니에르(Jardinière)

가열하면 중간 정도로 빠르게 맛을 잃는다.
중간 정도로 짧은 조리용_ 곁들임용 채소.

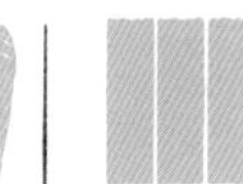

채소의 가열조리

예상할 수 있겠지만, 채소의 가열은 육류나 생선을 가열할 때와는 전혀 다르다.
채소를 팬에 평평하게 눕혀서 익히면, 맛이 다 빠졌거나 덜 익은 채소를 더 이상 먹지 않아도 된다.

심플하게 소테한 채소의 맛이란!

채소의 조리법은 왜 육류나 생선과 다른가요?

채소를 가열하는 목적은 채소를 무르게 하는 것, 즉 세포막끼리 연결하고 있는 결합조직을 약화시키는 것이다. 고기와 생선은 원래 「무른」 식재료이기 때문에 더 무르게 만들지 않으면서(질긴 고기를 푹 익혀 부드럽게 만드는 경우를 제외하고), 고기나 생선이 지닌 단백질을 응고시켜 변화를 일으키는 것이다. 채소와 육류의 조리 모두 열작용이지만, 각각의 효과는 매우 다르다.

전분이 많이 들어 있는 채소는 왜 다른 채소들과 구별해야 하나요?

감자나 콩과식물, 곡물과 같은 일부 식물의 전분은 에너지 저장물질이다. 우리는 이 채소들을 「전분질」이라는 이름으로 따로 묶는다. 전분의 특징은 익히지 않으면 소화가 되지 않는다는 것이다. 확인하고 싶다면 생감자를 먹어보도록!
전분이 익으려면 열뿐만 아니라 물도 필요하다. 이 수분은 소테한 감자처럼 채소 자체에 들어 있을 수도 있다. 또는 삶은 감자처럼 물에 넣어 익힐 수도 있다.
모든 경우에, 이 전분은 익어서 소화가 되기까지 일정 시간이 필요하다.
전분이 없는 채소는 여러 가지 조리 상태로 먹을 수 있다. 왜냐하면 날것에서부터 아주 많이 익은 상태까지 식감이 중요하기 때문이다. 당근은 푹 익히고, 깍지콩은 알 덴테 상태까지만 익힌다.

어떻게 채소를 미리 데쳐놓을 수 있죠?

데치기는, 일반적인 가열시간과 재료의 크기를 고려하여 채소를 1~3분가량 먼저 익혀놓는 것이다. 이후 완전한 조리 마무리는 나중에 한다. 이렇게 하면 채소를 두 번에 걸쳐 익혀도 전혀 맛이 손실되지 않는다는 장점이 있다. 그러므로 시간이 많이 걸리는 요리를 할 때는 채소를 미리 데쳐두었다가, 손님들이 도착한 후 짧게 가열하여 요리하는 것도 가능하다.

끓는 물에 익히기

왜 채소를 익힐 물에 소금을 넣어야 하나요?

소금물은 채소를 더 빨리 무르게 한다. 그러므로 가열시간을 줄이고, 세포의 수분이 지나치게 빠지는 것을 막아준다. 소금물은 가는 채소를 익힐 때 좋은 방법이다. 겉은 촉촉하고, 중심부는 아삭한 상태로 빨리 익힐 수 있기 때문이다.

반대로 소금을 넣지 말아야 하는 경우는요?

하지만 감자처럼 가열하는 데 시간이 더 오래 걸리는 채소는 물에 소금을 넣으면 완전히 망친다. 중심부가 익기도 전에 겉은 퓌레가 되어버린다.

물보다 부이용에 채소를 삶는 것이 더 나은 이유는 뭔가요?

끓는 동안 채소의 맛은 물에 일부 빠져나간다. 하지만 부이용에 넣고 익히면, 삼투작용에 의해 채소에서 맛이 덜 빠지고, 또 천천히 빠진다. 한 가지 팁은, 채소를 다듬고 남은 껍질이나 자투리로 간단한 부이용을 준비하는 것이다. 채소의 자투리를 약 10분간 익힌 다음❶, 이것들을 건져내고❷, 채소를 이 「부이용」에 익힌다❸.

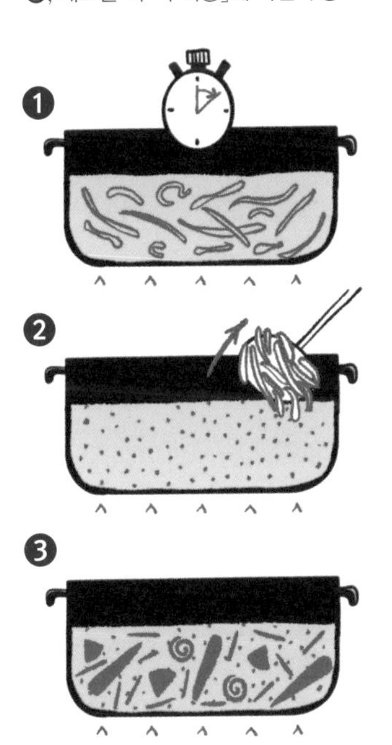

이것이 테크닉!

왜 녹색채소는 데칠 때, 물을 넉넉하게 잡아야 하나요?

녹색채소를 가열할 때의 문제점은, 잘못 익혔을 때 색이 금새 누르스름해진다는 것이다. 이런 문제를 피하기 위해서는 먼저 색이 변하는 이유를 알아야 한다. 여기에는 2가지 문제가 있다. 다소 전문적인 내용이지만 이해하기 데 크게 어렵지는 않다.

① 녹색채소의 세포는 작은 가스주머니를 가지고 있는데, 이것은 뜨거운 물에 담그면 녹는다. 채소에서 이 가스가 방출되면, 클로로필라아제(chlorophyllase)라는 효소가 배출된다. 이 효소는 60~80℃에서 크게 활성화되지만, 100℃가 되면 엽록소의 녹색을 변질시킨다.

녹색채소를 적은 양의 끓는 물에 담그면 물의 온도가 떨어진다. 이때 클로로필라아제가 활성화되는데, 물 온도가 다시 올라가면서 엽록소를 파괴한다.

하지만 녹색채소를 아주 넉넉한 양의 끓는 물에 익힌다면, 물 온도는 미미하게 떨어진다. 따라서 클로로필라아제는 활성화되지 못하고, 녹색채소는 선명한 초록색을 유지한다.

② 녹색채소는 가열하는 도중에 산미를 일부 잃는데, 그것이 물에 녹아 삶은 물에서 약간의 신맛이 나게 한다. 문제는, 산이 채소의 초록색을 갈색으로 만든다는 것이다.

만약 넉넉한 물에 녹색채소를 익히면, 산이 희석되기 때문에 채소가 많이 누래지지 않는다. 또한 여기에 산을 없애줄 탄산수소나트륨(베이킹소다) 1/2ts을 넣어도 좋다. 하지만 더 넣지는 말자. 잘못하면 채소가 물러질 수 있다.

채소를 데친 후 얼음물에 바로 담그는 이유는요?

식탁에 바로 올릴 경우에는 채소를 데친 후 얼음물에 담글 필요가 없다. 하지만 채소를 다시 데워야 하거나 샐러드에 사용할 때에는 얼음물에 담갔다 꺼내는 것이 필수이다. 녹색채소를 데쳐서 체에 그대로 두면 채소는 계속 익게 된다. 그래서 먹을 때가 되면 채소는 너무 익어버리고 만다.

그러나 채소를 데치고 나서 아주 차가운 물에 담그면, 채소는 즉시 차가워지고 남은 열이 사라져 익는 것이 중단된다.

아! 잊지 말자. 채소가 차게 식으면 키친타월로 물기를 닦아내야 한다. 채소가 이 물기를 흡수하여 스펀지처럼 부풀어오르는 것을 막을 수 있다.

채소의 가열조리

증기로 찌기

증기로 찐 채소는 왜 물에 삶은 것보다 더 단단해지나요?

물에 삶을 때 채소는 물을 일부 흡수하고, 경우에 따라서는 스펀지처럼 물러진다.
증기로 익히면 흡수할 수 있는 액체가 적어지고(증기 속 수분의 양은 물 자체보다 적다), 물을 덜 흡수한다. 그러므로 더 단단한 상태를 유지하게 된다.

채소를 찔 때 왜 골고루 익지 않는 경우가 많나요?

증기의 단점은 채소에 닿았을 때 빨리 식는다는 것이다. 게다가 채소는 (끓는 물 안에서는 움직이는 반면) 한 자리에 그대로 있다. 그리고 자리에 따라 어떤 것은 덜 익기도 한다. 때문에 채소가 익는 정도가 균일하지 않다. 유일한 해결방법은, 아주 큰 찜기를 사용하여 채소를 아주 얇게 깔아놓고 찌는 것이다.

올바른 방법

찜기 아래의 물에도 재료를 조금 넣어주면 좋다고요?

물에 삶는 방식과 마찬가지로, 증기로 쪄도 채소의 맛이 일부 손실된다. 이 손실분(물론 적은 수준이지만, 분명히 존재한다)을 보충하기 위해서는, 찜기 아래에 있는 끓일 물에 채소의 껍질과 향신채를 넣으면 된다. 증기에 향이 채워질수록, 채소의 맛을 더 지킬 수 있다.
일부 요리사들은 이 테크닉을 더욱 발전시켜 당근을 찔 때 당근즙의 증기를 사용하기도 한다. 그러면 맛이 아주 진한 향의 찐 당근을 얻을 수 있다. 괜찮은 방법이다. 그렇지 않은가?

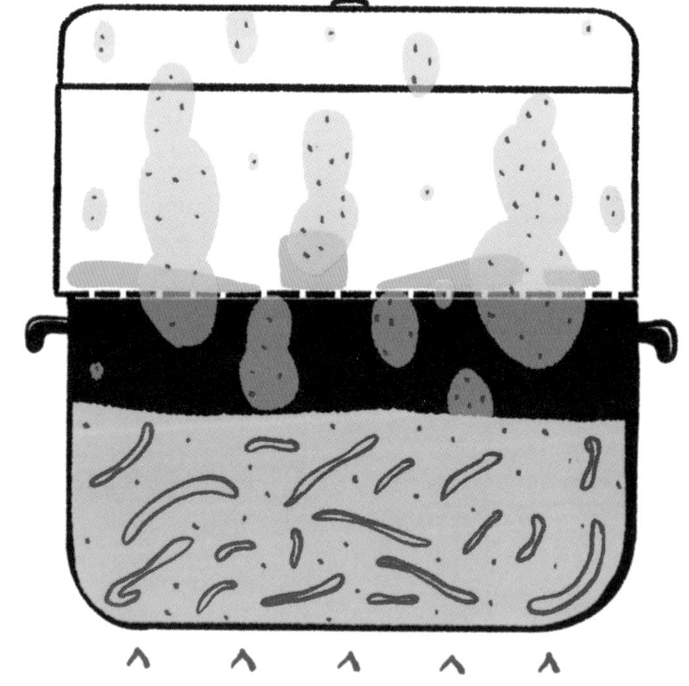

물을 끓일 때
깨끗한 채소의 껍질과 향신채를 넣으면
증기의 향이 풍부해진다.

브레이징

브레이징에 사용하는 액체가 왜 중요한가요?

브레이징에는 액체가 필요하다. 그러나 냄비 안에서 증기를 만들어낼 만큼의 분량이다. 이것은 삶기가 아니다. 냄비 안에서 증기를 충분히 만들어내기 위해서, 일반적으로 액체의 높이는 재료 높이의 1/4을 넘지 않아야 한다. 이 액체는 물일 수도 있고, 더 나은 경우는 채소나 고기의 부이용일 수도 있다.

가열시간이 길기 때문에 채소와 액체 사이에서 상호작용이 일어나며, 삼투현상으로 맛의 교환이 일어난다. 만약 당근, 버섯 또는 샐러리를 넣은 부이용을 사용하면 결과는 완전히 달라진다. 원하는 결과에 따라 부이용을 선택한다.

넓은 팬을 쓰는 것이 좋다고요?

그 이유는, 채소를 서로 겹치지 않게 놓아 같은 양의 증기를 받아서 고르게 익힐 수 있기 때문이다. 팬이 클수록 채소들이 덜 겹쳐진다.

꼭 알아둘 것

왜 채소를 85℃ 이상, 끓는점 이하의 온도에서 뭉근하게 익히는 것이 더 좋은가요?

앞서 채소의 세포는, 채소를 단단하게 유지시켜 분해되지 않게 해주는 펙틴에 의해 서로 결합되어 있음을 설명하였다. 85℃는 펙틴이 분해되기 시작하는 온도이며, 100℃에서는 물이 끓어 빠르게 증발하면서 채소를 사방으로 움직이게 한다. 85℃를 살짝 넘는 온도를 유지하면, 채소가 퓌레가 되지 않으면서도 부드럽게 익힐 수 있다.

프로의 팁

왜 브레이징을 시작할 때 향신채와 버터를 넣으면 도움이 되나요?

향신채(양파, 마늘, 버섯, 타임 등, 사실상 여러분이 좋아하는 것들)를 강불에 볶아 풍미가 부이용에 우러나게 한다. 그리고 이 맛은 조리 중에 나오는 즙과 채소의 맛을 풍부하게 만들어주기도 한다.

한편, 버터는 매우 가벼운 지방의 터치와 같아 조리즙을 유화시키고, 입안에 여운을 남긴다. 이것이 셰프들의 작은 비법이다.

풍부한 맛의 조리즙이
브레이징한 채소를 더욱 맛있게 한다.

채소의 가열조리

에튀베

왜 뚜껑을 덮고 익히면 채소의 맛이 더 잘 보존되나요?

뚜껑을 덮고 익히는 에튀베 같은 조리방식은 채소 본연의 맛을 가장 잘 보존시킨다. 대량의 액체나 증기로 익힐 때 일어나는 맛의 손실도 없고, 채소가 구워지거나 캐러멜화되면서 더해지는 맛도 없다. 채소의 가장 순수한 맛을 느낄 수 있는 방법이다.

꼭 알아둘 것

왜 가장자리가 낮고 큰 소테팬을 사용해야 하나요?

모든 채소가 열원과 직접 접촉하기 위해서는 소테팬 바닥의 채소가 서로 겹치지 않게 해야 한다. 이러한 방식으로 모든 채소 조각을 균일하게 익힐 수 있다. 그리고 팬 가장자리의 높이가 낮을수록 증기가 작은 부피 안에 갇히고, 팬 안이 습기로 포화될수록 채소의 수분 손실이 더 적다.

그리고 물을 아주 조금만 넣는다구요?

가능한 한 채소가 지닌 수분을 잃지 않도록, 축축한 공기를 만들어내기 위해 딱 필요한 양의 물을 넣어야 한다. 따라서 물을 채소 높이의 1/4가량만 채우고, 증기를 소테팬 내부에 가두기 위해 뚜껑을 덮는다. 채소는 팬에 넣은 물뿐만 아니라, 채소가 지닌 수분이 만들어낸 증기 속에서 익는다.

많은 증기와 매우 진한 즙, 이것이 뚜껑을 덮고 익히는 에튀베 조리의 비법이다.

오븐 가열

왜 오븐에 가열하면 물이나 증기로 익히는 것보다 더 오래 걸리나요?

먼저, 공기는 액체(물, 부이용, 오일)나 뜨거운 팬이 채소와 접촉하는 것보다 열을 덜 전달하기 때문이다. 다른 한편으로는, 이 유형의 조리법에서는 식재료에서 빠져나간 수분 중 일부는 증기로 변하고, 나머지는 재료 표면에 남아 보호막을 형성하여 조리가 느려진다.

그리고 왜 그렇게 맛있죠?

오븐에서는 오븐팬과 직접 닿는 면뿐만 아니라 전체적으로 열을 받는다. 따라서 소테팬이나 프라이팬에 가열할 때보다 더 넓은 면적이 노릇해지고 풍미가 좋아진다.

올바른 방법

오븐에 넣기 전에 왜 채소 표면에 오일을 조금 발라야 하나요?

여기에는 여러 가지 이유가 있다.

① 오일은 오븐 속 공기의 열을 훨씬 빨리 그리고 강하게 붙잡는데, 채소만 넣었을 때는 그렇게 익힐 수 없다. 오일은 채소의 온도를 높이고 조리를 가속화시킨다.

② 채소의 표면 온도가 높아지기 때문에 더 빨리 노릇해지고, 조리가 짧아진다.

③ 오일은 채소가 지닌 당분이 캐러멜화하도록 도와주고, 캐러멜화는 맛있는 풍미를 놀라울 정도로 많이 발달시킨다.

오븐에 채소를 익힐 때 왜 채소는 서로 겹치지 않아야 하나요?

만약 채소를 겹쳐놓으면, 겹쳐진 부분은 열전달이 어려워진다. 특히 아래쪽 채소는 증기가 빠져나가지 않기 때문에 물러진다.

크게 썬 채소는 왜 처음에 알루미늄포일을 덮어주는 것이 좋은가요?

알루미늄포일을 덮으면, 채소는 자체 수분으로 익기 시작하므로 건조해지지 않는다❶. 약 15분이 지난 후에는 알루미늄포일을 벗기고, 올리브오일 2~3큰술을 끼얹는다❷. 채소를 뒤집어서 섞고 다시 오븐에 넣은 다음, 노릇하게 구워 캐러멜화시킨다❸.

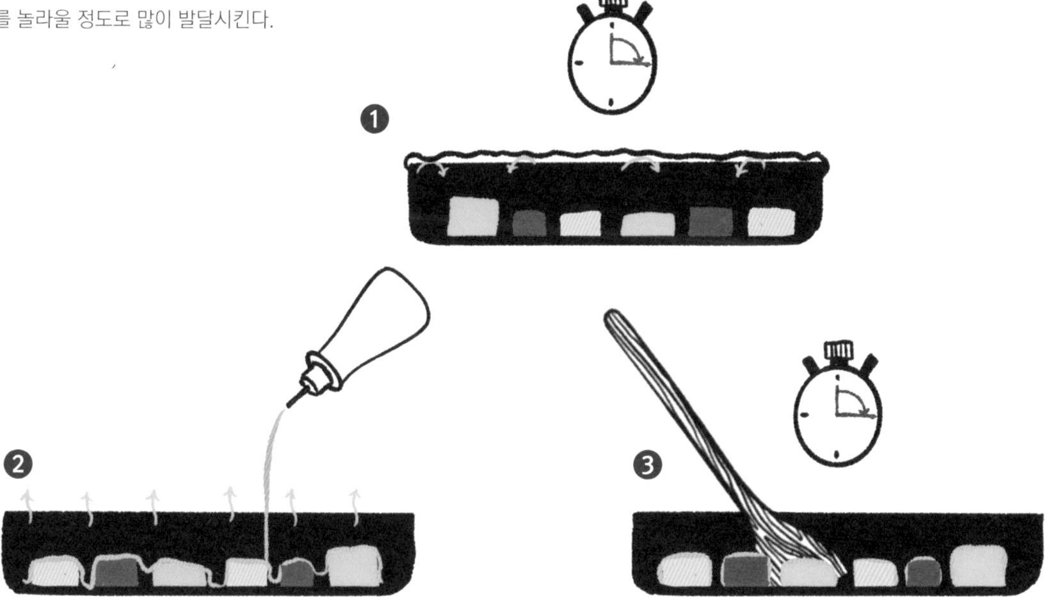

채소의 가열조리

소테

채소를 소테하면 왜 맛있어지나요?

소테는 매우 높은 온도에서 가열한다. 엄청난 마이야르 반응이 일어나고, 채소가 지닌 당분을 캐러멜화하면서도 아삭한 식감은 유지한다.

이런 유형의 조리를 제대로 성공시키기 위해서는 다음 4가지가 매우 중요하다.

① 매우 신속하게 익히기 위해 채소를 얇게 썬다.

② 마이야르 반응이 일어나도록 높은 열을 사용한다.

③ 마이야르 반응이 많이 일어나고, 채소가 팬이나 웍에 달라붙지 않으며, 향이 날아가지 않게 보존하기 위해 오일을 사용한다.

④ 채소가 타지 않게 계속 주의하면서 저어준다.

건강을 위해!

소테는 어떻게 채소의 영양소를 그대로 보존해주죠?

이 가열방식은 액체를 쓰지 않고 매우 빠르게 익힌다. 영양분이 녹아 나올 시간이 없어 세포 내부에 그대로 박혀 있기 때문에 채소 고유의 맛이 보존된다.

여기 주목!

소테를 할 때 왜 웍이 가장 적절한가요?

웍은 채소 소테를 할 때 2가지 장점을 가지고 있다.

① 웍은 바닥이 둥글어서, 중심부의 채소를 저으면서 계속 뒤섞을 수 있다.

② 웍은 팬이나 소테팬보다 훨씬 강한 열에서도 잘 견딘다. 400℃를 쉽게 넘어간다!

웍을 사용하면 조리속도가 훨씬 빠르고, 마이야르 반응이 더 잘 일어나며, 채소가 잘 익으면서도 아삭함이 잘 유지된다.

솔직히, 최고다!

웍의 열은 채소를 아삭아삭하게 유지해주면서 빠르게 익힐 수 있게 해준다.

채소를 소테할 때 왜 버터는 넣지 않는 것이 좋은가요?

버터는 130℃에서부터 타기 시작한다. 그러므로 팬은 약 200℃, 웍은 300~400℃나 되는 매우 높은 온도이기에 버터가 견디지 못한다(「버터」 참조).

채소를 가늘게 썰었다면 오일을 팬이나 웍에 직접 붓는 것이 나은가요?

「오일과 기타 유지류」에서 살펴보았듯이, 팬에 가열하기 전에 오일을 재료에 묻히는 것이 낫다. 그러나 가늘게 썬 채소를 소테할 때는 좀 다르다. 왜냐하면 채소가 팬이나 웍과 닿는 면적이 매우 적어 채소에 많은 양의 오일을 묻혀도 소용 없기 때문이다.
그러므로 팬이나 웍을 먼저 연기가 날 때까지 가열한 다음, 오일을 붓고 바로 가늘게 자른 채소를 넣는다. 그리고 계속 저어서 타지 않게 익힌다.

왜 가열 후 마지막에 디글레이징을 해야 하나요?

가열 중에는 채소가 눌러붙어서 맛있는 즙이 만들어진다. 팬 바닥에 눌러붙은 이 즙을 모으지 않는다면 너무나 아깝다❶. 그러므로 간장을 조금 붓고, 부이용 또는 물 2~3Ts을 넣어 눌러붙은 채소의 즙을 떼어낸다❷. 그리고 맛있는 소스용 퐁을 만든다❸. 여기에 버터를 조금 넣을 수도 있다.

냠냠!

오일 이외의 유지류도 쓸 수 있다고요?

이것은 미식가들이 좋아하는 비법이다. 오일 대신에 거위나 오리의 기름을 조금 사용하여 채소에 동물성 향을 더해줄 수 있다. 아스파라거스나 깍지콩에 아주 완벽하게 어울린다.

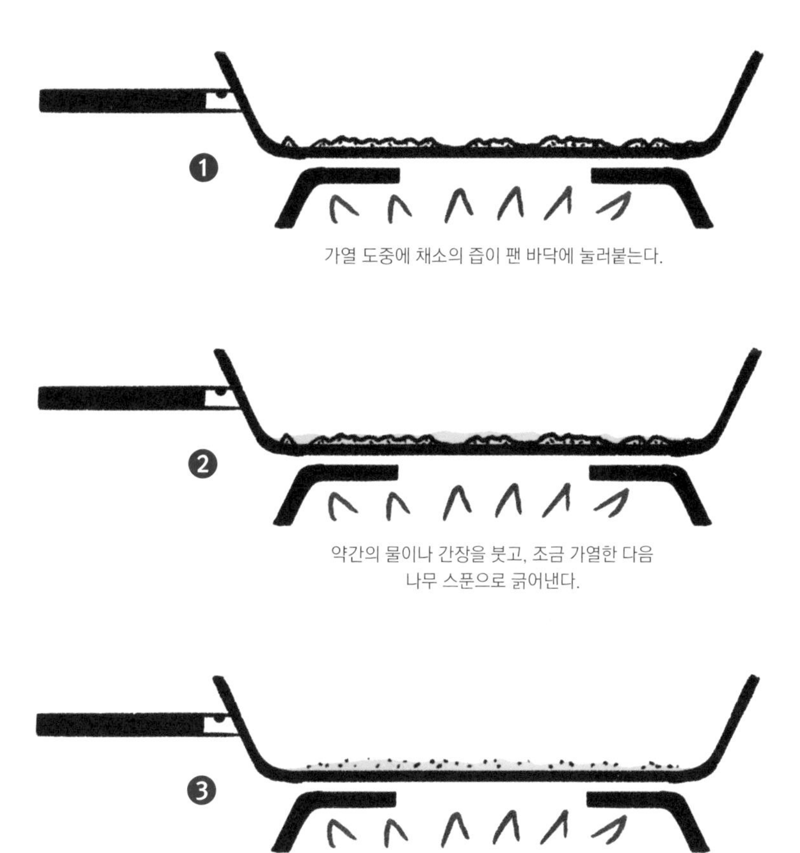

❶ 가열 도중에 채소의 즙이 팬 바닥에 눌러붙는다.

❷ 약간의 물이나 간장을 붓고, 조금 가열한 다음 나무 스푼으로 긁어낸다.

❸ 눌러붙은 즙이 액체에 녹아 맛있는 소스가 된다.

프렌치프라이

「프렌치프라이, 프렌치프라이!」 주말마다 아이들이 이렇게 외친다. 솔직히 맥도날드에서 냉동감자로 만든 걸 사먹고 싶은 유혹에 빠진다. 하지만 쉬운 길로 가지 말자! 이럴 때 프렌치프라이를 직접 만들면 어떨까? 그러면 아이들의 영웅, 프렌치프라이의 왕이 될 수 있다!

꼭 알아둘 것

왜 튀김기나 튀김냄비의 개수에 따라 감자를 선택해야 하나요?

프렌치프라이는 어떻게 튀기는지, 즉 튀기는 횟수에 따라 결과물이 크게 달라진다. 튀김기를 2대 사용하여 2번 튀겨내는 경우는 전분질이 있는 감자, 다시 말해 전분 함량이 높은 감자가 필요하다. 여기에는 2가지 이유가 있다.

① 전분은 부풀어오르면서 감자가 지닌 수분의 일부를 사용한다. 감자에 전분질이 많을수록 수분 함량이 적고, 튀길 때 증발하는 수분의 양이 적을수록 2번 튀겼을 때 감자에 기름이 덜 스며든다.

② 전분은 아주 짧은 시간에 감자 표면에 노릇노릇한 껍질을 만든다.

그러나 튀김기 1대로 한 번만 튀겨낼 때는, 전분이 적고 수분이 더 많아 속살이 무른 감자를 사용해야 한다. 간단하게 설명하면, 한 번만 튀겨낼 때는 가열시간이 긴 만큼 감자의 수분이 증발하는 시간도 길어진다. 감자에 수분이 많을수록 속이 더 부드러운 프렌치프라이가 된다.

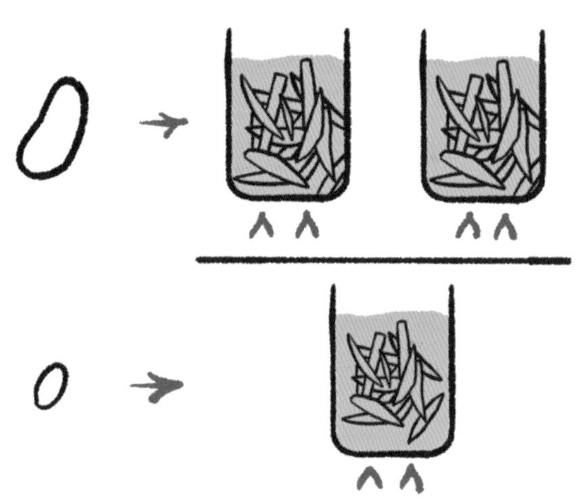

튀김기를 2대 사용하면 전분 함량이 높은 감자를 선택하고,
튀김기를 1대 사용하면, 수분이 더 많고 살이 무른 감자를 선택한다.

알아두면 좋아요

왜 어떤 레스토랑에서는 프렌치프라이를 칼로 잘랐다고 알려주나요?

그 레스토랑에서는 냉동 프렌치프라이를 쓰지 않는다는 것을 넌지시 알려주는 것이 아니라, 프렌치프라이가 고품질이라는 것을 알려주는 말이다. 감자를 직접 손으로 자르면 크기가 조금씩 달라진다. 일부는 조금 더 크고, 또 일부는 더 길기도 하다.

이런 차이 덕분에 각자 개성 있는 프렌치프라이가 만들어지는 반면, 기계로 자른 프렌치프라이는 모양도 같고 맛도 같다. 칼로 직접 자른 프렌치프라이는 풍부한 맛과 질감을 선사한다.

튀김기에 관한 2가지 질문

왜 감자를 튀김기에 2번 튀겨내야 하나요?

프렌치프라이는 외부에서 중심부로 열이 전달되면서 튀겨진다. 문제는, 감자는 열이 매우 잘 전달되지 않는다는 것이다. 180℃로 예열한 오일에 8㎜ 두께의 감자를 넣었을 때 감자의 중심부가 100℃에 도달하기까지는 5분 이상이 걸리는데, 그 동안에 감자의 표면은 너무 타서 새까맣게 변해 버린다.

이것을 해결하는 방법은, 감자를 120~130℃의 너무 뜨겁지 않은 첫 번째 튀김기에 튀겨 표면의 과조리를 피하며 중심부를 익힌 다음❶, 이것을 180℃의 두 번째 튀김기에서 2분간 튀겨 노릇하게 색을 내는 것이다❷. 그러면 짜잔! 속은 잘 익고 겉은 바삭한 프렌치프라이를 만들 수 있다.

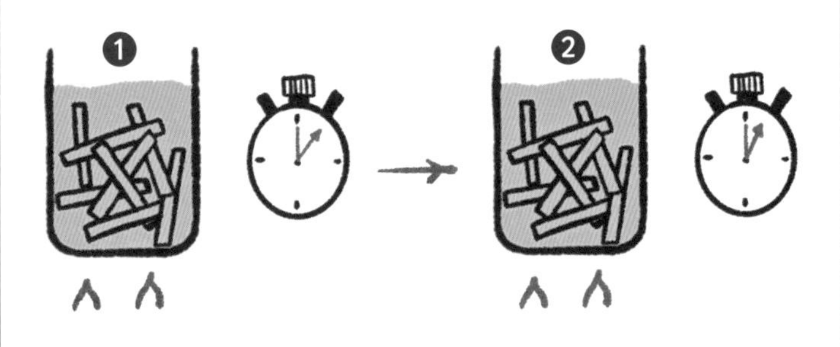

그런데 왜 튀김기를 하나만 사용했을 때 아주 좋은 결과가 나오는거죠?

맞다. 방금 전에 튀김기를 2대 사용하여 튀긴다고 설명했다. 그것은 프렌치프라이를 만드는 전통적인 방법이다. 그러나 한 번에 튀기면 기막히게 좋은 결과가 나온다! 더 오래 걸리지만, 훨씬 낫다.

❶ 감자를 무쇠냄비에 넣고, 감자가 잠기도록 상온의 튀김용 오일을 넉넉하게 부은 다음 강불에 15분간 가열한다. 특히 젓지 않는다! 온도가 올라가는 동안 감자에 들어 있는 수분은 천천히 증발하고, 내부는 제대로 익을 시간을 갖게 된다.

❷ 표면에 크러스트가 생기기 시작하면 저어주고, 다시 10~15분을 더 익힌다. 전통적인 방식보다 낮은 온도에서 튀기는 만큼, 프렌치프라이는 표면에 아주 바삭한 크러스트가 생기면서도 수분을 덜 잃고 더 부드러운 상태를 유지한다,

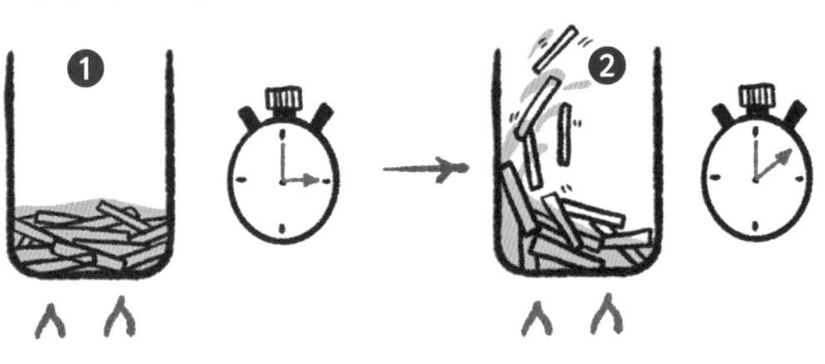

올바른 방법

왜 감자튀김이 기름지면 실패한 것인가요?

1차 튀김 과정에서, 감자 속에 들어 있는 수분의 일부가 증기로 변하여 감자에서 빠져나오는데, 이때 자잘한 기포들이 오일 속에서 위로 떠오른다. 이 기포가 나오는 만큼, 오일은 튀김 속으로 침투할 수 없다.

그러나 튀김기에서 나오면, 내부의 압력이 떨어지고 증기가 응결하면서 감자는 수분 손실분을 채우기 위해 외부에 묻어 있는 오일의 일부를 흡수한다. 이때 튀김이 느끼해지며 내부도 망가지게 된다.

다행히, 이 문제에는 2가지 해결방법이 있다.

① 1차 튀김 후 바로 2차 튀김에 들어가거나,

② 튀김기에서 꺼내자마자 프렌치프라이를 키친타월로 닦아 오일을 적게 흡수시킨다.

왜 튀겨진 정도와 상관없이 바로 프렌치프라이의 기름기를 제거해야 하나요?

만약 프렌치프라이가 제대로 튀겨졌다면, 겉에만 기름기가 돌 것이다. 이 기름의 양도 상당히 많은데, 보통 프렌치프라이 100g에는 오일이 25g 묻어 있다. 총 중량의 1/4이나 된다!

만약 프렌치프라이를 건져낸 다음 키친타월로 기름기를 제거하면 이 잔류 기름의 약 3/4을 제거하게 되고, 프렌치프라이에는 25% 대신 10% 이하의 기름기만이 남게 된다. 닦아낼 가치가 있지 않은가?

포치드에그

포치드에그, 이것은 정말 예술과도 같다. 제대로 만드는 법을 배워보자.

포치드에그를 만들 때 왜 아주 신선한 달걀을 골라야 하나요?

달걀이 매우 신선할 때 흰자는 두툼하게 노른자 주변을 둘러싸고 있다. 그래서 데치는 물 속에서 거의 퍼지지 않는다. 그러나 달걀이 오래될수록 흰자는 물처럼 풀어진다. 그리고 여기서 문제가 생긴다. 이런 달걀을 포칭할 경우에 흰자는 냄비 전체에 퍼져 너덜거리고, 노른자는 흰자에서 떨어져 나온다. 그야말로 완전히 망쳐버린다!

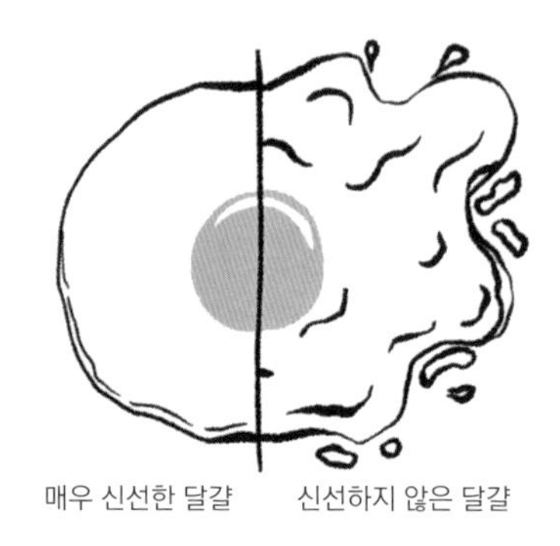

올바른 방법

왜 포칭하기 전에 달걀을 체에 거르나요?

1주일이 넘은 달걀을 사용할 경우에는 달걀을 체 위에 깨뜨린다. 흰자에서 풀어진 부분이 빠져나가고, 흰자의 되직한 부분과 노른자만 남는다. 이것이 셰프들의 비법이다!

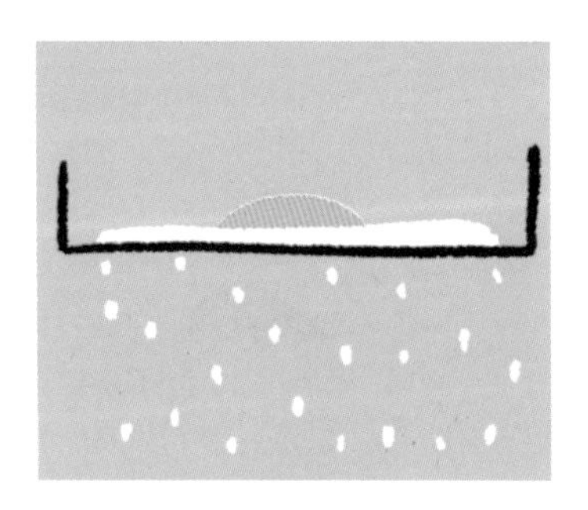

포칭액에 식초를 넣을 수도 있나요?

식초는 물의 산도를 높여 흰자의 응고를 가속화한다. 달걀 표면이 빨리 응고할수록 냄비 안에서 덜 퍼진다. 물론 많이 넣으라는 것은 아니고, 3~4Ts이면 충분하다. 그리고 흰자에 색이 들지 않게 무색의 식초를 사용한다. 또한 달걀을 반숙이나 완숙으로 삶을 때에도 식초를 조금 넣으면 좋다. 운이 나빠 달걀 껍데기에 금이 갈 경우, 식초가 바로 흰자를 응고시켜 보호막을 만들어준다.

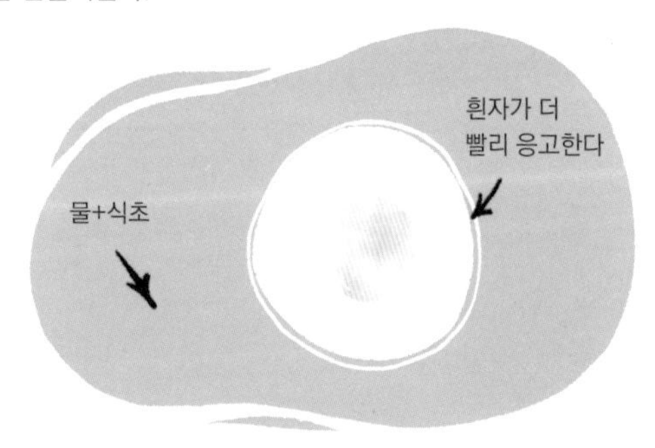

펄펄 끓는 물에 달걀을 포칭하는 것을 피하는 이유는 무엇인가요?

「육류의 포칭」에서 설명한 것처럼, 물이 끓으면 사방으로 움직이면서 큰 기포가 위로 떠오른다. 사실상 분출 상태의 물에서 달걀을 섬세하게 포칭하기를 바라는가? 물을 끓인 다음, 수면이 아주아주 가볍게 흔들리는 정도가 될 때까지 불을 줄인다. 그 상태는 물의 움직임이 그다지 거칠지 않아 달걀이 움직이지 않고, 달걀을 포칭하기에 좋은 온도이다.

왜? 그리고 어떻게?

왜 달걀을 냄비에 바로 깨뜨려 넣지 않고 작은 컵에 깨두어야 하나요?

달걀의 형태가 무너지지 않게 하려면, 달걀이 물 안에서 흩어지지 않아야 한다. 각각의 달걀을 뜨거운 냄비에 바로 깨트려 넣으면, 흰자는 흩어지고 포치드에그는 실패한다.

그러나 만약 달걀을 컵에 깨놓은 다음❶, 뜨거운 물속에 조심스럽게 넣는다면❷, 흰자 역시 조심스럽게 응고되기 시작하여 흰자가 흩어지지 않는다❸. 그리고 포치드에그는 완벽해질 것이다!

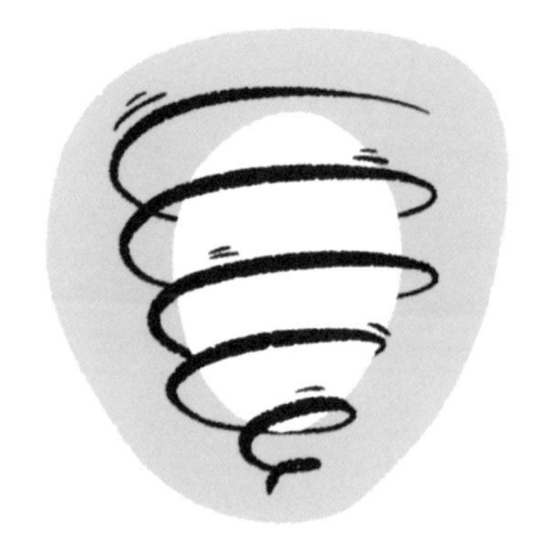

꼭 알아둘 것

왜 냄비의 물에 회오리를 일으키면 도움이 되나요?

포칭할 물에 소용돌이를 만들어놓고(예를 들어 국자를 시계방향으로 휘젓는다), 바로 넣으면 달걀은 그 소용돌이 안에 갇힌다. 문제는, 이렇게 하면 달걀모양이 긴 타원형이 된다는 것이다. 그래서 기존의 방법으로 포칭한 달걀에 비해 모양이 덜 예쁘다. 포치드에그는 맛과, 색, 그리고 모양도 중요하다.

알아두면 좋아요

수란을 미리 준비해두었다가 다시 데워서 낼 수 있다고요?

몇 인분의 포치드에그를 동시에 만들기는 힘들다. 방법은 달걀을 미리 익힌 다음, 차가운 물이 들어 있는 큰 샐러드볼에 담가 더 이상 익지 않게 한다. 그리고 이것을 증기가 피어오르는, 하지만 절대로 끓기 직전이나 끓는 상태는 아닌 뜨거운 물이 있는 냄비에 넣기만 하면 충분하다. 물 온도는 수란을 데우기에 충분하지만, 다시 익힐 만큼 강하지는 않은 정도여야 한다.

삶은 달걀과 프라이

누가 여러분에게 달걀요리를 해달라고 한다면? 삶은 달걀 아니면 프라이?

왜 끓는점 아래에서 달걀을 삶아야 하나요?

수분이 너무 빠지지 않게 달걀을 익히려면 끓는점 아래에서 삶아야 한다. 지나친 수분 증발을 피하면서 흰자를 완벽하게 익힐 수 있다. 그리고 가열시간은 10~11분이 적당하다.

다시 보기

왜 달걀을 너무 익히면 흰자는 질기고, 노른자는 푸석해지나요?

달걀을 가열할수록 달걀이 지닌 수분은 껍질 너머로 증발한다(「달걀」 참조). 흰자가 수분을 충분히 갖고 있지 않으면 단단하고 쫄깃해지며 고무처럼 변한다. 그리고 노른자가 수분을 잃으면 푸석푸석해진다. 달걀을 잘 삶는 것은 별로 복잡하지 않지만, 최소한의 주의가 필요하다.

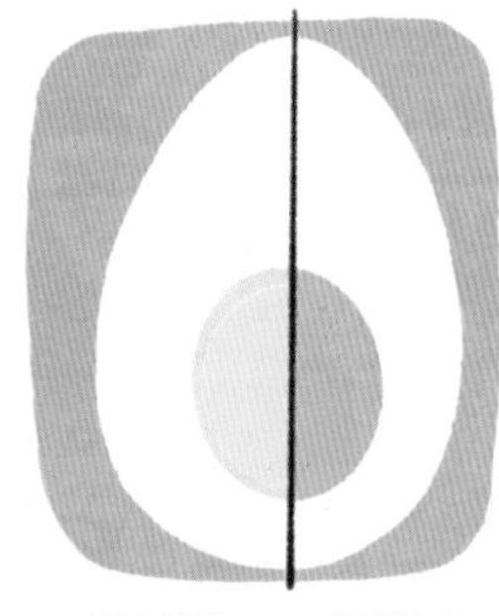

지나치게 삶은 달걀 / 완벽하게 삶은 달걀

그리고 달걀 썩은 냄새도 나더라고요?

만약 흰자가 고무처럼 질겨지고 노른자가 푸석해진 뒤에도 계속해서 고온으로 가열하면, 단백질이 분해되어 유황분자를 방출한다. 이 분자는 수소와 결합하여 황화수소를 만든다. 이 때문에 노른자 주변이 초록색을 띠고, 과조리된 달걀 특유의 썩은 냄새가 난다.

올바른 방법

왜 달걀을 삶는 동안 저어주어야 하나요?

맞다. 저어야 한다. 그러나 조심스럽게! 노른자는 흰자에 비해 밀도가 떨어진다. 노른자는 알끈에 의해 달걀 끝부분에 매달려 있지만, 정지 상태에서는 흰자 안에서 떠오른다. 노른자가 움직이면서 껍질에 가까운 부분은 지나치게 빨리 익는다. 달걀을 저으면서 삶으면, 노른자가 달걀 한가운데에 자리를 잡아 과조리되는 것을 피할 수 있다. 단, 조심스럽게 저어야 한다!

저어주면서 삶은 달걀

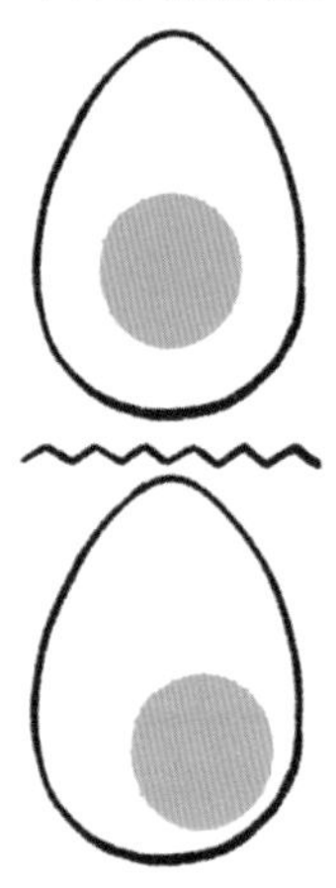

저어주지 않은 상태로 삶은 달걀

달걀프라이를 할 때 「뭉친 흰자」를 풀어주는 이유는 무엇인가요?

아주 신선한 달걀은 흰자가 노른자 주변에 많이 뭉쳐 있다. 프라이를 하면 이 흰자가 항상 잘 익지 않는다. 왜냐하면 일반적인 흰자는 62℃에서 응고하는 반면, 이런 흰자는 64℃에서 응고하기 때문이다. 문제는, 이 뭉친 흰자가 보통의 흰자 위에 떠 있다는 것이다. 열이 이 흰자를 익히는 동안, 부드럽고 맛있는 노른자 반숙은 말라서 단단해진다.
그러므로 흰자 아래로 포크를 찔러 뭉쳐 있는 흰자를 풀어 노른자로부터 떼어내야 한다. 이렇게 하면, 노른자를 과조리하지 않으면서도 흰자를 고르게 익힐 수 있다.

왜? 그리고 어떻게?

왜 프라이를 할 때 노른자에 소금을 뿌리면 안 되나요?

소금은 물에 녹는다. 다시 말해 물을 흡수한다. 노른자에 소금을 뿌리면, 각각의 소금 알갱이는 노른자의 수분을 조금 흡수한다. 그러면 노른자는 그 자리에서 마르고, 작고 옅은 반점이 생긴다. 달걀프라이 위에 소금을 뿌릴 때는 흰자에만 뿌리거나, 조리 후에 뿌린다.

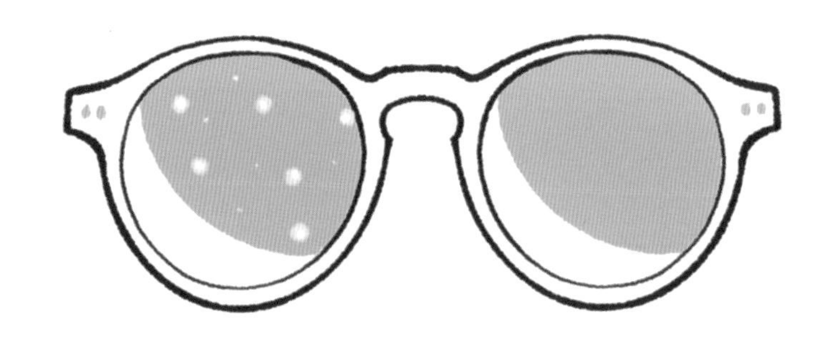

왜 외프 미로와는 노른자가 보이지 않나요?

뭉쳐 있는 흰자가 노른자를 덮은 채로 익어 반투명한 상태가 되면, 거울처럼 빛을 반사하며 빛난다. 이것을 외프 미로아(œuf miroir)라고 한다. 노른자가 너무 익지 않게 외프 미로와를 만들려면 달걀을 오븐에 익히거나, 뚜껑을 달걀에 최대한 가깝게 덮어 열과 직접 접촉하지 않고 팬 내부에서 발생한 증기로 두툼한 흰자를 익힌다.

「왜 생선을 먹으면
머리가 좋아져서
똑똑해진다고 할까요?」

THANKS TO

이 책을 쓰는 내내 함께 해준 엠마뉘엘 르 발루아(Emmanuel Le Vallois)에게, 그의 신뢰와 정확한 안목에 감사를 보냅니다. 그보다 더 좋은 환경에서 작업할 수는 없었을 것입니다. 감사합니다!
야니스 바루치코스(Yannis Varoutsikos)의 상상력과 섬세함, 기술적인 데생에서조차도 전달되는 인간적인 터치, 그리고 그는 그리스인이지만 그가 지닌 영국적인 침착함에 또 다른 감사함을 보냅니다.
「에프카리스토 폴리, 옴브레(Efkharîsto polite, hombre, 정말 고맙네, 친구)!」
또한 원고를 다시 읽고, 고쳐주고, 전체를 정리해 모두가 읽고 이해할 수 있게 만들어준(정말 일이 많았죠!), 그리고 때때로 큰 웃음을 안겨준 마리옹 피파르(Marion Pipart)에게도 감사를 전합니다. 정말 고마워요!
페이지 레이아웃을 맡아준 소피 빌레트(Sophie Villette), 마지막 원고 교정을 맡아준 사브리나 벤데르스키(Sabrina Bendersky)에게도 감사를 전합니다.
그리고 나를 지지해준 아내 마린(Marine)과 나의 사랑하는 말썽꾸러기들, 나에게 끝없이 왜, 왜, 왜를 묻고 내가 답을 모를 때 나도 모르게 답을 찾아내도록 만들어준 아이들에게도 마지막으로 커다란, 커어다란, 커어어다란 감사를 보냅니다.

여러분을 사랑합니다!

글　아르튀르 르 켄(Arthur Le Caisne)

『정육점 교본(정육점의 비밀)』 출간 이후, 저자 아르튀르 르 켄은 이 책에 담긴 700개의 질문을 통해 다시 한 번 요리에 대한 우리의 감각과 믿음을 흔들어 놓는다. 도구, 재료, 육류, 생선과 해산물, 채소, 조리 준비와 가열조리까지 모두가 엄격한 재검토의 도마 위에 올랐다. 최신 연구와 과학 실험에 토대를 두고 있는 답변 하나하나에는 유머와 친절이 듬뿍 담겨 있다. 이제 당신은 더 이상 예전처럼 달걀을 요리할 수 없을 것이다!

그림　야니스 바루치코스(Yannis Varoutsikos)

아트 디렉터이자 일러스트레이터. Marabout에서 나온 『와인은 어렵지 않아(Le Vin c'est pas sorcier)』(2013, 한국어판 그린쿡 출간 2015), 『커피는 어렵지 않아(Le Café c'est pas sorcier)』(2016, 한국어판 그린쿡 출간 2017), 『위스키는 어렵지 않아(Le Whisky c'est pas sorcier)』(2016, 한국어판 그린쿡 출간 2018), 『맥주는 어렵지 않아(La Bière c'est pas sorcier)』(2017, 한국어판 그린쿡 출간 2019), 『칵테일은 어렵지 않아(Les Cocktails c'est pas sorcier)』(2017, 한국어판 그린쿡 출간 2019), 『요리는 어렵지 않아(Pourquoi les spaghetti bolognese n'existent pas?)』(2019, 한국어판 그린쿡 출간 2021), 『Le Grand Manuel du Pâtissier』(2014), 『Le Rugby c'est pas sorcier』(2015), 『Le Grand Manuel du Cuisinier』(2015), 『Le Grand Manuel du Boulanger』(2016) 등의 그림을 그렸다.
lacourtoisiecreative.com

번역　고은혜

이화여대 통번역대학원 한불통역과와 파리 통번역대학원(ESIT) 한불번역 특별과정을 졸업했다. 프랑스 정부 공인 요리부문 CAP(전문직능자격증)를 취득하였으며, 파리 소재 미쉐린 스타 레스토랑에서 견습을 거쳤다. 프랑스어권 유명 셰프들의 내한행사 통역 및 다수의 요리전문서 번역을 작업하였으며, 현재 식음전문 한불통번역사로 활동하고 있다.

펴낸이	유재영	기획	이화진
펴낸곳	그린쿡	편집	나진이
글쓴이	아르튀르 르 켄	디자인	정민애
옮긴이	고은혜		

1판 1쇄 2021년 2월 10일
1판 3쇄 2024년 2월 29일

출판등록 1987년 11월 27일 제10-149
주소 04083 서울 마포구 토정로 53(합정동)
전화 02-324-6130, 324-6131
팩스 02-324-6135

E-메일 dhsbook@hanmail.net
홈페이지 www.donghaksa.co.kr / www.green-home.co.kr
페이스북 www.facebook.com/greenhomecook
인스타그램 www.instagram.com / __greencook

ISBN 978-89-7190-771-9 13590

- 이 책은 실로 꿰맨 사철제본으로 튼튼합니다.
- 잘못된 책은 구매처에서 교환하시고, 출판사 교환이 필요할 경우에는 사유를 적어 도서와 함께 위의 주소로 보내주세요.

GREENCOOK은 최신 트렌드의 디저트, 브레드, 요리는 물론 세계 각국의 정통 요리를 소개합니다.
국내 저자의 특색 있는 레시피, 세계 유명 셰프의 쿡북, 한국·일본·영국·미국·이탈리아·프랑스 등 각국의 전문요리서 등을 출간합니다.
요리를 좋아하고, 요리를 공부하는 사람들이 늘 곁에 두고 보고 싶어하는 요리책을 만들려고 노력합니다.